主编简介

冶张全

高级工程师，注册一级建造师。工作以来，先后从事公路工程施工管理、机场工程项目建设管理等工作，参与或现场负责甘肃省多条高速公路工程的施工管理，以及兰州中川国际机场、金昌金川机场等机场工程的项目建设管理，其中多项工程获得甘肃省建设工程"飞天奖"。

韩 赟

兰州中川国际机场三期扩建项目指挥长，高级工程师，注册一级建造师，注册安全工程师，民航专业工程评标专家。1999年至2009年从事公路施工技术和管理工作，先后担任技术员、技术负责人、项目经理。2009年至今从事机场项目建设管理工作，先后担任工程部长、现场指挥长和指挥长。

李小峰

西安西北民航项目管理有限公司副总工程师，专业方向为民航机场工程及运行。公开发表本专业核心论文3篇，编写《信息系统工程监理师考试辅导教程》和《民航机场航站楼弱电建设》用于公司员工业务培训。2004年至2019年连续15年被公司评为"优秀监理员""优秀监理工程师""优秀总监理工程师"；2014年被中国民用航空西北地区管理局评为"青年岗位能手"；2017年被评为陕西省"优秀总监理工程师"；2018年被公司聘任为副总工程师，并荣获中国民航机场建设集团有限公司"优秀共产党员"称号。

MINHANG JICHANG GONGCHENG
SHIGONG JISHU YU GUANLI

民航机场工程
施工技术与管理

冶张全 韩 赟 李小峰 主编

华中科技大学出版社
http://press.hust.edu.cn
中国·武汉

内 容 提 要

民航机场是国民出行的重要保障,如何实现民航机场施工建设安全成为社会所关注的热点。本书聚焦民航机场施工技术,较为全面地介绍了土方工程施工、特殊土和特殊地基施工、道面集料的生产、道面基层施工、机场道面沥青面层施工、机场道面水泥混凝土面层施工、机场排水工程施工、道面损坏状况评价、道面维护技术等多种施工技术,同时结合民航机场建设与施工管理要点,讲解了民航机场施工建设的质量保障措施。本书内容翔实、实践性强,适合相关从业人员参考。

图书在版编目(CIP)数据

民航机场工程施工技术与管理/冶张全,韩赟,李小峰主编;房越副主编. —武汉:华中科技大学出版社,2024.5
ISBN 978-7-5772-0684-4

Ⅰ.①民… Ⅱ.①冶… ②韩… ③李… ④房… Ⅲ.①民用机场-工程施工-施工管理 Ⅳ.①TU248.6

中国国家版本馆 CIP 数据核字(2024)第 091439 号

民航机场工程施工技术与管理　　　　　　　　　　　　　　冶张全　韩　赟　李小峰　主编
Minhang Jichang Gongcheng Shigong Jishu yu Guanli

策划编辑:周永华
责任编辑:易文凯
封面设计:杨小勤
责任校对:李　琴
责任监印:朱　玢
出版发行:华中科技大学出版社(中国·武汉)　　　电话:(027)81321913
　　　　　武汉市东湖新技术开发区华工科技园　　邮编:430223
录　　排:华中科技大学惠友文印中心
印　　刷:武汉科源印刷设计有限公司
开　　本:889mm×1194mm　1/16
印　　张:23.25　插页:1
字　　数:622千字
版　　次:2024年5月第1版第1次印刷
定　　价:98.00元

编 委 会

主 编　冶张全　甘肃省民航机场集团有限公司
　　　　韩　赟　甘肃省民航机场集团有限公司
　　　　李小峰　西安西北民航项目管理有限公司

副主编　房　越　中铁投资集团有限公司

前　言

随着城镇化水平的不断提高,人们对航空运输的需求不断加大,但国内机场的容量与规模远远不能和旅客的需求相匹配,两者之间的矛盾不断增大。截至 2022 年,我国运输机场总数达到 254 个、通用机场达 399 个,目前我国民航拥有运输飞机 4165 架、通用航空器 3177 架,近十年通航业务年均飞行小时增速为 8.9%,无人机年飞行达到千万小时量级。

民航机场是国民出行的重要保障,与现代化社会发展有着极为密切的联系。如何安全实现民航机场施工建设成为社会关注的热点,建设过程中会涉及不同类型的施工技术要点,其根本目的就是确保民航机场施工建设质量能够得到有效保障。正因如此,本书就民航机场施工技术加以分析,并结合民航机场建设与施工管理要点加以描述。

全书共 11 章,分别为:民航机场工程概述、土方工程施工、特殊土和特殊地基施工、道面集料的生产、道面基层施工、机场道面沥青面层施工、机场道面水泥混凝土面层施工、机场排水工程施工、道面损坏状况评价、道面维护技术、民用机场建设与施工管理。

本书大量引用了相关专业文献和资料,在此对相关文献的作者表示感谢。限于编者的理论水平和实践经验,且对新修订的规范学习理解恐还不够深入,书中难免存在疏漏和不妥之处,恳请广大读者批评指正。

目　　录

第 1 章　民航机场工程概述

1.1　民用机场概述

1.1.1　民用机场定义和分类

1. 民用机场定义

民航运输依赖飞机在空中飞行完成运输任务,但是飞机载运的旅客、货物、邮件等都来自地面,因此就需要一个场所提供民航运输的空中与地面的衔接服务,这个场所就是民用机场。

依据《中华人民共和国民用航空法》,民用机场是指专供民用航空器起飞、降落、滑行、停放以及进行其他活动使用的划定区域,包括附属的建筑物、装置和设施。

2. 民用机场分类

民用机场的分类方式有很多种。

(1)根据使用用途分类。

民用机场根据使用用途主要分为运输机场和通用机场。

①运输机场是指主要为定期航班提供运输服务的机场,其规模较大、功能较全、使用较频繁,知名度也较大。

②通用机场主要供专业飞行之用,使用场地较小,因此一般规模较小,功能单一,对场地的要求不高,设备也相对简陋。

(2)根据航线业务范围分类。

根据航线业务范围不同,民用机场可以分为国际机场、国内机场。

①国际机场是指拥有国际航线并设有海关、边检、检验检疫等联检机构的机场。

②国内机场是指专供国内航线使用的机场。

很多机场同时开设上述航线业务,通过不同的航站楼或不同的航站楼层加以区分。

(3)根据机场在民航运输系统中所起的作用分类。

按机场在民航运输系统中所起的作用不同,民用机场可以分为枢纽机场、干线机场和支线机场。

①枢纽机场是指作为全国航空运输网络和国际航线网络枢纽的机场。

②干线机场是指以国内航线为主、建立跨省跨地区的国内航线的、可开辟少量国际航线的机场。

③支线机场是指经济较发达的中小城市或经济欠发达但地面交通不便的城市地方机场。

(4)根据机场所在城市的地位、性质分类。

按机场所在城市的地位、性质不同,民用机场可以分为Ⅰ类机场、Ⅱ类机场、Ⅲ类机场和Ⅳ类机场。

①Ⅰ类机场是指全国政治、经济、文化中心城市的机场,是全国航空运输网络和国际航线的枢纽,运输业务量特别大,除承担直达客货运输外,还具有中转功能,北京首都国际机场、上海浦东国际机场、广州白云国际机场等属于此类机场。

②Ⅱ类机场是指省会、自治区首府、直辖市和重要经济特区、开放城市和旅游城市或经济发达、人口密集城市的机场,可以全方位建立跨省、跨地区的国内航线,是区域或省区内航空运输的枢纽,有的可开辟少量国际航线,Ⅱ类机场也可称为"国内干线机场"。

③Ⅲ类机场是指国内经济比较发达的中小城市,或一般的对外开放和旅游城市的机场,能与有关省区中心城市建立航线的机场,Ⅲ类机场也可称为"次干线机场"。

④Ⅳ类机场是指支线机场及直升机场。

1.1.2 民用机场功能区划分

按照不同区域活动主体不同,民用机场主要分为三部分:飞行区、航站区及地面运输区。飞行区为航空器地面活动的区域,飞行区分空中部分和地面部分,空中部分是指机场的空域,包括进场和离场的航路;地面部分包括跑道、滑行道、停机坪和登机门,以及一些为维修和空中交通管制服务的设施和场地,如机库、塔台、救援中心等。航站区包括航站楼建筑本身以及航站楼外的登机坪和旅客出入车道,它是地面交通和空中交通的接合部,是机场对旅客服务的中心地区。地面运输区是车辆和旅客的活动区域,严格地说,航站楼属于地面运输区,鉴于机场中很多活动在航站楼中进行,因而将航站楼作为一个独立的部分。

1. 飞行区

(1)飞行区概况。

①跑道。

跑道是用于飞机起飞滑跑和着陆滑跑的超长条形区域,大型机场跑道材质多是沥青或混凝土,是机场最核心的功能设施。跑道的方位和条数根据机场净空条件、风力负荷、航空器运行的类别和架次、与城市和相邻机场之间的关系、机场周围的地形和地貌、工程地质和水文地质情况、环境影响等各项因素综合分析确定,主跑道的方向一般和当地的主风向一致,这样能保证飞机在逆风中起降,增加空速和升力,使飞机在较短的距离中完成起降动作。

a. 跑道识别号码。

为了使驾驶员能准确地辨认跑道,每一条跑道都有一个编号。跑道识别号码是按跑道的大致方向编的,所谓方向,是从驾驶员看过去的方向,也就是起飞或降落时前进的方向。跑道方向一般以跑道磁方向角度表示,由北顺时针转动为正。跑道识别号码由两位阿拉伯数字组成,将跑道着陆方向的磁方位值除以 10,四舍五入后得到两位数字,同时将该数字置于跑道相反的一端,作为飞行人员和调度人员确定起降方向的标记。例如,天津滨海国际机场跑道的磁方向角为 160°～340°,则南端跑道号为 34,北端跑道号为 16,由于两者的磁方向角相差 180°,则跑道号相差 18。跑道号都是两位数,如果只有一位数,则用 0 补齐。如果某机场有同方向的几条平行跑道,就再分别冠以 L(左)、C(中)、R(右)等英文字母以示区别。

b. 跑道构形。

跑道构形取决于跑道的数量和方位,跑道的数量主要取决于航空交通量的大小。航空交通量小、常年风向相对集中时,只需单条跑道;航空交通量大时,则需设置两条或多条跑道。跑道构形包括单条跑道、平行跑道、交叉跑道和开口 V 形跑道等。

单条跑道是最简单的一种构形。单条跑道的容量较小,但这种构形占地少,适用于中小型地方机场或飞行量不大的干线机场,是大多数机场的主要构形。

平行跑道根据跑道的数目及其间距不同,它们的容量也不相同,一般为两条平行跑道,国际上也有少数机场设置了 4 条平行跑道。这种构形虽然占地较多,但跑道容量大,机场布局合理,很有发展前景。

交叉跑道是当常年风向使机场的使用要求必须由两条或两条以上跑道交叉布置时产生的,并把航站区布置在交叉点与两条跑道所夹的场地内。交叉跑道的容量通常取决于交叉点与跑道端的距离以及跑道的使用方式,交叉点离跑道起飞端和入口越远,容量越低;当交叉点接近起飞端和入口时,容量最大。

开口V形跑道是两条跑道不平行、不相交,散开布置的。和交叉跑道一样,当一个方向来强风时,只能使用一条跑道;当风力较小时,两条跑道可以同时使用。航站区通常布置在两条跑道所夹的场地上,机场容量取决于飞机起飞着陆是否从V形顶端向外进行,当从顶端向外运行时,容量最大。

c.跑道附属区。

跑道附属区主要包括跑道道肩、停止道、净空道、升降带和跑道端安全区等。

跑道道肩是跑道道面和邻接表面之间过渡用的区域,对称向外扩展,跑道及道肩总宽度大于或等于60 m,道肩结构强度小于道面。道肩的作用主要是在飞机滑出跑道时支撑飞机,以及支撑在道肩上行驶的车辆,同时可以减少地面泥土、砂石等进入发动机。

停止道是在可用起飞滑跑距离末端以外地面上一块划定的经过整备的长方形区域。停止道的作用是使飞机在放弃起飞时能在上面停住,其宽度与相连接的跑道相同;强度要求能承受飞机,不致飞机结构损坏即可。

净空道是指跑道末端后的一块区域,飞机可在该区上空进行一部分起始爬升,达到规定高度。净空道的起始点在可用起飞滑跑距离的末端,长度不超过可用起飞滑跑距离的一半,宽度从跑道中线延长线向两侧横向延伸至少75 m,对于净空道上空可能对飞机造成危险的物体视为障碍物应予以移去。

升降带的位置在跑道入口前,除Ⅰ级非仪表跑道外,自跑道或停止道端向外延伸60 m,宽度自跑道中心线横向延伸150 m(3、4级)和75 m(1、2级)。升降带的作用是减少飞机冲出跑道时遭受损坏的危险,使飞机起降过程中在其上空安全飞过。

跑道端安全区的位置是自升降带端延伸至少90 m,宽度至少为跑道宽度的2倍。其作用主要是减小飞机过早接地或冲出跑道时遭受损坏的危险。

②滑行道。

滑行道是机场的重要地面设施,是机场内供飞机滑行的规定通道。滑行道的主要功能是提供从跑道到航站区的通道,使已着陆的飞机迅速离开跑道,不与起飞滑跑的飞机相干扰,并尽量避免延误随即到来的飞机着陆。此外,滑行道还提供了飞机由航站区进入跑道的通道。滑行道可将功能不同的分区连接起来,使机场最大限度地发挥其容量潜力并提高运行效率。

各滑行道组成了机场的滑行道系统。滑行道系统的各组成部分起着机场各种功能的过渡媒介的作用,是机场充分发挥功能所必需的。

滑行道系统包括以下几种。

a.平行滑行道。平行滑行道与跑道平行,是联系机坪与跑道两端交通的主要滑行道。交通量少的跑道可不设平行滑行道。

b.进出口滑行道。进出口滑行道又称"联络滑行道",是沿跑道的若干处设计的滑行道,旨在使着陆飞机尽快脱离跑道。

c.快速出口滑行道(交通繁忙的机场设置)。快速出口滑行道可允许飞机以较高速度滑离跑道,从而减少占用跑道的时间,提高跑道的容量。一般情况下,快速出口滑行道与跑道交叉角应不大于45°、不小于 25°。快速出口滑行道在转出曲线之后必须要有一段直线距离,其长度应足够让转出飞机在进入 (或穿越)任何交叉滑行道以前完全停住,避免与在交叉滑行道上滑行的飞机发生碰撞。

d.机位滑行通道。机位滑行通道是指从机坪滑行道通往飞机停机位的通道。

e.机坪滑行道。机坪滑行道设置在机坪边缘,供飞机穿越机坪使用。

f.旁通滑行道。当交通密度为高时,宜设置旁通滑行道。旁通滑行道设在跑道端附近,供临时决定不起飞的航空器从进口滑行道迅速滑回用,也可供跑道端进口滑行道堵塞时航空器进入跑道起飞用。

g.绕行滑行道。当运行需要时,宜设置绕行滑行道,以减少飞机穿越跑道次数。绕行滑行道应不影响仪表着陆系统(instrument landing system,简称 ILS)信号及飞机运行,绕行滑行道上运行的飞机应不超过此时运行方式所需的障碍物限制面。绕行滑行道上运行的飞机应不干扰起飞和降落飞机驾驶员的判断,应根据运行需要设置目视遮蔽物。

h.滑行道桥。当滑行道必须跨越其他地面交通设施(道路、铁路、管沟等)或露天水面(河流、海湾等)时,则需要设置滑行道桥。滑行道桥应设置在滑行道的直线段上。

i.滑行道道肩及滑行带。滑行道道肩应能承受飞机气流吹蚀且无可能被吸入飞机发动机的松散物体。除机位滑行通道外,滑行道应设置滑行带,滑行带内应不得含有危害航空器滑行的障碍物。

③机坪。

机坪是民用机场运输作业的核心区域,此区域供飞机停放、上下旅客、装卸货物以及对飞机进行各种地面服务(包括机务维修、上水、配餐、加电、清洁等)。机坪布局应根据机坪的类别、停放飞机的类型和数量、飞机停放方式、飞机间的净距、飞机进出机位方式等各项因素确定。

根据使用的对象不同,机坪可分为登机坪(站坪)和停机坪。飞机在登机坪进行卸装货物、加油,在停机坪过夜、维修和长时间停放。机坪上划定的供飞机停放的位置简称"机位"。

(2)飞行区等级。

飞行区等级常用来代表机场等级,我国采用《民用机场飞行区技术标准》(MH 5001—2021)加以规范,采用飞行区指标Ⅰ和指标Ⅱ将有关规定和飞机特性联系起来,从而为在该飞机场运行的飞机提供适合的设施。飞行区指标Ⅰ根据使用该飞行区的最大飞机的基准飞行场地长度确定,共分 1、2、3、4 四个等级;飞行区指标Ⅱ根据使用该飞行区的最大飞机翼展确定,共分 A、B、C、D、E、F 六个等级,见表 1.1 和表 1.2。

表 1.1　飞行区指标Ⅰ

飞行区指标Ⅰ	飞机基准飞行场地长度/m
1	<800
2	800~1200(不含)
3	1200~1800(不含)
4	≥1800

注:飞机基准飞行场地长度是指某型飞机以最大批准起飞质量,在海平面、标准大气条件、无风和跑道纵坡为零的条件下起飞所需的最小场地长度。

表 1.2　飞行区指标 II

飞行区指标 II	翼展/m
A	<15
B	15～24（不含）
C	24～36（不含）
D	36～52（不含）
E	52～65（不含）
F	65～80（不含）

飞行区等级可以向下兼容,例如我国机场最常见的 4E 级飞行区常常用来起降国内航班最常见的 4C 级飞机(如 A320、B737 等),飞机一般使用跑道长度一半以下(约 1500 m)即可离地起飞或使用联络滑行道快速脱离跑道。在天气与跑道长度允许的情况下偶尔可在低等级飞行区起降高等级飞机,例如我国大部分 4E 级机场均可以减载起降 4F 级的 A380 飞机,但这会造成跑道寿命缩短,并需要在起降后人工检查跑道道面。

增加跑道长度有利于在降落时气象条件不佳、刹车反推失效或错过最佳接地点的情况下避免飞机冲出跑道,也有利于在紧急中断起飞的情况下利用剩余跑道长度减速刹车。增加跑道宽度有利于在滑跑偏离跑道中心线的情况下有较大修正余地,避免飞机冲出跑道。

2. 航站区

航站区是机场的客货运输服务区,是为旅客、货物、邮件服务的。航站区是机场空侧与陆侧的交接面,是地面与空中两种不同交通方式进行转换的场所。航站区主要由以下三部分组成。

①航站楼、货运站。

②航站楼、货运站前的交通设施,如停车场、停车楼等。

③航站楼、货运站与飞机的连接地点——站坪。

(1)机场航站楼流程组织。

航站楼作为机场的重要设施,其功能是迎送到达(进港)和离开(出港)的旅客,为其提供购票、问询、值机、行李处理、安检、候机以及其他的附加、延伸服务。航站楼的建造必须符合如下要求:首先,对于航站楼来说,核心问题是使旅客感到方便、舒适,而且便于在机场旅客吞吐量增长时继续扩展;其次,航站楼的一面是对空的,要便于飞机停靠、上下旅客、装卸行李货物以及在地面进行各种勤务,包括加燃料、检查飞机、加清水、抽污水、装各种供应品、清扫客舱等,航站楼的另一面是对地的,要便于旅客进出。

在组织航站楼内的各种流程时,第一,要避免不同类型流程交叉、掺混和干扰,严格将进、出港旅客分隔;出港旅客在(海关、出境、安检等)检查后与送行者及未被检查旅客分隔;到港旅客在(检疫、入境、海关等)检查前与迎接者及已被检查旅客分隔;国际航班旅客与国内航班旅客分隔;旅客流程与行李流程分隔;安全区(隔离区)与非安全区分隔等,以确保对走私、贩毒、劫机等非法活动的控制。第二,流程要简捷、通顺、有连续性,并借助各种标志、指示,力求做到"流程自明"。第三,在旅客流程中,尽可能避免转换楼层或变化地面标高。第四,在人流集中的地方或耗时较长的控制点,应考虑提供足够的工作面积和旅客排队等候空间,以免发生拥挤或受其他人流的干扰。

(2)机场航站楼布局。

机场航站楼是旅客办理相关手续,进入机场控制区等待登机的区域。航站楼除为旅客提供与乘机相关的服务外,还提供多种延伸服务,如购物、餐饮、休闲、办公等。

机场航站楼根据不同的设计布局可以分为线型、指廊型、卫星型和转运车型。

①线型。这种形式最简单,航站楼空侧边不做任何变形,仍保持直线,飞机机头向内停靠在航站楼旁,沿航站楼一线排开,旅客通过登机廊桥上下飞机,即出了登机门直接上机。它的好处是简单、方便,但只能处理少量飞机,一旦交通流量很大,有些飞机就无法停靠到位,造成延误。目前,我国客运量较少的机场多采用这种登机坪布局形式。

②指廊型。为了延展航站楼空侧的长度,指廊型布局从航站楼空侧边向外伸出若干个指廊型廊道,廊道两侧安排机位。由航站楼伸出走廊,飞机停靠在走廊两旁的数量大大增加,是目前机场中使用比较多的一种布局形式,走廊上通常铺设活动的人行道,使旅客的步行距离减少。

指廊型布局的优点是当进一步扩充机位时,航站楼主体可以不动,只需扩建作为连接体的指廊。缺点是当指廊较长时,部分旅客步行距离加大;飞机在指廊间运动时不方便;指廊扩建后,由于航站楼主体未动,陆侧车道边等不好延伸,有时给交通组织造成困难。

③卫星型。卫星型布局是在航站楼主体空侧一定范围内布置一座或多座卫星式建筑物,这些建筑物通过地下、地面或高架廊道与航站楼主体连接。卫星建筑物周围设有机位,飞机环绕在卫星建筑周围停放。

卫星型布局的优点是可通过卫星建筑的增加来延展航站楼空侧,而且一个卫星建筑上的多个机位与航站楼主体的距离几乎相同,便于在连接廊道中安装自动步道接送旅客,从而避免因卫星建筑距办票大厅较远而增加旅客步行距离。但卫星型布局的缺点是建成后不宜进行进一步扩建。

④转运车型。转运车型是指飞机停靠在机场的远机位,旅客需要通过摆渡车到达飞机附近。其优势是大大减少了建筑费用,有不受限制的扩展余地。大型飞机往往采用这种方式,因为近机位资源有限,没有办法停靠大型飞机。但它的劣势在于会增加停机坪上运行的车辆,增加相关服务人员,也增加旅客登机的时间,给旅客上下飞机带来不便。

3. 地面运输区

地面运输区包括两个部分:第一部分是机场进出通道;第二部分是机场停车场和机场内部道路系统。

(1)机场进出通道。

机场进出通道是指旅客为到达机场乘坐航班及航班到达后乘坐地面交通工具进出机场航站楼的道路。随着社会经济的不断发展和民用航空的大众化,民航机场逐渐成为城市的交通中心,且由于机场进出通道的使用者对时间要求比较严格,因而从城市进出机场的通道也演变为城市规划的一个重要组成部分,特别是大型城市,为了保证机场交通的通畅,通常修建了市区到机场的专用公路、高速公路或城市铁路。

一般情况下,只要是拥有机场的城市,为了解决旅客来往于机场和市区的问题,需要建立足够的公共交通系统,如有的机场开通了到市区的地铁、高架或铁路,而大部分机场有足够的公共汽车线路以方便旅客出行。同时,考虑到航空货运问题,修建机场进出通道时也要注意机场到火车站和港口的路线。

（2）机场停车场和机场内部道路系统。

①机场停车场。机场停车场除考虑旅客自驾车辆需求外,还要考虑接送旅客的车辆、机场工作人员的车辆及观光者车辆和出租车辆的需求,因此机场的停车场必须有足够大的面积。对于繁忙的机场,一般情况下,按车辆使用的急需程度把停车场分为不同的区域,离航站楼最近的是出租车辆和接送旅客车辆的停车区,以减少旅客步行的距离;机场职工或航空公司职工使用的车辆则安排到停车场较远位置,有条件的机场可以安排职工专用停车场。

②机场内部道路系统。机场要很好地安排和管理航站楼外的机场道路区域,这里各种车辆和工作人员混行,而且要装卸行李,特别是在航班高峰时期,容易出现混乱和事故。机场内部道路系统的另一个主要部分是安排货运的通路,使货物能够通畅地进出货运中心。

1.2　民航机场工程施工准备

机场工程施工是一项非常复杂的生产活动,涉及的范围十分广泛,需要处理复杂的技术问题,会耗用大量的人力、物资,动用许多机械设备;施工流动性大,遇到的条件多种多样,影响因素复杂。因此,为了保证施工顺利开展并连续进行,必须进行施工准备。

根据施工内容和对项目施工的影响程度,施工准备工作可分为施工前准备和施工中准备两个阶段。施工前准备是指为保证工程顺利开工、连续施工的需要而在工程开工前所做的各项准备工作。它既具有阶段性,又具有全局性,其准备充分与否,对整个项目施工的开展、进度和效益具有决定性影响。施工中准备是指为某一个施工阶段、某分部分项工程或某个施工环节创造作业条件所做的准备工作。它具有经常性,其准备的充分程度,对项目有关阶段和施工环节的开展、质量和进度具有重要影响。本章着重阐述施工前准备工作,分为资料收集、技术准备和现场准备。

1.2.1　资料收集

收集研究与施工活动有关的资料,可使施工准备工作有的放矢,避免盲目性。有关施工资料的调查收集可归纳为两个部分:自然条件的调查收集和技术经济条件的调查收集。自然条件是指通过自然力活动而形成的与施工有关的条件,如地形地貌、工程地质、水文地质及气象条件等;技术经济条件是指通过社会经济活动而形成的与施工活动有关的条件,如工区供水、供电,道路交通能力,地方建筑材料的生产供应能力及建筑劳务市场的发育程度,当地民风民俗,生活供应保障能力等。

1. 原始资料的调查

原始资料的调查主要是对工程条件、工程环境特点和施工条件等施工技术与组织的基础资料进行调查,以此作为项目准备工作的依据。

施工现场的调查内容包括:工程的建设规划图、建设地区区域地形图、场地地形图、控制桩与水准基点的位置及现场地形、地貌特征等资料。这些资料一般可作为设计施工平面图的依据。

工程地质、水文地质的调查内容包括:工程钻孔布置图,地质剖面图,地基各项物理力学指标试验报告,地质稳定性资料,暗河及地下水水位变化、流向、流速、流量和水质等资料。这些资料一般可作为选择土基处理方法的依据。

气象资料的调查内容包括:全年、各月平均气温,最高与最低气温及该气温的天数和时间;雨季起止时间,最大及月平均降水量、雷暴时间;主导风向及频率,全年大风的天数、时间等资料。这些资料一般可作为确定冬季、雨期季节施工工作的依据。

周围环境及障碍物的调查内容包括:施工区域现有建筑物、构筑物、沟渠、水井、古墓、文物、树木、电力架空线路、人防工程、地下管线、枯井等资料。这些资料可作为布置现场施工平面的依据。

2. 收集给排水、供电等资料

收集当地给排水资料,调查当地现有水源的连接地点、接管距离、水压、水质、水费及供水能力和与现场用水连接的可能性。若当地现有水源不能满足施工用水的要求,则要调查附近可作为施工生产、生活、消防用水的地面水或地下水源的水质、水量、取水方式、距离等条件,还要调查利用当地排水设施进行排水的可能性,排水距离、去向等资料。这些可作为选用施工给排水方式的依据。

收集供电资料,调查可供施工使用的电源位置、接入工地的路径和条件,可以满足的容量、电压及电费等资料或建设单位、施工单位自有的发变电设备、供电能力。这些资料可作为选择施工用电方式的依据。

收集供热、供气资料,调查冬季施工时附近蒸汽的供应量、接管条件和价格,建设单位自有的供热能力,当地或建设单位可以提供的煤气、压缩空气、氧气的能力及它们至工地的距离等资料。这些资料是确定施工供热、供气的依据。

3. 收集交通运输资料

建筑施工中主要的交通运输方式一般有铁路、公路、水运和航运等。交通运输资料涉及主要材料和构件运输通道的情况,包括道路、街巷、途经桥涵的宽度、高度、允许载重量和转弯半径限制等资料。存在超长、超高、超宽或超重的大型构件、大型起重机械和生产工艺设备需整体运输时,还要调查沿途架空电线、天桥的高度,并与有关部门商议,避免大件运输对正常交通产生干扰。

4. 收集"三材"、地方材料及装饰材料等资料

"三材"即钢材、木材和水泥。一般情况下,应摸清"三材"市场行情,了解地方材料(如砖、砂、灰、石等)的供应能力、质量、价格、运费情况;了解当地木材、金属结构、钢木门窗、商品混凝土、建筑机械的供应、维修与运输等情况;了解脚手架、模板和大型工具租赁等能提供的服务项目、能力、价格等条件,收集防水、防腐材料等市场情况。这些资料用作确定材料的供应计划、加工方式、储存和堆放场地及建造临时设施的依据。

5. 社会劳动力和生活条件调查

社会劳动力和生活条件调查主要是了解当地能提供的劳动力人数、技术水平、来源和生活安排;了解能提供作为施工用的现有房屋情况;了解当地主、副食产品供应,日用品供应,文化教育、消防治安、医疗单位的基本情况以及能为施工提供支援的能力。这些资料是拟订劳动力安排计划、建立职工生活基地、确定临时设施的依据。

1.2.2 技术准备

技术准备是根据设计图纸、施工地区调查研究收集的资料,结合工程特点,为施工建立必要的技术条件而做的准备工作。

1. 设计交底与图纸会审

施工图纸是施工的依据,在施工前建设单位和施工单位应详细阅读,对整个工程设计做到心中有数,然后组织设计交底与图纸会审。设计交底和图纸会审的目的是使建设、施工、监理、质量监督等单位的有关人员充分了解拟施工工程的特点、设计意图和工艺与质量要求,进一步澄清设计疑点,消除设计缺陷,统一思想认识,以便正确理解设计意图,掌握设计要点,保证按图施工。

(1)设计交底与施工图纸会审的程序。

设计交底和施工图纸会审通常是由业主单位、监理单位、施工单位、设计单位参加。首先由设计单位介绍设计意图、结构特点、施工及工艺要求、技术措施和有关注意事项及关键问题;再由施工单位提出图纸中存在的问题和疑点,以及需要解决的技术难题;然后通过研究和商讨,拟定出解决的办法,并写出会议纪要。会议纪要是对设计图纸的补充、修改,是施工的依据之一。

(2)设计交底的要点。

①有关的地形、地貌、水文气象、工程地质及水文地质等自然条件方面。

②施工图设计依据。其包括初步设计文件、主管部门及其他部门(如规划、环保、农业、交通、旅游等)的要求、采用的主要设计规范、甲方提供或市场供应的建筑材料情况等。

③设计意图。如设计思想、设计方案比较的情况、基础开挖及基础处理方案、结构设计意图、设备安装和调试要求、施工进度与工期安排等。

④施工应注意事项方面。如基础处理的要求、对建筑材料方面的要求、采用新结构或新工艺的要求、施工组织和技术保证措施。

(3)图纸审核的要点。

①对设计者资质的认定,是否经正式签署。

②设计是否满足规定的抗震、防火、环境卫生等要求。

③图纸与说明书是否齐全。图纸中有无遗漏、差错或相互矛盾之处,图纸表示方法是否清楚并符合标准要求。

④地质及水文地质等基础资料是否充分、可靠。

⑤所需材料的来源有无保证,能否替代;新材料、新技术的采用有无问题。

⑥施工工艺、方法是否合理,是否切合实际,是否存在不便于施工之处,能否保证质量要求。

⑦施工图或说明书中所涉及的各种标准、图册、规范、规程等,施工单位是否具备。

2.编制施工组织设计和施工预算

在熟悉设计资料和施工图纸,详细掌握现场情况后,编制施工组织设计。施工组织设计是指导拟建工程进行施工准备和组织施工的基本技术经济文件。它的任务是要对具体的拟建机场工程的施工准备工作和整个的施工过程,在人力和物力、时间和空间、技术和组织上,做出一个全面且合理,符合好、快、省、安全要求的安排。有了科学合理的施工组织设计,施工准备工作、正式施工活动才能有计划、有步骤、有条不紊地进行。从施工管理与组织的角度来讲,编制施工组织设计是技术准备乃至整个施工准备工作的中心内容。

施工预算是根据施工图预算、施工图样、施工组织设计、施工定额等文件进行编制的。它是施工企业内部经济核算和班组承包的依据,是编制工程成本计划的基础,是控制施工工料消耗和成本支出的依据。

3.机场施工控制网测设

(1)施工控制桩布设。

①布设方案。

机场飞行区位置的控制通常采用方格网控制方法。方格网分为主方格网和加密方格网 2 级。主方格网是加密方格网的基础,也是飞行区施工阶段测量工作的基本控制;加密方格网是测绘方格地形图和场地土方平整的依据。

主方格网控制桩通常在机场工程定点勘测时由建设单位委托勘测单位完成。主方格网的布设一般在详勘的 1∶2000 地形图上进行。先将设计的场道平面展绘在图上,主方格网布设 3 条相互平行的纵轴线:第一条布设在跑道中心线上,称为"主轴线";第二条布设在土跑道外侧 40 m 处;第三条布设在停机坪外侧 40 m 处。主方格网的边长一般为 200~400 m,组成正方形或矩形格网。主方格网边长应是加密方格网边长的整倍数。主方格网的横轴线应根据场道的大小来布设,一般在端保险道外 40 m 处设置一条,其余从跑道端点开始,每隔 200~400 m 设置一条横轴线。大部分控制桩设在施工区域以外,以便保护。跑道轴线两端延长线上,每端至少设置 2 个控制桩。主方格网点应埋设 8 个以上的永久性标志,永久性标志通常为 20 cm×20 cm×80 cm 的水泥桩。

为了满足混凝土道面和排水工程放线测量的要求,应对主方格网控制桩进行加密和引测,或根据需要增设主方格网控制桩,形成加密方格网。加密方格网的边长应能等分主方格网边长,例如主方格网边长为 400 m 或 200 m 时,则加密方格网宜布设成 40 m×40 m 的正方形格网。此外,为了便于土方量计算和地面平整,常在一些变坡线处,例如跑道的两边线、平行滑行道的两边线,加设一排方格桩。此项工作通常在飞行区土方基本平整、道面基层开工之前,由施工单位完成。测设前,施工单位应对主方格网控制桩进行复测验收,证明其符合规定测量精度要求,方可作为施工测量的依据。验收合格后,建设单位向施工单位办理移交手续。复测精度未达到要求,以及控制桩的埋设不符合规定时,不得作为施工测量首级控制的依据,并由原测设单位重新测设。接收后的所有测量标志,均由施工单位保护。

施工单位结合现场施工实际需要,对建设单位提供的首级控制网进行加密时应注意以下问题。

a.加密控制网(桩)的测量精度必须符合规范规定。

b.距离、角度和高程(水准)等的观测要求,应符合现行测量规范规定。

c.道面混凝土和排水工程施工用的水准点,宜埋设在跑道及滑行道的一侧,每 100 m 布设一个,最大视距不得大于 70 m;其他工程每 160 m 布设一个,最大视距不得大于 100 m。

d.各项工程的平面定位测量,必须引用两个以上控制桩予以联测。对于土跑道、端保险道、平地区等土质地带,就近控制点的位置误差应控制在 20 mm 之内。

e.工程竣工后,全场应保留 3 个以上永久性控制桩,其中跑道中线延长线上的两端保险道端部,至少各设一个桩点,并与国家平面坐标系统联测;其余桩点可设在滑行道的一侧。

②测量精度要求。

飞行区平面控制网通常布设成方格网的形式,可分为主方格网和加密方格网两级,其测设应符合相关要求及规定。

飞行区方格网高程测量可分为一、二、三级,对应水准测量等级依次分为二、三、五等,可根据场区的实际需要布设,特殊需要可另行设计。

③控制桩埋设要求。

施工控制桩采用永久性的混凝土标石。桩的顶面应不小于 150 mm×150 mm,底面应不小于 250 mm×250 mm,高应不小于 800 mm。埋设深度:在南方不小于 80 cm,在北方冰冻线以下不小于 20 cm,

但埋设总深度不得小于 80 cm。埋设高度宜低于完工后的场地高程。控制桩测设后,应妥善保护。

（2）机场工程施工图放样。

机场建筑物的施工图放样是按照建筑物的设计,以一定的精度将其主要轴线和大小转移到实地上,并将其固定起来。这一项工作是为建筑物的施工做准备,是施工过程的一个开端,没有这项工作,一切建筑物不可能正确地、有计划地进行施工。

建筑物放样的工作包括:直线定向、在地面上标定直线并测设规定的长度、测设规定的角度和高程。在整个施工过程中的各个阶段都有这种放样工作,施工离不开测量放样,放样又应与施工的计划和进度相配合。

①机场建筑物的放样顺序。

机场建筑物放样一般依照下列次序进行。

a.以施工图为依据、方格网控制桩为基准,依次测出主跑道、平行滑行道、联络滑行道和站坪、停机坪等人工道面的纵轴线。

b.利用已测出的人工道面的轴线,进一步测出人工道面各部分的边界线。

c.以方格网控制桩为基准,或利用邻近人工道面轴线,测出土跑道、端保险道、排水设施、道路、围界等建筑物的界线或轴线。

②机场建筑物放样精度要求。

各建筑物的平面、高程定位测量,必须引用两处以上的施工控制桩并应闭合,以免错误。其测量精度应分别符合表 1.3 和表 1.4 二级的要求。

表 1.3　平面控制测量技术要求

平面控制等级		导线长度 /km	平均边长 /km	测角中误差 /(″)	测距中误差 /mm	测距相对中误差	测回数		方位角闭合差 /(″)	相对闭合差
							2″级仪器	6″级仪器		
一级	二级导线	2.4	0.25	8	15	≤1/14000	1	3	$16\sqrt{n}$	≤1/14000
二级	三级导线	1.2	0.10	12	15	≤1/7000	1	2	$16\sqrt{n}$	≤1/7000

注:n 为测站数。

表 1.4　高程控制测量技术要求

高程控制等级		每千米高差全中误差 /mm	路线长度/km	水准仪的型号	水准尺	观测次数		往返较差、附合或环线闭合差	
						与已知点联测	附合或环线	平地 /mm	山地 /mm
一级	二等水准	2		DS1	因瓦	往返各一次	往返各一次	$4\sqrt{L}$	—
二级	三等水准	6	≤50	DS1	因瓦	往返各一次	往一次	$12\sqrt{L}$	$4\sqrt{n}$
				DS3	双面		往返各一次		
三级	五等水准	15		DS3	单面	往返各一次	往一次	$30\sqrt{L}$	—

注:n 为测站数;L 为往返测段、附合或环绕的水准路线的长度,km;结点之间或结点与高级点之间,其线路的长度应不大于表中规定的 0.7 倍。

1.2.3　现场准备

1.清理障碍物

(1)拆迁原有构筑物和工程网。

为了不影响主要工程的开工,构筑物和工程网的拆迁应该及时进行。一般按先小后大、先易后难的拆迁顺序进行。拆迁前,必须针对现场情况做实地调查,了解拆迁工程的性质,并绘制拆迁工程位置及数量图,决定拆迁范围、期限,并考虑其利用的可能性。

位于道面范围内的房屋、道路、供电与通信线路、上下水道、水渠及其附属物等,应连同其基础及周围的杂物清除干净;位于其他部位的,其覆土厚度大于 30 cm 时可不做处理,但对可能引起沉陷的暗沟(管)、井眼、空洞等,应予妥善处理。

拆迁工作一般由建设单位完成,但也有委托施工单位来完成的。工作中应注意如下几点。

①一定要事先摸清现场情况,特别是原有建筑物和构筑物情况复杂、以往资料不全时,在清除前更应注意采取相应的措施,防止发生事故。

②对于房屋的拆除,一般要把水源、电源切断后才可进行拆除。对于较坚固的房屋和地下老基础,则可采用爆破的方法拆除,但这需要委托有相应资质的专业爆破作业单位来承担,并且必须经公安部门批准方可实施。

③架空电线(包括电力、通信)、地下电缆(包括电力、通信)的拆除,要与电力部门或通信部门联系并办理有关手续后方可进行。

④自来水、污水、煤气、热力等管线的拆除,应委托专业公司来完成。

(2)树木清除。

凡位于道坪及其周围 5 m 以内的树木、竹林、灌木丛等,应连同树(竹)根彻底清除。其他部位,若覆土厚度大于 1 m,需就地锯平,可不去根;若覆土厚度不足 1 m,则应连根清除。树木清理须报园林部门批准后方可进行。

(3)坑、穴、井等隐患及沟塘处理。

①坟墓处理。

清理坟墓之前,应查清坟墓分布情况,进行编号、登记,送请当地政府办理迁移手续。遇有文史价值的古墓,必须采取妥善措施予以保护,并报请文化机关处理。

清墓时,必须清除一切腐朽物,直至出现老土为止。为了使回填土与老土结合良好,应沿坟坑边沿挖成台阶形,台阶高 25 cm、宽 50 cm 左右。若地下水位较高,应先填砂(或级配好的砂砾石),并分层回填夯实至地下水位以上 40～60 cm,再分层填筑好土。

②沟塘、水井的处理。

a.沟塘的处理。沟塘宜在秋、冬枯水季节进行处理。清理时,先将沟塘里的积水排除,然后清除淤泥,挖至硬土为止。沟塘岸边杂草应清除干净,并挖成台阶,最后用好土分层回填夯实。施工时,要防止雨水流入。在清理地下水位较高的沟塘时,要准备好足够的施工力量以及必要的抽水设备、照明工具。排水、清淤后,下面应立即分层填筑粗砂或砂砾石至地下水位以上 40～60 cm,用履带式拖拉机分层压实,施工时应连续作战、一气呵成,以免地下水渗湿新填土层。上面分层填筑好土,用压路机碾压到规定压实度。

b. 水井的处理。对于较浅的井,可先将水抽干,掏净淤泥杂物,然后用好土分层回填夯实;对于较深且水不易抽干的井,可先用砂或砂石混合料填筑至静水位以上 20 cm,隔 1~2 d 后,再用同样材料填筑 1 m 左右,然后用好土分层回填压(夯)实。为了保证新、老土的结合,一律在道面土基面下 2 m 处扩大上口,挖成台阶,再进行填土处理。

2."三通一平"

"三通一平"是指路通、水通、电通和场地平整。这项工作一般由建设单位自行负责,也可委托施工单位完成。它是施工单位人员、机械设备、大宗材料进场和工程开工的先决条件。

(1)路通。

施工现场的道路是组织施工物资进场的动脉。为保证施工物资能早日进场,必须按施工总平面图的要求,修好现场永久性道路以及必要的临时道路。在开通道路时应先考虑利用原有的交通设施,对拟建的永久交通设施,应争取提前修建,以节约临时工程费用,降低施工成本,缩短施工准备时间,争取早日开工,为使施工时不损坏路面和加快修路速度,可以先修路基或在路基上铺简易路面,施工完毕后,再铺永久性路面。如需要修筑临时道路,其布局须根据现场情况及施工需要而定。

(2)水通。

施工现场的通水包括给水和排水两个方面。施工用水包括生产、生活与消防用水。通水应按照施工总平面图的规划进行安排。施工给水设施应尽量利用永久性给水线路。临时管线的铺设既要满足生产用水的需要和使用方便,也要尽量缩短管线。

施工现场的排水也十分重要,尤其是在雨季,场地排水不畅,会影响正常的施工和运输。为避免施工场区雨后积水,延迟工程进度和影响质量,必须根据地形条件、道面位置、降雨量、地下水位高低及填挖土方的分布情况,规划全场的临时排水系统。临时排水应和永久排水工程相结合,以便节约工程费用。

①防洪。

通常结合永久排水工程,先修筑场外截水沟、外壕和防洪土堤等,防止场外洪水侵入。

②排除地表水。

通常在跑滑之间开挖一条主干沟,在跑道、滑行道两侧道肩边缘挖小的临时排水沟,道槽内侧排水沟的水引入主干沟排到场外,外侧排水沟的水直接引到场外。

对于已完工的永久排水干管、分管、盖板明沟,都可用来排除地表水,但在临时排水沟接向干管、分管的检查井或交汇井处,应设置临时过滤层(如铁丝网等),防止水管被泥沙淤塞。

③降低地下水位。

当场区地下水位较高影响道槽土方作业时,应根据地下水位的流向,在上游挖沟截断地下水源。当道槽土方因地下水影响含水率过大,在道槽两侧挖沟后仍不能明显降低地下水影响时,可在道槽内垂直跑道方向挖临时排水沟。为了不影响机械施工,可在沟内回填砂或级配好的砂砾石,形成盲沟,地下水渗入盲沟排入道槽两侧沟内。

(3)电通。

电通是指在开工前,将施工、生活用电先行接通。通电应按照施工组织设计要求布设线路和通电设备,通常包括临时变电站、施工现场配电变压器及其以外的高压电力线路。电源首先应考虑从国家电力系统或建设单位已有的电源上获得。施工现场用电通常根据计算的施工生产和生活用电的数量,向当地供电部门申请用电计划,经批准后,将施工现场电源接通。工程规模较大、用电较多或当地永久电源不能保证时,要考虑自备电源,以确保施工用电。

(4)场地平整。

场地平整是指在开工前,依据施工组织设计,对施工单位居住的临时营区、临时设施场地、料场、停车场等进行土方平整,使之达到或接近设计高程。

场地平整工作是根据施工总平面图规定的高程,通过测量,计算出填挖土方工程量,设计土方调配方案,组织人力或机械进行平整工作。如果工程规模较大,这项工作可以分段进行,先完成第一期开工的工程用地范围内的场地平整工作,再依次进行后续的场地平整工作,为第一期工程项目尽早开工创造条件。

3. 搭设临时设施

在布置安排现场生活和生产用的临时设施时,要遵照当地有关规定进行规划布置,如房屋的间距、标准应符合卫生和防火要求,污水和垃圾的排放应符合环境的要求等。临时建筑平面图及主要房屋结构图,都应报请城市规划、市政、消防、交通、环境保护等有关部门审查批准。为了施工方便和安全,对于指定的施工用地的周界,应用围挡围起来,围挡的形式、材料及高度应符合市容管理的有关规定和要求。在主要入口处设标示牌,标明工程名称、施工单位、工地负责人等。各种生产、生活用的临时设施,包括特种仓库、混凝土搅拌站、预制构件场、机修站、各种生产作业棚、办公用房、宿舍、食堂、文化生活设施等,均应按照批准的施工组织设计规定的数量、标准、面积、位置等要求来组织修建,大、中型工程可分批、分期修建。

此外,在考虑施工现场临时设施的搭设时,应尽量利用原有建筑物,尽可能减少临时设施的数量,以便节约用地,节约投资。

4. 施工现场人员组织准备

施工现场人员组织准备是指工程施工必需的人力资源准备。工程项目施工现场人员包括项目经理部管理人员(施工项目管理层)和现场生产工人(施工项目作业层)。人力要素资源是项目施工现场最活跃的因素,人力要素可以掌握管理技能和生产技术,运用机械设备等劳动手段,作用于材料物资等劳动对象,最终形成产品实体。一项工程的质量很大程度上取决于承担这一工程的施工人员的素质。现场施工人员的选择和组合将直接关系工程质量、施工进度及工程成本。因此,施工现场人员的组织准备是工程开工前施工准备的一项重要内容。

项目经理是完成项目施工任务的最高责任者、组织者和管理者,是工程项目施工过程中责任和权利的主体,在整个工程项目活动中占有举足轻重的地位。项目经理在项目经理部中处于核心地位,是公司法人代表在工程项目上的全权委托代理人。项目经理确定后,由项目经理根据工程施工项目任务的具体需要和施工企业的规定选配其他管理人员,组建项目经理部。

项目经理部应当配置能满足项目施工正常运行的预算、成本、合同、技术、施工、质量、安全、机械、物资、后勤等方面的管理人员。

施工项目作业层是指直接从事施工劳务操作的劳作队伍,通常来源于地方建筑企业或农村建筑队,应对其性质、规模、管理水平、技术状况、职工素质及企业信誉等情况进行全面调查和考核,择优选用,并按《中华人民共和国民法典》和有关规定订立合同。开工前,应根据劳力使用计划落实劳力来源,并按计划组织进场。

5.物资准备

物资准备是项目施工必需的物质基础。在施工项目开工之前,必须根据各项资源需要量制订计划,分别落实货源,组织运输和安排好现场储备,使施工现场满足项目连续施工的需要。

(1)物资准备工作的内容。

物资准备是一项较为复杂又细致的工作,它包括机具、设备、材料、成品、半成品等多方面的准备。

①材料的准备。

建筑材料的准备主要是根据工料分析,按照施工进度计划的使用要求和材料储备定额和消耗定额,分别按照材料名称、规格、使用时间进行汇总,编制出建筑材料需要量计划,为组织备料、确定材料的仓库面积或堆场面积以及组织运输提供依据。建筑材料的准备包括"三材"、地方材料和装饰材料的准备。准备工作应根据材料的需要量计划组织货源,确定物资加工方法、供应地点和供应方式,签订物资供应合同。

应根据施工现场分期分批使用材料的特点,按照以下原则进行材料的储备。首先,应按工程进度分期、分批进行,现场储备的材料多了会造成积压,增加材料保管的负担,同时多占用流动资金;储备少了又会影响正常生产。所以材料的储备应合理、适宜。其次,做好现场材料保管工作,以保证材料的原有数量和原有使用价值。再次,现场材料的堆放应合理。现场储备的材料,应严格按照施工平面布置图的位置堆放,以减少二次搬运,且应堆放整齐,标明标牌,以免混淆。再次,应做好材料的防水与防潮,做好易碎材料的保护工作。最后,应做好技术试验和检验工作,对于无出厂合格证明和没有按规定测试的原材料,一律不得使用,不合格的建筑材料和构件一律不准出厂和使用,特别对于没有把握的材料或进口原材料更要严格把关。在施工过程中,应将相同料源、规格、品种原材料作为一批次,分批次进行检测,合格后方可使用。

模板是施工现场使用量大、堆放占地面积大的周转材料。模板及其配件规格多、数量大,对堆放场地要求比较高,一定要分规格、型号整齐码放,防雨、防锈蚀,便于使用及维修。

②构配件及制品加工准备。

根据施工预算提供的构件、配件及制品名称、规格、数量和质量,分别确定加工方案和供应渠道,以及进场后的储存地点和方式,编制出其需要量计划,为组织运输和确定堆场面积提供依据。工程项目施工中需要大量的预制构件、门窗、金属构件、水泥制品以及洁具等,这些构件、配件必须事先提出订制加工单。对于采用商品混凝土现浇的工程,则先要到生产单位签订供货合同,注明品种、规格、数量、需要时间及送货地点等。

③施工机具设备的准备。

施工前应根据各类机具、设备、车辆及油料等使用计划,分期分批组织施工机具进场。其中需要维修、租赁和购置的,应按计划落实。对机械设备、测量仪器、机具工具及各种试验仪器等进行全面检查、调试、校核、标定、维修和保养,并适量储备主要施工机械的易损零部件。

(2)物资准备工作的程序。

①编制物资需要量计划。根据施工预算、分部工程施工方案和施工进度安排,分别编制建筑材料、

构(配)件、制品和施工机具设备需要量计划。

②组织货源。根据各项物资需要量计划,组织货源,确定加工方法、供货地点和供货方式,签订相应的物资供应合同。

③编制物资运输计划。根据各项物资需要量计划和供货合同确定各项物资运输计划和运输方案。

④物资储存和保管。根据物资使用时间和施工平面布置要求,组织相应物资进场,经质量和数量检验合格后,按指定地点和方式分别进行储存和保管。

1.3　民航机场工程施工机械

机场场道工程通常工程量大,主要采用机械化方式施工。常用的大型施工机械主要包括铲土运输、挖掘、拌和、摊铺、碾压等机械。了解和掌握常用施工机械的使用性能,对正确选择施工机械、科学地进行机械化施工组织与管理、保证工程质量、加快工程进度有着十分重要的意义。

1.3.1　铲土运输机械

1. 推土机

推土机前部为推土刀片(或称"推土铲"),通过驾驶员的操控,放下铲刀,铲刀切入土壤,依靠推土机前进时的动力,可以完成土壤的切削和推运作业,是一种适于短距离推土、运土的工程机械。由于它具有结构简单、操纵机动灵活、能适应多种作业以及生产率高等特点,在工程建设中得到非常广泛的应用,是一种用途广泛的工程机械。

(1)推土机的分类。

推土机可按其行走方式、推土板(或称"铲刀")的安装方式、操作系统及发动机功率进行分类。

按照行走方式分类,推土机分为履带式和轮胎式。履带式推土机在工程施工中应用广泛,按接地比压及使用条件不同又可分为:高比压推土机(接地比压 98 kPa 以上),主要适用于大型推土机在石方作业中进行岩石剥离工作;中比压推土机(接地比压为 58～96 kPa),适用于一般性推土作业;低比压推土机(接地比压为 10～29.5 kPa),适用于在湿地和沼泽地带作业。高、中比压推土机统称为"普通推土机",低比压推土机称为"湿地推土机"。此外还有水陆两用和水下作业推土机等。轮胎式推土机由于接地比压较大(一般为 200～350 kPa),附着牵引性能较差,在潮湿松软的场合作业容易打滑、陷车,影响工作效率,在坚硬锐利的岩石场合作业时轮胎又极易磨损,在工程上采用不多。

按照推土板的安装方式分类,推土机可分为固定式和回转式两种。固定式推土机的推土板垂直于推土机的轴线不变,只能向前推土,故又称"直铲推土机"或"正铲推土机"。回转式推土机的推土板可在水平方向回转一个角度(一般前后回转 25°),以进行斜铲作业,推土板还可在垂直面内倾斜一个角度(一般为 0°～9°),以进行侧铲作业。大中型推土机都采用这种形式的推土板。凡能进行斜铲和侧铲作业的推土机称为"万能推土机";只能侧铲而不能进行斜铲的推土机则称为"可倾式直铲推土机"。

按照操作系统分类,推土机可分为机械式操纵和液压式操纵两种。前者提升铲刀时依靠后动力绞盘的钢绳来操纵,依靠铲刀的自重实现下降或切入土壤,因此铲刀比较笨重,但结构较简单,目前仍在生产使用。液压式操纵比较轻便,铲刀升降灵活,在液压油缸作用下,可借助推土机的重量强制切入硬土和冻土。液压操纵系统还具有使用寿命长、能限制过载等优点。

按照发动机功率分类,推土机分为小型(37 kW 以下)、中型(37～250 kW)、大型(250 kW 以上)三种,国产推土机大多是中型和大型。

(2)推土机的适用范围。

推土机一般适用于季节性较强、工程量集中、施工条件较差的施工环境,如路基修筑、基坑开挖、平整场地、清除树根、堆集石渣等,并可为铲运机与挖装机械松土、助铲,牵引各种拖式工作装置等。推土机主要用于 30～100 m 短距离作业,大型推土机的运距不得超过 150 m,经济运距为 50～80 m。所谓"经济运距"是指推土机的生产效率达到最高时的运距。

国产推土机的分类和型号编制方法如表 1.5 所示。

表 1.5　国产推土机的分类和型号编制方法

组	型	特性	代号和含义	主参数	
				名称	单位
推土机 T	履带式		履带式机械推土机(T)	功率	kW
		Y(液)	履带式液压机械推土机(TY)		
		Q(全)	履带式全液压推土机(TQ)		
	轮胎式 L		轮胎式液压机械推土机(TL)		
		Q(全)	轮胎式全液压推土机(TLQ)		

(3)推土机的生产率。

推土机推土的生产率与土壤性质、运距、行驶速度、地面坡度、时间利用系数等有关,可按式(1.1)～式(1.3)计算。

$$Q = \frac{480qK_{B}K_{Y}}{t} \tag{1.1}$$

$$q = \frac{LB^{2}K_{n}}{2K_{p}\tan\varphi} \tag{1.2}$$

$$t = \frac{l_{1}}{v_{1}} + \frac{l_{2}}{v_{2}} + \frac{l_{1}+l_{2}}{v_{3}} + 2t_{5} + t_{6} \tag{1.3}$$

式中:Q 为推土机推土的生产率;q 为推土机推移土料的体积,m^3;K_{B} 为时间利用系数,一般取 0.75～0.85;K_{Y} 为坡度影响系数,对于平地作业,$K_{Y}=1.0$,对于上坡作业(坡度 5%～10%),$K_{Y}=0.5\sim0.7$,对于下坡作业(坡度 5%～15%),$K_{Y}=1.3\sim2.3$;L 为推土板长,m;B 为推土板高,m;K_{n} 为土壤漏失系数,取 0.75～0.95;K_{p} 为土壤最初可松性系数;φ 为推土板前堆积土壤的自然倾角;t 为每一工作循环时间,min;l_{1} 为切土距离,一般为 6～10 m;l_{2} 为运土距离,一般小于 100 m,60 m 最佳;v_{1}、v_{2}、v_{3} 为切土、运土、返回速度,m/min;t_{5} 为推土机调头时间,min,可取 0.167 min;t_{6} 为换挡时间,min。

2. 铲运机

铲运机是一种利用装在前后轮轴之间的铲运斗,在行进中进行铲装、运输和铺卸等作业的机械,还可以用来平整土壤和对土壤进行压实,具有高速、长距离、大容量运土的能力。由于铲运机的运土过程是铲斗装满后进行,沿工作线路上漏土损失少,生产率高,经济运距大于推土机的经济运距,特别适用于大量土方和大面积场地平整的工程,但不适用于土壤中含有石块、杂物的场合以及深度挖掘的作业。

(1)铲运机的分类。

铲运机按其行走方式分类,可分为拖式、半拖式和自行式三种类型;按照铲斗容量分类,可分为小型(3 m³以下)、中型(4~14 m³)、大型(15~30 m³)和特大型(30 m³以上)四种形式;按卸土方法分类,可分为强制式、半强制式和自由式三种;按操纵系统形式分类,可分为钢索滑轮式和液压操纵式两种。

(2)铲运机的适用范围。

铲运机应在Ⅰ、Ⅱ级土中施工,如遇Ⅲ、Ⅳ级土应预松。在土的湿度方面,铲运机最适宜在湿度较小(含水率在25%以下)的松散砂土和黏土中施工,不适宜于在干燥的粉砂土和潮湿的黏性土中作业,更不宜在地下水位高的潮湿地区和沼泽地带以及岩石类地区作业。

铲运机在施工中应尽可能地利用下坡地形铲装和运输,以提高生产率,铲运机铲装时的下坡角宜为7°~8°,在这样的坡度上铲装效率最高;如坡度过大,铲下的土不易进入斗内,效率反而降低。

铲运机的经济运距视类型不同而异,一般与斗容量的大小成正比,但也不是绝对的,如表1.6所示。现代常用的铲运机铲斗容量多为7~35 m³,当运距在100~5000 m,施工作业面又较平坦时,采用铲运机施工最为经济。有文献指出,一台10 m³的自行式铲运机可以完成一台1 m³单斗挖掘机和与之配套的四台载重量10 t、自重9 t的自卸汽车的工作量。

表 1.6　各种铲运机的适用范围

类别			堆装斗容/m³		经济运距/m		道路坡度/(%)
			一般	最大	一般	最佳	
拖式铲运机			2.5~18	24	100~500	100~300	15~25
自行式铲运机	单发动机	一般铲装	10~30	50	200~2000	200~1500	5~8
		链板装载	10~30	35	200~1000	200~600	5~8
	双发动机	一般铲装	10~30	50	200~2000	200~1500	10~15
		链板装载	10~16	34	200~1000	200~600	10~15

(3)铲运机的生产率。

铲运机生产率按式(1.4)计算。

$$Q = \frac{480qK_C \cdot K_B}{t \cdot K_p} \tag{1.4}$$

式中:q为铲斗几何容积,m³;K_C为铲斗装土充盈系数,铲运机取0.85~1.3,单斗挖土机取0.8~1.1;K_B、t、K_p意义同前,采用铲运机时,K_B取0.8~0.9;采用挖土机时,K_B取0.8~1.0。

3.平地机

平地机是一种完成大面积土壤的平整和整形作业的土方工程机械。它的主要工作装置为铲刀,并可配备多种辅助装置(松土器、推土板等)。它是土方工程中用于整形和平整作业的主要机械,广泛用于机场、公路工程施工等大面积的地面平整作业。

(1)平地机的分类。

按行走方式不同分类,平地机可分为拖式和自行式。前者因机身沉重,操作费力,动作不灵活,已经被淘汰。后者机具有轮胎行走装置,机动灵活,生产效率高,被广泛采用。自行式平地机按刮刀和行走装置的操纵方式可分为机械和液压式两种。机械式结构复杂,操纵性能差,现也基本被淘汰,目前多采用液压式平地机。

平地机按轮轴数分为四轮双轴和六轮三轴两种,前者为轻型机,后者为中大型机;按驱动轮数分为两轮、四轮、六轮驱动三种;按车轮转向情况又分为前轮转向式、全轮转向式两种。

自行式平地机的车轮对数(或轮轴数)用三个数字来表示,即车轮总对数(或轮轴数)×驱动轮对数(或驱动轴数)×转向轮对数(或转向轴数)。驱动轮越多,附着牵引力越大;转向轮越多,则转弯半径越小,因此3×3×3机械的作业性能最好,是大、中型平地机采用较多的形式。当前,自行式平地机还广泛采用铰接车架和转向轮能够对轮轴倾斜的结构,前者增加平地机的灵活性,后者当平地机受侧向荷载时(如在斜坡上作业),车轮倾斜,使机械具有较大的工作稳定性。

自行式平地机按轮对分类如表1.7所示;平地机按照刮刀长度和发动机功率分类如表1.8所示;平地机型号编制方法如表1.9所示。

表1.7 自行式平地机按轮对分类

车轮数	符号	含义
六轮	3×3×3	全轮驱动,全轮转向
	3×3×1	全轮驱动,前轮转向
	3×2×1	中、后轮驱动,前轮转向
四轮	2×2×2	全轮驱动,全轮转向
	2×1×1	后轮驱动,前轮转向

表1.8 平地机按照刮刀长度和发动机功率分类

类型	拖式	自行式		
	刮刀长度/m	刮刀长度/m	发动机功率/kW	机械质量/t
轻型	1.8~2.0	3.0	44.1~66.2(60~90 HP)	5~9
中型	2.0~3.0	3.0~3.7	66.2~110.3(90~150 HP)	9~14
重型	3.0~4.2	3.7~4.2	110.3~220.7(150~300 HP)	14~19

表1.9 平地机型号编制方法

类	组	型	特性	产品名称及代号	主参数	
					名称	单位
铲土运输机械	平地机(P)	自行式		机械式平地机(P)	发动机功率	kW
			Y(液)	液压机械式平地机(PY)		
			Q(全)	全液压式平地机(PQ)		
		拖式 T		机械式平地机(PT)		
			Y(液)	液压式平地机(PTY)		

（2）平地机的适用范围。

平地机的铲土刮刀与推土机的推土铲刀相比具有较大的灵活性，它能连续改变刮刀的平面角和倾斜角，使刮刀向一侧伸出，可以连续进行铲土、运土、大面积平地、挖沟、刮边坡等作业。平地机其他可换作业装置有耙子、推土铲刀、犁扬器、延长刮刀、扫雷器等。平地机是机场、公路工程施工的主要工程机械之一，主要用于土方平整，修筑路堤、路基，旁刷边坡等；还可用来在道槽土基或基层上拌和稳定土材料，疏松土壤和清除草皮、石块等。

（3）平地机生产率。

平地机平整作业的生产率按式（1.5）计算。

$$Q = \frac{60 \times L \times (l \times \sin\varphi - 0.5) \times K_b}{n \times \left(\dfrac{L}{V} + t\right)} \tag{1.5}$$

式中：L 为平整地段长度，m；l 为刮刀长度，m；φ 为刮刀的平面角度；K_b 为时间利用系数；n 为平整段所需行程数；V 为平整时的行驶速度，m/min；t 为掉头一次所需时间，min。

1.3.2　挖掘机与装载机

1. 挖掘机

挖掘机是挖掘和装载土、石、砂砾和散粒材料的重要施工机械。按照挖掘机的结构和工作原理不同，可分为单斗挖掘机和多斗挖掘机两类，施工中以单斗挖掘机最为常见，故仅对单斗挖掘机加以介绍。

（1）单斗挖掘机的分类。

单斗挖掘机按行走方式分类，分为履带式、轮胎式、步履式和轨行式；按采用的动力方式分类，分为内燃式和电动式等；按工作装置形式分类，分为正铲、反铲、拉铲、抓铲等；按传动方式分类，分为机械式和液压式，近年来，机械式逐步被液压式取代；按适应工作环境分类，分为适于高原地区、寒冷地区、沼泽地区等。

（2）单斗挖掘机的适用范围。

单斗挖掘机是用单个铲斗开挖和装载土石方的挖掘机械，可就近卸土或配备自卸汽车进行远距离卸土。其特点是挖掘力大，生产率高，工作装置可更换，可进行挖、装、填、夯、抓、刨、吊、钻等多种作业，使用范围大。

正铲主要用于挖掘停机面以上的土壤，大面积开挖时采用此形式。其特点是"前进向上，强制切土"，挖掘力大，生产率高。正铲挖掘机适宜于在土壤含水率不太大、无地下水的地区工作；适宜开挖停机面以上Ⅰ～Ⅱ级土。用正铲挖掘机开挖基坑（槽）时，需设置进出口通道，其坡度为1∶10～1∶7。

反铲主要用于挖掘停机面以下的土壤，其工作灵活，使用较多，是挖掘机的一种主要工作装置形式。挖土特点是"后退向下，强制切土"。其挖掘力比正铲小，能开挖停机面以下的Ⅰ～Ⅲ级土，适用于开挖沟槽及挖深不大于 4 m 的基坑，对于地下水位较高处也能适用。

拉铲挖掘机的挖土特点是"后退向下，自重切土"。其挖土半径和挖土深度较大，能开挖停机面以下的Ⅰ～Ⅱ级土，但不如反铲灵活准确，适用于开挖大而深的基坑、清除淤泥或水下挖土。

抓铲挖掘机的挖土特点是"直上直下，自重切土"。其挖掘力较小，只能开挖松软土，主要用于小面积深挖，如挖井、窄而深的基坑或水中淤泥。

(3)单斗挖掘机的生产率。

单斗挖掘机生产率的计算参考式(1.4)。

2.装载机

装载机是装备铲斗做工作装置的工程机械,兼有推土机和挖掘机两者的工作能力,是一种工作效率较高的铲土运输机械,可进行铲掘、推运、整平、装卸和牵引等多种作业,适应性强,作业效率高,操纵简便,是一种发展较快的循环作业式机械。

(1)装载机的分类。

装载机按工作装置分类,可分为单斗式、挖掘装载式和斗轮式三种;按动臂形式分类,可分为全回转式、半回转式和非回转式三种;按自身结构特点分类,可分为刚性式和铰接式两种;按行走方式分类,可分为轮胎式与履带式两种,轮胎式单斗装载机机动灵活,行驶速度快,并可在一定距离内自铲自运,得到广泛应用,履带式单斗装载机接地比压小,对地面的附着力大,可以在任何地面行走,但机动性差,作业效率低,应用不广;按功率大小分类,可分为小于 74 kW 的小型装载机,74~147 kW 的中型装载机,147~515 kW 的大型装载机,大于 515 kW 的特大型装载机。

(2)装载机的适用范围。

装载机在建筑工程中广泛用于散粒物料的装载、运送和卸载。在土方工程中,装载机主要用于装松散土和短距离运土,也可用于松软土的表层剥离、地面的平整和松散材料的收集清理工作。

单斗装载机用于土方工程挖运土作业,通常与自卸汽车配合。但若运距不大或运距和道路坡度经常变化的场合下,装载机可单独进行自铲自运作业。一般认为如果装载机的铲、运、卸作业循环时间小于 3 min,自卸自运在经济上是合理的。图 1.1 表示单斗装载机自铲自运作业的合理运距。由图可知,合理运距与总阻力有关,在 AB 线以下,根据总阻力大小,可以找到自铲自运的合理运距。

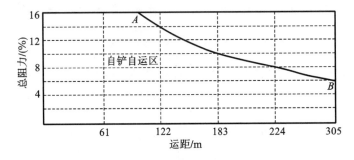

图 1.1　单斗装载机自铲自运作业的合理运距

装载机生产率的计算参考式(1.4)。

1.3.3　运输车辆

1.车辆类型

在施工中运输大量土石方、砂砾料和大宗建筑材料、施工设备,主要依靠轮胎式工程运输车辆。轮胎式工程运输车辆可以分为公路型和非公路型两大类。非公路型车辆的轴荷和总重均超过公路规定标准,因此不允许在正规公路上行驶。

（1）公路型车辆。

①自卸汽车。其特点是靠自身的动力驱动车辆行驶，车厢直接安装在汽车车架之上。对于自卸汽车的车厢，一般是向后倾翻卸料。按照转向方式，可分为偏转车轮转向和铰接转向两种，后者是近年来逐渐发展起来的。采用铰接式转向机构的车辆，其转弯半径较小，且具有良好的越野性能。按照公路运输车辆轴荷和总重的法规限制，公路型双轴汽车的总重不超过 20 t，三轴汽车的总重不超过 30 t，单后轴重不超过 13 t，双后轴重不超过 $2\times12=24(t)$，载重汽车的驱动形式常以 4×2、4×4、6×4 和 6×6 等表示，其中第一个数字表示汽车车轮总数（双轮胎作一轮计），第二个数字表示驱动车轮数。对于越野汽车，为了充分利用汽车附着重量，提高其通过性，一般采用全轮驱动形式，如 4×4 和 6×6 的车辆。

②牵引汽车和挂车。牵引汽车是专门用来牵引挂车和半挂车的。它的驱动形式有 6×4、6×6 和 8×8，通过支承连接装置与半挂车相连。半挂车和挂车有底卸式半挂车、后卸式半挂车（主要用来运输砂石材料）、阶梯车架式半挂车和重型平板式挂车（用来运输工程机械）等形式。

（2）非公路型车辆。

非公路型车辆包括：后卸式或侧卸式重型自卸汽车、双轴牵引拖带的底卸式或侧卸式半挂车、单轴牵引拖带的底卸式或后卸式半挂车。

与公路型自卸式汽车相比较，非公路型车辆的后卸式重型汽车的外形尺寸较大，车轴荷载不受公路轴荷和总重的限制。

2. 车辆生产率计算

自卸汽车以及由轮式牵引拖带的各式半挂车的生产率 Q_B 可由式（1.6）计算。

$$Q_B = V\frac{480}{T}K_B \tag{1.6}$$

式中：V 为每一工作循环的载运量，以车厢的堆装容量计，m^3，但实际载运量不得超过车辆的载重量；T 为工作循环时间，min；K_B 为时间利用系数。

工作循环时间 T 可由式（1.7）计算。

$$T = t_1 + t_2 + t_3 + t_4 \tag{1.7}$$

式中：t_1 为由装载机械装满一车厢所需时间，min；t_2 为行驶时间，包括重车运输和空车返回的行驶时间，min；t_3 为在卸料点倒车转向和卸料的时间，min；t_4 为在装载机械近旁的调车时间，min，但不包括因等候装车耽误的时间。

1.3.4　压实机械

压实机械是一种利用机械自重、振动或冲击的方法，对被压实材料（土、碎砾石、砂及各种混合料）重复加载，排除其内部的空气和水分，使之达到一定密实度和平整度的作业机械。场道工程施工中，采用专用的压实机械进行压实是施工的关键工序之一，压实效果的好坏直接关系工程质量的优劣。

1. 压实机械的分类

（1）按照压实力作用原理分类。

压实机械按压实原理可分为静压式、冲击式、振动式以及复合式四种。

静压式压实机械又称"滚压机械"，是用具有一定质量的滚轮慢速滚过料层，用静压力使被压层获得永久残留变形，随着碾压次数的增多，材料的密实度增加，而永久残留变形减少，最后实际永久残留变形等于零。为了进一步提高被压材料的密实度,必须用较重的滚轮来滚压。滚压的特点是循环延续时间长,材料应力状态的变化速度不大,但应力较大。常见机械有各种型号的自行式静钢轮压路机、轮胎压路机、羊脚压路机及各种拖式压滚机械等。

冲击式压实机械又称"冲击夯实机械",是利用一大块质量较大的物体,从某一高度上周期性地自由下落从而产生冲击力,将材料压实。冲击压实的特点是对材料所产生的应力变化速度很大。在压实土壤时,特别是对黏性土壤有较好的压实效果。常见机械形式有强夯、蛙夯、爆炸夯等。

振动式压实机械是利用固定在某一质量的物体上的振动器所产生的高频振动传给被压材料,使其发生接近自身固有振动频率的振动,这样材料就具有很大的流动性,颗粒相互靠近,密实度增加,材料被压实。振实的特点是表面应力不大、过程时间短、加载频率大,可广泛用于黏性小的材料,如砂土、水泥混凝土混合料。常见设备有混凝土平板振动器以及各类振动夯实机械。

复合式压实机械是同时采用几种压实的方法,这样能利用每种压实方法的优点,提高压实效果。振动式压路机分别利用滚压和振实两种压实方法,常见机械包括各种拖式和自行式振动压路机;振荡式压路机分别利用滚压和振荡(水平振动)两种压实方法;冲击式压路机分别利用滚压和冲击两种压实方法,常见机械有各类多边形冲击式压路机。

振动夯实机械实际上也属于复合式压实机械,除具有冲击夯实力外,还有振动力同时作用于被压实层,如内燃和电动振动夯等。

(2)按照行走方式分类。

压实机械按照行走方式可分为自行式、拖式和手扶式三种。

(3)按照工作装置的形状、制造材料分类。

压实机械按滚轮的材质可分为钢轮式、胶轮轮胎式、组合式(钢轮与轮胎组合)三种;按滚轮的形状又分为光轮、格栅轮、凸轮式(或羊脚式)、圆盘轮、多边形(三边或五边形等)等。

2. 常用压实机械的性能

(1)静力式光轮压路机。

静力式光轮压路机沿工作面前进后退反复地滚动,使被压实材料达到足够的承载力和平整的表面。为了进一步提高被压材料的压实度,必须用较重的滚轮来滚压。但是,依靠静荷载(自重)压实,材料颗粒之间的摩擦力阻止颗粒进行大范围运动,随着静荷载的增加,颗粒间的摩擦力也增加。因此,静荷载压实有一个极限的压实效果,无限地增加静荷载有时也不能达到要求的压实效果,反而会破坏材料的结构。

静力式光轮压路机,按压轮数和轴数可分为两轮两轴、三轮两轴式和三轮三轴式;按整机质量可分为轻型、中型、重型和超重型;按车架结构可分为整体式和铰接式;按传动方式可分为机械传动式和液压传动式。

静力式光轮压路机适用于碾压各类土。静力式光轮压路机的滚轮与土壤的接触面积较大,单位压力小,压实能力由表面向下层逐渐减少,使上层密度大于下层密度,路基的整体密实性差,因而一般用于压实度要求不高或压实厚度较小(25 cm 以下)的土石方工程,最适合在薄层罩面、易损坏的基础或结构物上碾压使用。

静力式光轮压路机在压实土方与基层材料方面不如振动压路机有效,在压实沥青铺筑层方面又不如轮胎压路机性能好。可以说,静力式光轮压路机能完成的工作,均可用其他形式的压路机来代替。

为了使压路机的压实性能、操纵性能、安全性能和减小噪声等方面有所改进,现代静力式光轮压路机多采用大直径的滚轮、全轮驱动技术,还可采用液力机械传动、静液压式传动和液压铰接式转向等技术。这样不仅可以减小压路机的驱动阻力,提高压实的平整度和压实效果,减小转弯半径,而且在弯道压实中不留空隙。

(2)静压式的非光面碾。

静压式的非光面碾包括羊脚碾、凸块碾和格栅碾等形式。

羊脚碾的羊脚端面呈椭圆形或长方形,其长轴与滚筒转动方向一致。羊脚的端面面积为 $20\sim66$ cm²,其长度与碾重、铺土厚度有关,一般为 $20\sim40$ cm。重型羊脚碾的滚筒直径较大,因而羊脚长度和端面面积均较大。为了减少羊脚出土时的翻松现象,滚筒直径 D 与羊脚长度 L 之比一般为 $5\sim8$,滚筒宽度 $B\geqslant(1.1\sim1.2)D$,以维持必要的横向稳定性,滚筒一般有较大的自重,使羊脚端面有足够的压强,但应不大于土体压实后的强度极限值。羊脚碾适用于分层压实黏性土,对于非黏性土壤和含水率高的黏土,压实效果不好,不宜采用。

凸块碾上的凸块有正方形和呈梯形锥体状的,这样可减少凸块在插入和拔出时土的侧向移动。而且高速(作业速度达 $16\sim20$ km/h)的凸块碾对土体能产生夯实和振实作用,提高了压实效果。凸块的高度一般为 20 cm,比羊脚矮些,但端面面积一般为 150 cm²,比羊脚的大些。端面的接触压力为 1.2 MPa,与羊脚端面的接触压力 2.74 MPa 相比要小得多。凸块具有静压、夯击、揉搓和拌和等多种压实作用,因此对土质的适应范围比较大,可碾压各类土。

格栅碾的表面呈筛网状,使碾重通过少数接触点传递给压实的土体,因而适于压实不易破坏的黏土团块和软岩,使压碎的细小颗粒充填到大块岩石孔隙中,并使土体表面平整,从而得到密实的土体。

最初生产的静压式的非光面碾大多是拖式的,近年来则多生产自行式铰接转向的各种形式的非光面碾,还能兼用牵引车的动力来驱动滚筒内的振动机构,故使用性能更为完善。特别是自行式铰接转向的凸块碾受到广泛重视,应用范围比较大。

(3)轮胎压路机。

轮胎压路机是利用光面充气轮胎来压实的静作用力机械。同钢光轮相比,胶轮产生的垂直压力作用面积大、均匀,在同一地点作用时间长,并且由于橡胶的弹性,胶轮将对铺层产生水平往复力,即产生揉搓作用。由于在同一地点作用时间长,压实力能沿各个方向移动材料粒子,使轮胎压路机压实均匀,压实效果好。另外,轮胎压路机还可增减配重,改变轮胎充气压力来适应各种材料的压实。

轮胎压路机按行走方式可分为拖式和自行式两种;按轮胎的负载情况可分为多个轮胎整体受载、单个轮胎独立受载和复合受载三种;按轮胎在轴上安装的方式可分为各轮胎单轴安装、通轴安装和复合式安装三种;按平衡系统形式可分为杠杆(机械)式、液压式、气压式和复合式等几种;按轮胎在轴上的布置可分为轮胎交错布置、行列布置和复合布置;按转向方式可分为偏转车轮转向、转向轮轴转向和铰接转向三种。

自行式轮胎压路机实际上是一种两排轮胎的特种车辆。它由发动机、传动系统、轮胎工作装置、操纵机构、机架、制动系统、洒水装置等组成。其特点是前排轮胎为转向从动轮,一般配置 $4\sim5$ 个,后排轮胎为驱动轮,一般配置 5 个或 6 个。前、后排轮胎的行驶轨迹既叉开,又有小部分重叠,使机械碾压一遍,压实带的全宽都能压到。另一个特点是必须安装制动效能良好的蹄片式脚制动器,以便能高速行驶转移工地。此外,它还配置两种辅助装置:一种是洒水装置,既可在工作中向前、后轮洒水,又可将水作为加载物使用;另一种是可在驾驶室内控制的轮胎气压调整装置,视需要增减胎内气压,从而改变其对压实层的线压力值,以提高压实效能。

拖式轮胎压路机主要用于机场土方的压实,整机质量为 100 t、120 t,甚至高达 200 t。最常用的压路机质量为 20~25 t 和 40~45 t。采用此种类型的轮胎压路机,最佳压实厚度大于静力式光轮压路机和羊脚碾,压实要求相同时,所需碾压遍数少,因此生产率高。

轮胎压路机能适应不同条件下的各类压实作业,既可有效压实黏土,还可压实砂砾石等非黏性土,特别在沥青面的压实作业,因为"揉搓"作用,有利于消除表层的波纹和裂纹,更显示出其优越性。另外,轮胎压路机在对边部进行压实时,对相邻结构物的擦边碰撞破坏比钢轮压路机要小得多,还不会破坏底层土壤固有的黏结性,使各压实层之间能良好地黏结,从而增强土基、道面结构层的整体性;此外,碾压级配石料铺筑层时,轮胎压路机不会碾碎石料,破坏石料原有的级配,从而使石料能很好地嵌紧。

(4)振动压路机。

振动压路机按工作原理、操作方法和用途的不同,有不同的分类方法。

①按机器结构质量分类,可分为轻型、中型、重型和超重型。

②按行驶方式分类,可分为自行式、拖式和手扶式。

③按振动轮数量分类,可分为单轮振动、双轮振动和多轮振动。

④按驱动轮数量分类,可分为单轮驱动、双轮驱动和全轮驱动。

⑤按传动方式分类,可分为机械传动、液力机械传动、液压机械传动和全液压传动。

⑥按振动轮外部结构分类,可分为光轮、凸块(羊脚)轮、橡胶压轮。

⑦按振动轮内部结构分类,可分为振动、振荡和垂直振动。其中,振动又可分为单频单幅、单频双幅、单频多幅、多频多幅和无级调频调幅。

⑧按振动激励方式分类,可分为垂直振动激励、水平振动激励和复合激励。其中,垂直振动激励又可分为定向激励和非定向激励。

自行式振动压路机机体尺寸小,质量轻,机动灵活,在机场土石方工程、基层和沥青面层工程施工中普遍采用。光轮振动压路机适于压实砂石、砂砾石、碎石、基层稳定土混合料和面层沥青混合料,压实效果较好,但对黏性土壤效果不好。凸轮振动压路机是一种通用性较大的压实机械,既可以碾压除砂外的非黏性土壤,也可以碾压含水率不大的黏性土壤和砂砾土,但不适于碾压土基面层、半刚性基层混合料和沥青混合料。手扶式振动压路机的机重一般不超过 1 t,由人工推动转向,主要用于狭窄场地进行辅助性压实工作。

(5)冲击压路机。

冲击压路机是兼具强夯机和普通振动压路机优点的一种压实机械,作业方式为冲击和滚动重压复合,整个压实过程是一个复杂的周期加随机过程。工作中压实轮对路基产生大振幅冲击剪切,具有地震波传播特性,并通过压缩波(纵波)、剪切波(横波)和瑞利波(表面波)三种冲击波形式以高振幅、低频率的方式将极高的能量压入地面,对土方产生强烈的冲击作用。这种冲击作用可有效增大压实厚度和压实体积,并减少压实遍数,从而大大提高路基的压实功效。通常,振动压路机的最佳碾压速度为 3~6 km/h,最佳压实层厚度为 0.2~0.3 m。而冲击压路机的冲击功能可较振动压路机增加 10 倍,有效压实厚度可由振动压路机的 0.2~0.3 m 增加至 1.0~1.5 m,影响深度可达到 5 m,碾压速度较振动压路机提高 2 倍以上。

冲击压路机按凸轮外部结构可分为三边弧、四边弧、五边弧、六边弧等;按凸轮数可分为单排和双排两类;按行走方式可分为自行式和拖式;按冲击能量可分为 15 kJ、20 kJ、25 kJ、30 kJ 能级冲击碾。目前市场上最常使用的有三边弧的 25 kJ 和五边弧的 15 kJ 冲击压路机。三边弧冲击压路机主要应用于原地基处理、填土补强压实和铺层压实;五边弧冲击压路机主要应用于填土铺层压实和旧水泥路面的破碎。

实践证明,冲击压路机适用于湿陷性黄土、黏土、膨胀土、砂石土、粉砂土、土石混填料等的压实作业,特别对于高填方施工,冲击碾压不但快速高效,而且冲击碾压后土方产生显著压缩沉降,加速填土的固结变形,明显减少施工后沉降。冲击压路机广泛应用于浅层软弱地基的处理,高填方的分层增强补压,填挖交界的增强补压以及旧水泥路面的破碎。

(6)夯实机械。

夯实机械适用于夯实黏性土和非黏性土,铺层厚度可达 1～1.5 m 或更多,还可用于夯实自然土层。

夯实机械按其结构和工作原理,可分为自由落锤夯、爆炸夯、蛙式夯、振动冲击夯和振动平板夯;按其冲击能量,可分为轻型、中型和重型。轻型夯实机械冲击能量为 0.8～1 kN·m;中型夯实机械冲击能量为 1～10 kN·m;重型夯实机械冲击能量为 10～50 kN·m。

蛙式夯、振动冲击夯和小型振动平板夯等手扶式夯实机械属于轻型夯实机,可由内燃机和电动机驱动。这些机型的质量不大于 200 kg,适于夯实沟槽和基坑回填土,特别适用于墙角等狭窄地带和小面积的土方夯实作业。爆炸夯和大型振动平板夯等夯实机械属于中型夯实机械。

自由落锤式夯属于重型夯实机械。这种机型具有很高的冲击能量,夯实板质量为 1～3 t,提升高度为 1.0～2.5 m,夯实板在自重作用下夯击土壤,夯击频率比较低,频率取决于夯锤的提升高度。

蛙式打夯机是一种简易的夯实机械,市场拥有量较大,但工作效率很低,安全性较差,一般只能进行小面积薄辅层的平整和初步压实等工作。

在机场工程中主要采用振动平板夯、振动冲击夯和蛙式夯,夯实沟、坑、高填方边缘等狭窄作业部位的土方以及沟槽的垫层。

3.压实机械生产率计算

压实机械的生产率 Q 可由式(1.8)和式(1.9)计算。

$$Q = \frac{1000Bhv}{n}K_B \tag{1.8}$$

$$Q' = \frac{60BL}{\left(\frac{L}{v}+t\right)n}K_B \tag{1.9}$$

式中:Q 为体积生产率,m³/h;B 为有效压实宽度,m,等于碾宽减去搭接宽度 0.1～0.2 m;h 为压实层的厚度,m;v 为压实作业速度,m/min;n 为压实遍数;K_B 为时间利用系数,根据现场作业条件确定,条件良好时,$K_B=0.6～0.8$,场地面积小,工作困难时,$K_B=0.4～0.6$;Q' 为面积生产率,m²/h;L 为碾压地段长度,m;t 为掉头时间,min,自行式压实机械取 0.007～0.008 min,拖式压实机械取 0.25～0.35 min。

第 2 章　土方工程施工

2.1 土的分类与基本工程性质

1. 土的分类

(1)按土质和工程特性分类。

土的种类繁多,成分极为复杂,不同土体结构及其所处的状态不同,土的特性指标变化通常很大。在工程建设中,通过分类来认识和识别土的种类,并针对不同类型的土进行研究和评价,以确定利用和改造处理土体的方案,使其适应和满足工程建设的需要。

在机场和公路工程中,首先依据土的工程特性,将土分为一般性土和特殊性土;然后按粒度将一般性土分为巨粒土、粗粒土、细粒土;巨粒土又按照巨粒含量细分为3挡,即漂(卵)石、漂(卵)石夹土和漂(卵)石质土;粗粒土又按颗粒级配及细粒组含量再细分为6挡;细粒土按塑性图和有机质含量再细分成16种。

特殊土划分为四类,即黄土、膨胀土、红黏土和盐渍土。黄土大部分位于塑性图 A 线以上,w_L(液限)$<40\%$,属低液限黏土;膨胀土大部分位于塑性图 A 线以上,$w_L>50\%$,属高液限黏土;红黏土大部分位于塑性图 A 线以下,$w_L>55\%$,属高液限粉土。

塑性图是一种以塑性指数 I_P 为纵坐标,以液限 w_L 为横坐标,用于细粒土分类的图。由卡萨格兰德 (A·Casagrande)于 1942 年提出。根据《土的工程分类标准》(GB/T 50145—2007),塑性图如图 2.1 所示。在图 2.1 中,液限 w_L 为用碟式仪测定的液限含水率或用质量 76 g,锥角为 30°的液限仪锥尖入土深度 17 mm 对应的含水率;虚线之间区域为黏土-粉土过渡区。

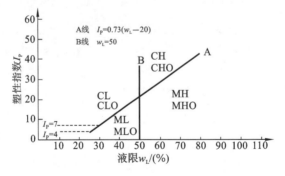

图 2.1　塑性图

注:CH 为高液限黏土;CHO 为有机质高液限黏土;CL 为低液限黏土;CLO 为有机质低液限黏土;
MH 为高液限粉土;MHO 为有机质高液限粉土;ML 为低液限粉土;MLO 为有机质低液限粉土

(2)按土的开挖难易程度分类。

在机场建筑工程中,为合理选择土方工程的施工方法、确定劳动量消耗和工程费用,将土按开挖难易程度进行分级。一般分为6级:土分为松土、普通土、硬土,岩石分为软石、次坚石、坚石。但有时也要用到16级,即将土分为 Ⅰ～Ⅳ 4 级,将岩石分为 Ⅴ～ⅩⅥ 12 级。

2. 土的可松性与压缩性

(1)土的可松性。

天然状态下的土(未经扰动的土)经开挖后,组织被破坏,体积增加,有些土虽经回填被压实,仍不能恢复原来的体积,所以土具有可松性。土的可松性程度可用可松性系数表示,见式(2.1)和式(2.2)。

$$K_p = \frac{V_2}{V_1} \tag{2.1}$$

$$K'_p = \frac{V_3}{V_1} \tag{2.2}$$

式中:K_p为土的最初可松性系数;K'_p为土的最后可松性系数;V_1为土在天然状态下的体积,m^3;V_2为土开挖后的松散体积,m^3;V_3为土经回填压实后的体积,m^3。

由于土方工程量是以天然状态的体积(或称"实土体积")来计算的,在计算土方机械生产率、运土工具数量等时,需要用最初可松性系数进行换算。最后可松性系数是计算填方所需挖土工程量、进行土方调配设计的重要参数。各类土的可松性系数参见表2.1。

表 2.1　各类土的可松性系数

可松性系数	土类					
	松土(Ⅰ)	普通土(Ⅱ)	硬土(Ⅲ)	软石(Ⅳ)	次坚石(Ⅴ)	坚石(Ⅵ)
K'_p	1.08~1.17	1.14~1.28	1.24~1.32	1.30~1.45	1.30~1.45	1.45~1.50
K'_p	1.01~1.03	1.02~1.05	1.04~1.09	1.10~1.20	1.10~1.20	1.20~1.30

表2.1中所列K'_p值是在轻型击实标准条件下确定的。工程实践表明,在现代重型压实机具施工条件下,一般的土(松土、普通土和硬土类中的某些土)回填碾压密实后的干密度比开挖前原状土的干密度要大,即其K'_p值小于1。所以,在实际工程中,K'_p应根据现场碾压机具条件,通过现场试验测定。

(2)土的压缩性。

土的另一个特性是具有可压缩性。工程上利用土的这个特性,通过施加一定的外部功能,使土压缩,达到设计要求的密实度。土的压缩程度可用压缩率来表示,见式(2.3)或式(2.4)。

$$K_e = \frac{V_0 - V_3}{V_3} \times 100\% \tag{2.3}$$

$$K_e = \frac{h_0 - h_3}{h_3} \times 100\% \tag{2.4}$$

式中:K_e为土的压缩率;V_0为碾压前土的体积;V_3为土压实后的体积;h_0为碾压前土的厚度;h_3为碾压后土的厚度。

当K_e已知时,可求得土的松铺厚度,见式(2.5)。

$$h_0 = (1 + K_e)h_3 \tag{2.5}$$

式中:$(1+K_e)$为压实系数。

3. 机场土方工程特点和施工的基本程序

(1)飞行区土方工程施工的主要特点。

①平整性和密实性。

机场道面土基和土跑道、端安全道等土面区要求有较高的密实度和良好的平整度。有强度要求的土面区,密实度要求达0.90以上。平整度一般要求用3 m直尺检查,对于最大间隙,土基不大于20 mm,土面区不大于50 mm。

②施工场区宽阔。

土方工程的分布具有场地的性质,作业面宽阔,不像公路工程分布呈直线形,作业面狭窄,更适合机械化施工。

③土方量挖、填平衡。

飞行场区挖、填土方量通常是平衡的,不需从场外取土或弃土到场外。

④受自然因素影响大。

由于施工场区宽阔,水文地质和气象等自然条件对土方工程施工的影响更大。尤其是南方多雨地区,通常因施工场区积水或地下水位高,土的含水率过大而难以施工,延误工期。北方寒冷地区,春季地面冻融,也给土方工程施工造成困难。

(2)基本施工程序。

机场土方工程施工的任务是按照设计意图,将起伏不平的天然地面修建成具有一定强度和稳定性的较为平坦的地势表面,所以工程施工按场地平整性质分两大区域:道面土基平整施工、土面区平整施工。其施工程序如图 2.2 所示。

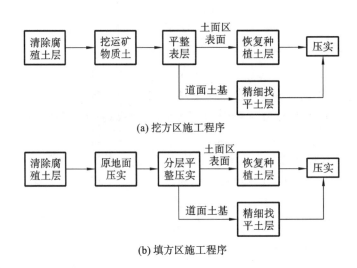

(a) 挖方区施工程序

(b) 填方区施工程序

图 2.2　机场土方工程施工基本程序

2.2　土方开挖与运输

2.2.1　土方工程施工测量与腐殖土处理

1.土方工程施工测量控制

在施工准备阶段建立的施工方格网控制桩建立了飞行区结构物设计图纸与现场间的根本联系,是土方工程施工进行平面位置和高程控制的依据。

在施工过程中,土方工程平面位置和高程的控制通常采用方格网法,以跑道两侧控制桩为基准,将施工区域划分为若干个方格。方格的边长,根据施工精度要求而定。

(1)粗略控制。

挖土区上部土层的开挖区和填方区中间各层的填筑,只需粗略控制,方格网的边长一般为 20～40 m。

①挖方区:当挖土厚度较大时,先测出施工区域边界线,并撒上白灰,告诉现场施工员大致挖土厚度即可;待开挖至距设计高程 20～40 cm 时,在各方格网点预定高程处理白灰桩,控制开挖高程。

②填土区:中间各层可通过在各方格网点处设样桩(土堆)的方法来控制填土高程。

(2)精确控制。

道槽土基和土面区的表层,平整度和高程的允许偏差要求比较严,施工放样的方格网边长不能太大,一般为 10～20 m。施工时,在各方格点处打桩,并标出填(或挖)的位置,挂线找平。

2.腐殖土处理

腐殖土层土方工程施工包括腐殖土的清除和土面区种植土层的恢复。飞行场区土面区恢复种植层,以利长草,是机场工程的一项特殊要求,其目的是防止土面区表层被雨水冲刷;避免刮风和飞机喷气流吹起尘土影响飞行安全;还有利于飞行员在空中识别跑道。

(1)清除腐殖土。

腐殖土清除是将不适宜作为土基材料的土壤与有机物质混合的沉积物移去和处理。腐殖土应包括会腐烂或产生填方沉降的材料。它可能由草皮和腐烂的树桩、树根、原木、腐殖质、草根或其他不能掺和到填方中的材料组成。

腐殖土清除范围:道槽土基(含宽出道肩 1 m)部位的腐殖土,必须在其整个深度内彻底清除;对于其他部位,当填土厚度超过 60 cm 时,可不清除,但要割去草秸;零线(不填不挖)地段可不清除腐殖土,直接进行平整碾压;小填土地区(10～20 cm)不需清除腐殖土作业,将挖土地区运来的矿质土直接填在上面,然后翻拌找平碾压。

腐殖土清除通常采用推土机,它可以独立地完成腐殖土层的去除、堆放、恢复和平整的全部工序。也可以采用平地机施工。当腐殖土不能就近堆放、运距较远时,一般采用铲运机作业或者用推土机铲除、堆放,用自卸汽车倒运。施工时应注意以下方面。

①不与底层矿质土互相混杂。如果作业区有乱石堆、杂草、树根等,应先清除,后进行腐殖土作业。

②保持腐殖土团粒结构,不过分打碎,使其在堆放过程中保持天然含水率。

③腐殖土层的清除后恢复尽可能组织流水施工,以便减少腐殖土往返搬移构成的"附加作业"量。

(2)恢复种植土。

土面区种植土层的恢复应在表层基本平整后进行。为了形成良好的草皮覆盖,表面的种植层应有足够厚度(不少于 10 cm),并具有适合草皮生长的条件。

2.2.2　挖土的一般要求

挖土的深度按设计要求确定。如果挖土区设计面有恢复种植层的要求,则挖土深度应比设计面低一层种植层的厚度。道槽土基部位则应考虑挖土后碾压时的压缩可能,预留几厘米。

当挖方区挖土深度不大时,可一次开挖至设计高程,挖方深度大时应分层进行,并应结合挖方区断面的宽度、长度、地形条件,合理规划作业区,从上到下分层分段依次进行,并挖成一定坡势,以利于排水。

挖土大致分两个步骤:第一步是粗略挖土,即挖到离设计面还有少许距离,以免超挖;第二步是修整挖土区面层。挖土要结合地形,避免形成凹形洼地,以免降雨积水,如果不能避免(如道槽),应采取临时排水措施。松土时,应使机械形成的犁沟通向附近排水沟。堆土时,土堆的纵轴方向,以及挖土时铲运机或推土机行驶后所形成的犁沟方向应与地表水径流的方向重合,以利于雨天排水。

挖土用作填方时,应在挖土前将树根、草皮、杂物等清除干净。不同类别的土不宜混挖。

道面部位挖方区的底层,如发现局部有劣质土壤(流沙、泥炭、淤泥、盐渍土等)或土层含水率较大不能压实的情况,应与设计单位协商处理措施,并按设计要求处理。

原地面坡度大于 1∶5 的挖方段,不宜在挖方上侧弃土;在其下侧弃土时,应将弃土表面整平并向外倾斜,防止地面水流入挖方区。

挖土时不得从坡脚或底部掏挖,防止发生塌方事故。永久性挖方区的边坡应严格控制,做到及时放样,经常测量检查,随时修坡,开挖至边坡线前,应预留一定宽度,预留的宽度应保证刷坡过程中设计边坡线外的土层不受到扰动。永久性构筑物无支撑时的挖方边坡坡度应符合表 2.2 的规定,或按设计要求确定。

表 2.2　水文地质条件良好时永久性土工构筑物挖方边坡坡度

序号	挖方性质	边坡坡度
1	天然湿度下,层理均匀、不易膨胀的黏土、亚黏土、亚砂土和砂土(不包括细砂、粉砂)的挖方,深度不超过 3 m	1∶1～1∶1.25
2	土质同上,深度为 3～12 m	1∶1.25～1∶1.5
3	干燥地区内土质结构未经破坏的干燥黄土及类黄土;深度不超过 12 m	1∶0.1～1∶1.25
4	在碎石土和泥灰岩土内的挖方,深度不超过 12 m,根据土的性质、层理特性和挖方深度确定	1∶0.5～1∶1.5
5	在风化岩石内的挖方,根据岩石性质、风化程度、层理特性和挖方深度确定	1∶0.2～1∶1.5
6	在轻微风化岩石内的挖方,岩石无裂缝且无倾向挖方坡脚的岩层	1∶0.1
7	未风化的完整岩石内的挖方	直立的

注:a. 在个别设计中如有充分资料和经验作依据,可不受本表限制;b. 表中第 1～5 项土质挖方深度超过 12 m 时,其边坡坡度应通过设计确定。

临时性挖方的边坡,可根据工程地质和边坡的高度,结合当地同类土体的稳定坡度值确定。当挖方经过不同类别的土层或深度超过 10 m 时,其边坡可挖成折线形或台阶形。

在可能发生滑坡的地段挖土时,宜避开雨季,按照先整治后开挖的程序施工,施工时注意保护挖方上侧的自然植被和排(截)水系统,防止地面水渗入土体,严禁在滑坡体上部弃土或堆置材料等重物。

在容易风化的岩石内进行挖方时,边坡可采用喷浆、抹面、嵌补等护面措施,或于边坡上设置永久性护道,其宽度视挖方深度及边坡大小而定,一般可为 0.5～1 m,以拦截因风化而碎裂的岩石。土方挖运通常采用机械施工方法,适用的机械随土质、土层厚度、运距、土方量和场地大小等因素而定。下面介绍常用的挖土机械的作业方法。

2.2.3　挖土机械作业方法

1. 推土机挖运土

推土机作业由切土、运土、卸土、倒退(或折返)、回空等过程组成一个循环。影响作业效率的主要环节是切土和运土。因此,应以最短的时间和距离切满土,尽可能减少土在推运中的散失。

(1)推土机作业方法。

①直铲作业。直铲作业是推土机经常采用的作业方法,用于土壤、石渣的向前铲推和场地平整作业。推运的经济距离:小型履带式推土机一般为 50 m 以内;中型推土机一般为 50～100 m,最远可达 120 m;大型推土机为 50～100 m,最远可达 150 m。上坡推土时应采用最小经济运距,下坡推土时则采用最大经济运距。轮胎式推土机的推运距离一般为 50～80 m,最远可达 150 m。

②斜铲作业。斜铲作业主要用于傍山铲土、单侧弃土或落方推运。此时推土铲刀的水平回转角一般为左右各 25°。作业时能一边切削土壤,一边将土壤移至一侧,推土机在进行斜铲作业时应注意机器直行,以免车身受力转动。斜铲作业的经济运距,一般较直铲作业短,生产率也低。

③侧铲作业。侧铲作业主要用于在坡度不大的斜坡上铲削硬土以及掘沟等作业,推土铲刀可在垂直面内上下倾斜 9°。工作场地的纵向坡度以不大于 30°为宜,横向坡度以不小于 25°为宜。

④松土器的劈松作业。一般大型履带式推土机的后部均悬挂液压松土器,松土器有多齿和单齿两种。多齿松土器铲挖力较小,主要用于劈开较薄的硬土、冻土层等。单齿松土器具有较大的铲挖能力,除了能疏松硬土、冻土,还可以劈松具有风化和有裂缝或节理发达的岩石。用重型单齿松土器劈松岩石的效率比钻孔爆破方法高。

(2)提高推土机推运土生产率的措施。

①下坡铲土。下坡铲土即借助于机械本身的重力作用,以增加推土能力和缩短推土时间。下坡铲土的最大坡度控制在 20%以内为宜。

②分批集中,一次推送。在较硬的土中,因推土机一次的切土深度较小,应采取多次铲土,分批集中,一次推送,以便有效地利用推土机的效率。当运距较大时,亦可采用这种方法。

③并列推土。当作业面比较宽阔时,可采用两台以上推土机并列推土,以减少土的散失,提高生产效率。

④利用土埂推土。此法又称"跨铲法",即利用前次已推过土的原槽再次推土,这样可以大大减少土的散失。另一方面,当土槽推至一定深度(一般为 0.4～0.5 m)后,则转而推土埂(其宽度宜为铲刀宽度的 1/2～2/3)的土,这时可以很容易地将土埂的土推走。

2. 铲运机挖运土

铲运机的作业由铲装、运送、卸铺、回程四个过程组成,可独立完成土方的铲装、运输、铺填、整平和预压等作业。铲运机在Ⅰ、Ⅱ级土中施工时,开始应使铲刀以最大深度切入土中(不超过 30 cm),随着行驶阻力的增加而逐渐减少铲土深度,直到铲斗装满为止。开挖较硬的土时,开始使铲刀以最大深度切入土中,随着负荷逐渐增加,发动机转速降低,相应地减小切土深度,这样反复若干次,直至铲斗铲满为止。

铲运机作业时要综合地形条件、机械磨损等因素,合理规划运行路线,采取必要的措施提高施工效率。

（1）铲运机的开行路线。

如何根据挖、填区的分布情况，选择合理的开行路线，对于提高铲运机的生产率影响很大。

铲运机的开行路线，主要有以下几种。

①环形路线。

这是一种简单而常用的开行路线。根据铲土与卸土的相对位置不同，可分为小环形路线和大环形路线两种情况。小环形路线每一循环只完成一次铲土与卸土。它的优点是：在不同的地形条件下布置灵活，顺逆运行方向可以随时改变，同时运行中干扰也比较小。缺点是：重载上坡的转向角大，转弯半径较小。当挖、填交替而挖、填之间的距离又较短时，则可采用大环形路线。其优点是一个循环能完成多次铲土和卸土，从而减少铲运机的转弯次数，提高工作效率。采用环形路线时，铲运机应每隔一定时间按顺、逆时针的方向交换行驶，以免长久沿一侧转弯，导致机件的单侧磨损。

②"8"字形路线。

这种开行路线的铲土与卸土，轮流在两个工作面上进行，铲运机在上下坡时是斜向行驶，坡度平缓；一个循环中两次转弯方向不同，故机械磨损均匀；一个循环能完成两次铲土和卸土，减少转弯次数及空车行驶距离，从而可缩短运行时间，提高生产率。

③"之"字形运行路线。

这种路线适用于较长的地段施工，并适宜机群作业，即各机列队（每机间隔 20 m）依次行进填挖到尽头，做 180°转弯后反向运行，只是所铲填挖的地段应与上次错开。这种运行路线一次循环太大，施工面太长，在多雨季节很难应用。

（2）提高铲运机生产率的方法。

为了提高铲运机的生产率，除规划合理的开行路线外，还可以根据不同的施工条件，采用下列方法。

①下坡铲土。铲运机铲土应尽量利用有利地形进行下坡铲土。这样可以利用铲运机的重力来增大牵引力，使铲斗切土加深，缩短装土时间，从而提高生产率。但下坡铲土时坡度不宜过大，一般容许极限坡度为 0.15～0.20，最佳坡度为 0.07～0.12。

②跨铲法。即间接铲土法，在较坚硬的土内挖土时，可采用跨铲法人为地创造一个小断面的土埂，减小阻力，达到"切土快，铲斗满"的目的。跨铲法比一般的方法效率高约 10%。土埂高度应不大于 30 cm，宽度应不大于拖拉机履带净距。

③助铲法。铲运机挖较坚硬的土时，用推土机顶推铲运斗，强制切土，可使生产效率提高 30% 以上。助铲法施工的场地宽度宜不小于 20 m，长度宜不小于 40 m，采用一台推土机配合 3～4 台铲运机助铲时，铲运机的半周程距离应不小于 250 m。在一台推土机配合多台铲运机助铲时，应合理布置铲土次序和助铲的行驶路线，提高助铲机械的效率。推土机在助铲的空隙时间，可做松土或其他零星平整工作，为铲运机施工创造条件。

（3）铲运机的最小铲土长度。

铲运机应避免在转弯时铲土，否则铲刀受力不均易引起翻车事故。因此，为保证铲运机的效率，施工中必须确定其运行路线上铲土区的最小铲土长度，确保铲运机在直线段装满铲斗。

最小铲土长度可由式（2.6）确定。

$$L_{min} = L_C + L_G - L_D \qquad (2.6)$$

式中：L_{min} 为最小铲土长度，m；L_G 为铲运机机组长度，m；L_D 为从铲运机刀片到土斗尾部的距离，m；L_C 为铲土长度,m,由式(2.7)确定。

$$L_C = \frac{q(1+K)K_C}{bCK_p} \tag{2.7}$$

式中:q 为铲运机铲斗容量,m^3;K 为斗门前所形成的土堆体积与土斗容量的比值;K_C 为土斗充盈系数;C 为平均铲土深度,m;b 为铲土宽度,m,即铲刀宽度;K_p 为土的最初可松性系数。

3. 装载机挖土

装载机是一种工作效率较高的铲土运输机械,它兼有推土机和挖掘机两者的能力,适用于装卸土方和散料,也可用于较软土体的表层剥离、地面平整、场地清理和土方运送等工作。

在土方工程中装载机与推土机基本类似,也有铲装、转运、卸料、返回四个过程。

装载机与运输车辆配合,可采用如下作业方式。

(1)"I"形作业。

运输车辆平行于工作面,装载机则垂直于工作面,前进铲土后,直线后退一定距离,并提升铲斗,此时,运输车辆退到装载机铲斗卸土位置,装满后驶离。这种方式装载机不需调头,但要求运输车辆与其配合默契。

(2)"V"形作业。

运输车辆与工作面成约60°,装载机则垂直于工作面,前进铲土后,在倒车驶离过程中调头60°,使装载机与运输车辆垂直,然后驶向运输车辆卸料。这种方式循环时间较短。

(3)"L"形作业。

运输车辆垂直于工作面,装载机铲土后,倒退并调转90°,然后驶向运输车辆卸土。这种方式需有较宽的工作场地。

4. 单斗挖掘机挖土

(1)正铲挖掘机施工方法。

根据挖掘机与运输工具的相对位置不同,正铲挖土和卸土的方式有以下两种。

①正向挖土、侧向卸土。挖掘机向前进方向挖土,运输车辆停在侧面装土(可停在停机面上或高于停机面),与正铲开挖方向平行,正铲卸土时铲臂回转角度小,汽车行驶方便。该方法装车方便,循环时间短,生产效率高,是开挖工作面较大而深度不大的边坡、基坑(槽)、沟渠等最常用的开挖方法。

②正向挖土、后方卸土。挖掘机向前进方向挖土,运输车辆停在它的后面装土。此方法挖土时工作面较大,但由于其铲臂回转角度较大,运输车辆需倒退对位,运输不便,生产率低,故一般很少采用。只有在开挖宽度较小而深度又较大的基坑时,才采用这种方式。

提高生产率的常用方法有:分层开挖法、多层挖土法、中心开挖法、上下轮换开挖法、顺铲开挖法、间隔开挖法等。

(2)反铲挖掘机施工方法。

反铲挖掘机是机场场道大面积土方工程、排水工程、坑穴的开挖清理施工中最常采用的挖土机械。

反铲挖掘机的开挖方式有沟端开挖、沟侧开挖两种。

①沟端开挖。挖掘机在基槽一端挖土,开行方向与基槽开挖方向一致。其优点是挖土方便,开挖深度和宽度较大。

②沟侧开挖。挖掘机在沟槽一侧挖土,由于挖掘机移动方向与挖土方向相垂直,稳定性较差,一次

开挖深度和宽度受到限制。

挖深较大时可采用多层接力开挖法,分层、分段进行开挖,以提高生产率。

(3)抓铲挖掘机施工方法。

抓铲挖掘机适用于开挖土质比较松软(Ⅰ、Ⅱ级土)、施工面狭窄的深基坑、基槽,也适用于清理河床及水中挖取土、桩孔挖土,最适宜于水下挖土,也可用于装卸碎石、矿渣等松散材料。

抓铲挖掘机的挖土特点是"直上直下,自重切土"。抓铲能在回转半径范围内开挖基坑上任何位置的土方,并可在任何高度上卸土(装车或弃土)。

对于小型基坑,抓铲位于一侧抓土;对于较宽的基坑,则在两侧或四侧抓土。抓铲应离基坑边一定距离,土方可直接装入自卸汽车运走,也可堆弃在基坑旁,或用推土机推到远处堆放。挖淤泥时,抓斗易被淤泥吸住,应避免用力过猛,以防翻车。抓铲施工时,一般均需加配重。

2.3 填土施工

1. 填土作业要求

(1)填土要求。

用作道面土基的填土,不得混有草皮、树根、垃圾等杂物,粒径大于 10 cm 的土块应打碎。

不同类别的土不应混填。受冻融影响较小的优质土填在上层,稳定性较差的土填在下层。腐殖土、淤泥、泥炭等劣质土不得用于道面土基,但经处理后可用于土面区下层填土。升降带内土面区的表层20 cm 以内,应不夹有石块等硬物,以利飞行安全。

填土的含水率宜接近最佳值,过湿或过干的土不宜直接用于填方。

(2)原地面处理。

清除过的原地面,按相应的压实度标准或设计要求碾压密实后,方可填土。碾压中如发现显著沉陷或拥包,应查明原因,妥善处理。

当原地面坡度在 1∶10~1∶5 时,填土前应将表层土翻松 5 cm 深以上;原地面坡度大于 1∶5 时,宜将原地面挖成高 20~30 cm、宽不小于 1 m 且向内倾斜的台阶(沙土地段可不挖台阶,但要翻松表面),方可填土。

(3)一般作业要求。

填土作业应从场地最低处开始,由下而上整个宽度分层铺填。对于高填土地段,为了严格控制每层填土厚度,铺土前,应进行分层填筑设计,即先根据压路机的功能确定分层填筑的厚度,再根据原地面高程、土基面方格网设计高程,确定总的填筑层次及每一层的表面控制高程。每层填土的表面应与设计面平行。每层填土经平整、碾压达到压实度标准后,方可填筑上层,最后一层的最小压实厚度应不小于80 mm。

两个填土作业段的接槎部位,宜同时铺筑,分层交错搭接,搭接长度不小于 3 m。如不能同时铺筑,先填者应分层留出不陡于 1∶5 的台阶,铺料前应用白灰标出预留台阶的边线,以便现场检查和控制。

(4)填土边坡要求。

填方区的边坡,应随每层填土逐步形成,不得欠填,压实宽度不得小于设计宽度。填方的边坡应根据填方高度、土的种类和其性质在设计中规定。

①永久性填方。

永久性填方的高度应根据土的种类确定,并符合表2.3规定,此时边坡坡度应为1:1.5。当填方高度超过表2.3中的规定值时,边坡可做成折线形,填方下部的边坡坡度为1:1.75～1:2。

用黄土或类黄土作填方时,其边坡坡度应符合表2.4的要求。用轻微风化石料填筑的填土边坡应符合表2.5的规定,岩石风化程度的划分见表2.6。

表2.3 填方边坡为1:1.5时的高度值

项次	土的种类	填方高度/m
1	黏土类土、黄土、类黄土	6
2	压黏土、泥灰岩土	6～7
3	亚砂土	6～8
4	中砂和粗砂	10
5	砾石和碎石土	10～12
6	易风化的岩石	12

表2.4 黄土或类黄土填筑重要填方的边坡坡度

项次	填方高度/m	自地面起高度/m	边坡坡度
1	6～9	0～3	1:1.75
		3～9	1:1.5
2	9～12	0～3	1:2
		3～6	1:1.75
		6～12	1:1.5

表2.5 轻微风化石料的填方边坡坡度

项次	填方性质	填方高度/m	边坡坡度
1	尺寸在25 cm以内的石料	≤6	1:1.33
2	尺寸在25 cm以内的石料	6～12	1:1.5
3	用尺寸一般大于25 cm的石料堆筑的填方,其边坡选用最大石块铺成整齐行列	≤12	1:1.5～1:0.75
4	用尺寸一般不小于40 cm的石料紧密堆筑的填方,其边坡铺成整齐行列	≤5	1:0.5
5	用尺寸一般不小于40 cm的石料紧密堆筑的填方,其边坡铺成整齐行列	5～10	1:0.65
6	用尺寸一般不小于40 cm的石料紧密堆筑的填方,其边坡铺成整齐行列	≥10	1:1

注:如已有足够的资料和经验,可不受表中的限制。

表 2.6 风化程度的划分

风化程度	特征
微风化	岩石新鲜，表面稍有风化迹象
中等风化	①结构和构造层理清晰； ②岩体被节理、裂隙分割成块状(20～50 cm)，裂隙中填充少量风化物，锤击声脆，且不易击碎； ③用镐难挖掘，岩心钻方可钻进
强风化	①结构和构造层理不甚清晰，矿物成分已显著变化； ②岩体被节理、裂隙分割成碎石状(2～20 cm)，碎石用手可以折断； ③用镐可以挖掘，后摇钻不易钻进

填方边坡坡度在下述情况下，应做个别设计：a.填方高度大于 12 m；b.填方位于坡度大于 1∶2.5 的山坡上；c.水中填方；d.在土质不良及复杂情况下(如滑坡、常年浸水及沼泽地区等)填方；e.土基内有松软土层。

②临时性填方的边坡。

临时性填方的边坡坡度按表 2.7 采用。

表 2.7 临时性填方的边坡坡度

项次	土的种类	填方高度/m	边坡坡度
1	砾石土和粗砂土	12	1∶1.25
2	天然湿度的黏土、亚黏土和砂土	8	1∶1.25
3	大块石	6	1∶0.75
4	大块石(平整的)	5	1∶0.5
5	黄土、类黄土	6	1∶1.5

2.填土作业方法

(1)推土机铺填土。

对于与挖土区毗连的填方地段，可采用推土机铺填土。填土按照自近(毗连挖土区的一端)而远的顺序进行。

(2)铲运机铺填土。

铲运机铺土，填土区段的长度宜不小于 20 m，宽度宜不小于 8 m。每层铺土后，利用空车返回时将地表面刮平。填筑顺序一般有以下两种。

①自近而远填筑。

自近而远填筑能使前几次卸的土得到初步压实。如果铲运机行驶路线均匀合理，则能使填土达到足够的密实度，从而可以减少压路机的工作量。

②自远而近填筑。

当填土区窄长时，为了给压实作业足够的工作面，可采用自远而近的填筑方法。如此安排，远处填筑后即可展开压实作业，以避免运土与碾压的相互干扰。

（3）自卸汽车填土。

用自卸汽车运来的土,卸下时是成堆的,因此必须配备推土机或平地机铺土。由于汽车不能在虚土上行驶,铺土工作需要分区域和卸土、压实交叉进行。

2.4　土方平整与碾压

2.4.1　土方平整

土方平整作业的目的在于平整填、挖后遗留的以及零填零挖地段的局部起伏(一般在 10 cm 以下),以使飞行场具有符合设计要求的密实、平坦的表面。

平整作业中,常用的机械有平地机和推土机。推土机主要用来修整较大的起伏,细致的修整须用平地机配合人工进行。

平整作业步骤如下。

（1）粗略平整。

用推土机或平地机在大面积土方作业段上整修明显的起伏部分,使之初步满足设计高程和设计坡度的要求。

（2）精细找平。

填方区中间各层填土,一般在粗略平整、碾压密实后,不再进行精细找平,直接铺筑下一层。对于机场道面土基表层和平整度要求较高的土面区表层,平整程序为:粗略平整后,用轻型压路机压 1～2 遍,然后用平地机配合人工进一步找平,用重型压路机碾压到规定密实度;最后用人工按边长为 10～20 m的方格网挂线精细找平,局部低洼填土部位要先洒水或刨松表土 3～5 cm 再行填土,找平后用 10 t 左右两轮压路机碾压。人工精细找平这道工序通常要反复 2～3 遍才能达到要求。

道面土基的最后平整工作,宜直接在铺筑基层前几天进行,以免超前过多因下雨浸泡而返工处理。如土方工程大大超前基层施工,则应当在挖土区酌情预留 8～10 cm 保护层,在填土区宜多填 5～7 cm（或预留一层暂不填筑）。

2.4.2　土方碾压

1. 压实的相关概念

（1）压实机理。

土的压实是指通过碾压、冲击等外力手段,克服土颗粒间的黏聚力和摩擦力,将空气及水分挤出,使土颗粒间相互位移靠拢,从而提高土的密度,以增强土体抵抗外部压力的能力。土体的压缩变形包括土粒固体部分的压缩、孔隙水和气的压缩及孔隙水和气的挤出,由于前两个因素可以略去,土体压缩变形主要是源于土中气体和水的排出所引起的孔隙减少。

压实是一个复杂的过程,为便于分析,可以将其简化为排列、填装、分离和夯实四种基本过程。排列过程,即土在压实机具的短时荷载或振动荷载作用下,土颗粒之间相互靠拢重新排列,空隙减少;填装过程,即微小颗粒通过结构层的间隙移动并充满粒料层之间的空隙;分离过程,即用准静荷载(揉搓和压力)将水从黏性土壤颗粒间隙中分离出来;夯实过程,即在高速冲击力的作用下,使单个粒料破碎,而被填入粒料的间隙中,从而增加密实度和稳定性。

上述四种不同的过程似乎是独立的,但事实上所有这些过程也许在同时发生、相互影响和持续出现。材料不同、土壤状况不同,四种过程的作用不同,所以在工程中要针对性地选择压实设备。

(2)压实度。

压实度是指土料现场实际干密度(ρ_d)与该土料在标准试验方法下确定的最大干密度(ρ_{dmax})的比值,用 k 表示,见式(2.8)。

$$k = \frac{\rho_d}{\rho_{dmax}} \times 100\%$$ (2.8)

其中,干密度 ρ_d 是单位体积内固体颗粒的质量,其大小可用式(2.9)确定。

$$\rho_d = \frac{\rho_w}{1 + \frac{w}{100}}$$ (2.9)

式中:ρ_w 为土的湿密度,g/m^3;w 为土的含水率,%。

同一种土,干密度越大则其空隙率越小、密实度越大。但是,对于两种不同的土,当干密度相同时,由于土的表观密度可能相差很大,其空隙率迥异。因此,干密度不能作为评价土压实质量的指标。

压实度是评价现场压实质量的一个重要技术指标,实质上,它反映的是土料的相对密实度,即土料碾压后达到其最大密实度的程度。不同的土料,它们的最大干密度(ρ_{dmax})通常不相等。当压实度一定时,ρ_{dmax} 越大,则要求现场达到的干密度(ρ_d)也越大。

机场工程采用《公路土工试验规程》(JTG 3430—2020)规定的击实试验法、振动台法和表面振动压实仪法确定土的最大干密度和最佳含水率。击实试验法分为轻型击实试验法和重型击实试验法两类,机场工程采用重型击实试验法,该方法适用于粒径不大于 38 mm 的土。振动台法和表面振动压实仪法适用于通过 0.074 mm 标准筛的干颗粒质量百分数不大于 15% 的无黏性自由排水粗粒土和巨粒土。

2. 压实效果的影响因素

(1)土的含水率。

土壤的含水率对压实度有极大的影响。实践经验表明,对过湿的土进行夯实或碾压时所出现的软弹现象以及很干的无法压实的现象是含水率过高和过低所引起的,要想使土的压实效果最好,其含水率必须理想。

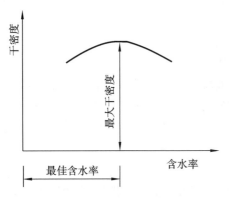

图 2.3 干密度与含水率的关系

通过击实试验,可以得到如图 2.3 所示的干密度与含水率的关系曲线。该图表明,当含水率较低时,随着含水率的增大,土的干密度也逐渐增大,表明击实效果逐步提高。当含水率超过某一限值时,干密度则随含水率的增大而减小,击实效果下降。这说明土的击实效果随着含水率的变化而变化,并在击实曲线上出现一个干密度峰值,即为最大干密度,对应于这个峰值的含水率即为最佳含水率。具有最佳含水率的土之所以击实效果最好,是因为含水率较少时,土粒周围结合水膜薄,土颗粒间的分子引力及内摩擦阻力大,颗粒移动困难,当土壤压实到一定程度后,某一压实功不能再克服土的抵抗力,压实所得的干密度小;当土的含水率逐步增大时,土粒周围结合水膜变厚,水在土颗粒间起着润滑作用,使土内摩擦力减小易于移动,因此,用同样的压实功可获得较大的干密度;当含水率继续增大,以致土中出现了自由水,击实时,孔隙中的水不可压缩,又不易立即排出,在同样的压实功下土的干密度反而减小,击实效果下降。进一步研究表明,最佳含水率条件下压实的土体具有最佳的水稳定性。

(2)土的性质。

不同土质的压实性能差别较大。一般而言,非黏性土的压实效果较好,其最佳含水率较小,最大干密度较大,在静力作用下压缩性较小,在动力作用下,特别是在振动作用下很容易压实。黏质土、粉质土的压实性较差,主要是因为这些土颗粒的比表面积大,黏聚力大,土粒表面水膜需水量大,最佳含水率偏高,最大干密度反而较小。

对于粗粒土,其级配对压实效果有明显影响。为了判断一种材料的可压实性,可进行筛分,绘制级配曲线。根据级配曲线确定材料不均匀系数 C_u。当 $C_u < 5$ 时为不可压实;$C_u = 5 \sim 10$ 时为可压实;$C_u > 10$ 时为压实性较好;当 $C_u \approx 36$ 时为最理想压实条件。

施工时,应根据不同土类,分别确定其最大干密度和最佳含水率。

(3)压实功。

同一类土,其最佳含水率随压实功的加大而减小,而最大干容重则随压实功的加大而增大。当土偏干时,增加压实功对提高干容重影响较大,偏湿时则收效甚微。故对偏湿的土不能用加大压实功的办法提高土的密实度。若土的含水率过大,增大压实功甚至会出现"弹簧"现象。另外,当压实功加大到一定程度后,对最佳含水率的减小和最大干容重的提高都不明显了,这就是说单纯用增大压实功来提高土的密实度未必合算。压实功过大还会破坏土体结构,效果适得其反。

当压实对象、压实机具一定时,压实功主要体现为碾压遍数。干密度与碾压遍数的关系如图 2.4 所示。由图可见,用同一种压路机对同一种材料进行碾压时,最初的数次碾压对增加材料干密度影响很大,碾压遍数继续增加,干密度的增长率逐步减小;当碾压遍数超过一定数值后,干密度趋向稳定不再增加。

(4)温度。

工程实践表明,温度在碾压过程中对密实度也有一定的影响,温度升高可使被压实材料中水的黏滞度降低,在颗粒

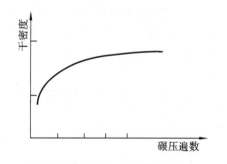

图 2.4　干密度与碾压遍数的关系

中可起润滑作用,使颗粒易于移动而被压实。但如果温度过高,使水分蒸发过快,降低土壤含水率,则不利于密实度的增加。在温度低于 0 ℃ 的情况下,则得不到理想的压实效果,所以在施工现场要想得到最佳压实效果,不能忽视温度的影响。

除此之外,影响压实的因素还有很多,例如施工方法、土层的强度以及压实机械的合理选型和使用等。

3.压实机械的选择与压实作业参数的确定

根据工程施工的要求,正确地选择压实机械的种类、规格及压实作业参数是保证压实质量和压实效率的重要前提。通常情况下,选用压实机械的方法如下。

首先,要根据工程性质、作业面的大小确定选用哪种类型的压实机械。对于飞行场压实度要求较低的土面区,可采用轻、中型压路机或重型履带式压路机压实;对于压实度要求较高的土面区(如土跑道、端安全道等),选用重型压路机;对于道面土基,则需选用重型或超重型压路机;当填方区因地下水位较高,下层需用砂或级配砂砾石回填处理时,可采用履带式压路机进行碾压;对于沟、坑等狭窄施工地段,适宜采用蛙式夯、振动冲击夯或振动平板夯作业。

其次,根据被压材料性质,选用压实机械的种类和压实作业方式。对于粉砂和粉土,因黏结性差、不易被压实,应选用压实功较大的静力式光轮压路机,一般不宜采用振动压路机和羊脚(凸块)碾。对于黏土,因黏结性能高、内摩阻力大、含水率大,一般宜选用羊脚(凸块)碾或轮胎压路机。若碾压层较薄,可选用超重型静力式光轮压路机以较低速度碾压,不宜选用振动压路机。介于砂土与黏土之间的各种砂性土、混合土有较好的压实特性,采用各类压路机进行压实均能获得理想的压实效果。其中,振动压路机最佳。对于级配碎、砾石铺筑层,最适宜选用振动压路机碾压。

根据上述原则选定压路机后,还应根据施工组织形式、工程质量和技术要求、作业内容及压路机性能,正确地确定压路机的压实作业参数,以使压实质量和作业效率达到最佳。

压实作业参数主要有碾压作业时压路机的单位线压力、碾压速度、碾压遍数及压实厚度等;轮胎式压路机还有轮胎气压;振动压路机则还有振频、振幅等。

(1)碾压作业单位线压力。

光轮压路机碾压作业时采用的单位线压力可以根据被压层材料的容许接触应力用式(1.4)推算求得。羊脚碾作业时所需加载后的质量 G_0 可按式(2.10)计算。

$$G_0 = 10\sigma Fn \tag{2.10}$$

式中:F 为每个羊脚的顶端面积,cm^2;n 为每排羊脚数;σ 为土料的允许接触应力,MPa。

(2)轮胎式压路机的轮胎气压。

轮胎式压路机的选择应首先根据所压土壤的性质确定轮胎充气压力,再根据轮胎充气压力、个数和尺寸来确定轮胎式压路机的质量。一般情况下,碾压黏性土时,轮胎充气压力取 0.5~0.6 MPa;碾压非黏性土时,取 0.2~0.4 MPa。

轮胎式压路机作业时的质量 G_0 按式(2.11)计算。

$$G_0 = 10^5 \alpha P_w FN \tag{2.11}$$

式中:α 为外胎刚度影响系数,α 取 1.1~1.2;F 为轮胎变形后与土壤的接触面积,m^2;P_w 为轮胎充气压力,MPa;N 为轮胎数目。

(3)碾压速度。

压路机碾压速度的选择,受土壤或材料的压实特性、压路机的压实功、工程技术和质量要求、压实层厚度以及作业效率等因素的影响。例如,黏性土壤变形滞后现象明显,碾压速度不宜过高。又如,对铺筑层进行初压时,由于铺筑层变形大,压路机滚动阻力大,并且为使碾压作用力传递深度大些,碾压速度也不宜过高。一般情况下,碾压速度高,作业效率高,但压实质量差;碾压速度低,压实厚度大,压实质量高,但作业效率低。通常,压路机进行初压作业时,静力式光轮压路机适宜的碾压速度为 1.5~2 km/h,轮胎压路机碾压速度为 2.5~3 km/h,振动压路机的碾压速度则为 3~4 km/h。随着碾压遍数增加,压路机进行复压和终压作业时,静力式光轮压路机碾压速度可增至 2~4 km/h,轮胎压路机碾压速度为 3~5 km/h,振动压路机的碾压速度为 3~6 km/h。

（4）压实厚度和碾压遍数。

通常根据压实度要求和所选用压路机作用力最佳作用深度，先确定压实厚度，然后通过现场试验确定碾压遍数。

压实厚度是以铺筑松铺厚度来保证的，它们之间的关系为：松铺厚度＝松铺系数×压实厚度。松铺系数是指压实干密度与松铺干密度的比值，需要通过现场试验确定。土的松铺系数一般为 1.3～1.6。

碾压遍数是指相邻碾压轮迹重叠 0.10～0.15 m，依次将铺筑层全宽压完为一遍，而在同一地点如此碾压的往返次数。

4. 碾压作业的一般方法

（1）一般要求。

①碾压应在接近土壤最佳含水率状态下进行。对于细粒土的含水率应控制在与最佳含水率相差 2%范围之内；粗料土的含水率应控制在与最佳含水率相差 1%范围之内。过干时应适当洒水，过湿时适当晾晒，尽量做到及时碾压。

②碾压应按从低到高、从边到中的作业顺序进行。主轮应适当重叠，先后两次压迹（或夯迹）应重叠 10～15 cm；两个作业段的接槎处，主轮的重叠范围应不小于 5 m。

③碾压作业段长度宜不小于 100 m。

（2）碾压程序。

碾压作业按初压、复压和终压三个步骤进行。

①初压。

初压是指对铺筑层进行的最初 1～2 遍的碾压作业。初压的目的是使铺筑层表层形成较稳定、平整的承载层，以利压路机以较大的作用力进行下一步的压实作业。

一般采用轻型光轮（6～8 t）或重型履带式压路机进行初压，也可系用振动压路机以静力碾压方式进行初压。对于黏性土或砂砾石土，还可采用羊脚碾进行初压。初压后，需要对铺筑层进行整平。

②复压。

复压是指继初压后的 5～8 遍碾压作业。其目的是使铺筑层达到规定的压实度，它是压实的主要作业阶段。

复压应根据压实度标准采用重型或超重型压路机。在机场道面土基压实中，使用比较多的是 20 t 以上的振动光轮或羊脚轮（凸块轮）压路机。复压作业中，应随时测定压实度，以便做到既达到压实度标准，又不过度碾压。

③终压。

终压是指经复压之后，对每一铺筑层竣工前所进行的 1～2 遍碾压作业。其目的是使压实层表面密集平整。一般分层填筑中间各层不进行终压，只在最后一层实施终压作业。

终压作业可采用中型静力式光轮压路机或振动光轮压路机以静力碾压方式进行碾压。

5. 土方翻浆的处理措施

土方碾压过程中，出现的受区下陷、去压回弹的松软起伏现象，工程上称为"翻浆"。碾压时，出现翻浆应立即停止碾压，查明原因，按不同情况分别处理。

因土体含水率过大而造成的翻浆，应将翻浆土挖松，晾晒至最佳含水率范围，再整平碾压。如工期紧迫，也可将湿土全部挖出，换填好土，或在原土中掺入少量生石灰（其质量比一般为 5%～8%），拌匀回填、压实。

因土质不好且含水率过大而造成较大面积的翻浆，应予换土，并针对造成含水率过大的原因，采取相应措施。

因降雨使作业区积水过多而造成的翻浆，应增设纵、横向排水沟，排泄积水，疏干主体，并根据工期要求及天气情况，采取晾晒或换土等措施处理。

因地下水位高而造成较大面积的翻浆时，应根据勘察资料提供的地下水补给来源、水量和设计方案采取挖深沟、设砂井、做隔离层等措施，截断地下水，降低地下水位；或避开丰水期，在枯水期施工，并采取"薄填土、轻碾压"（松铺厚度不大于 15 cm，不上重型压路机）等措施处理。

2.5 挡土墙施工

挡土墙是用于支挡土体的构造物，在机场工程中广泛使用，种类很多，但最常见的是普通重力式挡土墙、衡重式挡土墙和加筋土挡土墙等。由于挡土墙的种类不同，其施工方法也千差万别。本节仅就普通重力式挡土墙——石砌挡土墙施工作简单介绍。

2.5.1 挡土墙施工材料要求

1. 石料

石砌挡土墙石料按开采方法与清凿加工程度分为片石、料石和块石三种。

石砌挡土墙对石料的主要要求如下。

(1)石料应经过挑选，质地均匀，无裂缝，不易风化。在冰冻地区，还应具有耐冻性。

(2)石料的抗压强度不低于 25 MPa。在地震区及严寒地区，应不低于 30 MPa。

(3)尽量选用较大的石料砌筑。块石应大致方正，其厚度不小于 15 cm，宽度和长度分别为厚度的 1.5~2.0 倍和 1.5~3.0 倍较合适。片石应具有两个大致平行的面，其厚度宜不小于 15 cm，其中一条边长不小于 30 cm，体积不小于 0.01 m³。砌筑时，如用小片石垫平、垫稳，可不受此限。

2. 砂浆

(1)砂浆的组成。

砂浆一般用水泥、砂和水拌和而成，也可用水泥、石灰、砂与水拌和，或石灰、砂与水拌和而成。它们分别简称"水泥砂浆""混合砂浆"和"石灰砂浆"。

砂浆用砂一般为中、粗砂，若中、粗砂缺乏时，可在增加适量水泥后采用细砂。拌和砂浆砌筑片石砌体时，砂的粒径应不超过 5 mm，砌筑块石、料石砌体时应不超过 2.5 mm；强度等级大于 10 号的砂浆，水泥含量应不超过 5%，小于 10 号的砂浆水泥含量应不超过 10%。砂浆用石灰应纯净，燃烧均匀，熟化完全，一般采用石灰膏和熟石灰。淋制石灰膏时，要用网过滤，要有足够的熟化时间，一般在半个月以上；未熟化颗粒大于 0.6 mm 以上的部分不得超过 10%；熟石灰粉应用 900 目/cm² 以上的筛筛过，其筛余量不得大于 3%。

(2)砂浆的拌制。

①强度。砂浆强度等级代表其抗压强度。砂浆的抗压强度是确定砂浆强度等级的重要依据。根据砂浆的抗压强度，将砂浆分为 M30、M25、M20、M15、M10、M7.5、M5.0 七个强度等级。砂浆的强度等

级一般根据规范规定或设计要求确定,对于石砌挡土墙,一般不得低于 M5.0;严寒地区、墙高大于 12 m 和地震烈度 8 度以上的地震区,应较非地震区提高一个等级;勾缝用砂浆应比砌筑用高一个等级。

②和易性。和易性主要包括流动性与保水性。流动性是指砂浆在自重或外力的作用下产生流动的性质,用稠度值表示。一般情况下,以将砂浆用手捏成小团,松手后不松散或以不从灰刀上流下为度。砂浆流动性的选择要考虑砌体材料的种类、施工时的气候条件和施工方法等情况,可参考表 2.8 选择砂浆的流动性。干燥气候或多孔吸水材料时取较大稠度值砂浆,寒冷气候或密实材料时取较小稠度值砂浆,抹灰工程中机械施工时取较小稠度值砂浆,手工操作时取较大稠度值砂浆。

表 2.8　砂浆流动性参考

砌体种类	施工稠度/mm
烧结普通砖砌体、粉煤灰砖砌体	70～90
混凝土砖砌体、普通混凝土小型空心砌块砌体、灰砂砖砌体	50～70
烧结多孔砖砌体、烧结空心砖砌体、轻集料混凝土小型空心砌块砌体、蒸压加气混凝土砌块砌体	60～80
石砌体	30～50

保水性是指新拌砂浆保持水分的能力。它也反映了砂浆中各组分材料不易分离的性质。新拌砂浆在存放、运输和使用过程中,都应有良好的保水性,这样才能保证在砌体中形成均匀致密的砂浆缝,以保证砌体的质量。

③配合比。配合比用质量比或体积比表示,可由试验确定,还可根据已有的经验和资料参考决定。水泥砂浆的配合比可参考表 2.9 确定。

表 2.9　每立方米水泥砂浆材料用量

强度等级	水泥/kg	砂子	水/kg
M5	200～230		
M7.5	230～260		
M10	260～290		
M15	290～330	砂子的堆积密度	270～330
M20	340～400		
M25	360～410		
M30	430～480		

水泥用量应根据水泥强度等级和施工水平合理选择,一般当水泥的强度等级较高(大于 32.5 MPa)或施工水平较高时,水泥用量选低值。用水量应根据砂的粗细程度、砂浆稠度值和气候条件选择,当砂较粗、稠度值较小或气候较潮湿时,用水量选低值。

砂浆在进行计算或选取初步配合比后,应采用实际工程中的材料进行试配,测定拌和物的稠度值和分层度,当和易性不满足要求时,应调整至符合要求,将其确定为试配时砂浆的基准配合比,并采用稠度值和分层度符合要求、水泥用量比基准配合比增加及减少 10% 的另两个配合比,按规范规定拌和成型试件,测定强度,从中选定符合试配强度要求,且水泥用量较小的配合比作为最终施工配合比。

④拌制方法可用人工或机械拌和。人工拌和不如机械拌和均匀,人工拌和至少应拌 3 遍,拌至颜色均匀为止。砂浆应随拌随用,保持适宜的流动性,在运输中已离析的砂浆应重新拌和。

2.5.2 挡土墙施工方法

砌筑工艺分浆砌、干砌两种。浆砌多用于排水、导流构筑物及挡土墙;干砌多用于河床铺砌、护坡等。

1. 浆砌

(1)工艺方法。

浆砌原理是利用砂浆胶结砌体材料,使之成为整体而组成人工构筑物,一般有坐浆法、抹浆法、挤浆法和灌浆法等。

①坐浆法。坐浆法又称"铺浆法"。砌筑时先在下层砌体面上铺一层厚薄均匀的砂浆,压下砌石,借石料自重将砂浆压紧,并在灰缝上加以必要的插捣和用力敲击,使砌石完全稳定在砂浆层上,直至灰缝表面出现水膜。

②抹浆法。用抹灰板在砌石面上用力涂上一层砂浆,尽量使之贴紧,然后将砌石压上,辅助以人工插捣或用力敲击,使浆挤后灰缝平实。

③挤浆法。挤浆法是综合坐浆法与抹浆法的砌筑方法。除基底为土质的第一层砌体外,每砌一块石料,均应先铺底浆,再放石块,经左右轻轻揉动几下后,再轻击石块,使灰缝砂浆被压实。在已砌筑好的石块侧面安砌时,应在相邻侧面先抹砂浆,后砌石,并向下及侧面用力挤压砂浆,使灰缝挤实,砌体被贴紧。

④灌浆法。把砌石分层水平铺放,每层高度均匀,空隙间填塞碎石,在其中灌以流动性较大的砂浆,边灌边捣实至砂浆不能流入砌体空隙为止。

(2)浆砌砌体。

浆砌前应做好一切准备工作,包括工具配备,按设计图纸检查和处理基底,放线,安放脚手架、跳板,清除砌石上的尘土、泥垢等。

①砌筑顺序。砌筑顺序以分层进行为原则。底层极为重要,它是以上各层的基石,若底层质量不符合要求,则会影响以上各层。较长的砌体除分层外,还应分段砌筑,两相邻段的砌筑高差应不超过 1.2 m,分段处宜设置沉降缝或伸缩缝。分层砌筑时,应先角石,后边石或面石,最后才填腹石。角石安好后,向两边的中心进行,然后由边向中。

②浆砌片石。浆砌片石可用灌浆法、坐浆法和挤浆法,常以挤浆法为主。如图 2.5(a)所示,砌体外圈定位行列的石块与转角石应选择表面较平、尺寸较大的石块,浆砌时,应长短相间并与里层石块咬紧,上下层竖缝错开,缝宽不大于 4 cm,分层砌筑应将大块石料用于下层,每处石块形状及尺寸应合适。竖缝较宽者可塞以小石子,但不能在石下用厚度大于砂浆层的小石块支垫。排列时,应将石块交错,坐实挤紧,尖锐凸出部分应敲除。

③浆砌块石。浆砌块石多用坐浆法和挤浆法。先铺底层砂浆并打湿石块,安砌底层。分层平砌大面向下,先角石,再面石,后腹石,上下竖缝错开,错缝距离应不小于 10 cm,镶面石的垂直缝应用砂浆填实饱满,不能用稀浆灌注。厚大砌体,若不易按石料厚度砌成水平,可设法搭配成较平的水平层。块石

镶面如图 2.5(b)所示,为使面石与腹石连接紧密,可采用丁顺相间(一丁一顺或两丁一顺)的排列方式。

④浆砌料石。先将砌筑层数计算清楚,选择石料,严格控制平面位置和空间高度。按每块石料厚度分层,层间灰缝应成直线,块间和层间的灰缝应垂直,厚石砌在下面,薄石砌在上面,面石铺筑应符合图 2.5(b)所示原则,砌缝横平竖直,缝宽不超过 2 cm,错缝距离大于 10 cm,里层可用块石砌筑。图 2.5(c)所示为料石砌筑,当要求修饰整齐美观的挡土墙及路缘、拦河坝等时可使用。

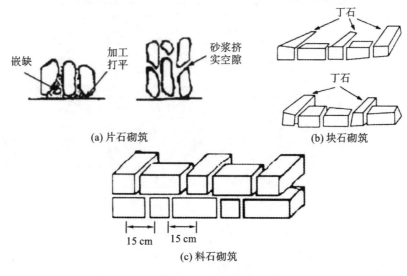

(a) 片石砌筑　　(b) 块石砌筑

(c) 料石砌筑

图 2.5　浆砌砌体

(3)砌缝。

①错缝。砌体在段间、层间的垂直灰缝应互相交错,压叠成不规则的灰缝,如图 2.6(a)所示,箭头所指的灰缝称为"错缝"。每段上、下层及段间错缝的垂直距离,对丁片石和块石来说,不小于 8 cm;对粗料石来说,不小于 10 cm;在转角处不小于 15 cm。严禁出现图 2.6(b)所示的错缝。

②通缝。通缝是指砌体的水平灰缝。这是砌体受力的薄弱环节,其承压能力较好,抗剪、抗拉、抗扭的能力极差,最容易在此被损坏。砌体对通缝要求较高,不仅要求砂浆饱满密实,成缝时还不允许有干缝、瞎缝和大缝,对通缝的宽度也有一定的要求。

③勾缝。勾缝有平缝、凹缝和凸缝等。勾缝具有防止有害气体和风、雨、雪等侵蚀砌体内部,延长构筑物使用年限及装饰外形等作用。在设计无特殊要求时,勾缝宜采用凸缝或平缝,勾缝宜用 1:1.5~1:2 的水泥砂浆,并应嵌入砌缝内约 2 cm。勾缝前,应先清理缝槽,用水冲洗湿润,勾缝应横平竖直,深浅一致,不应有瞎缝、丢缝、裂纹和黏结不牢等现象。片石砌体的勾缝应保持砌后的自然缝。

2. 干砌

干砌是不用胶凝材料,仅靠石块间的摩擦力和挤压力相互作用使砌体的砌石互相咬紧的施工方法。由于它不用砂浆胶凝,坚固性和整体性较差,操作比浆砌困难。在施工中应注意以下几点。

(1)选择的片石要尽量大,铺砌时大面向下。

(2)错缝要交错咬接,不得有松动的石块。接触面积要尽可能大,空隙及松动石块间必须用小石块嵌填紧密,但不得在一处集中填塞小碎石块。

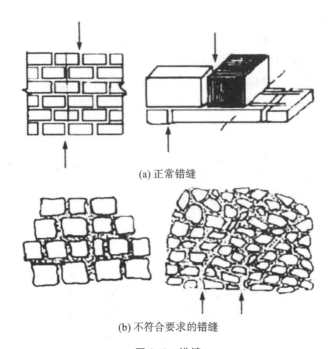

(a) 正常错缝

(b) 不符合要求的错缝

图 2.6　错缝

注:图中箭头表示错缝的位置

(3)要考虑上、下、左、右间的接砌,应将面石的角棱修整,以利砌筑和美观。

(4)干砌顺序应先中后边,先外后里,并要求外高内低,以防石块下滑。

(5)分层干砌应于同一层的每平方米面积内干砌一块直石,以便上、下层咬接。

3.施工注意事项

施工应与设计要求相配合,并严格按施工规范的规定执行。同时还应注意如下事项。

(1)施工前应做好地面排水和安全生产的准备工作。滨河及水库地段挡土墙宜在枯水季节施工。

(2)在松软地层或坡积层地段,基坑不宜全段开挖,宜采用跳槽开挖的方法,防止在挡土墙完工以前发生土体坍滑。

(3)基坑开挖后,若发现地基与设计情况有出入,应按实际情况修改设计。若发现岩基有裂缝,应以水泥砂浆或小石子混凝土灌注至饱满。若基底岩层有外露的软弱夹层,宜于墙趾前对此层做封面保护,以防风化剥落后基础折裂而使墙身外倾。

(4)墙趾部分基坑,在基础施工完成后应及时回填夯实,并做成外倾斜坡,以免积水下渗,影响墙身的稳定。

(5)挡土墙的外墙应用规格块、料石砌筑,并采用丁顺相间的方法,还应保证砂浆饱满,防止出现"墙体里外两层皮"的现象。

(6)注意泄水孔和排水层(即反滤层)的施工操作,保证排水通畅。

(7)浆砌挡土墙须待砂浆强度达 70% 以上时,方可回填墙背填料。且墙背填料应符合设计要求,避免采用膨胀性土和高塑性土,并做到逐层填筑,逐层夯实。不允许向着墙背斜坡填筑,夯实时应注意勿使墙身受较大冲击影响。墙后地面横坡陡于 1∶3 时,应做基底处理(如挖台阶),再回填。

（8）浆砌挡土墙的墙顶，可用 5 号砂浆抹平，厚 2 cm，干砌挡土墙墙顶 50 cm 厚度内，用 2.5 号砂浆砌筑，以利稳定。

2.6　施工质量控制

1. 压实试验

（1）击实试验。

土方工程开工前，必须对用于工程的土按照现行有关土工试验规程进行击实试验，以确定其最大干密度与最佳含水率。施工中如遇土质变化，应重新进行击实试验。

（2）铺筑试验段。

在确定土的最大干密度和最佳含水率后，还应选择合适的施工地段进行现场压实试验，以确定土方工程的正确压实方法，为达到规定的压实度所需要的压实设备的类型及其组合工序，各类压实设备在最佳组合下的各自压实遍数以及能被有效压实的压实厚度、土的松铺系数等。

试验段的面积最少为 20 m×20 m，试验段的施工应严格按施工技术要求进行，所选用的土料必须与用于工程的土料一致。

2. 施工过程中质量控制程序

机场场道土方工程施工过程中质量控制程序如图 2.7 所示。

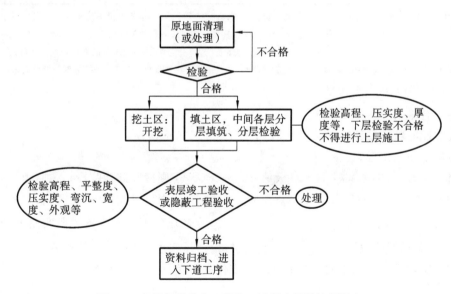

图 2.7　机场场道土方工程施工过程中质量控制程序

3. 质量要求

（1）压实度。

①压实度质量标准。

机场场道土方的压实度均采用重型击实标准，压实度应符合表 2.10 的要求。

表 2.10　土方工程压实度标准

工程部位或类别		设计高程以下深度/m	压实度/(%)		检验频度	检验方法
			细类土	砾类土		
道面(含道肩)土基每侧宽出 1 m	填方	0～0.8	≥95	≥98	每层每 500 m² 左右取一点;沟、坑、塘、井及湿软地段等处,每层每 200 m² 取一点,不足 200 m² 仍取一点	环刀法或灌砂法
		＞0.8	≥93			
	零填及挖方	0～0.4	≥95			
土跑道、端保险道、距跑道边缘 20 m 以内的平地区	填方	全填深	≥90	≥93	每层每 1600 m² 左右取一点;沟、坑、塘、井及湿软地段等处,每层每 500 m² 取一点,不足 500 m² 仍取一点	
	零填及挖方	0～0.2	≥90			
距跑道边缘 20 m 以外的平地区、滑行道外侧	填方	全填深	≥87	≥90		
	零填及挖方	0～0.2	≥87		每层每 500 m² 取一点,不足 500 m² 仍取一点	
靶堤	填方	全填深	≥87	≥90		
掩体	填方	全填深	≥85	≥90		

注:a.表列压实度,系按重型击实试验法求得的最大干密度系数;b.特殊干旱地区(年降雨量不足 100 mm,且地下水源稀少)或特殊潮湿地区(年降雨量大于 2500 mm 或年降雨量天数多于 180 d)的压实度一般可按表内数值降低 2%～3%,高液限黏土可按表内数值降低 1%～2%;c.填方厚度小于 400 mm 时,原地面压实度标准按"零填及挖方"一栏要求;道面土基的零填及挖方地段,当压实机械的压实功达不到 40 cm 深度时,应做翻压处理;d.采用核子密度湿度仪时,应当用环刀法或灌砂法进行校核,达不到精度要求时,不能作为验收方法,可作为施工过程中的质量控制方法。

②压实度的合格判定。

a.每一验收段的取样数量 n,当 σ 已知时,$n=7$;当 σ 未知时,$n=11$。

b.压实度的合格判定标准。

(a)σ 已知时,$\bar{k}-1.01\sigma \geq k$,且单点极值 $k_{min}+3\sigma \geq \bar{\bar{k}}$,则接收此验收段;否则,拒收此验收段。

(b)σ 未知时,$\bar{k}-1.01s \geq k$,且单点极值 $k_{min}+3s \geq \bar{\bar{k}}$,则接收此验收段;否则,拒收此验收段。

式中:$\bar{k}$ 为验收段实测 n 个压实度的平均值;k 为设计规定的压实度;k_{min} 为验收段实测 n 个压实度中的最小值;$\bar{\bar{k}}$ 为本工程前期验收资料中同类土(或基层材料)压实度的平均值,若没有前期验收资料,其值取本验收段的样本均值 $\bar{k}$;s 为本验收段的样本标准偏差;σ 为压实度标准差。

(2)竣工外形测量。

竣工后的道面土基表面及土面区表面的高程、平整度、宽度应符合表 2.11 的要求。

表 2.11　竣工过程中外形质量控制标准

部位	检查项目	质量标准或允许偏差	检查频度	检验方法
	高程	−20 mm,+10 mm	每 400 m² 左右不少于 1 点	水准仪

部位	检查项目	质量标准或允许偏差	检查频度	检验方法
道坪土基	平整度	20 mm	每 400 m² 左右不少于 1 处,每处量 3 尺(呈三角形),取最大平均值	3 m 直尺
	宽度	设计值＋0.50 m	沿纵向中线,每 100 延米不少于 2 处	尺丈量
土质地带	高程	±30 mm	每 1600 m² 左右不少于 1 点	水准仪
	宽度	不小于设计	沿纵向中线,每 100 延米不少于 1 处	尺丈量
	边坡	不陡于设计	沿纵向中线,每 100 延米不少于 5 处	坡度尺
靶堤掩体	高程	±30 mm	沿轴线每 20 延米 1 点,总数不少于 5 点	水准仪
	顶宽	不小于设计	沿轴线每 10 延米 1 处,总数不少于 5 处	尺丈量
	边坡	不陡于设计	沿轴线每 10 延米 1 处,总数不少于 10 处	坡度尺
外观要求		表面坡向必须与设计一致,不得出现倒坡、封闭洼地及明显凹凸等现象		

第 3 章　特殊土和特殊地基施工

3.1 湿陷性黄土

黄土是一种多孔隙、弱胶结的第四纪松散沉积物,因其具有一系列特殊的内部物质成分、外部形态和性质而在工程土类中具有特殊的地位。黄土的湿陷性是工程设计、施工中遇到的较为突出的难题之一。湿陷性黄土在我国黄土分布地区大约占 60%,它分布连续,地层齐全,厚度大。黄土地区的大多基础建设工程,均必须面对黄土湿陷性处治问题。机场建设工程在当前西部开发进程中占有重要地位,选择合理的场道黄土湿陷性处治技术就显得更为重要。

3.1.1 黄土湿陷性的判定及地基评价

1.黄土湿陷性的判定

湿陷性黄土除了具备黄土的一般特征(如呈黄色或黄褐色,粒度成分以颗粒为主,占 50%以上,具有肉眼可见的孔隙),还具备如下特征:呈松散多孔状态,孔隙比通常在 1.0 以上,天然剖面上具有垂直节理,含水溶性盐分较多。垂直大孔、松散多孔的结构和遇水即降低或消失的土颗粒间的黏聚力是它发生湿陷的两个内部因素,而压力和水则是它发生湿陷的外部因素。

对于湿陷性黄土,现在国内外都采用湿陷系数 δ_s 值来判定其湿陷程度。δ_s 可通过室内浸水压缩试验测定,其试验操作过程为:把保持天然含水率和结构的黄土土样逐步加压,达到规定试验压力,在土样压缩稳定后进行浸水,使土样含水量接近饱和,此时土样又迅速下沉,并再次达到稳定,从而得到浸水后的土样高度 h_p',如图 3.1 所示。由式(3.1)可得土的湿陷系数。

$$\delta_s = \frac{h_p - h_p'}{h_0} \tag{3.1}$$

式中:h_0 为土样的原始高度,m;h_p 为土样在无侧向膨胀条件下,于规定试验压力 p 作用下压缩稳定后的高度,m;h_p' 为对在压力 p 作用下的土样进行浸水,达到湿陷稳定后的土样高度,m。

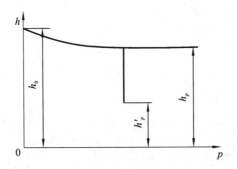

图 3.1 浸水前后土样高度 h 和压力 p 的关系

湿陷系数为单位厚度的土层由于浸水在规定压力下所产生的湿陷量,表示了土样的湿陷程度。我国《湿陷性黄土地区建筑标准》(GB 50025—2018)按照国内各地经验采用 δ_s=0.015 作为湿陷性黄土的界限值:$\delta_s \geqslant 0.015$ 判定为湿陷性黄土,否则为非湿陷性黄土。$0.015 \leqslant \delta_s \leqslant 0.03$ 为弱湿陷性黄土,$0.03 < \delta_s \leqslant 0.07$ 为中等湿陷性黄土,$\delta_s > 0.07$ 为强湿陷性黄土。

黄土的湿陷系数与试验压力大小有关,《湿陷性黄土地区建筑标准》(GB 50025—2018)根据我国一般建筑物基底土的自重应力和附加应力发生的范围,规定在用上述室内浸水压缩试验确定 δ_s 时,浸水压力的取值如下:在基础底面上 10 m 以内土层应用 200 kPa;10 m 以下至非湿陷性黄土层顶面,应用其上覆土层的饱和自重应力(当大于 300 kPa 时,仍应用 300 kPa);但当基底压力大于 300 kPa 时,宜用实际压力。

2. 湿陷性黄土地基湿陷类型的划分

自重湿陷性黄土浸水后,在其上覆土的自重应力作用下,会迅速发生比较强烈的湿陷,因而要求采取较非自重湿陷性黄土地基更有效的防范措施。《湿陷性黄土地区建筑标准》(GB 50025—2018)采用自重湿陷量 Δ_{zs} 来划分这两种湿陷类型的地基,其计算公式见式(3.2)。

$$\Delta_{zs} = \beta_0 \sum_{i=1}^{n} \delta_{zsi} h_i \tag{3.2}$$

式中:β_0 为根据经验因各地区土质而异的修正系数(陇西地区取 1.5,陇东、陕北地区取 1.2,关中地区取 0.7,其他地区取 0.5);δ_{zsi} 为第 i 层地基土样在压力值等于上覆土的饱和自重应力时,试验测定的自重湿陷系数(当饱和自重应力大于 300 kPa 时仍用 300 kPa);h_i 为第 i 层土的厚度,m;n 为计算总厚度内土层数。

当 $\Delta_{zs} > 7$ cm 时为自重湿陷性黄土地基,当 $\Delta_{zs} \leqslant 7$ cm 时为非自重湿陷性黄土地基。

用式(3.2)计算时,土层总厚度从基底算起,到全部湿陷性黄土层底面为止,其中 $\delta_s < 0.015$ 的土层(属于非自重湿陷性黄土层)不累计在内。

3. 湿陷性黄土地基湿陷等级的判定

湿陷性黄土地基的湿陷等级,即地基土受水浸湿后发生湿陷的程度,可以用地基内各土层湿陷下沉稳定后发生湿陷量的总和(总湿陷量)来衡量,该值越大,设计、施工和处理措施要求也越高。

《湿陷性黄土地区建筑标准》(GB 50025—2018)规定对地基总湿陷量 Δ_s 用式(3.3)计算。

$$\Delta_s = \sum_{i=1}^{n} \beta \delta_{si} h_i \tag{3.3}$$

式中:δ_{si} 为第 i 层土的湿陷系数;h_i 为第 i 层土的厚度,m;β 为考虑地基土浸水概率、侧向挤出条件等因素的修正系数,基底以下 5 m(或压缩层)深度内取 1.5,5 m(或压缩层)以下对非自重湿陷性黄土地基取 0,对自重湿陷性黄土地基可按式(3.2)中的 β_0 取值;n 为计算总厚度内土层数。

规范规定,湿陷性黄土地基的湿陷等级应根据地基总湿陷量 Δ_s 和自重湿陷量 Δ_{zs} 综合确定,并按表3.1 判定。

表 3.1　湿陷性黄土地基的湿陷等级

Δ_s/cm	非自重湿陷性黄土地基	自重湿陷性黄土地基	
	$\Delta_{zs} \leqslant 7$ cm	7 cm$< \Delta_{zs} \leqslant 35$ cm	
$\Delta_s \leqslant 30$	Ⅰ(轻微)	Ⅰ(中等)	—
$30 < \Delta_s \leqslant 60$	Ⅱ(中等)	Ⅱ 或 Ⅲ(中等或严重)	Ⅲ(严重)
$\Delta_s > 60$	—	Ⅲ(严重)	Ⅳ(很严重)

当 $\Delta_s < 5$ cm 时,可按非湿陷性黄土地基进行设计和施工,也可在现场用野外浸水载荷试验确定黄土地基的湿陷系数、湿陷类型和湿陷等级,但工作量较大,较少采用。

3.1.2 湿陷性黄土地基处理

湿陷性黄土地基处理的目的是改善土的性质和结构,减小土的渗水性、压缩性,防止湿陷的发生,部分或全部消除湿陷性。

在黄土地区修筑建(构)筑物时,应首先考虑选用非湿陷性黄土地基,因为它比较经济和可靠。如确定基础在湿陷性黄土地基上,应尽量利用非自重湿陷性黄土地基,因为这种地基的处理要求比自重湿陷性黄土地基要低。

1.湿陷性黄土地基处理措施

对湿陷性黄土地基采取工程措施的基本原则是:根据黄土的湿陷类型和等级、土层的厚度等条件,采取相应施工措施,破坏湿陷性黄土的大孔结构和变更引起湿陷的外界条件,从根本上消除或避免湿陷现象的发生。

(1)一般性措施。

①做好场区防水、排水工作,防止水的侵蚀。

a.以永久排水工程设计为基础,全面规划临时排水设施的布局、施工及进度等。各种防洪、排水及其配套设施应及早完成,形成排水体系,保证场区排水通畅。

b.流(经)向场区的河、沟及地下潜流的截流、改道工程,应防止渗漏水,避免形成新的潜流危害。

c.临时水池及拌和场、预制厂等的供水设施,宜集中设置,与道面土基外缘的距离宜不小于 20 m,并与排水系统相连通,做到排水通畅,用后及时拆除,并按要求回填密实。

d.严格控制各项工程的施工用水。

e.所有沟、管、井等供水、排水、防洪设施,应做到严密不漏水。

f.设专人管理供水、排水、防洪设施,做到经常维护检修,防止堵塞或渗漏。

g.道槽土方的开挖及填筑应有一定坡向,不得形成积水凹坑。

②处理好各类沟坑,消除湿陷隐患。

a.应缩短各类沟槽(基坑)的施工暴露时间,防止雨水浸入。各类地下管线的沟槽,宜与土方同步施工,其回填土的压实度必须进行检查验收。

b.现有的陷穴、暗穴,应视具体情况采用灌砂、灌浆、开挖回填等措施处理。

c.处理好的陷穴、暗穴,其土层表面均应用石灰与土质量比例为3:7的石灰土填筑夯实。

d.陷穴、暗穴的处理范围,应视具体情况而定。处理范围宜在道基边外,上侧50 m、下侧20 m内。若陷穴倾向道基,虽在50 m以外,仍应做适当处理。对串珠状陷穴、暗穴应彻底进行处理。

③宜用振动压路机碾压。碾压时的实际含水率宜比最佳含水率大1%~2%。条件允许时可适当提高土方压实度标准。

(2)灰土或素土垫层法。

将基底以下湿陷性土层全部挖除或挖到预计的深度,然后用灰土(石灰与土的体积比为2:8或3:7)或素土分层夯实回填,垫层厚度及尺寸计算方法同砂砾垫层,压力扩散角 θ 对灰土采用30°,对素土采用22°。垫层厚度一般为 1.0~3.0 m。灰土或素土垫层法消除了垫层范围内土的湿陷性,减轻或避免了地基附加应力产生的湿陷。如果将地基持力层内的湿陷性黄土部分挖除,采用垫层,可以使地基土的非自重湿陷性消除。

此法施工简易,效果显著,是一种常用的处理地基浅层湿陷性的方法。

(3)重锤夯实法及强夯法。

重锤夯实法及强夯法适用于饱和度 $S_r \leqslant 60\%$ 的湿陷性黄土。重锤夯实法能消除浅层的湿陷性,如用 $14 \sim 40$ kN 的重锤,落距为 $2.5 \sim 4.5$ m,在最佳含水率情况下,可消除在 $1.0 \sim 1.5$ m 深度内土层的湿陷性。强夯法也能消除黄土的湿陷性,并可提高承载力,当锤重为 $100 \sim 200$ kN,落距为 $10 \sim 20$ m 时,锤击 2 遍,可消除 $4 \sim 6$ m 深度范围内黄土的湿陷性。

重锤夯实法起吊设备简单、易于操作、施工速度快、造价低,20 世纪 60 年代曾在我国湿陷性黄土地区广泛采用,但近年来已基本被强夯法所替代,很少采用。

(4)土挤密桩及灰土挤密桩法。

此法适用于消除 $5 \sim 10$ m 深度范围内地基土的湿陷性。用打入桩、冲钻或爆扩等方法在土中成孔,然后用素土、灰土或用石灰与粉煤灰的混合物分层夯填桩孔而成桩,用挤密的方法破坏黄土地基的松散、大孔结构,可以消除或减轻地基的湿陷性。

(5)预浸水处理法。

自重湿陷性黄土地基可利用其自重湿陷的特性,先将地基充分浸水,使其在自重作用下发生湿陷,然后修筑建(构)筑物。

预浸水适用于处理土层厚度大于 10 m 而自重湿陷量大于 50 cm 的自重湿陷性黄土场地,浸水坑的边长应不小于湿陷性土层的厚度,坑内水位应不小于 30 cm,浸水时间以湿陷变形达到稳定为准。工程实践表明,预浸水处理法一般可以消除地表下 5 m 以内黄土的自重湿陷性和它下部土层的湿陷性,效果较好。但预浸水后,地面下 5 m 以内的土层还不能消除因外荷载所引起的湿陷变形,还需按非自重湿陷性黄土地基配合采用土垫层、重锤夯实法或强夯法等措施进行处理。由于此方法耗水量大,处理时间长($3 \sim 6$ 月),所以在推广应用上有一定的局限性。此外,也应考虑预浸水对邻近建(构)筑物和场地边坡稳定性的影响,因为其可能造成附近地表开裂、下沉等。

(6)单液硅化法和碱液法。

单液硅化法是硅化加固法的一种,是指将硅酸钠溶液($Na_2O \cdot nSiO_2$,常称"水玻璃")灌入土中,当硅酸钠溶液和含有大量水溶性盐类的土相互作用时,会产生硅胶,将土颗粒胶结,提高水的稳定性,消除黄土的湿陷性,从而提高土的强度。

碱液法是将一定浓度的 NaOH(氢氧化钠)溶液加热到 $90 \sim 100$ ℃,通过有孔铁管在其自重作用下灌入土中,以加固黏性土,使土颗粒表面相互融合胶结。该法对于钙质饱和的黏性土(如湿陷性黄土)能获得较好的效果,对软土则需配合使用 $CaCl_2$(氯化钙)溶液。

NaOH 溶液注入土中后,土粒表层会逐渐发生膨胀和软化,进而发生表面的相互融合胶结,但这种融合胶结是非水稳性的,只有在土粒周围存在 $Ca(OH)_2$(氢氧化钙)和 $Mg(OH)_2$(氢氧化镁)的条件下,才能使这种胶结构造成为强度高且具有水硬性的钙、铝硅酸盐络合物。这些络合物的生成将使土粒牢固胶结,强度大大提高,并且具有充分的水稳性。

由于黄土中 Ca^{2+}(钙离子)、Mg^{2+}(镁离子)含量一般都较高(属于 Ca^{2+}、Mg^{2+} 饱和土),故采用单液加固已足够。如果 Ca^{2+}、Mg^{2+} 含量较低,则需考虑采用 NaOH 溶液与 $CaCl_2$ 溶液的双液法加固。为了提高 NaOH 溶液加固黄土的早期强度,也可适当注入一定量的 $CaCl_2$ 溶液。

单液硅化法和碱液法适用于处理地下水位以上渗透系数为 $0.10 \sim 2.00$ m/d 的湿陷性黄土等地基。

对Ⅰ级自重湿陷性黄土地基,由于碱液法在自重湿陷性黄土地区使用较少,而且加固深度不足5 m,为防止既有建(构)筑物地基产生附加沉降,当采用碱液法加固时,应通过试验确定其可行性。

采用单液硅化法和碱液法加固湿陷性黄土地基,应于施工前在拟加固的建(构)筑物附近进行单孔或多孔灌注溶液试验,以确定灌注溶液的速度、时间、数量和压力等参数。

灌注溶液试验结束后,隔7～10 d应在试验范围的加固深度内测量加固土的半径,并取土样进行室内试验,测定加固土的压缩性和湿陷性等指标。必要时,应进行浸水载荷试验或其他原位测试,以确定加固土的承载力和湿陷性。

对酸性土和已渗入沥青、油脂及石油化合物的地基土,不宜采用单液硅化法和碱液法进行处理。

2.湿陷性黄土地基的施工要点

在湿陷性黄土地区进行施工,必须合理安排施工顺序。湿陷性黄土地基上正常的施工顺序如下。

(1)先安排场地平整施工,并做好防洪、排水设施,再安排主要建(构)筑物施工。当条件不具备时,也应采取分期分片的措施做出合理安排,以防地基浸水。

(2)在建(构)筑物范围内填方整平或基坑开挖前,应对建(构)筑物及其周围3～5 m范围内的地下坑穴进行探查和处理。

(3)在单体建筑施工中,先做地下结构,后做上部结构;对体型复杂的建筑,先建深、重、高的部分,后建浅、轻、低的部分。

(4)管道施工中,先做排水管道,并先完成其下游部分。有条件时,应尽量先等建(构)筑物周围的地下管道施工完毕,再施工建(构)筑物的上部结构。

3.1.3 湿陷性黄土地基处理实践——以曹家堡机场为例

黄土湿陷性对地基沉降变形有重要影响,结合西宁曹家堡机场跑道地基黄土的实际特点,分别采用振动碾压、冲击碾压与强夯法进行处理,处理后的检测结果表明:冲击碾压基本可以消除0.5 m深度以内地基土的湿陷性,对0.5～1.0 m范围内地基土湿陷系数有一定减小作用;强夯消除地基土湿陷性效果最佳,600 kJ强夯场地完全消除湿陷性深度为2 m左右,较大能级的强夯可完全消除2 m深度以下地基土的湿陷性。

1.工程概况

西宁曹家堡机场位于平安盆地中部北侧,湟水北岸的Ⅲ级阶地上,场面不连续,不平整,冲沟发育。白乃沟、石窑沟、大碱沟、席子沟等大小冲沟,横穿或斜穿Ⅲ～Ⅳ级阶地,将整个阶地切割得十分破碎,形成大小不同、高低不等的典型黄土崀地貌。

现场区属于湿陷性黄土场地,地层主要由人工填土和黄土组成。黄土具有湿陷性,湿陷等级为自重Ⅲ～Ⅳ级。新近堆积黄土为浅黄至褐黄色,粉土为主,有少量碎石及钙质结核,孔隙发育,结构松散,厚度一般为2～4 m,局部达8 m;黄土状土为浅黄至褐黄色,大碱沟以东多为黄褐色,土质较均匀,含菌丝状、星点状钙质粉土及钙质结核,有少量砂粒、螺壳等,局部夹砾、卵石透镜体。场地黄土层厚度大,湿陷性深度为3.8～24.5 m,湿陷量为146.0～1709.3 mm,自重湿陷量为122.0～1485.0 mm,属自重湿陷性黄土,少数湿陷等级为Ⅲ级,多数湿陷等级为Ⅳ级,湿陷很严重。场区内主要存在崩塌、溶洞、暗沟、天生桥及土溶蚀等不良地质体。除此之外,还零星分布着墓穴、窑洞、灌溉引起的落水洞等。

2. 黄土的物理力学特性

(1)物理性质。

进行黄土的室内土工试验,黄土粒度成分累计曲线如图 3.2 所示,分析可知黄土的颗粒组成以粉粒为主,含量可达 55%。

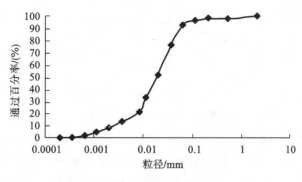

图 3.2　颗粒组成图

对采集的两份土样进行室内试验,得到的黄土天然状态的含水量、干密度和比重等物理性质指标如表 3.2 所示。

表 3.2　黄土天然状态的含水量、干密度和比重等物理性质指标

土样编号	含水量/(%)	干密度/(g·cm^{-3})	比重	液限 w_L/(%)	塑限 w_p/(%)	C 值/kPa	ϕ/(°)
东段土样	7.9	1.47	2.70	33.0	18.0	28	23.3
西段土样	8.2	1.41	2.70	32.0	16.5	26.8	22.8

注:C 为黏聚力;ϕ 为内摩擦角。

由该表可见,黄土的含水量为 7%~9%,干密度小,为 1.40 g/cm³ 左右,黄土的土粒比重变化小,比重的大小与土的颗粒组成有关。

(2)力学性质。

湿陷性是黄土的重要工程特性,影响湿陷性的主要因素是黄土的结构和多孔隙性。黄土经压实后土体颗粒发生重排列,其未扰动土结构被破坏,孔隙减少,性质发生改变。一般认为经充分压实的黄土不具有湿陷性。但由于含水量及施工条件有时难以控制在最佳状态,较低的压实度客观存在。这时黄土的湿陷性程度有待研究。

现场取未扰动土样,按照《公路土工试验规程》(JTG 3430—2020)规定,在室内用环刀将其切成若干个土样。

对上述未扰动土试样按照单线法进行湿陷性试验。试验开始前,先使用 1 kPa 的压力进行预压,使固结仪各部分紧密接触,装好百分表,并调整读数至零。正式开始后,去掉预压荷载,立即施加第一级荷载 50 kPa,连续读数至每小时变形量不超过 0.01 mm。然后施加第二级荷载 100 kPa,以后压力顺次递增 50 kPa,至规定的压力。在规定压力下,达到稳定沉降后,在试样顶面加水,使其再度达到稳定,记录百分表读数。最后,计算其湿陷系数,并得出浸水压力与湿陷系数的关系,如图 3.3 所示。

由图 3.3 可以看出,初始含水量的高低决定黄土湿陷系数的大小。随初始含水量的增加,黄土的湿

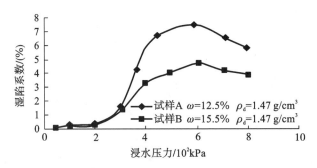

图 3.3　浸水压力与湿陷系数关系曲线

（ω 为初始含水量，ρ_d 为干密度）

陷系数减小；初始含水量与湿陷系数反相关；浸水压力小时，湿陷系数受初始含水量的影响较小，随着浸水压力的增大，湿陷系数受初始含水量的影响较明显；原状黄土的湿陷系数与浸水压力关系曲线呈下凹形，浸水压力越大湿陷系数变化越明显；浸水压力达到一定值后，湿陷系数迅速降低。

3. 处理方案

黄土地基的强度和稳定性是保证路基稳定的基础，也是确定道面结构类型及厚度设计的重要依据。提高黄土地基强度和稳定性，可以减小道面厚度，降低工程造价。目前国内外对路基的处治方法很多，但结合曹家堡机场湿陷性黄土地基的具体条件，具体选用了振动碾压、冲击碾压与强夯法 3 种，这三者的具体施工工艺与检测如下。

（1）振动碾压。

碾压方法采用 1/6 轮距错轮振动碾压。第 4 遍碾压完成后进行人工挖探坑取土样，按要求进行室内试验，同时进行场地表面高程测量，观测地表沉降情况。取样工作完成后进行第 5~8 遍振动碾压。之后再进行人工挖探坑取土样、沉降观测工作。最后进行浸水试验及浸水后室内外检测试验。

（2）冲击碾压。

碾压方法采用排压法。纵向相错 1/6 的轮周距，横向轮缘相互重叠 20~30 cm，第 4 遍冲碾完成后进行人工挖探坑取土样，按要求进行室内试验，同时进行场地表面高程测量，观测地表沉降情况。取样工作完成后进行第 5~7 遍振动碾压。之后再进行人工挖探坑取土样、沉降观测工作。最后进行浸水试验及浸水后室内外检测试验。

（3）强夯法。

强夯施工时，应检验、复核夯锤的质量、底面积、排气孔以及落距（指升起落锤的底面到开夯面间的高度）等是否符合要求。否则，应换锤和调整落距。强夯施工的夯位，按 3 m×3 m 的正方形角点排布放线，其偏差不得超过 3 cm。强夯时，夯锤底面中心应对准方格网中心点，其偏差不得超过 10 cm。夯击时，夯锤落距必须满足夯击能的要求，落锤应保持平稳。夯锤错位或夯坑底面倾斜过大，宜填土整平后，再重新夯击。强夯施工采用 200 t·m 能级，3 遍夯法。第 1 遍跳位夯，每夯位连夯 16 击，推平夯坑；第 2 遍跳位夯（第 1 遍夯后剩余的夯位），每夯位连夯 12 击，推平夯坑；第 3 遍搭接拍夯，夯痕压叠 1/3，每痕连夯 3 击。第 1、2 遍最后 2 击平均夯沉量不超过 3 cm，否则加击。强夯各遍施工之间的间歇时间不得少于 7 d。对强夯施工现场应做好防水排水措施,严防基坑集聚雨水或施工用水。强夯必须做好施工记录,其内容包括施工日期、夯锤质量、锤底直径、落距、强夯遍数、夯位编号、逐级夯沉量、最后两击平均夯沉量等。

强夯拍夯完工 14 d 后,采集未扰动结构土样检测强夯施工的质量。检测项目为土的含水率、干密度、压缩系数、压缩模量及湿陷系数。检测用的未扰动结构土样宜采用探井法挖取。

4. 效果检测

地基沉降变形主要由两部分组成:一是在路堤荷载作用下的压缩沉降变形;二是在水的作用下的湿陷沉降变形。湿陷沉降量的大小与地基上的湿陷系数的大小成正比关系,由前述可知地基土压实度与湿陷系数成反比,因此消除地基土的湿陷性可以通过提高地基土的压实度来实现。经现场检测表明,天然黄土地基经人工处理后,地基土的湿陷系数得到较大幅度降低。

(1)处理前场地地基土湿陷系数的检测结果。

处理前场地湿陷系数随地基土深度的变化如表 3.3 所示。

表 3.3　处理前地基土的湿陷系数变化表

湿陷系数		深度/m					
		0.3	0.5	0.8	1.0	1.5	2.0
场地	1 号	0.124	0.134	0.134	0.086	0.079	0.090
	2 号	0.061	0.062	0.075	0.052	—	0.047

依据浸水试验结果,在浸水的条件下,地基土渗透深度不大于 2 m,因此,研究对象可确定为 2 m 以上的浅层湿陷性黄土地基。

(2)处理后场地地基土湿陷系数的检测结果。

场地地基土经振动碾压、冲击碾压、强夯法等压实方法处治后,1、2 号场地地基土的湿陷系数随深度的变化规律如表 3.4 所示。

表 3.4　处理后地基土的湿陷系数变化表

处治方法			深度/m					
			0.3	0.5	0.8	1.0	1.5	2.0
			湿陷系数					
1 号场地地基土	振动碾压	8 遍	0.095	0.103	0.095	0.085	0.022	0.080
		12 遍	0.088	0.111	0.090	0.076	0.072	0.085
	冲击碾压	24 遍	0.033	0.073	—	0.082	0.130	0.095
		42 遍	—	0.013	—	0.071	0.045	0.102
	强夯法	600 kJ	0.006	0.006	0.002	0.013	0.002	0.010
		1000 kJ	0.001	0.001	0	0.003	0.002	0.010
		1600 kJ	0.002	0.005	0.002	0.002	0.004	0.004

处治方法			深度/m					
			0.3	0.5	0.8	1.0	1.5	2.0
			湿陷系数					
2号场地地基土	振动碾压	4遍	0.017	0.050	0.049	0.040	—	—
		8遍	0.016	0.090	0.047	0.032	0.039	—
		12遍	0.010	0.041	0.040	0.037	0.041	0.051
	冲击碾压	24遍	0.005	0.017	—	—	—	0.052
		42遍	0.003	0.008	—	0.017	—	0.047
	强夯法	600 kJ	0.003	0.013	0.031	0.031	0.032	0.032
		1600 kJ	—	—	0.008	—	0.012	—

振动碾压消除黄土湿陷性效果不明显,碾压后场地与未处理场地相比,湿陷系数仅减小0.01～0.03,湿陷系数多为0.07～0.12,仍具有较强的湿陷性。相比之下,2号场地的振动碾压效果比1号场地明显,0.3 m深度以内的地基土湿陷性基本被消除,湿陷系数仅为0.010～0.017,比未处理场地降低了72.1%,但至0.5 m处湿陷系数已基本接近未处理状态。

综上所述,就消除2 m范围内的地基土湿陷性而言,强夯法效果最佳,冲击碾压次之,振动碾压效果最差。但强夯法施工机械较笨重,施工速度慢,施工成本较高。综合考虑,高度不大于3 m的低填方路段可采用振动碾压处治;高度为3～5 m的填方路段可采用冲击碾压处治;高度为5～10 m的较高填方路段可采用强夯法进行处治。

通过对西宁曹家堡机场地基土进行室内试验及处治前后的对比分析可知以下几点。

(1)黄土的颗粒组成以粉粒为主,含量可达55%以上,其中粗粉粒含量大于细粉粒的含量。黏土颗粒成分占10%～25%。砂土颗粒成分占10%～30%,一般为20%左右。天然含水量较低,为7%～9%。黄土干密度小,为1.40 g/cm³左右,土体松散。

(2)黏聚力变化值为34.6～70 kPa,平均值为30 kPa,内摩擦角变化值为18°～40°,平均值为28.5°。

(3)冲击碾压基本可以消除0.5 m深度以内地基土的湿陷性,对0.5～1.0 m范围内地基土湿陷系数有一定减小作用;强夯法消除地基土湿陷性效果最佳,600 kJ强夯场地完全消除湿陷性深度为2 m左右。较大能级的强夯法可完全消除2 m深度以下地基土的湿陷性。

3.2　膨胀土

膨胀土是一种对环境湿度变化十分敏感的土体结构,主要成分是蒙脱石和伊利石,蒙脱石具有十分强的吸水性,在吸水之后容易出现裂缝。在自然的状态下膨胀土会呈现出硬塑或者坚硬的状态,颜色大多为黄色、褐色、灰白色等,膨胀与收缩的可逆性是膨胀土的一个重要特征。一般情况下,膨胀土的强度比较高,可压缩性较低,很容易被误认为是强度较高的地基土。但是当土体中的含水量出现变化时,土体就会出现胀缩反应,使土体产生变形,对建筑物具有极大的破坏性。膨胀土遇水就会出现膨胀,水分蒸发之后又会收缩变形,对于机场场道的建设极为不利,膨胀土容易对道床的上部路面结构造成危害,在高稠度的状态之下,膨胀土的膨胀趋势表现得十分高,其CBR(California bearing ratio,加州承载比,是美国加利福尼亚州提出的一种评定基层材料承载能力的指标)值完全无法达到机场场道工程道床填筑施工的强度需求,因此膨胀土的处理一直是机场场道工程施工需要解决的一个重点问题。

3.2.1 膨胀土的特点与危害

1.膨胀土的特点

膨胀土分布广泛,遍布全世界,其中亚洲、美洲、非洲分布最为普遍。我国是世界上膨胀土面积最大的国家之一,并且也是膨胀土地质成因类型最为繁杂的一个国家,我国的膨胀土具有以下这些特点。

(1)胀缩性。

根据土质学的理论分析可以知道,膨胀土的亲水性十分好,并且只要与水产生接触,其体积就会大大增加,土体的湿度也会提升很多。膨胀土在吸水膨胀之后,如果在土体膨胀的过程中受到外力作用的阻碍就会产生膨胀力,造成路面凸起,而在膨胀土中的水分流失之后,土体的体积就会收缩,土体会出现开裂的问题,路面也会随之下沉。膨胀土表现出的胀缩性与其他黏土所表现出的胀缩性有一定的差异。在土体反复膨胀收缩的过程中,土体的黏聚力会逐渐下降,土体的强度也会越来越弱。

(2)超固结性。

超固结性也是膨胀土的一个重要特征,膨胀土的超固结性特征会导致土体出现较多的细小天然孔隙,土体的干密度也会变大,土体最初的时候会表现出具有较高强度的特点,具有超固结性的膨胀土在路基开挖之后,土体的超固结应力就会被释放掉,这时开挖路基的边坡就会出现膨胀损坏的现象。

(3)崩解性。

崩解性是膨胀土在吸水膨胀之后出现的一种湿化现象,不同类型的膨胀土所表现出来的崩解性也会有所差异,强膨胀土在浸水之后,几分钟的时间内就会被完全地崩解,而弱膨胀土在浸水之后,可能会经过很长的时间才会出现崩解的情况,并且也不会被完全崩解。

(4)多裂隙性。

多裂隙性是膨胀土的一个突出特点,由多裂隙性结构构成的膨胀土体会产生复杂的物理力学效应,影响膨胀土的强度,导致工程地质条件恶化。膨胀土中的裂缝主要有垂直、水平、斜交这三种类型,这些裂缝会将土体分割成不同形状的块体,使土体无法保持完整性。

(5)强度衰减性。

膨胀土的抗剪强度极易产生变动,并且变动的幅度也十分大。膨胀土具有的超固结性特征,导致土体在初期表现出的强度十分高,但是随着时间慢慢推移,土体会受到风化作用以及胀缩性的影响,其抗剪强度会被大大削弱。强度削弱的速度以及频率与土体中物质的构成、结构形态等有关,还与风化作用等的强度有一定的关系。

(6)风化特性。

膨胀土会受到气候环境因素的干扰,出现风化的问题。在土体开挖之后,部分土体暴露在空气中,空气中的一些物质会对土体产生风化作用,使其出现碎裂、泥化等情况,造成土体结构损坏,影响土体结构的强度。膨胀土风化作用的强度可以划分为三个等级:强、中、弱。在地表或者是边坡的表层,由于受到大气以及一些生物作用的影响,膨胀土的干湿变化速度较快,土体会出现碎裂的情况,结构的连接性也会被完全破坏,破坏的土体厚度为 1.0~1.5 m。在微风化层部分,大气与生物对土体产生的风化作用已经有所下降,干湿变化速度也逐渐缓慢,土体基本能够维持原有状态,破坏的土体厚度约为 1.0 m。在弱风化层,该部分的土体结构在地表的浅层部位,在该部位大气与生物对土体产生的破坏作用已经有了明显的降低,但是总体而言,破坏的强度还是较大的,干湿变化程度也是比较显著的,土体大多呈现为碎块形状,结构黏结功能已经基本丧失。

(7)分布广,类型多。

我国有 20 多个省已经发现有膨胀土,其中安徽、云南、广西、四川、河南等地的膨胀土问题最为突出。并且膨胀土的成因也十分复杂,比如有沉积型的、残积型的,也有岩溶侵蚀之后所形成的等。膨胀土施工问题不仅与土质问题有关,并且与土的成因、年代以及历史发展都有很大的关系。

2. 膨胀土的危害

截至 2020 年,我国膨胀土地基所导致的建筑损坏面积已经达到 1000 万 m²,尤其是对铁路、公路、机场等基础设施造成的危害极其严重。膨胀土地基对工程结构造成的危害主要有以下几个方面。

(1)沉陷变形。

在施工初期,膨胀土土体所表现出来的结构强度十分高,在对其进行粉碎压实施工时,难度也十分大。在土体开挖施工结束之后,由于土体结构暴露在大气环境中,大气环境中的一些物质会对土体产生影响,比如风化作用、湿胀干缩反应等,会导致土体崩解、产生裂缝,在结构物受到荷载作用的情况下,建筑结构会出现不均匀的沉降问题,路堤的高度越高,那么出现沉降现象的沉陷量就会越大,表面的变形程度就会越明显。

(2)滑坡。

滑坡具有弧形特征,受到土体裂缝的影响,滑坡的形式主要呈现为牵引式,滑坡的土体厚度一般为 1~3 m,大多数情况下,不会超过 6 m,滑坡与大气风化作用以及土体的类型、结构的紧密性等有关,与边坡高度联系不密切。

(3)溜塌。

边坡的表层部位以及强风化层内部的土体吸水过多,在重力和渗透压力的影响下,边坡表面会产生一种向下流动的溜塌,这种问题在雨季的时候比较容易发生,与边坡的坡度并没有关联。

(4)纵裂。

路肩部常因机械碾压不到,填土达不到要求的密实度,后期沉降量相对较大,加之路肩临空,对大气风化作用特别敏感,干湿交替频繁,肩部土体收缩远大于堤身,故在路肩上常发生顺路线方向的开裂,形成数十米至上百米的张开裂缝,缝宽 2~4 m,大多距路肩外缘 0.5~1.0 m。

(5)坍肩。

路堤肩部土体压实不够,又处于两面临空部位,易受风化作用影响而导致强度衰减。当有雨水渗入时,特别是当有路肩纵向裂缝出现时,在汽车动荷载作用下,很容易发生路肩坍塌。塌壁高多在 1.0 m 以内,严重者可大于 1.0 m,常发生在雨季。

3. 膨胀土对机场跑道的破坏机理

膨胀土受水的因素影响而产生不均匀的变形造成跑道起伏不平乃至道面板结构断裂而破坏了跑道的安全使用。其表现形式有以下两种情况。

（1）基底脱空。

造成基底脱空有两种情况：其一是膨胀土地基遇水膨胀，将道面结构层拱起，当水分挥发后膨胀土地基又收缩，而隆起的道面结构层难以恢复到原位而造成脱空；其二是膨胀土地基含水量减少时而产生收缩造成上部道面结构的脱空。

（2）道面起伏不平而破坏高速飞机的安全运行。

膨胀土地基在飞行区分布的不均匀性或水活动的不平衡造成膨胀土地基胀缩不均匀而引起道面结构的拱起和沉降的不均匀，从而无法满足飞行对跑道平整度的要求。

上述两种破坏形态，不管发生哪种情况对飞行安全来说都是不利的，因此在机场建设中只要遇到膨胀土地基，必须加以处理。

3.2.2　膨胀土地基加固

我国针对膨胀土的危害和治理也开展了很多研究工作，根据大量文献资料统计，我国每年因为膨胀土破坏工程建筑物导致的经济损失高达数亿元，遭到破坏的房屋面积达到 1000 万 m²，膨胀土的危害之大可想而知。所以研究加固膨胀土的强度特性势在必行。

安康机场场区既有大面积的膨胀土分布，也有高陡自然斜坡以及丰富的地下水等，并且地貌和地质条件复杂，所以膨胀土地基问题成为该机场亟待解决的主要岩土工程问题。经过实地踏勘，结合岩土工程勘察资料，依据安康机场的地貌、岩性、水文等一系列工程地质条件，现场选取了 3 块具有代表性的试验区，分别使用普通强夯法、强夯置换法、振动沉管砂石挤密桩法三种工艺对膨胀土地基进行加固，下文将对这三种工艺进行详细地阐述。

1. 普通强夯法

普通强夯法是让夯锤进行自由落体，夯锤的冲击和振动能量传递给地基，对地基进行加固。它是一种比较经济简便的地基处理方法。

普通强夯法在我国广泛运用，发展迅速，这种工艺的机械设备简单，工程造价不高，适用范围比较广泛。普通强夯法主要优势表现为以下几方面。

①适用的土体范围广：可用于加固膨胀土、湿陷性黄土、建筑垃圾和生活垃圾等人工填土。

②应用工程范围广：可用于民用建筑、工厂建筑、公路、桥梁、机场跑道、铁路、移山填沟等地基加固工程。

③加固效果显著：普通强夯法能有效提高地基均匀性，减少其不均匀沉降，降低压缩性，降低砂土液化，减弱黄土的湿陷性。一般情况下，普通强夯法一般夯击能量加固地基的影响深度为 6~8 m，地基一般在普通强夯作用下可直接投入工程使用。

④施工设备简单：普通强夯法机械一般为履带式起重机，并且脱钩装置为自动装置，所以普通强夯法的施工机械比较简单。

⑤节省工程材料：普通强夯法较置换强夯而言，不需要添加建筑材料，节省了材料费用、工程运输费用和制作费用。

⑥施工工期短：普通强夯法施工周期短，尤其是粗砂粒非饱和土施工周期更短。比置换强夯法、振动沉管砂石挤密桩法等方案更为快捷方便，经济效益更为显著。

不过,普通强夯法在工程实际中虽然应用广泛,但也有一部分不足,主要表现在以下方面。

①普通强夯法在施工过程中由于是重锤自由落下,振动比较大,因此对于离建筑物和构筑物比较近的区域,很容易产生扰民。

②对含水量比较敏感的土体,如果土体含水量高,锤击该区域后容易形成橡皮土。

③普通强夯法的施工场地不宜太小,否则施工机械无法施工。

④重锤不能直接接触砖块、混凝土块、岩石等硬物,否则容易出现伤亡事故。

(1)普通强夯法作用机理。

关于普通强夯法加固地基的机理,国内外的看法不太一致,其中以波动理论占据主导地位。

在普通强夯法施工过程中,夯锤自由落下,势能不断减小,动能不断增大,夯锤作用于地基,能量主要以纵波、横波、面波(瑞利波)在地基中传播,形成应力波场。纵波、横波可在地基土层内传播;而面波只是在地表中传播。在强夯过程中主要是纵波和横波起到加固作用,纵波的传播方向与波的前进方向一致,在此过程中土体会产生体积变化,纵波的周期一般比较短,振幅比较小。横波无法使土体体积发生变化,它的传播方向与振动方向相互垂直,它只能在固体里传播,而纵波在固体、液体里都能传播,传播示意图如图 3.4 所示。

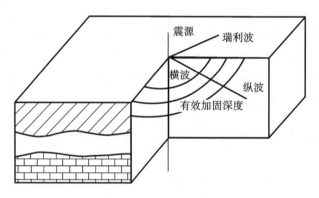

图 3.4 波的传播示意图

当反射波传播到地表,夯锤正好落到地面,这时反射波被重锤挡住,被反射进入地基土中,遇到两种不同介质分界面后,反射波又一次被反射回地面,因此在相对较短的时间段内,波在多种介质中被多次反射,夯击能量不断损失。因此,在相同夯击能级作用下,单一均质土层比多层非均质土的加固效果更加明显。

普通强夯法加固地基会使土体产生三个不同的作用区域:第一个为面波在地基表面形成的松动区;第二个为纵波形成的加固区;第三个为由于能量的衰减,地基形成的弹性区,如图 3.5 所示。

普通强夯法分为以下四个阶段。

①冲剪破坏阶段。

普通强夯的前几击冲击地基土体,面波造成地表土体松动,这一阶段为初始阶段。虽然面波和横波相结合会加固地表附近土体,但土体比较容易松动,冲剪破坏为初始阶段主要破坏形式。

②加固区形成阶段。

土体受到纵波的作用,发生大量沉降,土体被压密,地基形成夯坑,最后夯坑基本稳定,这个阶段为加固阶段。夯击压力不断增大,夯坑深度也逐渐加深,波逐渐向远处传播,使得密实沉降区域范围逐渐扩大,最终趋于稳定,这一阶段为加固区形成阶段。

③能量饱和阶段。

夯锤在加固地基形成加固区后,能量不断被消耗,无法让地基更加密实,这一阶段为能量饱和阶段。

④超应力消除改善阶段。

在夯锤加固地基土体后期,土体密实度很高,会出现超应力情况,当地基土体没有外部大荷载而静置后,土体压缩性逐渐减小,土体的强度会逐渐增加,承载力也会逐渐增大,这一阶段为超应力消除改善阶段。

(2)普通强夯法工艺分析。

场地选取具有代表性的 30 m×30 m 场地进行普通

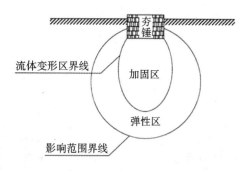

图 3.5　普通强夯作用区

强夯试验,强夯能级采用 3000 kN·m,正方形布置夯位,夯间距 3 m,采用两遍夯,第一遍跳位夯,每夯位连夯 16 击,推平夯坑;第二遍跳位夯(第一遍夯后剩余的夯位),每夯位连夯 12 击,推平夯坑;最后采用低能级 1000 kN·m 搭接拍夯,夯点布置示意图如图 3.6 和图 3.7 所示。

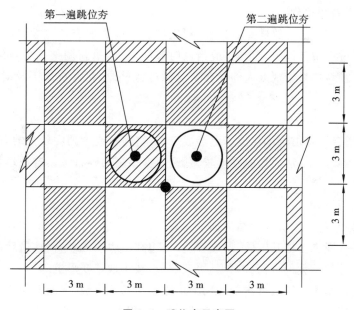

图 3.6　跳位夯示意图

由于强夯夯锤振动太大,在进行普通强夯施工前,要考察周围环境,如地下管线、地下构筑物位置等。普通强夯法具体施工步骤如下。

①在进行普通强夯前,要将试验区域杂草清理干净,并且平整场地。

②将场地的夯点在现场布置出来。

③记录下普通强夯试验段的高程。

④开夯,测量夯沉量。

⑤完成两遍夯击后,待超孔水压消散,进行低能级 1000 kN·m 搭接拍夯,然后记录夯后的高程。

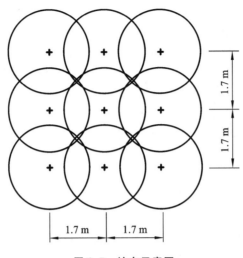

图 3.7　拍夯示意图

⑥14 d 后进行强夯效果检测。

在进行普通强夯前,应当准确放样夯点位置,利用白灰准确表明夯点位置,在施工过程中准确记录夯沉量数据,如果施工过程中夯锤出现歪斜,应当及时查明原因,重新调整位置再继续进行施工。夯坑周围不能出现太大的隆起,如果出现太大的隆起要及时进行整改,在夯坑周围及时排出溢出的孔隙水,不能在试验场地形成积水。

2. 强夯置换法

强夯置换地基是指夯锤自由落体在地基上形成夯坑,将碎石或者硬度较大的石料加到夯坑里,然后夯锤将这些材料夯到地基土中,从而形成硬度较大、密实度很高的砂石墩。这种地基主要由砂石墩和土体共同担负上部荷载。

(1)强夯置换法作用机理。

强夯置换法加固地基的作用机理总结为如下三点。

①置换作用:通过夯锤夯击地基土体,形成夯坑,一边夯一边填入砂石料,最后形成砂石墩。地基中应力向墩体集中,墩体分担了大部分荷载,并且协调变形,减小地基变形沉降。

②排水固结作用:地基土在巨大夯击能作用下形成密实的碎石墩,平面上和垂直深度上构建出一定的土体裂隙,重复夯击使得土体缝隙发育丰富,孔隙水可以很快地从缝隙中排出去,加快地基土的排水固结。

③压密作用:夯锤夯击地基过程中,夯击能量以波的方式传到土体内,土体颗粒孔隙气体被挤出,土体被压缩和振密。同时密实的砂石墩在置换过程中也使地基土体被压缩振密。

(2)强夯置换法与普通强夯法的不同。

强夯置换法和普通强夯法虽然都是夯锤加固地基,但是它们作用机理有所不同,具体归纳为下面三点。

①普通强夯法加固地基的对象是孔隙多、颗粒大的土体,主要基于动力夯实理论,即通过夯锤夯击地基产生的冲击波和动应力来加固地基。非饱和土的普通强夯主要是土体孔隙中的气体被排出、颗粒

相对运动的过程。饱和土的普通强夯是夯击能在土体中以弹性波的形式传递,孔压迅速增加,并且土体结构被破坏,形成定向缝隙及排水通道,孔隙水压力迅速消散,从而提高地基承载力。强夯置换法主要通过置换土体形成的强度大的砂石墩和地基土一起担负上部荷载。

②普通强夯法主要处理砂土、湿陷性黄土、碎石土、建筑垃圾等材料杂填土和素填土等地基。强夯置换法主要处理土体结构松散、抗剪强度高、含水率高的地基。土体含水量越小、抗剪强度越高的地基一般情况下采用普通强夯法取得的效果更好。地基土体强度越低、含水量越高采用置换强夯法取得的效果就越好。普通强夯施工时应避免试验场地积水,产生液化,但是强夯置换在土体发生液化时,砂石墩置换体更容易形成。

③强夯置换法处理后的地基是复合地基,该复合地基上层载荷是砂石墩和墩间土按照一定的分配比例(主要为砂石墩)共同承担的。普通强夯加固后的地基,是由整体地基共同承担上部荷载的。

(3)强夯置换法工艺分析。

试验场地和普通强夯法同样选取具有代表性的 30 m×30 m 场地进行强夯置换试验。强夯前,清除耕植土,铺设 1 m 厚级配良好的砂砾石垫层后进行强夯置换,墩体材料采用级配良好的砂砾石,粒径大于 300 mm 的颗粒含量应小于 30%。强夯置换完成后顶面设 60 cm 厚级配砂砾石垫层,砂砾石粒径应不大于 100 mm。

强夯置换设计墩长为 4 m,能级采用 3000 kN·m,正方形布置夯位,夯间距 5 m。工艺同样采用两遍夯,遵循"由内而外,隔行跳打"原则,强夯置换法技术参数见表 3.5。

表 3.5 强夯置换法技术参数表

夯点布置形式		5.0 m×5.0 m
夯击面积		30 m×30 m
布点方式		正方形
夯击能/(kN·m)		3000
主夯	锤重/t	23.6
	锤底直径/m	1.5
	落距/m	12.7
拍夯	锤重/t	17.6
	锤底直径/m	2.3
	落距/m	10

强夯置换法的每夯点的夯击次数应通过现场试验确定,同时需要遵循以下原则。

①砂石墩一定要置换出软弱土体,并且砂石墩的长度要达到设计长度。

②累计夯沉量应不小于设计墩长的 1.5 倍。

③最后两击的平均夯沉量不大于 5 cm。

强夯置换结束后,在试验区的角部,以角点夯位为中心轴,向外开挖一个长 4 m、深度为 4 m、底宽不小于 0.6 m 的探槽,用于观测不同深度置换墩体的直径和密实情况、周围土体的挤密情况、含水率和孔隙水压力消散所需要的时间等。

3. 振动沉管砂石挤密桩法

砂石桩是用振动、冲击或水冲等方式在地基中成孔后,再将砂砾石或碎石压入成孔中形成的密实桩体。按施工方法不同,砂石桩复合地基可分为振冲砂石桩复合地基、振动沉管砂石挤密桩复合地基。

振动沉管砂石挤密桩法是在地基中预先沉管至规定深度,冲击挤密地基土体后成孔,然后向沉管中注入砂石或碎石等质地坚硬的散体材料,在机械振动下将材料贯入土体中而形成桩基。另外,砂石桩和桩间土的复合地基共同承担上部荷载,由于砂石桩质地好,强度大,上层大部分荷载都由桩体承担,同时在桩间土的变形协调下,地基的工程性能明显提高。砂石桩体和桩间土相互协调,地基土体较天然土竖直方向、水平方向更加均一。

振动沉管砂石挤密桩法具有机械设备比较简单,成本不高,施工速度快等特点,由于振动沉管砂石挤密桩法经济和可靠,所以在实际工程中被广泛使用。振动沉管砂石挤密桩法的优势归纳为以下几点。

①大部分土体都适用。

②机械简单,入场简便。

③工程造价不高。

④施工工期较少,不会对施工现场造成污染。

⑤工后沉降期大大减少。

(1)振动沉管砂石挤密桩法作用机理。

振动沉管砂石挤密桩法在黏土、砂土、素填土、建筑垃圾等组成的杂填土等地基中广泛应用。安康机场地区地基存在的膨胀土,属于黏性土,振动沉管砂石挤密桩法适合加固安康机场的膨胀土地区。

振动沉管砂石挤密桩法在成桩过程中由于土颗粒之间挤压、振动等作用,黏粒之间的结合力、黏土颗粒的排列平衡体系被破坏,孔隙水压力升高,土体有效应力降低,压缩模量降低,在挤密桩工艺结束后,地基土的强度会逐渐恢复。振动沉管砂石挤密桩法作用机理可归纳为以下四点。

①置换作用:对于饱和软土地基,砂石桩起到了置换的作用,不是使地基土体被挤密,而是以强度好的砂砾石来替换不良地基土。对于软弱黏性土,成桩后,砂石桩置换了软弱黏性土,从而形成砂石桩和桩间土复合地基,所以它比天然土体的承载力、抗剪强度等更高。这种工艺下的地基承载力主要由桩体担负,桩间软土承担的载荷就会减少,桩间黏性土应力之比一般是桩体应力的 $1/4\sim1/2$。复合地基承载力增大率、地基沉降减少率、压缩模量提高率与地基置换率成正比关系。

②排水作用:由于地基中有强度较大的桩体,桩体材料比地基的透水性要好很多,加上桩体可以看成一个完整的排水通道,这样地基中的水可以快速排出,孔隙比由于置换作用也会降低,这时地基的承载力等就会提高。同时快速排水可以将工后沉降的时间也缩短,减少工程工期。

③垫层作用:桩体没办法贯穿厚度太大的软弱层地基时,桩体和桩间土组成的复合土层可以看作垫层,上部荷载通过复合地基以一定角度传递给下部的软弱土层,使没有贯穿的下部土层附加应力减少,从而提高地基的承载力,同时降低地基的沉降量。

④加筋作用:砂石桩的形成,置换了大量软弱土体,所以它能够提高地基抗剪能力、承载力和整体稳定性。

(2)振动沉管砂石挤密桩法工艺分析。

振动沉管砂石挤密桩工艺在振动机械的振动作用下,将排料桩管打至设计深度,桩管在沉孔的过程中,桩管周围的土体被挤密,接着投入填料,填料也被桩管挤入土体,循环多次后形成砂石桩。振动沉管砂石挤密桩法施工工艺可选择重复压拔管法。具体工艺方法如图 3.8 所示。

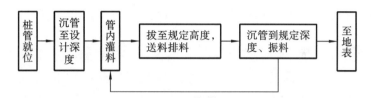

图 3.8　振动沉管砂石挤密桩法施工工艺流程

现场通过安康机场迁建区域的勘察报告了解到该试验段区域软弱土层厚度较薄,结合普通强夯法及强夯置换法的有效加固深度及现场实际施工情况,本试验采用 JYB110 型桩机施工,桩长 7 m,桩径 500 mm,以等边三角形方式布桩,具体桩位布置如图 3.9 所示。

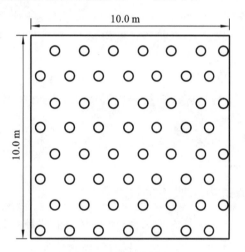

图 3.9　桩位布置图

桩体砂石材料粒径为 20～50 mm,含泥量不大于 5%。施工电流值为 110～180 A,密实电流为 110 A,灌砂过程中提升速度为 1.5 m/min。振动沉管砂石挤密桩施工完成后,在上部施工 0.5 m 厚砂石褥垫层,垫层施工采用龙工 22A 型 20 t 压路机碾压 4 遍。试验区的大小为 10 m×10 m。本次振动沉管砂石挤密桩具体设计参数详见表 3.6。

表 3.6　振动沉管砂石挤密桩具体设计参数

试验区域	设计桩长/m	桩径/mm	桩间距/mm	垫层厚度/m
10 m×10 m	7	500	1500	0.5

振动沉管砂石挤密桩处理效果检测工作分为夯前、夯后检测,检测项目包括浅层平板载荷试验、动力触探试验及物理力学指标测试等。将场地均分为 4 块,1 号区和 4 号区分别做夯前载荷试验和下覆原土层的物理力学指标测试;2 号区和 3 号区分别做夯后载荷试验和动力触探试验及夯后土层的物理力学指标测试,与夯前指标进行对比分析。

（3）振动沉管砂石挤密桩法质量控制。

为了使地基处理效果显著，保证和普通强夯法、强夯置换法工艺有对比性，在施工过程中，要严格遵守下列措施进行质量控制。

①准确测量出砂石桩的桩位、桩长深度以及垂直度，垂直度偏差不能大于 1.5%，纵向偏差不得大于砂石桩管的直径。

②在桩管未入土之前，成孔前，在桩管内投料 1～2 m³，当桩管打到设计深度，重复打 3～4 次，这样才能控制桩底成孔的质量，如果不重复打，桩底有可能会出现断桩现象。原因是桩管如果只是打到设计深度，在拔管的同时，没有被挤密的地基土会重新恢复并且可能因为强烈振动向下塌陷，从而形成断桩。采用重复打桩后，桩管底部的土密实度会更高，成孔质量更好，还有少量的质地较好的填料被排出，形成较为坚硬的砂泥孔壁，有效提高了成桩质量。

③每段砂石桩的桩径要与设计桩径相同，即成桩时实际所灌入的砂石数量与理论数值不能相差太大。若桩径没有达到设计要求，必须继续沉管投料一次，或者在这一桩距离不远的地方补打一根。

④应严格控制桩管拔沉速度、拔拉规定高度，这样才能保证桩体的密实度、均匀性、连续性。如果桩管拔管速度过快，可能会导致断桩或者缩颈，拔管速度慢，可让管内砂石料有充分的时间振密，提高桩体的密实度。

⑤成桩段不能过大，过大会造成排料不畅的现象，此时可适当加大拉拔高度。

⑥在向套管内灌入砂石料的时候，应该向桩管内通入压缩空气和水，使得砂石料能顺利从套管中排出。

⑦在振动沉管砂石挤密桩加固区施工结束后，由于上层的土体上覆岩层压力小，土体颗粒松散，密实度不高，所以要对垫层进行碾压振密。

3.2.3 机场场道道床填筑中膨胀土的改良

对于含有膨胀土的机场场道道床填筑施工来说，对膨胀土的胀缩性以及稳定性进行控制处理是确保工程施工质量的一个关键内容，石灰土的使用可以有效改善膨胀土的含水量界限以及土块尺寸、胀缩性能等，有利于提高机场场道道床填筑施工的质量。

1. 石灰土改良膨胀土的施工方法

石灰改良土的拌和方法采用路拌法。

主要施工流程为：土基面验收→施工放样→施工取土与运输→土方摊铺→石灰土拌和→整形→碾压→检测→养护。

2. 操作要点分析

（1）土基面验收。

对已经完成施工的土基，必须进行验收，验收需要参考相关的施工技术规范来进行。在验收合格之后，在铺土前对土基面进行适当洒水并重新复压。

（2）施工放样。

对机场道槽区域的石灰土施工区域进行测量，做好相应的标记，标出中线和边线位置，在直线段每隔 40 m 需要设置一个桩，在平曲线段每隔 20 m 需要设置一个桩，并且要对其进行同步的水平测量，在测量中桩以及边桩时需要标记出虚铺的高度。

（3）施工取土与运输。

选取取土场弱、中膨胀土，由专人负责施工用土的选取。采用自卸汽车在最短的时间内将土运输到施工的场地内。然后将其堆放到验收合格的土基面上，在堆放土方之前，应该提前在土基面上进行洒水，使其表面保持湿润，但是要注意洒水的量，防止土基面出现泥泞的问题。

（4）土方摊铺。

土方摊铺施工的施工设备是大型推土机和平地机，推土机粗平，平地机精平，本工程石灰土的设计厚度为 0.8 m，需要进行 3 层施工处理，第一层的厚度为 0.27 m，第二层的厚度为 0.27 m，第三层的厚度为 0.26 m，根据以往的施工经验分析，第一层与第二层的虚铺厚度需要保持在 0.32 m 左右，第三层的虚铺厚度则需要控制在 0.31 m 左右。

（5）石灰土拌和。

①在土方摊铺初步整平施工完成之后，需要按照实验室确认的掺灰量进行石灰土撒用量的计算，并将撒用量录入 XKC163 石灰撒布机车载系统中，用石灰撒布车进行生石灰的掺撒。

②在石灰土掺撒完成之后，用徐工 WR550 石灰土拌和机对其进行拌和施工，拌和的遍数一般为 1~2 遍，在对石灰土进行拌和施工时，需要安排施工人员用搂耙进行人工筛选，将尺寸过大的颗粒筛选出来。

③尽量控制拌和机，减少拌和机在原地转向的次数，确保道床表面的平整性。

④在拌和结束后，如混合料的含水量不足，洒水车补充洒水。洒水后，应再次拌和，使水分在混合料中分布均匀。洒水及拌和过程中，应及时检查混合料的含水量，含水量宜略大于最佳值。

⑤混合料拌和均匀后应色泽一致，没有灰条、灰团和花面，且水分合适和均匀。

（6）整形。

混合料拌和均匀后，应立即用平地机整形。在直线段，平地机由两侧向槽中线进行刮平；在曲线段，平地机由内侧向中心进行刮平。用 22 t 压路机在初平的区域上快速碾压 1~2 遍，以暴露潜在的不平整。对于局部低洼处，应用齿耙将其表层 50 mm 以上土体耙松，并将新拌的混合料铺入，用平地机进行找平。严禁用薄层贴补法进行找平。

（7）碾压。

整形后，当混合料的含水量为最佳含水量时，立即用 22 t 压路机在结构层全宽范围内进行碾压。首先采用 22 t 振动压路机振动碾压 4 遍，然后采用 26 t 压路机振动碾压 2 遍。压路机的碾压速度，头两遍宜为 1.5~1.7 km/h，以后宜为 2.0~2.5 km/h。碾压后进行压实度检测，当天施工的作业面应当日碾压合格。为保证石灰土层表面不受损坏，严禁压路机在已完成的或正在碾压的地段上掉头或急刹车。碾压过程中，如有"弹簧"、松散、起皮等现象，应及时翻开，加适量的石灰重新拌或用其他方法处理，使其达到质量要求。

（8）检测。

采用灌砂法进行压实度检测，检测结果均不小于 96%；施工过程中随时采用 EDTA（ethylene diamine tetraacetic acid，乙二胺四乙酸）二钠标准液滴定石灰剂量，均不小于 7%；7 d 自由膨胀率均小于 10%；在 0.8 m 厚石灰土层顶进行现场承载板试验，道基反应模量均大于 60 MN/m³。

（9）养护。

石灰土层碾压完成并经压实度检查合格后，应立即开始养护。养护期 7 d，整个养护期间应始终保持土表面潮湿,但不应过湿或忽干忽湿。在养护期间,除洒水车外,不准其他车辆行驶。

3.3 盐渍土

盐渍土指地表以下 1 m 土中易溶盐含量大于 0.3%,并具有溶陷、盐胀、腐蚀等工程特性的土。我国从 20 世纪 60 年代起已注意到盐渍土的一些特点及其对工程的影响,大量试验研究和工程实践始于 20 世纪 70 年代,公路、铁路进行了许多有益的探索,积累了很多经验。盐渍土地基处理的方法很多,机场工程中的盐渍土地基处理大多是借鉴公路、铁路的经验和规范,而实际上两者有很大不同,不能完全照搬相关的规范,因此研究更适合机场特殊性的地基处理方法显得非常必要。

3.3.1 盐渍土概述

盐渍土按分布区域分类,可分为内陆盐渍土区和滨海盐渍土区,其中内陆盐渍土区域主要分布于西北干旱地区的新疆、青海、甘肃、宁夏、内蒙古等地势低洼的盆地和平原,华北平原、松辽平原也有分布;滨海盐渍土区主要分布于辽东湾、渤海湾、莱州湾、海州湾、杭州湾以及海岛沿岸。在温度、含水量、气候等条件变化下,盐渍土在三相体与二相体之间相互转化,造成土体结构破坏、土体变形或膨胀,进而造成建(构)筑物倾斜或破坏。

1. 盐渍土工程特性

盐渍土是在特殊的地形环境、气候环境、水文地质环境下形成的一种特殊性岩土,其主要盐分为氯盐、硫酸盐和碳酸盐。根据各种盐分的不同含量和比例,盐渍土表现出溶陷性、盐胀性、腐蚀性等工程特性。

(1)溶陷性。

盐渍土浸水后不仅强度降低,同时伴随土体结构破坏,造成地基沉降变形,并且其变形速度较快。主要原因如下:①浸水条件下胶结土颗粒的盐类溶解,土颗粒进入孔隙,导致溶陷;②盐渍土含有的芒硝结晶,浸水后溶解,造成体积收缩,进一步加剧变形;③砂性盐渍土浸水后,胶结盐类溶解,导致胶结团粒解体为更细小的土粒,进而在渗流作用下被带走,造成严重潜蚀变形。

(2)膨胀性。

盐渍土膨胀性主要发生于硫酸盐渍土,硫酸钠溶解度减小,结晶析出,体积膨胀。盐渍土膨胀性对于浅基础轻型建(构)筑物易造成较大危害。

(3)腐蚀性。

盐渍土腐蚀性主要表现为物理侵蚀和化学腐蚀。在地下水较深或变化幅度大的地区,以物理侵蚀为主。盐渍土在干湿交替环境下反复胀缩,容易造成建(构)筑物由表及里逐步疏松剥落。在地下水浅或变化幅度小的区域,以化学腐蚀为主。盐渍土中的硫酸根离子与混凝土或水泥中的其他化合物发生化学反应,对混凝土或钢筋混凝土中的钢筋产生腐蚀,影响建(构)筑物耐久性。

2. 盐渍土对机场场道地基的危害

(1)对填筑材料的危害。

①沥青。

当氯盐含量大于 3%,硫酸钠含量大于 2%时,随着含盐量的增加,沥青的延展度普遍下降;Na_2CO_3

(碳酸钠)和 $NaHCO_3$(碳酸氢钠)能使土的亲水性增加,并使土与沥青相互作用形成水溶盐,造成沥青材料乳化。

②水泥。

当氯盐含量超过 4%,硫酸钠含量超过 1% 时,盐渍土对水泥能产生腐蚀作用,尤其以硫酸钠结晶的水化物造成的腐蚀更严重,能使水泥加固的土、砂浆、混凝土等产生松胀剥落、掉皮等。但氯盐和石膏的含量在 2% 以下时,反而能加速水泥硬化,降低冰点,提高水泥加固的土的强度。

③金属。

a.易溶于盐中的各种酸离子与金属材料直接作用,即可腐蚀金属材料。

b.各种盐的强烈化学反应,促使金属材料遇水后产生不均匀的电位差,导致水与氧等对金属材料的锈蚀。

④其他。

a.易溶盐对砖、橡胶等材料均有不同程度的腐蚀性。

b.冻融作用将加剧盐渍土对建筑材料的腐蚀作用。

(2)对机场场道地基的危害。

①硫酸盐渍土。

a.土中的硫酸钠超过 2% 时,在昼夜气温变化影响下,盐渍土时而吸水结晶体积膨胀,时而脱水体积缩小,反复相变,致土体密度减小,结构破坏,产生松胀现象。一般表层以下 0.3 m 范围内,土体疏松,足踏下陷,路肩变窄,边坡失稳。

b.土中的硫酸钠超过 2% 时,在季节性气温变化影响下,路堤深部土体中硫酸钠吸水结晶,一般高塑性土较低塑性土体积膨胀快且膨胀最大。深部体积膨胀,一般距地表 1 m 左右,个别 3 m 以下,致路面季节性隆起,坡脚产生纵向裂缝。

②碳酸盐渍土。

易溶的碳酸盐含量超过 5% 时,因吸附性离子作用,使土的分散性增强,呈现过高的膨胀性、塑性及遇水崩解性,路基土体松软,边坡塌陷,路肩泥泞不堪。

③氯盐、碱性盐渍土。

氯盐溶解度大,不受温度的影响(氯化钙除外),极易淋湿;碱性盐渍土遇水易崩解,抗冲蚀能力差;路肩及边坡冲沟累累,路堤内有大小不一的空洞,路基沉陷。

④各种盐渍土。

在一定的低温条件下,盐渍土同样冻结,当土的含水量大于塑限,且水分来源充足时,形成层状冰,致土体膨胀,温度回升后冰层消融,含水量增加,土质松软。硫酸盐渍土因盐晶脱水滞缓延长翻浆时间;碱性盐渍土因 Na^+(钠离子)作用,路面更为泥泞不堪,土体冻胀、路面隆起,土质松软,路基下沉,翻浆冒泥。

3.盐渍土地基处理原则

(1)地基填料。

应严格控制地基填料的含水量和压实度。

(2)地基高度。

盐渍土地区地形低洼,地下水位高,为使地基不受冻害和次生盐渍化的影响,应控制地基最小高度

H_{min}，见式（3.4）。

$$H_{min} = h_c + \Delta h + h_s + h_w \qquad (3.4)$$

式中：h_c为毛细水强烈上升的高度，m；Δh为安全高度，一般取 0.5 m；h_s为蒸发强烈影响深度，m，当有害冻胀深度 $h_f > h_s$时则采用 h_f值；h_w为常年地下水最高稳定水位深度或冻前地下水最高稳定水位深度。

一般情况下，地基最小高度应不小于 1.5 m。

（3）毛细水的隔断层。

采用控制路堤或道基高度、降低地下水位等措施有困难或不经济时，应设置毛细水隔断层，隔断层材料应就地取用，隔断层设置在基础底部，按其材料可分为几种类型：①渗水隔断层；②天然级配的卵砾石隔断层；③沥青胶砂及沥青砂板隔断层；④土工布隔断层；⑤盐壳隔断层。

西北极干旱的内陆盆地中的盐渍土，当盐壳底面距地下水水位不小于 0.350 m，可利用厚度不小于 10 cm，含盐量大于 40％质地坚硬的盐壳，就地作为毛细水隔断层。

当地基的表土含盐量超过规定的容许值时应严格铲除，并压实松散的地基表土层。

3.3.2 盐渍土地基处理

1. 盐渍土盐溶地基处理

盐渍土盐溶地基处理的目的在于通过改善土的物理力学性质，消除或减少地基因浸水而引起的溶陷现象。

（1）浸水预溶法。

①作用机理。

浸水预溶法即对待处理土基预先浸水，在渗透过程中易溶盐溶解，并渗流到较深的土层中，易溶盐的溶解破坏了土颗粒之间的原有结构，在土自重压力下产生压密。对以砂、砾石土和渗透性较好的非饱和黏性土为主的盐渍土，土体结构疏松，具有大孔隙结构特征，在浸水后，胶结土颗粒的盐类被溶解，土体中一些小于孔隙的土颗粒落入孔隙中，土层发生溶陷。对以砂土为主的盐渍土，天然状态下砂颗粒直径多数大于 100 μm，而这些砂颗粒中很多是由很小的土颗粒经盐胶结而成的集粒，遇水后，盐类被溶解，导致由盐胶结而成的集粒还原成细小土粒，填充孔隙，因而土体产生溶陷。一些文献指出，浸水预溶可消除溶陷量的 70％～80％，通过浸水预溶可改善地基溶陷等级，具有效果较好、施工方便、成本低等优点。

②适用范围。

浸水预溶法一般适用于厚度较大、渗透性较好的砂、砾石土、粉土和黏性盐渍土。对于渗透性较差的黏性土不宜采用浸水预溶法。浸水预溶法用水量大，场地要具有充足的水源。由于机场建设的特点，在场区周围一般已建建筑物较少，但若存在已有建筑物，应考虑浸水预溶对周围建筑物的影响。

③浸水方法。

由于机场建设都存在着场区面积大、纵向距离长的特点，浸水处理时应根据不同地段的含盐量变化及溶陷土层厚度对场区进行分区段处理，每段长度以 50～100 m 为宜，针对每段进行浸水预溶试验，以查明浸水预溶处理后地基土的溶陷性消除程度、残留的溶陷性土层厚度及地基的溶陷等级等。根据试验结果确定浸水处理时的浸水量及浸水时间。

由于浸水预溶后土基中含水量增大，压缩性增高，承载力降低，应对土基再进行物理及力学指标试验,并通过载荷试验等现场测试确定处理后土基的承载力,以满足机场建设需要。在浸水预溶处理排水困难时,可结合袋装砂井及堆载预压的方法进行处理。

④影响浸水预溶效果的因素。

a.预浸水量。它是保证浸水效果的关键指标,将直接影响到浸水预溶法的成本。预浸水量与土壤类型、土中原始含盐量、冲洗水的矿化度、冲洗时的气温等很多参数有关。

b.浸水季节。浸水预溶不应在冬季有冻结可能的条件下进行。另外,由于硫酸盐的溶解度与温度关系十分密切,故对硫酸盐渍土的溶陷处理选于适当的季节温度下进行会有明显的效果。

c.浸水范围。主要根据盐渍土层厚度分布及场区大小来确定。

d.浸水方法。设阻水土坝,坝高一般为 50 cm;有条件时可适当提高浸水水温。

(2)强夯法。

①适用范围。

对于含结晶盐不多的非饱和低塑性盐渍土,强夯法可有效改良土基的土体结构,减少孔隙率,从而达到减少溶陷沉降量的目的。

②强夯参数的确定。

单点夯击能应以有效加固深度略大于待加固土层厚度为宜。夯击遍数一般为 1～8 遍,可根据场地土质情况具体考虑,有条件时应根据每遍夯的时间大于处理土基孔压消散时间来确定,在必要时两遍夯之间要留一定的间歇时间。一般来说,粗颗粒土夯击遍数可少些,对于细颗粒土夯击遍数则要求增多。在强夯后应进行低能量搭夯。夯击次数应通过点夯试验确定,取点夯试验中孔隙水压力增量趋于恒定时的击数,并应满足最后两击夯沉差小于 5 cm 的要求(在粗粒土中孔压可在很短时间内消散或无孔隙压力存在)。一般控制锤底静压力值为 25～40 kPa,对于饱和细粒土锤底静压力值宜取较小值。

(3)浸水预溶加强夯法。

①适用范围。

一般适用于含结晶盐较多的砂石类土中。由于浸水预溶后土基中含水量增大,压缩性增高,承载力降低。可通过强夯处理改善土体结构,提高地基土强度,也可进一步增大地基土密实度,减小浸水溶陷性。

②处理要求。

预浸水深度应根据盐渍土层厚度及机场结构设计要求确定,强夯处理的有效深度宜不小于预浸水深度。

(4)换土垫层法。

①适用范围。

对于溶陷性较高,但不很厚的盐渍土可采用换土垫层法消除其溶陷性,即把基础下一定深度范围内的盐渍土挖除,如果盐渍土层较薄,可全部挖除,然后回填不含盐的砂石、灰土等替换盐渍土层,分层压实。

②垫层类型。

在盐渍土层全部清除后可采用砂石垫层。

如果全部清除盐渍土层较困难,也可以部分清除,将主要影响范围内的溶陷性盐渍土层挖除,铺设灰土垫层。由于灰土垫层具有良好的隔水性能,对垫层下残留的盐渍土层形成一定厚度的隔水层,起到防水作用。

总之,在具有溶陷特性的盐渍土地基上修建机场,需对地基土的溶陷性进行定性、定量分析,选择合适的处理方法,处理后进行溶陷及承载力检测,以满足机场建设沉降及结构要求。

2. 盐渍土盐胀地基处理

盐渍土盐胀地基处理的目的在于通过改善土的物理力学性质,消除或减少地基因环境变化而产生的盐胀现象,防止由盐胀作用而使机场道面或结构层产生破坏。

盐渍土盐胀地基处理的原则应从改善土基的盐、水、温度等条件入手,以削弱土基盐胀量或不均匀变形的能力。

(1)换土垫层。

硫酸盐渍土地区地表的盐渍土层由于长期受温度、降水等环境变化的影响,表层土经过长期的反复盐胀收缩过程,使土体结构产生破坏,大多表现得非常疏松,但该层厚度往往不是很大,在条件许可时可全部或部分清除进行换填。填料可采用级配砂石或碎石等粗颗粒土。

采用这种方法的目的在于提高土基温度,加大上覆荷载,增强整体强度,缓冲土基不均匀变形。垫层厚度由换填层厚度及机场道面结构性要求而定。

(2)盐化处理。

在硫酸盐渍土中掺入氯盐能减少膨胀。当土中的 Cl^-/SO_4^{2-}（氯离子/硫酸根离子）的比值大于 6 时,抑制硫酸盐渍土膨胀的效果最为显著。

在硫酸盐渍土中掺入氯盐能减少膨胀是因为硫酸钠在氯盐溶液中的溶解度随氯盐溶液浓度增加而减小。

(3)化学处理。

在硫酸盐渍土中加入一定量的化学制剂,利用化学反应使易溶的硫酸钠转变为难溶的硫酸盐,以达到改良盐用地基的效果。

化学加固作为一种处理措施有其优点,但由于费用较高和施工工艺复杂,在机场建设中很难实现。

(4)隔断处理。

在处理公路盐胀危害时,采用加土工布进行隔断处理的方法是在新土基的一定层位中设置永久性的隔断层,以彻底隔断盐分的向上迁移。隔断层材料采用塑料薄膜、沥青胶砂、淋膜编织布等,埋置深度要满足两个基本条件:一是隔断层下的盐土所产生的盐胀量小于允许胀量值;二是满足防冻层需要的最小厚度。

3. 盐渍土盐腐蚀地基处理

在判明腐蚀等级的基础上,按下列原则考虑制定防腐蚀方案。首先,立足于材料自身具有好的抗腐蚀能力,或通过一定工艺条件的改变,提高基础材料的抗蚀能力。其次,在基础材料不能满足抗蚀要求时,应考虑采取表面防护措施,如加隔离层等,借以隔绝盐的渗入。

盐腐蚀地基处理方法有以下两种。

(1)设置永久性隔断层、砂石垫层。

这两种做法对抗盐渍土腐蚀性的原理都是阻止土中盐分上升,将盐渍土与易腐蚀层分开。

(2)加入抗腐蚀制剂。

以氯盐为主的盐渍土,主要对金属的腐蚀危害大,如混凝土中的钢筋。氯盐类也通过结晶、晶变等胀缩作用对地基土的稳定性产生影响,对一般混凝土也有轻微影响。以硫酸盐为主的盐渍土,主要通过化学作用、结晶胀缩作用等,使混凝土发生膨胀腐蚀破坏,而对混凝土中的钢筋也有一定的腐蚀作用。氯盐和硫酸盐同时存在的盐渍土,具有更强的腐蚀性,其他可溶盐的存在都会提高土的腐蚀性。

4. 西北地区盐渍土地基机场场道的地基处理

我国西部地区由于气候干燥、蒸发量大等因素,盐渍土分布广泛。盐渍土具有吸湿性、膨胀性、松胀性及侵蚀性等特性,如果不做处理会对机场跑道产生严重的危害。一般情况下盐胀会引起道面膨起,由盐的腐蚀引起道面损坏强度降低,以及道面破损后在降雨过程中雨水的灌入引起更大的次生破坏,严重时可使道面产生大面积湿陷破坏、鼓胀破坏、腐蚀破坏,影响机场正常使用,给工程带来巨大的破坏和经济损失。

盐渍土处理的目的是:改善土的物理力学性质,消除和减少因环境变化而引起的溶陷、盐胀、腐蚀等现象。所以盐渍土的处理思路是:通过改变土体结构,减小孔隙率来减少溶陷影响,改变土的盐、水、温度等条件,以减小或消除盐胀为原则。

具体做法如下。

(1)道槽区中强盐渍土厚度小于 1.0 m 时,将中强盐渍土挖除干净;道槽区内中强盐渍土厚度不小于 1.0 m 时,挖除 1.0 m 厚的中强盐渍土,即下部中强盐渍土不再进行地基处理。

(2)分层回填碾压毛细水隔断层,回填厚度视采用天然材料级配的不同而不同,由于碎石类土没有毛细作用,中粗砂类土的毛细水强烈上升高度在 0.2～0.3 m,根据盐渍土地区建筑规范,粉细砂的毛细水强烈上升高度为 1.4 m,毛细水隔断层的厚度可按以上规定与经验,结合现场实际情况酌情采用。

(3)为防止大气降水下渗,使地基土中的盐渍土产生吸湿膨胀、溶陷,毛细水隔离层处理完成后,在垫层顶部设置 1 道隔水土工布。

3.3.3　盐渍土地基处理实践——以新疆库车机场为例

随着我国民航事业发展,西部机场建设有助于提升我国整体的航空运输和国家安全能力。西部地区广泛分布盐渍土,是我国盐渍土分布最多的区域。机场建设过程中若对盐渍土地基处理不当,易造成机场道面使用期间产生诸多病害,严重影响机场道面安全性、耐久性。加强西部盐渍土地基工程特性及处理措施研究,对西部机场建设有重要意义。

现结合机场工程特点及地质条件,对新疆库车机场扩建站坪地基采用换填垫层加复合土工膜包裹的处理方法,并对施工过程中遇到的芦苇根系及"橡皮土"等情况,提出处理措施,以满足机场工程使用要求。

1. 场地概况

工程为新疆库车机场扩建站坪项目,场区地形为库车河冲洪积平原西侧细土平原区,地势相对平缓。整个场区内生长很多芦苇、芨芨草、骆驼刺、红柳等植被,其中芦苇根系埋深较大,多向下延伸 1.0～2.0 m,最大可达 3.0 m 以上直至含水量较大地层。场地属于新疆中部地震区南天山地震亚区,地震烈度为 8 度,设计基本地震动峰值加速度为 0.2g,抗震设防第二组。

勘探深度 18.0 m 范围内地层主要为冲洪积粉细砂层,根据力学性质差异,分为两层:①层粉细砂,厚度 1.7～3.2 m,灰色、灰黄色,分选性好,级配差,形状浑圆,黏粒含量少,具有层理,局部夹粉土、中粗砂薄层及透镜体,顶部含薄层粉土,有大量植物根系,呈稍密、稍湿状态;②层粉细砂,埋深 1.7～3.2 m,勘察深度范围内未揭穿,可见厚度 6.0～15.9 m,灰色、灰黄色、青灰色,分选性好,形状浑圆,黏粒含量少,局部夹粉土、中粗砂薄层及砾砂透镜体,呈中密、稍湿、饱和状态。整个场地粉细砂标贯击数 $N=$ 11～29 击,平均击数 16 击,击数随深度逐渐增加。主要力学参数见表 3.7。

表 3.7　粉细砂承载力及变形参数

地层名称	承载力特征值/kPa	变形模量/ MPa	黏聚力/kPa	内摩擦角/(°)
①层粉细砂	110	12	2	28
②层粉细砂	140	15	2	25

地基土在 0.0～2.5 m 范围内,总含盐量为 0.76％～5.38％,平均为 2.07％,大于 0.3％。根据《盐渍土地区建筑技术规范》(GB/T 50942—2014)和《岩土工程勘察规范(2009 年版)》(GB 50021—2001)的规定,场地土为盐渍土,以中亚氯、中亚硫酸、强亚硫酸盐渍土为主,含少量中氯、强氯盐渍土。且对地基土 0～1.0 m 范围内 Na_2SO_4(硫酸钠)含量进行化学分析试验,大于 0.5％,具有弱盐胀性。综合分析不具有溶陷和液化性。

场区地下水类型属于第四系孔隙潜水,含水层为粉细砂层。根据钻孔揭露,地下水位埋深 2.1～3.5 m,年变幅为 0.46～0.55 m,粉细砂层毛细水强烈上升高度约 1.0 m。地下水的补给源主要为上游地下径流及库车河水和周围农田灌溉水,其次为大气降水,排泄形式主要为蒸发和向下游潜流。

2. 地基处理

(1)地基处理方案。

场地为盐渍土地基,由于上述盐渍土本身特殊的工程性质及对道面结构的危害性,因此不宜将盐渍土地基直接作为天然地基使用。常用盐渍土地基处理方式有:强夯法、换填法、浸水预溶法、物理化学法、桩基础等。根据本场区地层、水文条件及站坪沉降要求(见表 3.8),并考虑经济性,采用换填法可满足承载力及沉降要求。同时考虑阻断毛细水上升,阻断盐分向表层运移汇聚,防止产生鼓胀、沉陷、翻浆等病害,设置隔断层阻隔。常用隔断层有砂砾石隔断层、风积砂或河砂隔断层、土工布隔断层以及沥青砂隔断层等,综合考虑工程水文地质条件以及机场工程特点,采用复合土工膜隔断层。

表 3.8　站坪工后沉降及差异沉降要求

场地分区	工后沉降/m	工后差异沉降/(％)
站坪	0.3～0.4	沿排水方向 1.5～2.0

综上,本站坪道面影响区地基处理采用换填 80 cm 垫层(2 cm 细砂保护层＋50 cm 砂砾石(粒径5～53 mm)＋28 cm 砂砾石(最大粒径不大于 53 mm)),换填垫层要求含盐量小于 0.3％,且采用两布一膜的复合土工膜包裹(技术指标见表 3.9),形成隔断层。复合土工膜对砂砾石采用 U 字形反包,反包至基层内不小于 2.0 m。复合土工膜与砂砾石垫层共同作用,可起到双重隔离的效果,地基处理剖面示意图见图 3.10。砂砾石需满足不均匀系数不小于 5、含泥量不大于 5％、压碎值不大于 30％的要求。

表 3.9　复合土工膜技术指标

膜厚/mm	耐静水压力/MPa	CBR 顶破强度/kN	纵横向断裂强度/(kN/m)
≥0.5	≥0.6	≥1.9	≥10

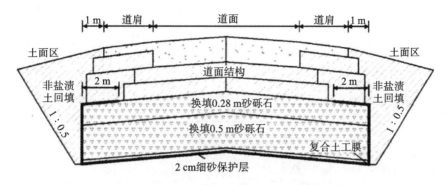

图 3.10　地基处理剖面示意图

地基处理一般顺序：挖除土方至碾压标高（压实并满足相应压实标准）→铺设复合土工膜→分层回填振动碾压垫层至道基顶面→相关检测试验→侧壁复合土工布包裹→道面结构层施工→周边肥槽回填平整。

（2）植物根系处理。

现场开挖至换填垫层底标高，道面影响区存在大量芦苇根系，且根系埋置较深，不易全部清除。根据相关研究，不同生态环境中，芦苇的形态、生长发育以及生态适应性不同。在缺乏阳光和地下水条件下，芦苇不易生长或生长极为缓慢。根据库车机场一期工程对于芦苇根系处理方式，特将复合土工膜以下 1.0 m 范围内粉细砂挖除，换填风积砂（含盐量不大于 0.5%），要求分层回填、分层压实、分层检验，压实系数不小于 0.96。芦苇区域地基处理剖面示意图见图 3.11。

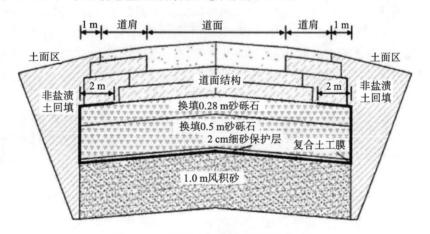

图 3.11　芦苇区域地基处理剖面示意图

（3）"橡皮土"处理。

场区地下水位较高，清除芦苇根系后，对原地层进行振动碾压过程中出现了"橡皮土"现象。由于粉土、粉细砂互层，且接近地下水位，在振动碾压过程中，局部土体所含水分进入土颗粒内部更为封闭的孔隙无法快速排出，孔隙水压力增加。"橡皮土"的出现致使原地基及上部回填料无法压实，不利于上部结构稳定，易成为工程隐患。

根据"橡皮土"特征,现场进行了"换填底面虚铺 40 cm 天然砂砾石并在其上铺设风积砂"碾压试验。现场原地层采用小吨位压路机静压至压实系数 0.93,其上铺填天然砂砾石及风积砂,碾压过程中未出现"橡皮土"现象。该区域地基处理剖面示意图见图 3.12。

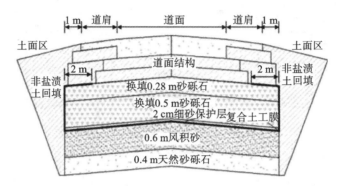

图 3.12 "橡皮土"区域地基处理剖面示意图

(4)土基填筑。

土基填筑前,需对原地层面碾压检测,合格后方可进行上部填料回填。作为回填料的风积砂、砂砾石,需严格控制其含盐量、粒径以及含水量等指标,填料不得含有植物残体、生活垃圾及污染环境工业废渣。填筑过程中采用 26 t 振动碾压机进行压实,要求分层填筑、分层压实、分层检测压实度。每层虚铺厚度不大于 40 cm,碾压遍数按 8～10 遍执行,压实指标采用重型击实最大干密度控制。

复合土工膜铺设前应对下承层进行清理平整,下承层顶面不得含有棱角块石凸出,全断面铺设,平展并紧贴下承层。铺设过程中应确保其整体性,相邻两幅土工膜采用焊接或搭接(搭接宽度不小于 20 cm)。铺设完成后应检测是否有破损,否则应在破损处加铺补强。铺设后禁止行人、车辆通行,并避免长时间暴晒。铺设完毕后需及时上覆 2 cm 细砂保护层,采用人工铺摊,以防止砂砾石刺破复合土工膜。

土基施工应避开雨季,宜在枯水期季节施工。施工过程中应提前布置好排水系统,保持排水系统通畅。各种用水不得随意排放,应引至排水系统,确保场地及其附近无积水,并根据盐渍土特性编制相应施工方案。

3. 质量检测

施工过程中应严格执行填料含盐量、含水量以及压实指标的检测工作。其相应的检测项目及频率如下。

①复合土工膜按批为单位,同一牌号、配方、规格、生产工艺为一批,每批次抽取 3 卷。

②原地基压实系数检测,可采用灌砂法、灌水法或环刀法,每 1000 m² 检测一点。

③填筑体压实系数检测,可采用同原地基检测相同方法,每 1000 m² 检测一点。

④道基顶面高程检测,采用水准仪,按 10 m×10 m 方格网控制。

⑤道基顶面平整度检测,采用 3 m 直尺测最大孔隙,每 1000 m² 检测一点。

⑥道基反应模量检测,每 10000 m² 检测三点,要求不小于 60 MN/m³。

质量检测是工程安全的重要保障。若某处检测指标未达到要求,可在其附近进行 2 组以上检测复核,若复核指标达到要求,则仅处理未合格处,否则要采取适当措施对检验划定的不合格范围进行重新处理。

新疆库车站坪扩建工程效果良好,综合场地地层条件、植被习性、盐渍土特性,采用换填、隔离、碾压等地基处理方式可满足工程要求。

①场区地层力学性能较好,具有盐胀性,不具有湿陷性、液化性。针对盐渍土相关特性,采用换填砂砾石垫层加复合土工膜包裹方案可有效阻止水分与盐分的表层运移,进而防止地基的盐胀、翻浆、沉陷等工程问题,保证道面结构的安全性、耐久性。

②西部干旱区域表层多生长芦苇等植被,且根系较深,不易全部清除干净。根据其生长习性,清除局部深度根系可满足工程安全性需要。

③施工过程中应根据具体地层情况、水文条件、施工季节、施工技术,对"橡皮土"情况做出预测,并有针对性地选择合理的处理措施。采用局部铺设天然砂砾石方式可有效控制"橡皮土"现象,既满足工期要求,又符合经济性。

3.4 软土地基

软土是指天然含水量大、压缩性高、强度低而渗透性低的一种软塑到流塑状态的黏性土。软土地基的土质较为松软,可凹陷性较强,承重之后就会发生相应的沉降。

3.4.1 软土地基概述

1. 软土地基的特性

软土地基的物质结构、物理力学性质等具有以下的基本特点。

(1)高压缩性:软土由于孔隙比大于 1,含水量大,容重较小,且土中含大量微生物、腐殖质和可燃气体,故压缩性高,且长期不易达到稳定。在其他相同条件下,软土的塑限值愈大,压缩性愈高。

(2)抗剪强度低:为了测试软土的抗剪强度,最好在现场做原位试验。

(3)透水性低:软土的透水性能很低,垂直层面几乎不透水,对排水固结不利,建筑物沉降延续时间长。同时,在加荷初期,常出现较高的孔隙水压力,影响地基的强度。

(4)触变性:软土是絮凝状的结构性沉积物,当原状土未受破坏时常具一定的结构强度,但一经扰动,结构破坏,强度迅速降低或很快变成稀释状态。软土的这一性质称"触变性"。所以软土地基受振动荷载后,易产生侧向滑动、沉降及其底面两侧挤出等现象。

(5)流变性:是指在一定的荷载持续作用下,土的变形随时间增长的特性。其长期强度远小于瞬时强度。这对边坡、堤岸、码头等稳定性很不利。因此,用一般剪切试验求得抗剪强度值,应加适当的安全系数。

(6)不均匀性:软土层中因夹粉细砂透镜体,在平面及垂直方向上呈明显差异性,易产生建筑物地基的不均匀沉降。

2. 机场施工中软土地基的基本情况分析

软土地基往往具备一定的特点,其高压缩性就是最显著、最基本的特点之一。这类土地往往含水量较大,长期不易达到稳定。该类土地地基的排水性和透水性都较差,对于建设工作的进行有着极为不利的影响。加上软土层的空隙较多,微生物、腐殖物质等杂质较多,会进一步影响到土地的均匀性。在这样的土地地基上开展相应的建设工作,一方面会影响到建设的安全;另一方面会影响到项目投入使用之后的质量问题。如果建设之前已经知道该地地基为软土地基仍然继续采用,没有做好相应的处理,就会出现建设质量问题,基础难以稳定,令原本的建设成果受到极大程度的负面影响。

正因为这些特点,该类建设工作进行施工之前就需要进行地勘工作,从而进一步确保及时发现软土地基,发现软土地基之后要积极采取相应的处理技术和处理措施。相应的技术方面,需要不断进行实践和提高,从而有效地改善该类地基不利于建设工作进行的情况,提高该类建设工作的建设效率和建设质量。

3. 机场工程软土地基的危害性分析

(1)引起机场路面发生硬化。

有别于普通地基,软土地基坚固性不足,并且稳定性较差,抗载和抗压能力较低,是引发路面硬化的一个主要原因。一般来说,在开展机场地基施工时往往会采用石子、水泥、沥青等材料来建设混凝土结构,其稳定性明显不足,所以在实际施工时极易导致路面硬化、开裂等情况出现,大大降低工程施工质量。

(2)引发路面沉降问题。

在软土地基没有被适当处理的情况下,地下水会冲洗基础构造,使软土地基发生水土流失,导致铺装沉没问题。另外,基础构造物的软土地基变薄,导致地基下沉,地基稳定性下降。如果发生铺装层下降,会对停机坪桥的使用年限和寿命产生严重的影响。

3.4.2 软土地基处理

1. 强夯置换法

(1)强夯置换法原理。

强夯置换法在国外亦称为动力置换与混合法,起源于对饱和软土的强夯加固。强夯置换法加固机理为动力置换,通过强夯将部分碎石桩(或墩)间隔地夯入软弱黏性土中,形成桩式(或墩式)的碎石墩(或桩),其作用机理类似于振冲法等形成的碎石桩,它主要是靠碎石内摩擦角和墩间土的侧限来维持桩体的平衡,并与墩间土起复合地基的作用。

强夯置换从形式上看是一种动力置换,但其实质上是真正的动力固结排水法。强夯置换所形成的硬质粗骨料置换墩,相当于预压地基的排水竖井。而置换墩形成过程中对夯间土的不断振击,促使软土地基不断析出水分,向置换墩汇集。因此,在强夯置换中,可以看到置换点的涌水、喷水现象。

(2)施工方法及质量控制。

①工艺要点。

强夯置换法的主要影响因素有夯锤重、落距、地基土的性质、地下水位、夯点布置、夯击次数、锤底接触应力等。

a.置换率。由夯点间距、桩体直径决定,直接影响复合地基的承载能力。

b.夯击能。直接影响有效加固深度,即墩柱体长度及墩柱体以下的强烈影响区深度,其值的大小将影响地基滑动稳定性、沉降变形及容许承载力等。

c.块石料。块石料的性能、是否含土、级配如何都将影响土体固结时的排水效果。

因此,在施工中应严格监控以上三个重要影响因素的施工程序,使其施工质量达到设计所期望的要求。

②试施工。

强夯置换施工前,应在施工现场有代表性的场地选取一个或几个试验区,进行试夯或试验性施工,必须通过现场试验确定其适用性和处理效果。试验区数量应根据建筑场地复杂程度、建筑规模及建筑类型确定。试夯区在不同工程地质单元应不少于 1 处,试夯区宜不小于 30 m×30 m。

试夯应详细做好施工记录,包括夯击能量、每个夯点的夯击次数、每击夯沉量、补料量及特殊情况,利用超重型动力触探、钻探等手段开展夯墩墩长检测,优化单点击数、夯坑补料量等参数。

③施工方法。

强夯置换法施工工艺过程控制如下。

a.清理并平整施工场地。当表层土松软以致机械行走困难时,可用场区内的中风化石料铺设施工垫层,垫层厚度在能满足机械行走的情况下尽可能薄,宜不大于 1.0 m。

强夯场地整平应大于强夯布点范围,以夯点外边缘向外扩 3~5 m。

b.标出夯点位置,并测量场地高程。根据设计图纸,进行测量放线、夯点布置,测量出场地高程,并用白灰在夯点位置画圈。在夯区四周设控制桩,要求控制桩离开强夯边界线 15 m,每隔 40 m 设一控制桩,控制桩要求稳固,标志明显(设警示牌)并经常进行复测、检查。夯点测放要准确,放线误差不大于 5 cm。

c.夯机就位,夯锤置于夯点位置。强夯主机主要采用 50 t 履带式起重机,并配备门架。所配门架应满足落距要求,上部留有脱钩器高度和一定的富余高度。按本次强夯不同能级、不同锤重,配备门架高度为 10~15 m。

采用门架起吊夯锤的优点是:增加起重机的稳定性和保持杆顶位置的不变,落锤时不会因突然产生的冲击引起吊杆的颤动和左右晃动,从而保证了夯锤落点重叠性好和施工安全。根据多项工程检测,带门架的强夯效果明显优于不带门架的效果。

d.测量夯前锤顶高程。点夯夯锤选择圆柱锤,锤底直径 1.20 m,锤重 340 kN,锤底静压力 300 kPa。

满夯按设计强夯能级 1000 kN·m 的要求,选用锤重 150 kN 的夯锤。锤形为上大下小的倒圆台铸钢锤,锤底直径 2.52 m,锤底静压力 30 kPa。锤体上下均匀设置 4 个上下贯通的气孔,避免产生"气垫"和"真空"效应。

夯锤起吊高度值计算见式(3.5)。

$$H = \frac{M}{T} + h + a - b \tag{3.5}$$

式中:M 为设计夯能,kN·m;T 为锤重,kN;h 为夯锤起吊点至置锤面的高度,m;a 为富余参数,取 0.2 m;b 为设计夯坑深度,取 0.6 m。

e.夯击并逐击记录夯坑深度。当夯坑过深(大于 1.2 m)时应停夯,向夯坑内填料直至与坑顶齐平,记录填料数量,夯击过程中如出现歪锤,应分析原因并及时调整,坑底垫平后才能继续施工;工序重复,直至满足设计的夯击次数及收锤标准,墩体应不低于坑顶,累计夯沉量暂按设计墩长的 1.5~2 倍;当夯点周围软土挤出影响施工时,应及时清理,并宜在夯点周围铺垫中风化石料后,继续施工。

f.按照"由内而外,隔行跳打"的原则,完成全部夯点的施工。

详细做好施工记录,包括夯击能量、每个夯点的夯击次数、每击夯沉量、夯坑补料量及特殊情况。

g. 推平场地,采用满夯将表层松土夯实,并按 10 m×10 m 方格网测量夯后高程,计算强夯置换处理下沉量。

h. 铺设垫层,分层碾压密实。

④施工质量控制要点。

a. 强夯施工时,应检查夯锤重和落距,确保单击夯击能符合要求;每遍夯前应对夯点放线进行复核,夯完后检查夯坑位置,发现偏差或漏夯及时纠正;按设计要求检查每个夯点的锤击数和每击的夯沉量。

b. 施工过程中应对各项参数及施工情况进行详细记录。详细记录施工过程中的各项参数及特殊情况,如夯沉量过大出现异常,应及时报告,分析原因,及时处理。

c. 控制每遍夯击、推平及碾压等工序的间歇时间。夯坑周围地面不应发生过大的隆起;不因夯坑过深而发生起锤困难。施工中如发生偏锤应重新对点。夯击过程中如出现歪锤,应分析原因并及时调整,坑底垫平后才能继续施工。在夯击的过程中及时排除夯坑及场地的积水。每遍点夯施工结束时,地面推平后按 10 m×10 m 方格网测量地面高程。

d. 对于起锤高度,应预先在夯机的起重臂上设置醒目标志,标志距地面的高度参考试验段施工确定的施工参数,当夯锤提升到底面与标志同位置时方可脱钩。

e. 每击夯沉量通过测量锤顶面高度的变化计算。由专人用水准仪测量,水准尺每次应放至固定点位上,最佳位置为挂钩器的顶部。逐击测量记录并随即算出单击夯沉量,并做详细记录。直到满足停夯标准方可转入下一夯点施工。

f. 每更换一次脱钩绳,都应用钢尺测量脱钩高度,使其满足设计要求。锤击数和最后两击夯沉量的测控需测量工和起重工共同配合进行,以确保其准确性,测量工必须每夯 1 击,记录 1 击,不准有隔击、隔点、隔日补记记录的现象。

2. 真空预压法

(1)真空预压法作用机理。

真空预压法排水简图如图 3.13 所示,其作用机理是:考虑到软土具有渗透性小的特点,首先在需要加固的地基上打设垂直排水通道,排水通道可采用袋装砂井或塑料排水板等,在其上铺设排水垫层(砂垫层),然后在砂垫层上铺设密封膜,并使其四周埋设于地下水位以下,使之与大气隔离。最后采用抽真空泵降低被加固地基内孔隙水压力,使其地基内有效应力增加,从而使土体得到加固。由于密封膜使其被加固土体与大气压隔离,当采用抽真空泵抽真空时,砂垫层和垂直排水通道内的孔隙水压力迅速降低。土体内的孔隙水压力随着排水通道内孔隙压力的降低(形成压力梯度)而逐渐降低。根据太沙基(K. Terzaghi)的有效应力原理,当总应力不变时,孔隙水压力的降低值全部转化为有效应力的增加值。

如图 3.14 所示,原孔隙水压力线抽真空后变化为降低后的孔隙水压力线,其孔隙压力的降低量全部转化为有效应力的增加值。所以,新增加的有效应力作用使土体排水固结,从而达到加固地基的目的。因孔隙水压力理论上最大只能降低一个大气压(绝对压力零点),所以真空预压工程上的等效预压荷载为 80 kPa。真空预压期间,泵上真空度应大于 93.33 kPa(700 mmHg),膜下真空度应大于 80 kPa(600 mmHg)。

(2)真空预压法的特点。

①工期短。真空预压抽气时无须控制加荷速率,可一次加上而不必担心地基失稳,排水固结速度快,故可缩短工期。

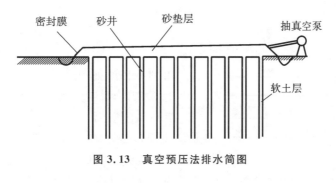

图 3.13　真空预压法排水简图

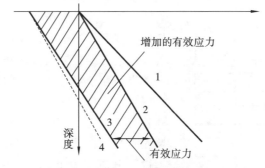

图 3.14　用真空预压法增加的有效应力

注:1—总应力线;2—原水压力线;3—降低后的水压线;4—不考虑水头损失时的水压力线

②加固效果显著。真空预压不仅沉降大而均匀,而且侧向位移向着预压区中心,不像堆载预压侧向挤出、隆起。所以真空预压的地基比堆载预压的地基密实度大,此法特别适用于加固超软地基。

③费用低廉。由于不需大量预压材料,施工机具设备简单,且可重复使用,因而费用相对低廉。

特别需要注意的是:软土地基是成层沉积的,通常含有薄砂层,地质勘查时需要特别重视。对于含有薄砂的软土地基,真空预压是不宜采用的,这是因为排水通道与外界联通,所以无法抽真空,达不到地基处理目的。

3.真空联合堆载预压法

(1)真空联合堆载预压法定义。

当预压荷载要求大于 80 kPa 时,可以在真空预压的同时在膜上堆载。堆载预压时在地基中产生的附加应力与真空预压时降低地基的孔隙水应力,两者均转化为新增加的有效应力并且可以叠加。这样既有真空预压的作用,又有堆载的作用。其结果:地基土体由于抽真空而发生向内收缩变形,因而堆载荷重可以迅速施加,而不会引起土体向外挤压破坏,同时由于真空代替一部分荷重,降低了堆载的高度,减少了堆载的工作量。

(2)真空联合堆载预压法特点。

真空联合堆载预压法具有真空预压法相同的特点,扩大了真空预压法的适用范围,任何要求大于 80 kPa 预压荷载的地基均适用。

(3)真空联合堆载预压法注意要点。

对真空联合堆载预压加固前后的地基应进行下列试验:钻探取土做土工试验,现场做十字板、静力触探试验以及在加固后地基上做载荷试验。联合堆载时要做堆载检验。

（4）真空联合堆载预压法施工程序。

真空联合堆载预压法施工程序如图 3.15 所示。

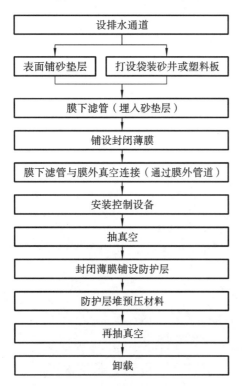

图 3.15　真空联合堆载预压法施工程序

4. 排水固结处理法

通常来讲，最为常见的排水固结法就是竖向排水固结。第一，把垫砂层铺设于地表表面，并挖设排水沟，确保填土部位地下水位处于工程作业规定范围当中。第二，科学采取打入式、振动沉桩式、射水式、螺旋钻进式以及袋装式方法来打入排水砂井，而无论采取何种方式均需要把控其沉入深度为 15～20 m。在实际施工时需要切实根据设计图纸要求来设置砂井间距，并使用相应颜色标注出已经打入的或准备打入的井位。第三，需要一直使导杆处于竖直状态，严格根据设计要求来控制其打入深度。在打入砂井过程中可以快速进行，不过需要对其套管拔出速度进行严格把控，控制其速度在能够方便填充砂与气压操作时为最佳。需要注意的是：将套管拔出过程中，需要防止出现间隙，避免软土进入砂柱或是将砂柱切断。

5. 粉喷桩加固处理法

在开展机场工程施工过程中，施工方可以采取场地平整，并采用砂子垫层和碎石垫层方式来处理软土地基。若作业现场存在坑洼地带，则施工方就需要处理黏性土，并合理确定粉喷桩的位置，构建起全面的高程数据分析系统，将测量结果和内容予以明确，出具详细准确的土壤工程试验报告，从而更好地对已有施工方案和技术进行优化，实现软土地基建设质量的提升。施工方还需正确采用钻进与提速方式，合理确定喷粉数量，确保其搅拌速度。

6. 深层搅拌桩加固处理法

深层搅拌桩加固处理法是胶结法处理软土地基的一种。它利用水泥浆材料作为固化剂，通过特制的深层搅拌机械，就地在软土中利用压缩空气喷射水泥浆，与软土强行搅拌，利用固化剂与软土之间所产生的一系列物理、化学反应，使软土固结成具有整体性、水稳定性和一定强度的地基，以达到提高地基承载力、减少地基沉降量的目的。深层搅拌桩加固处理的地基应视为复合地基，桩土共同承担应力。它具有施工速度快，设备轻便，便于移动，方法容易掌握，处理深度较大等优点，且工后沉降较小，排水固结时间短。

需要注意的是：粉喷桩加固处理法和深层搅拌桩加固处理法在处理软土地基深度小于 16 m 时最为有效，虽然该法速度快，但是费用较高。

3.4.3　软土地基处理实践——以成都天府国际机场为例

建筑行业不断进步，虽然对于软土地基的处理方法有几十种，但是从机场建设的实际情况来看，对于软土地基处理仍存在诸多问题,在保证其施工工效和工程质量的情况下,软土地基处理方法的合理选择是基础工程的重要环节。软土地基处理的基本方法包括排水固结、挤密、夯实、浅层换填等方式,其处理软土地基的具体方法,需结合实际情况来合理选择。下文针对天府国际机场典型的软土地基,重点介绍高压旋喷桩、流态固化土换填、灰土换填、CFG 桩(cement fly-ash gravel,水泥粉煤灰碎石桩)、预制管桩在不同的地理环境的应用。

1. 机场软土地基概况

场区原地貌以浅丘宽谷地貌为主,地势总体是中部高、向东西侧降低,地形起伏不大,丘坡圆缓,缓坡地带多为旱地及荒坡,自然坡度 $10°\sim30°$,植被茂密。河谷呈宽缓对称"U"字形,绛溪河主河道贯穿整个航站区。地形地貌受地层岩性和构造控制明显,泥岩出露处形成缓坡,砂岩出露处常形成陡坎或陡崖。丘间槽谷宽缓平坦,多为荒地、耕地、农田、鱼塘等。地层主要构成为:第四系全新统人工填土层(Q_4^{ml})、第四系全新统植物土层(Q_4^{pd})、第四系全新统冲洪积层(Q_4^{al+pl})、侏罗系上统蓬莱镇组(J_3p)。

首先,机场项目的特点为占地面积大,而天府国际机场用地的选址处于一片丘陵结合地带,其软土形式多种多样,包括人工填土层、耕植土、湖积层、冲洪积层黏土、强风化泥岩、砂岩等;其次,由于机场项目建设工期紧、体量大且需在保证工程质量的前提下尽早投入运营。除航站楼外,换乘中心、地铁、高铁、各类综合管廊、桥梁、道路等配套工程需同时穿插作业,部分区域在交叉作业过程中可能产生二次扰动,其受限回填区域在自然环境下可能产生新的软土。

2. 不同部位软土地基处理技术应用

(1)总图管网的软土地基处理。

①总图管网概况。

成都天府国际机场航站区总图管网管线主要分布在 T1、T2 航站楼陆侧服务车道下、酒店、换乘中心、停车楼、服务大楼、指挥大楼等周边,管径为 DN200~DN2000,管线总长 19584 m,检查井 776 座,排水管线南高北低,管线埋深 1.5~11.0 m。污水接入工作区检查井后最终排至新建污水处理厂,雨水管线接入本标段内的雨水舱,最终排至河流。

②总图管网软土地基概况。

总图管网的软土地基主要分 3 种:第 1 种是地勘资料显示的管网下方存在的软弱土层(杂填土、淤泥质土、软塑土),其最大深度为 15 m;第 2 种是在受限空间的新近回填土、部分段落管线处的封闭环境内,地表水长期下渗但两侧地下结构与下层岩层形成 U 形不透水层,使填方土体遇水饱和,形成流塑状态;第 3 种是新近回填的高填方区域,土体收敛未完成,不均匀沉降发生的概率较大。第 1 种和第 2 种软土地基承载力均不能达到设计要求的 100 kPa。

③软土地基处理方法选择。

根据航站区整体施工部署,即先结构后附属工程(总图管网、总图道路),总图管网分布在已施工完成的大型结构物周边,且部分管网分布在航站楼的服务车道内,管网施工工作面狭窄,CFG 桩、刚性桩、水泥搅拌桩等桩基施工对工作面的要求高,管网施工不具备此条件。高压旋喷桩施工机械对工作面及净高要求均较小,管网持力层要求仅为 100 kPa,第 1、2 种管网的软土地基可采用较少的高压旋喷桩形成复合地基,以达到设计要求。高压旋喷桩桩径为 0.5 m,纵向间距为 1.5 m,横向间距为 1.2 m,桩端持力层为中风化及以上岩层。高压旋喷桩处理此类软土地基既有可操作性,又可节约工程造价。第 3 种软土地基是考虑到高回填区土体自身收敛未能完成,存在不均匀沉降的风险,预拌流态固化土有较强的固结作用,可提高整体稳定性。预拌流态固化土以 CaO(氧化钙)、SiO$_2$(二氧化硅)和 Al$_2$O$_3$(氧化铝)为主要成分的无机水硬性胶凝材料作为固化剂,固化剂与工程用土充分拌和后,通过其自身及与软土之间的物理、化学反应,可显著改善土的物理力学性质,保持长期稳定的固化体。预拌流态固化土具有早期强度较高、固化时间短的优势,且土源取材于现场,经济效果良好。在天府国际机场的建设中,预拌流态固化土在基坑回填、软土地基处理等方面得到大面积应用,是四川省首个应用预拌流态固化土填筑技术的项目。本技术适用于施工空间狭窄或结构复杂以及异形结构、工期短、质量要求高和环境保护要求高等基础的回填施工;具有良好的推广价值和技术基础。已结合本项目的实际应用联合设计院等单位参编了四川省地方标准《预拌流态固化土工程应用技术标准》(DBJ51/T 188—2022)。

④总图管网软土地基处理。

a.高压旋喷桩处理地基。

高压喷射注浆是利用钻机把带有喷嘴的注浆管钻进至土层预定深度后,以 20～40 MPa 压力把浆液或水从喷嘴中喷射出来,形成喷射流冲击破坏土层。水泥浆喷入土层与土体混合形成水泥土加固体,相互搭接形成排桩,用来进行软弱地层的土体固化。

高压旋喷桩在实施前要经过试桩,确定水泥用量,检测单桩承载力、桩身完整性及复合地基承载力;软土地基处理效果达到预期后方可大面积施工。制定的浆液应严格按照试桩时试验确定的配合比进行拌制,制备好的浆液不能发生离析现象,并且不能长时间放置,浆液的时间超过了 2 h,浆液必须弃置。在成桩过程中,现场人员要记录每根桩的成型记录,包括但不限于以下内容:钻孔开始时间、钻孔结束时间、钻杆长度、喷射开始时间、喷射结束时间、水泥浆整体用量、每 1 m 桩水泥浆用量、提升钻杆的速度、钻杆的旋转速度。提升钻杆时应使钻头反向边旋转,边喷浆,边提升,另外在桩顶 1.0 m 位置须复喷 1～2 次,旋喷作业完成后,须将不断冒出地面的浆液回灌到桩孔内,直到桩孔内的浆液面不再下沉为止。桩顶的褥垫层厚度一般要求为 30 cm 左右,压实系数控制在 0.9,褥垫层一般为砂砾垫层、中粗砂垫层、级配碎石垫层。

b.预拌流态固化土换填。

处理上述第 3 种软土地基采用预拌流态固化土换填,回填土厚度为 3～5 m 的,换填 30 cm 厚流态固化土,回填土厚度大于 5 m 的,换填 45 cm 厚的预拌流态固化土。采用流态固化土换填主要是利用流态固化土固化后的整体性能,以降低高填方土体未收敛完成所带来的不均匀沉降风险且能达到很好的抗渗效果,浇筑方法同混凝土。

(2)总图道路软土地基处理。

①总图道路概况。

本标段总图道路南至飞行区分界,北至配套区分界,西至 T1 航站楼服务车道为界,东至 T2 航站楼服务车道为界;道路全长约 14.5 km,平面面积约 17.5 万 m^2。除连接 T1、T2 高架桥引道段设计为主干路外,场区内其余道路设计为支干路及支路。

②总图道路软土地基概况。

总图道路部分路基受持续降雨的影响,土体内含水率过大,现场检测压实度为 78％左右,远远低于设计要求的 95％。

③软土地基处理方法选择。

路基软土地基处理最经济的办法是土体翻开晾晒,但因天气原因及开航工期要求,此种方法不实际。采用稳定剂处理路基一般选用石灰土换填或水泥土换填,但水泥土换填较石灰土换填工程造价高,且水泥土后期板结后易开裂,最终形成反射裂缝,影响道路路面,故处理道路软土地基采用换填 80 cm 石灰土的方法。

④总图道路软土地基处理。

为响应国家环保要求,灰土换填采用的石灰需为熟石灰,熟石灰进场后还需进行复试,复试合格后方可使用;土颗粒粒径超过 15 mm 应过筛剔除,在掺拌灰土的过程中严控掺拌比例,最好采用质量比,如现场不具备称重条件,可将质量比换算成体积比;灰土掺拌完成后,应进行滴定试验,满足设计要求后方可施工。大面积施工前应选取一定长度的试验段,以确定虚铺厚度、压实机械组合、压实遍数等工艺参数。灰土摊铺完成后应立即组织碾压施工,在填筑过程中应设置道路路拱,路基两侧还应设置排水沟,保证可将雨水排至路基外。灰土养护期间还需进行交通管制,保证不破坏路基结构。

(3)管廊软土地基处理。

①管廊工程概况。

航站区综合管廊分为 1♯、2♯2 个主管廊,另有 5 个支管廊与其相连。支管廊形状为长条形,位于 T1、T2 航站楼之间。1♯、2♯综合管廊长度约 3 km,支管廊度长度合计 580 m。

②管廊软土地基概况。

结合地勘资料,部分管廊地基承载力小于设计要求的 200 kPa,土质情况基本为压实填土、耕植土、粉质黏土、黏土。

③软土地基处理方法选择。

管廊地基承载力要求为 200 kPa,地基承载力要求高。处理此类较深的软土地基的办法主要有高压旋喷桩、水泥搅拌桩、CFG 桩、刚性桩等方法。若采用高压旋喷桩及水泥搅拌桩的方法,地承载力要求高,桩径分布密集,工程造价高。由于综合管廊布置狭长,且穿插于服务大楼、航站楼、高铁、停车楼,在其施工过程中需尽可能减小对邻近施工建筑的影响,刚性桩的施工对周边已施工的建筑影响较大,结合此工程特点,采用旋挖钻孔的 CFG 桩。CFG 桩的桩身强度为 C20,桩直径 0.6 m,桩间距 1.7 m,按等边三角形布置,桩身进入持力层深度不小于 0.5 m,布置在基底范围内并向两侧各增加一排 CFG 桩,预估桩长 12~20 m。采用此种方法的施工对周边环境影响小,且经济效果较好。

④管廊软土地基处理。

钻机就位时必须保证平稳,不发生倾斜、位移,为准确控制钻进深度,应在机架或机管上做出控制标尺,以便施工中观测、记录。钻进含有石块较多土层时,或含水量较大的软塑黏土层时,必须防止钻杆晃动引起的孔径扩大。钻到预定深度后,必须在孔底进行空转清土,然后停止转动。孔底虚土厚度超过质量标准时,要分析原因,采取措施进行处理。混凝土的浇筑应连续进行,分层振捣密实。桩顶较设计标高至少超过 0.5 m,以保证在凿除浮浆后桩顶标高能够达到设计要求。

(4)高架桥引桥段及 U 形槽段挡土墙的软土地基处理。

①挡土墙的工程概况。

本工程路基挡土墙设置主要为衔接 T1、T2 高架桥及 1~4 号隧道。挡土墙形式主要分为悬臂式挡土墙和重力式挡土墙。挡土墙高小于 2.0 m 时,采用 C20 混凝土重力式挡土墙;挡土墙高大于或等于 2.0 m,小于 7.0 m 时,采用 C35 钢筋混凝土悬臂式挡土墙。

②挡土墙的软土地基概况。

根据挡土墙处地质补勘情况,发现挡土墙下方土体为素填土、粉质黏土、黏土、风化岩石。人工填土(厚 4.50～18.00 m)填筑时间不到 3 年,尚未完成自重固结,土质均匀性及密实性较差,以松散状态为主。挡土墙下方存在软弱土层,地基承载力小于设计要求的 150 kPa。

③软土地基处理方法选择。

挡土墙地基承载力要求达到 150 kPa,地基承载力要求较高,采用搅拌桩类或 CFG 桩的工程造价较高。挡土墙周边无大型建筑物,刚性桩的锤击施工不会对周边环境造成较大影响且刚性桩工程造价低,故挡土墙的软土地基处理采用预制管桩。预制管桩采用等边三角形布置,桩间距 1.0 m,桩径 0.5 m,桩端持力层为中风化以上岩层。

④挡土墙的软土地基处理。

预制管桩在施工前也应进行试桩,以确定工艺参数;沉桩过程中,测量人员要定期校核桩身的垂直度,超过设计偏差后,应立即停止沉桩进行修正。因施工原因造成的上、下桩断头间隙可采用钢片填实焊牢。如果在沉桩过程中遇到大的孤石,可采取提前引孔措施。沉桩的过程中应加快施工,间歇时间不得过长。穿过较难穿透土层时,接桩时应保证桩尖已穿越该土层。合理编排施工计划、材料进场计划,保证桩机进场后可持续施工作业。

成都天府国际机场根据不同部位的工程特点,有针对性地选用了多种不同的软土地基处理方案,运行以来,各部位地基稳定可靠。软土地基在机场建设中常不可避免,必须结合工程实际情况、地基承载力的设计要求、地勘资料,综合考虑工期、成本及质量等因素,寻求切实可行的软土地基处理方案。

3.5 冻土地基

在多年冻土区修建机场跑道相较于一般线性道路、铁路工程,其难度表现在道面幅宽相对较大,对地面承载力及平整度要求高,飞机荷载对地基产生的应力也较高,影响深度也更大;地基的冻胀、融沉等特性对机场跑道地基性能影响也更大,尤其是不均匀沉降问题更加突出;另外在飞机荷载等高应力作用下冻土的流变现象将更加突出,使冻土稳定性与变形控制等更加困难。

3.5.1 冻土的定义及工程性质

1.冻土的定义

冻土是指温度在 0 ℃以下,含有冰的各种岩石和土壤。按照冰冻时间的长短,冻土一般可分为短时冻土(数小时、数日至半个月)、季节冻土(半个月至数月)和多年冻土。多年冻土又称永久冻土,指的是持续 2 年或 2 年以上的冻结不融的土层。多年冻土区土质特性主要受高纬度和高海拔影响,我国多年冻土区主要分布在东北大兴安岭和小兴安岭、青藏高原及西部多山等地区,面积约占国土总面积的22%。这些地区的地面表层都覆盖一层冬冻夏融的冻结-融化层,称为"活动层"。正是活动层的冻融带来土体一定的变形,使得冻土区土质发生了显著变化,且对地基的不均匀沉降及稳定性影响较大。

地基土产生冻胀的三要素是水分、土质和负温度。水分由下部土体向冻结区聚集的重分布现象,称为"水分迁移"。迁移的结果是在冻结面上形成了冰夹层和冰透镜体,导致冻层膨胀,地表隆起。含水量越大(超过起始冻胀含水量),地下水位越高(在毛细管上升高度之内),越利于聚冰和水分迁移。水分迁移通常发生在细粒土中,如粉性土(轻亚黏土)最为强烈,其冻胀率最大。因它有足够的表面能,又有使迁移水流畅通的渗透性。黏土的表面能很大,但孔隙很小,水分迁移阻力大,不能形成聚冰现象。粗颗粒土虽有很大的孔隙,但无法形成毛细管,且表面能小,一般不产生水分迁移。土在冻结处的负温梯度越大,越利于水分迁移,冻结速度越慢,迁移的水量越多,冻胀也越强烈。冻胀率 η(冻胀系数)的计算见式(3.6)。

$$\eta = \frac{\Delta h}{\Delta H} \tag{3.6}$$

式中:Δh 为隆起高度,cm;ΔH 为冻层厚度,cm。

冻胀率沿季节冻深的分布是不均匀的,一般上大下小,最下面存在一层冻而不胀的土层。

多年冻土上面由于聚冰,冻胀率反而增大。

冻土融化后在自重作用下下沉,单位高度的融沉量为融沉系数 a_0。融化后土体中的水在外荷载下逐渐排出,使土压缩变形,单位高度的压缩量为压缩系数 a。

地基土的冻胀在水平方向是不均匀的,融化时其融化时间与速度也是不均匀的。根据实测,当冻胀或融沉的差值超过 10 mm 时,砖石结构即出现裂缝。

2. 冻土的工程性质

(1)水分迁移的机理。

水分迁移机理有多种学说,但目前普遍认为起着主要作用的是薄膜水迁移理论。受土粒电分子的引力作用,水被吸附在土粒表面形成结合水,外层的吸附力弱,为弱结合水。当弱结合水冻结时,水膜厚度减薄,它就与相邻的水膜之间产生吸附力梯度,受力较强的水膜便从附近受力较弱的水膜中将水分吸过来,并使之附在冰晶上继续冻结。这样持续下去即是土中水向冻结前缘的流动,也即水分迁移。在无地下水时(封闭系统),冻胀量可达很大数值。

土的冻胀过程和固结过程相反。由于水分迁移,在冻结界面聚冰,形成冰夹层与冰透镜体,水在形成冰的相变过程中,体积膨胀,在紧密接触的两个颗粒之间楔入冰层,则有效压力转换成了从一个颗粒通过冰夹层再传到另一个颗粒的间接传递的冻胀力,冻胀力产生的过程就是有效压力消失代以冰的膨胀力的内力重分布过程。冻结界面上的冰层面积越大,冻胀力越大。

(2)季节性冻土的物理力学性质。

①土的冻结温度和未冻水含量。

各类型土的冻结温度是不一样的。砂土、砾石土的冻结温度约为 0 ℃;粉土的冻结温度为 -0.5～-0.2 ℃;黏土和粉质黏土的冻结温度为 -1.2～-0.6 ℃。对同一种土,含水量越小,起始冻结温度越低。随着温度的进一步降低,土中未冻水的含量逐步减少,但不论温度多低,土中仍含有未冻水,土中未冻水的含量对其力学性质有很大影响。当土中未冻水含量很少,土粒为冰牢固胶结,土的强度高,压缩性小,似岩石;当土中含有大量未冻水,则土的强度不高,压缩性较大,呈塑性冻土状态;当土中的含水量较小,土粒未被冰所胶结,仍呈冰冻前的松散状态,其力学性质与未冻土无大差别。

②冻土的主要物理指标。

冻土由四相组成,即矿物颗粒、冰、未冻水和气体。表示冻土物理状态的指标除天然重度、天然含水量及土粒相对密度等一般常用物理指标外,还有以下几个与含水状态有关的指标。

a. 相对含冰量,即冰的质量与全部水重(包括冰)之比。

b. 冰夹层含水量,即冰夹层的水重与土骨架重的百分比。

c. 未冻水含量,即天然含水量减去相对含水量。

d. 质量含冰量,即冰的质量与土的总重之比。

e. 冰夹层含冰量,指冰透镜体和冰夹层体积占冻土总体积的百分比。

f. 冻胀量,即土在冻结过程中的相对体积膨胀,以小数表示。

3. 冻胀对机场场道的破坏和影响

机场道面对基础的要求,除必须满足强度要求外,最重要的是保持基础的稳定,不致因地基产生的不均匀沉陷而造成道面板的破坏或影响其平整度,进而危及飞行安全。

在季节性冰冻地区会造成机场道面变形破坏的主要因素是冻胀以及土基聚冰过多在解冻时出现的翻浆冒泥(唧泥)造成的局部塌陷。因此,在季节性冰冻地区机场道面的基础设计中,主要是防冻胀和防唧泥。防冻层设计与非冰冻地区的地基基础设计相比,除考虑防冻胀要求外,在防唧泥等保持稳定方面的要求上是一样的。机场场道地基的冻胀量是根据不同地区、不同的自然条件分别计算求出,而对不同冻深则采取不同的允许冻胀值。但在土层含水量不大时,冻层浅的地区需要较厚的防冻层,冻层深的地区则需要薄的防冻层。只是在地基过湿的情况下才是冻层愈深所需防冻层愈厚。这样就突破了以往在土基温度相同条件下,冻层愈深防冻层随之增厚的概念。机场道面防冻层的作用是控制地基可能产生的冻胀,消除不均匀冻胀对道面的破坏。为此,在机场道面防冻层下应保持不小于 50 cm 的均土层。

3.5.2 冻土地基处理

冻土对结构的影响主要体现在对基础及地表以下部分结构的影响。常见的病害有冻胀破坏、融沉破坏、翻浆冒泥等。对上部建筑结构的主要破坏形式表现在地基不均匀沉降导致结构开裂,路堤边坡滑移、溜塌,道面在荷载作用下开裂唧泥等,严重时可能导致结构损坏。冻土的危害具有破坏面广、影响深度大、维修成本高、维修时间长,尤其对机场跑道这类幅宽大、基础埋深浅的结构,破坏更为严重。因此为了保证上部建筑结构的安全稳定,必须对冻土地基进行工程处理。

1. 多年冻土对机场跑道地基的破坏形式和机理

(1)机场跑道的特点。

与公路、铁路等线性路面不同,机场跑道作业面宽阔,跑道道面幅宽较大,飞机动荷载与静荷载在冻土地基中均产生较高应力与较大的影响深度,地基的冻胀、融沉等特性对机场跑道地基性能影响也更大。这给多年冻土区机场跑道的修建提出了更高的要求。此外航空器的起降滑跑和滑行的动力特性与荷载的影响深度与线性道路也存在明显不同。例如:波音 B747-400 飞机的满载起飞荷载可超过 600 t,而其荷载分布影响深度明显大于铁路或公路。而高应力下冻土的流变现象更加突出,使冻土稳定性与变形的控制等更加困难。此外,机场跑道对地基不均匀沉降的要求也比公路、铁路更为严格。例如,新疆阿勒泰机场要求地基的沉降量不大于 3 cm,横向差异沉降量不大于 2 cm;哈尔滨太平国际机场则更为严格,要求地基最大沉降量不大于 2 cm,横向差异沉降量不大于 1 cm。因此,深入研究多年冻土环境下跑道地基的稳定性,对减少冻土地基病害,延长跑道的使用寿命,保证冻土区机场跑道的安全运行具有重要意义。

(2)冻融对地基造成的破坏形式和机理。

①路基的冻胀破坏。

土壤中向冰锋面迁移的水分及孔隙中的毛细水冻结成冰、冰晶、凸镜状冰体等形式,引起土体颗粒之间相对位移,使土体体积产生不同程度的扩张现象称为"冻胀"。由于土中颗粒带有电子,电子吸附附近的水分形成一层水膜,温度降低导致水膜原位冻结形成冰锋面,使原有土中水分结冰,从而导致体积膨胀,同时冰锋面内水膜冻结过程中水分会由温度高的部位向温度低的部位迁移,导致孔隙内水分向冰锋面汇集,水分相对集中,形成冰透镜体,造成体积增大。冻胀通常会导致地面发生不均匀上升,使地面产生变形,形成冻胀丘及垄岗等地形外貌,使道面平整度下降,影响飞行器起降及运行安全。

②路基的融沉破坏。

融沉性是指冻土在融化过程中及融化后冰变成水和部分水排出发生沉陷的特性。一般受人类活动或者气候变化的影响,原冻土地层中的水热平衡条件发生改变,引起土体上限位置的下降,甚至会造成地基滑塌、泥流和热融沉陷等一系列地质问题,威胁飞行器起降及跑滑安全。

③道面底板脱空、翻浆冒泥。

我国机场跑道多为水泥混凝土道面,为了消除温度应力及混凝土自收缩应力的影响,加之施工工艺限制,混凝土道面多采用结构分块的方式(分块尺寸多为 5.0 m×5.0 m)铺筑。混凝土道面分块后跑道不可避免地形成许多纵、横向接缝,而纵向施工缝和横向胀缝一般设计成真缝的形式,导致分缝的处理成为施工薄弱环节。分缝封堵材料的老化及脱落又会导致结构暴露在大气环境之下,加之道面大量的积雪融化后下渗,使非冻结层与冻结层之间形成自由水,这部分水不能及时排出,造成土基软弱,使路基强度急剧降低。在飞机荷载反复作用下,路基内胶凝材料与细集料随水分流出,导致道面板底部基层细集料减少,形成板底脱空,道面板受力结构形式变为简支结构,甚至变成悬臂结构,使承载力大大降低,导致板体出现裂缝,严重情况可致道面板断裂,影响飞机运行安全。

2. 冻土区地基病害防治措施

影响土的冻胀的因素归纳起来主要有 3 个方面:土质、含水量和土中温度梯度。为此,只要消除其中的一个或几个因素,就可以消除或者减弱土体的冻胀。

(1)换填砂砾石垫层。

主要利用粗砂、卵石、砾石等粗颗粒材料的较大孔隙和较强的自由对流特性,消除冻结过程中水分的迁移和聚集现象,且在冻结的过程中水分从冻结锋面的高压端向未冻结面排出,从而削弱或消除地基土的冻胀。在采用换填法时,应根据上部跑道结构的运用条件及结构特点、地基土质及地下水情况,确定合理的换填深度及黏性颗粒的含量。

(2)加大结构层埋深。

将基础置于冰冻线以下或使基础底面以下融化土层厚度变薄,从而控制地基土逐渐融化后的沉降量不超过允许变形值,并且在最不利荷载作用下跑道地基不会出现失稳。机场道面结构施工中不仅要准确确定冻胀力的大小对上部结构的危害程度,还要从节省工程基础资金、减少费用的角度出发,寻求道面结构层的最小埋置深度。加大结构层埋深通常适用于土质压缩性较大且地下冻土较薄或者基础受热力及供水管网影响的地区。

(3)设置保温隔热层。

在跑道基础底部设置隔热层,阻止地基土与外部环境间的热量传递,以推迟地基土的冻融;降低土中温度,减少融化深度,从而达到防冻胀的目的。常用的隔热材料有矿渣、玻璃纤维、泡沫混凝土、聚苯乙烯泡沫等。铺设有隔热层的跑道结构在暖季时可以有效阻止外部环境热量从道面向冻土地基内部的传递,从而保证了冻土的热稳定性。但是,当冷季来临时,隔热层又阻止了内部热量向外部环境的传递,反而不利于冻土地基的保护,因此保温隔热层的设置应予以综合考虑,必须保证与外部环境相协调。

（4）设置地面排水。

排水的作用是降低地下水位及土体中的含水量,隔断外水补给及排出地表水,防止土壤含水量增大而造成潮湿。通常采取以下措施:在规范允许下尽量加大跑道横坡设计;做好场区防排水工作,使场内不积水。对于地下水位较高的地区,在道面两侧设降水盲沟,分段将排出的水引入跑道间盖板明沟道面和土面区;对于深入道坪土基内的潜流、砂沟等应采取阻断水流的措施,防止土基浸水。

（5）预压加密。

预压加密是预先在拟建构造物的地基上施加一定静荷载,等地基土层压密后再将荷载卸除,从而提高土层的地基承载力和减少构造物建成后的沉降量的压实方法。在年平均温度不低于－0.5 ℃,受力层以上地基土处于塑性冻结状态,最大融深以上存在变形量不允许的融沉、融陷性土和夹层的冻土地基,可采用预压加密土层的方法。土层经预压加密后可减小地基的变形量,隔绝水流的潜入,从而减少冻胀对地基的影响。

总之,在冻土区修建机场是具有一定挑战性的,它不仅关系到冻土区机场跑道的稳定与安全,而且关系着行业整体施工技术水平的进步与提高。因此,只有对我国冻土区机场跑道建设地基处理的方式进行总结,并在此基础上对新型的处理方式及材料进行科学探讨,才能满足冻土区机场跑道修建的要求,促进民航业的快速发展。

3.5.3　冻土地基处理实践——以阿里机场为例

阿里机场位于西藏自治区的西北部,地处藏北高原,为喜马拉雅山脉、昆仑山脉和冈底斯山脉所环抱,海拔4274.07 m。飞行区建设规模为4D,跑道宽45 m,两侧道肩宽7.5 m,跑道长度4500 m。机场属于高原寒带季风干旱气候区,季节性冻土广泛分布,冻土厚度2.4 m,且地下水含有一定盐分,水位接近地面,土壤盐渍化严重。盐渍化季节性冻土工程地质条件独特,所导致的工程地质问题对阿里机场危害严重。就我国机场建设而言,在以往的设计和施工中尚没有工程经验可以借鉴。

下文对盐渍化季节性冻土工程地质特性展开了研究,针对其所产生的工程地质问题以及对机场的危害,提出了相应的防治措施,并将其运用到工程建设中。通过两年多相关监测和机场的正常运行,证明所研究并采用的技术方法成功解决了机场场道地基盐渍化季节性冻土问题。

1. 场区气候特征

阿里机场所在地的气候受其所处纬度、距海洋远、海拔高以及与此相关的大气环流所控制。阿里位于北半球中纬度带,太阳辐射角度大,能接受较多的阳光照射,从而获得丰富的光能和热量,同时它又处在西北环流控制影响下,是冬半年控制阿里的主要气候系统,因此,冬半年气候干燥,降水稀少,温差大,大陆性强。

青藏高原作为地球上一个巨大的凸体,是耸立在对流层中部的巨大"热岛"。夏季的强烈加热作用使中、低空产生巨大的辐射,形成温高压,即"青藏高压"。这是一个巨大的环流系统。这个系统不仅影响到西南季风深入高原内部的强度,而且影响着羌塘高原。尤其是其西部的阿里地区,产生了独特的极为严酷干燥少雨的大陆气候特征。

在上述因素的控制与综合作用下,阿里地区的气候特点是:①空气稀薄缺氧,气温低,降水量小、蒸发量大,太阳辐射强,日照充足,年、日温差均较大,霜冻期长,干冷季与温暖季变化分明,前者较长(10月至次年5月),后者较短(6—9月);②由于高原的多次抬升,形成地域高低不一且复杂的地形单元,也导致气候条件复杂多变的特性;③地处高原寒带季风干旱地区,7—8 月为雨季,年降水量 80 mm 左右,降水集中,冬春季多大风。阿里机场所在地主要气候要素见表 3.10。

表 3.10　阿里机场所在地主要气候要素表

要素	阿里机场
年平均气温/(℃)	−2
最冷月平均气温/(℃)	−19.3
最热月平均气温/(℃)	21.3
最低气温/(℃)	−33.7
无霜期/天	96
降水量年平均/mm	84.3
6—9 月降雨量/mm	77.8
年平均蒸发量/mm	2707.2
最大积雪厚度/cm	10
冰雹日数/天	3.7
雪暴日数/天	18.4
大风日数(风速不小于 17.0 m/s)/天	155.0

2. 场区地质环境条件

(1)工程地质条件。

场区地形开阔平坦,大部分为砂卵石荒滩(戈壁),场区西北段处于湿地边缘,场区内局部分布积水洼地和冲沟。总体地势呈西南高、东北低,东南端略高于西北端,平均坡度 1‰～2‰,场地范围高程为 4260～4277 m,相对高差 17 m。机场位于噶尔河的一级阶地和河漫滩上,按土体工程地质特征划分为 3 个亚区(见图 3.16)。

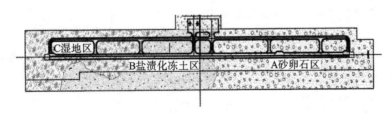

图 3.16　机场工程地质分区示意图

A 区(砂卵石区):主要分布在跑道中点东南 150～2600 m,为噶尔河一级阶地。

B 区(盐渍化冻土区):主要分布在跑道中心点东南 150 m 至跑道中心点西北 750 m,为噶尔河一级阶地和河漫滩的过渡地段。

C区(湿地区):主要分布在跑道中心点西北 750～2600 m,为河漫滩。

3 个亚区主要由第四系全新统圆砾和砂卵石组成,仅表层略有不同:A 区表层分布有很薄的杂填土,局部有粉土、粉细砂土层,少见盐渍化现象;B 区表层以杂填土为主,局部分布粉土、粉细砂土层,表层呈白色,盐渍化严重;C 区表层以耕植土、素填土及粉细砂为主,具有盐渍化及冻土性质。盐渍化冻土的工程地质参数见表 3.11。

表 3.11　盐渍化冻土的工程地质参数

| 分区 | 卵石 | | | | | | 圆砾 | | 中粗砂 | | 粉细砂 | |
| | 密实 | | 中密 | | 稍密 | | | | | | | |
	承载力标准值/kPa	变形模量/MPa	承载力标准值/kPa	变形模量/MPa	承载力标准值/kPa	变形模量/MPa	承载力标准值/kPa	变形模量/MPa	承载力标准值/kPa	变形模量/MPa	承载力标准值/kPa	变形模量/MPa
A区	850	56	616	40	260	18	240	16			98	7
B区	830	54	613	39.8	250	17	240	17	120	9	97	7
C区	736	48	635	37	240	18	230	18	100	8	90	6.5

(2)水文地质条件。

①地表水。

a.噶尔河。

噶尔河位于冈底斯山脉南侧,两岸约有 18 条支流汇入,流域内有少量冰川,河流主要接受地下水、雨水、冰雪融水补给。河流多年平均流量 3.77 m³/s,最大水深 0.65 m,洪痕线高出水面 2 m,计算频率为 1‰的洪峰流量 293 m³/s。全年最大洪水期出现在 7、8 月份,洪峰过程陡涨陡落,持续时间短,河水化学类型为 $HCO_3\text{-}Ca \cdot Na \cdot Mg$ 型。

b.湿地水。

以河漫滩沼泽为主,主要接受河水和大气降水补给。由于地下水水位较高,水中溶解的盐分随着水的蒸发而变成粉末状留在土壤表层,这些盐沼在干燥缺水的条件下进一步发展形成了盐碱滩。这类湿地一般植物较少,仅有稀疏的草本植物或者无植物生长。

②地下水。

场区主要含水层为卵砾石层,赋存孔隙潜水。主要接受大气降水、地表水和阿依拉山基岩裂隙水补给,在噶尔河床或漫滩排泄。地下水位埋深 0～2.5 m,一般在 0.30 m 左右。通过 1 个水文年的地下水动态观察发现,场区地下水变幅为 0.5～1.5 m,呈季节性动态变化。

地下水化学类型主要为 $HCO_3 \cdot SO_4\text{-}Ca \cdot Na$ 型。溶解性总固体一般为 0.2～0.3 g/L,个别为 0.06 g/L。pH 值一般为 7.6～8.1,属弱碱性水,总硬度[以 $CaCO_3$(碳酸钙)计]为 100～160 mg/L,属微硬水。

3.盐渍化冻土所产生的工程地质问题及其对机场的危害

阿里机场盐渍化冻土的特点是既有盐渍土的溶陷性、盐胀性、腐蚀性,也有冻土的冻胀性和融陷性。

相应所产生的工程地质问题是机场地基溶陷、盐胀、腐蚀及冻胀和融陷等,从而破坏道面的使用功能。

(1)地基溶陷及其对机场的危害。

具有溶陷性的盐渍土地基一旦浸水后,因土中可溶盐溶解,结构强度丧失,使地基承载力迅速降低,并产生较大的沉陷导致其上建筑物或构筑物产生相应的沉降,由于浸水通常是不均匀的,所以建筑物或构筑物的沉降也是不均匀的,从而导致建筑物或构筑物的开裂和破坏,这一点对机场道面影响最大。

(2)地基盐胀及其对机场的危害。

从盐渍土地基危害研究情况看,盐胀对机场工程的危害主要发生在硫酸盐含量高的地区,尤其在土温变化大的土层范围内。在阿里地区主要在地表下一定深度范围内发生,只对基础埋深较浅的建筑物或构筑物构成威胁,基础埋深大于 1.2 m 的建筑物,尚未发现因盐胀引起的破坏。

(3)地基腐蚀及其对机场的危害。

建设工程受腐蚀的危害在阿里地区相当普遍和严重。通过实地调查和分析研究发现,建筑物或构筑物因腐蚀而破坏的原因来自两方面:一是盐渍土中的含盐水分,包括含盐的地下水,直接浸入基础、管、沟等地下设施的材料空隙内,造成材料的物理侵蚀和化学腐蚀;二是如果基础等未设防潮层或防潮层施工质量有问题,则含盐水分还能通过毛细管作用侵入地面以上的建筑结构中,使之腐蚀破坏。

(4)地基冻胀及其对机场的危害。

冻胀对机场工程有着严重的危害,这是由于地基土中存在着无数的毛细管,地下水主要通过土体中的毛细管上升到基础内部,冬季来临时,大气负温传入地下,地表中的自由水首先冻结成冰晶体,随着气温的继续下降,结合水的最外层也开始冻结,使冰晶体逐渐扩大,并在土层中形成冰夹层,水分冰冻后体积将增加 9% 左右,使土体随着膨胀发生隆起,出现冻胀现象,土中细粒越多,形成毛细管越多,对基础的影响就越大。

阿里地区冰冻线在 2.4 m 左右,位于冻胀区内的基础如果埋置深度浅于冻结深度,或者基础厚度小于冻结深度,就会受到土基冻胀力的作用,如果冻胀力大于基底上的荷载,基础就有可能被不均匀地抬起,使基础及上部构筑物开裂。

(5)地基融陷及其对机场的危害。

当温度升高土层解冻时,土基中积聚的冰晶体融化,使土中含水量大大增加,加之细粒土排水能力差,或土基下还有土层未解冻,上面已融化的土基中的水渗透不到土基深处,使土层处于饱和软化状态,强度大大减低,导致基础发生下陷,称为"融陷",同时产生唧泥现象,即翻浆冒泥。

不论冻胀或融陷,一般都是不均匀的,这样每年冻融交替,造成基础及上部构筑物开裂,在地下水位较高、土中细粒多、承载力差的土基上修筑的构筑物冻害尤为严重,这在阿里地区比较普遍。

4. 盐渍化季节性冻土的防治措施及效果评价

(1)防治措施的现场试验分析。

为了确保工程质量,在阿里机场工程全面开工之前,我们在室内试验的基础上,选择了 2 块区域对盐渍化冻土地基进行了现场试验研究,包含有盐渍化区和湿地区,并在此基础上又划分了 4 个小区,分别安排现场原地基处理试验和土石方填筑处理试验,并进行了现场检测,为了比较采用复合土工膜做隔离层的填筑体与未采用该方法的填筑体之间盐胀与冻胀现象,为今后场区盐渍化冻土处理提供数据,分别做试验并设置了一定数量的变形观测点进行观测。

针对阿里盐渍土的处理方法可以考虑换填法、隔离法、浸水法、化学改良法等。浸水法是一种压盐法或洗盐法,即用浸水的方法,将地基土中的盐分浸出,随着浸水下渗,把盐分"压"至深层地基中,降低浅层地基土的含盐量,从而消除或减小盐胀的病害影响。对于阿里机场,地下水埋藏浅、地基土渗透性好、砂卵砾石层构成了良好的含水层,浸水法不仅不现实,还存在再生盐化问题。化学改良法是利用易溶盐中的 Ca^{2+}、Ba^{2+}(钡离子),通过离子交换作用,将硫酸钠置换为难溶的硫酸钙、硫酸钡,从而达到抑制盐胀的目的,但化学改良法造价特别高、工期长、均匀性差,地基土的渗透性好也影响其治理效果。

因此,综合考虑以上因素,阿里机场的盐渍土地基采取换填法(包括施工降排水)与隔离法相结合的方法,并进行了现场工程治理试验。

冻土问题的处理方法主要从填料的颗粒组成及成分、温度、冻前含水量、地下水位等方面进行防治,针对阿里机场主要考虑换填法、抬高道槽、无机结合料稳定土保温法、强夯加固法、铺设土工织物等办法,结合工程实际情况和盐渍土的处理方法,采用了换填法、抬高道槽、铺设土工织物和设置防冻层相结合的处理方法。

(2)具体防治措施。

对阿里机场的盐渍化季节性冻土开展室内试验和现场试验段的研究,试验中通过分析不同设计方案和不同处理方法的检测结果,并结合一定时间的变形观测点数据分析,来综合评价地基处理效果。根据地基处理效果,针对阿里机场的盐渍化季节性冻土提出如下防治措施。

①换填处理。

清除道槽及其影响区下覆土、粉土、粉细砂等至稍密圆砾层以上或稍密卵石层以上,即把表层细粒土(耕植土、粉土、粉细砂等)换填为粗粒的砂卵砾石,换填材料要求其含盐量小于 0.3%,最大粒径不得大于虚铺厚度的 2/3,含泥量小于 10%;曲率系数大于 5,不均匀系数以 1~3 为宜,填土的初始含水量宜接近或略大于其最佳含水量(相差 1%~2%),并保证填料中的水分不冻结。换填的厚度应大于地下水的临界深度,阿里机场控制在 1.0~1.5 m,换填材料构成了良好的隔离层,起到阻止盐分向上迁移聚集的作用。换填后,道基强度增高、毛细水上升高度降低(粗粒的砂卵砾石中毛细水上升高度只有0.4 m),控制了道槽有效深度内填料的含水量,可从根本上消除由于盐渍化冻土造成的盐胀、溶陷、冻胀、融陷等病害。

原地面处理之前,尤其重要的是要开挖临时排水沟进行降水,排水沟须在道槽及其影响区坡脚外一定距离进行开挖,必要时采用强排水措施,地基处理过程中的场区降排水的效果对于减少盐渍化季节性冻土危害作用特别大。

②隔离法。

在道槽区施工时,当填筑至道槽土基设计标高下 1.0 m 时,薄铺 1 层厚度 1~2 cm、含盐量不大于0.3%的砂层,再开始铺填两布一膜的土工材料;然后用橡胶带铺 1 条临时施工道路,运输车辆进入道槽区在橡胶带上行进,以防止在复合土工膜上行车对膜层产生破坏;最后在复合土工膜上铺设 1 层厚20 cm、含盐量不大于 0.3%的砂砾石,在砂砾石上铺第一层填料时,采用人工方法平铺,碾压时,采用先静压、再微振、最后强振的压实工艺,既保证了压实度、稳定性,又保护了土工膜。

③防冻层。

为了防止道槽土基出现冻害而影响道面的使用功能,对于道槽土基顶面标高下 0.8 m 范围内需要设置防冻层,厚度 0.8 m。防冻层采用的填料中细颗粒的含量和粒径要严格控制,其中小于 0.05 mm 颗粒的含量应控制在 6%以下,最大粒径应小于 15 cm,含盐量不大于 0.3%。

④抬高道槽。

考虑到阿里机场地下水位埋深浅,变化幅度大,机场部分区域位于湿地内,加上阿里机场填方料毛细水上升高度为 0.4 m,综合分析临界冻结深度、毛细水上升高度及一定的安全高度,道槽设计标高至少抬升到冻前地下水位 2.4 m,同时考虑到机场附近噶尔河五十年一遇洪水的设防问题,将机场整个道槽区的标高抬高 2.6～3.8 m,有效解决了盐渍化冻土危害和洪水威胁问题。

⑤永久性排水系统防治法。

考虑到阿里机场周边水系发达,补给源充沛,为了保障治理效果,结合机场的排水设计进行了永久性排水系统防治。在飞行区土方平整区周边设置场界沟,采用钢筋混凝土矩形结构,沟深在 1.2～2.0 m,基础设置在冻土层以下;在机场附近的山脚下设置截洪沟,结构形式为梯形土明沟,将山上的来水引流到噶尔河内,同时恢复由于排水系统破坏的路网。

(3)防治效果评价。

在实际施工中,由于地下水位比较浅,降排水比较困难,必要时采用了强排水措施。同时对填料颗粒组成要求比较高,在填料挑选及处理上要提前准备。按照上述防治措施施工,从检测数据来看能够满足设计要求(见图 3.17)。

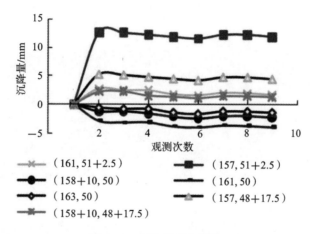

图 3.17　沉降观测曲线图

通过采用机场专用检测设备落锤式弯沉仪、平整度仪、钻孔取样、道面表面目视调查和历史数据调查等设备和方式,根据 FAA(Federal Aviation Administration,美国联邦航空管理局)的标准和民航通用做法对机场道面及地基进行了一系列的调查和检测,并对检测结果进行了分析,得到如下结果:①道面调查结果显示跑道总体道面状况指数(pavement condition index,简称 PCI)值为 97,评价为"优";②跑道国际平整度指数 IRI 均值小于 2 m/km,平整度非常好;③冲击劲度模量 ISM 能够直接反映跑道道面板和基础的综合承载力,阿里机场的跑道 ISM 值较高,全部大于 3000 kgf/mils,且 ISM 值分布较均匀;跑道传荷能力很好且不存在脱空现象;④混凝土钻件劈裂抗拉强度平均值为 5.86 MPa,95% 保证率的弯拉强度为5.1 MPa;⑤跑道 PCN 值为 PCN72/R/B/X/T;⑥通过计算,土基反应模量为 79 MN/m³,基层顶面反应模量 125 MN/m³。

综上所述,经过处理的盐渍化季节性冻土地基上的道面综合评价为优良,完全满足使用机型要求,证明处理盐渍化季节性冻土的方法是有效的。

第 4 章　道面集料的生产

道面集料主要包括基层用集料、沥青面层用集料及水泥混凝土用集料等。使用规格和品质满足技术要求的集料对保证道面结构的施工质量至关重要,而集料破碎与筛分设备的选型、组合及其生产工艺是保证集料质量的关键。

4.1 集料破碎设备

集料的破碎是指通过机械方式将石料体积缩小的过程。集料破碎的过程中,大块石料在外力作用下,克服内部分子间的内聚力,碎裂成小块碎石。集料的破碎过程主要包括冲击、研磨、剪切、压缩以及石料间剧烈碰撞等。

集料的破碎主要通过破碎机来实现。破碎机按工作原理和结构特征的不同主要分为颚式破碎机、圆锥破碎机、锤式破碎机、反击式破碎机四种类型。

1. 颚式破碎机

颚式破碎机的工作部分是由固定颚板和可动颚板组成。当可动颚板周期性摆动,并靠近固定颚板时,对破碎空腔中的石料产生挤压作用,使集料颗粒由大变小,进而将石料破碎。破碎的石料逐渐下落,直至从排料口排出。由于固定颚板和可动颚板上的破碎板表面具有锯齿状牙齿,因此,对石料也产生劈碎和折碎作用。

颚式破碎机工作部分的运动形式是往复运动,在回程过程中,不能参与破碎,所以其工作特点是间歇式的。颚式破碎机主要用于对各种矿石与大块坚硬石料进行粗碎和中碎加工,即"头破"。

颚式破碎机的主要优点是破碎腔深且无死区,提高了进料能力与产量;结构简单、工作可靠、维修方便;破碎比大,产品粒度均匀。但其生产出的成品石料针片状含量较大,不能直接应用于机场和公路沥青路面。

颚式破碎机的主要型号有 PE400×600、PE600×900、PE750×1060、PE900×1200 等。其中 PE600×900 的含义是指颚式破碎机的进料口尺寸为 600 mm(长)×900 mm(宽)。

2. 圆锥破碎机

圆锥破碎机的破碎部件由两个不同心的圆锥体组成,固定的外圆锥和可动的内圆锥组成破碎腔。内圆锥以一定的偏心半径绕外圆锥中心线做偏心运动,石块在两锥体之间受挤压、折断而破碎。

圆锥破碎机的工作原理是石料在动锥离开定锥衬板一侧的瞬间,落入破碎腔,在动锥冲向定锥时石料第一次破碎。当动锥再次离开定锥时,石料就落入第二次破碎的位置。以此方式,石料经过几次下落和破碎后排出机外,完成破碎过程。

圆锥破碎机利用动锥的偏心运动将石料压碎,同时,由于动锥与定锥的切向、相向运动,石料也要受到碾磨作用。因此,圆锥式破碎机的工作特点是连续性的,且破碎与排料作业是同时进行的,其作用过程如图 4.1 所示。

圆锥破碎机适用于破碎中等和中等以上硬度的各种矿石和岩石。圆锥破碎机具有碎石力大、生产效率高、处理量大、运作成本低、调整方便、使用经济、碎石产品粒度均匀等优点。

3. 锤式破碎机

锤式破碎机的工作部分主要由锤头、破碎板和转子组成。锤式破碎机工作时,在转子高速旋转过程中,利用转子上的锤头将石料击碎,其工作特点也是连续的。它主要用于对各种矿石与大块物料进行中碎和细碎加工。

锤式破碎机的工作原理是石料受到高速回转的锤头的冲击而破碎,破碎了的石料高速冲向架体内挡板、筛条,与此同时,物料相互撞击,遭到多次破碎,小于筛条之间隙的物料,从间隙中排出;个别较大的物料,在筛条上再次经锤头的冲击、研磨、挤压而破碎,最后物料被锤头从间隙中挤出。

锤式破碎机的优点是结构简单,破碎比大,生产效率高,可做干、湿两种形式破碎。其缺点是对锤体磨耗大,生产出的成品石料的针片状含量较多。

4. 反击式破碎机

反击式破碎机的主要工作部分是反击板和转子。

在反击式破碎机中,石料受到高速旋转的转子的

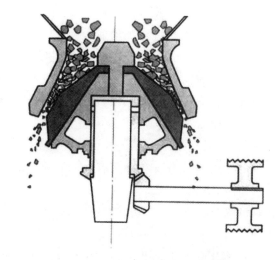

图 4.1　圆锥破碎机作用过程图

作用,获得较大的速度,撞击到反击板而被击碎。因此,反击式破碎机的工作特点是连续性的,主要用于集料的粗碎、中碎和细碎,通过冲击能来破碎石料,对石料进行二次加工,即"二破、三破"。

反击式破碎机的工作原理是转子在高速旋转,物料进入板锤作用区时,与转子上的板锤撞击破碎,后被抛向反击装置再次被破碎,然后又从反击衬板上弹回板锤作用区重新破碎,此过程重复进行直到物料被破碎至所需粒度,由出料口排出。

对于反击式破碎机,可以通过调整反击架与转子之间的间隙来改变集料出料粒度和集料形状。

反击式破碎机的主要型号有 PF1010、PF1210、PF1214、PF1315 等,其中 PF1315 表示反击式破碎机的转子大小是 1300 mm×1500 mm。

4.2　集料筛分设备

从采石场开采出来的或经过破碎的石料通常为各种大小不同的颗粒混合在一起的形式。在使用石料前,需要将其分成粒度相近的几种级别。石料通过筛面的筛孔分级称为"筛分"。

1. 筛分机的分类

筛分机按其作用特性可分为固定筛和活动筛两种。

(1)固定筛。

固定筛在使用时安装成一定的倾角,使石料在其自身重力的垂直分力作用下,克服筛面的摩擦阻力,并在筛面上移动分级。固定筛主要用于预先的粗筛,在石料进入破碎机或下级筛分机前筛出超粒径的大石料。

(2)活动筛。

活动筛按传动方式的不同分为圆筒旋转筛和振动筛等。

振动筛是依靠机械或电磁的方法使筛面发生振动的筛分机械。按照振动筛的工作原理和结构不

同,振动筛可分为偏心振动筛、惯性振动筛和电磁振动筛三种。

偏心振动筛又称为"半振动筛",它是靠偏心轴的转动使筛箱产生振动的。惯性振动筛是靠固定在其中部的带偏心块的惯性振动器驱动而使筛箱产生振动的。电磁振动筛主要通过电磁激振器或振动电机来完成筛网的振动。

不同振动筛的区别主要表现在筛网倾角、筛网面积、筛网层数等方面。

2. 筛分作业

利用筛子将不同粒径的混合物按粒度大小进行分级的作业称为"筛分作业"。根据筛分作业在碎石生产中的作用不同,筛分作业可有以下两种工作类型。

(1)辅助筛分。

辅助筛分在整个生产中起到辅助破碎的作用。通常有两种形式:第一种是预先筛分形式,即在石料进入破碎机之前,把细小的颗粒分离出来,使其不经过这一段的破碎,而直接进入下一道加工工序;第二种是检查筛分形式,这种形式通常设在破碎作业之后,对破碎产品进行筛分检查,把合格的产品及时分离出来,把不合格的产品再进行破碎加工或将其废弃。检查筛分有时也用于粗碎之前,阻止太大的石块进入破碎机,以保证破碎生产的顺利进行。

(2)选择筛分。

碎石生产中的选择筛分主要用于对产品按粒度进行分级。选择筛分,一般设置在破碎作业之后,也可用于除去杂质的作业,如石料的脱泥、脱水等。

选择筛分的作业顺序有以下两种。

①由粗到细筛分。这种筛分顺序可将筛面按粗细重叠,筛子结构紧凑。同时,筛孔尺寸大的筛面布置在上面,不易磨损。其缺点是最细的颗粒必须穿过所有的筛面,增大了在粗级产品中夹杂细颗粒的机会。

②由细到粗筛分。这种筛分顺序将筛面并列排布,便于出料,并能减少细料夹杂。但是,采用这种筛分顺序时,机械的结构尺寸较大,并且由于所有的物料都先通过细孔筛面,加快了细孔筛的破损。

现代筛分工艺中,大都采用由粗到细的筛分顺序。

3. 筛面构造

筛面是筛分机械的基本组成部分,其上有许多一定形状和一定尺寸的筛孔。常用的筛面是由直径为3～16 mm的钢丝或钢筋编成或焊成。筛孔的形状呈方形或长方形。

振动方孔筛的主要型号有1854、2160、2466等,其中1854表示筛面规格为1800 mm×5400 mm。方孔筛的优点是开孔率高、质量轻、制造方便;缺点是使用寿命较短。通常,为了提高方孔筛的使用寿命,钢丝的材料应采用弹簧钢或不锈钢。

4. 集料分级

破碎的石料应具有良好的级配要求,以满足设计要求的配合比。生产石料时,要根据设计的级配范围来确定所需石料的规格。《公路沥青路面施工技术规范》(JTG F40—2004)对生产和使用过程中粗集料、机制砂和石屑的粒径规格作了规定,以便于对集料进行分级,如表4.1和表4.2所示。

表 4.1　沥青混合料用粗集料规格

规格名称	公称粒径/mm	通过下列筛孔(mm)的质量百分率/(%)												
		106	75	63	53	37.5	31.5	26.5	19.0	13.2	9.5	4.75	2.36	0.6
S1	40~75	100	90~100	—	—	0~15	—	0~5	—	—	—	—	—	—
S2	40~60	—	100	90~100	—	0~15	—	0~5	—	—	—	—	—	—
S3	30~60	—	100	90~100	—	—	0~15	—	0~5	—	—	—	—	—
S4	25~50	—	—	100	90~100	—	—	0~15	—	0~5	—	—	—	—
S5	20~40	—	—	—	100	90~100	—	—	0~15	—	0~5	—	—	—
S6	15~30	—	—	—	—	100	90~100	—	—	0~15	0~5	—	—	—
S7	10~30	—	—	—	—	100	90~100	—	—	—	0~15	0~5	—	—
S8	10~25	—	—	—	—	—	100	90~100	—	0~15	0~5	—	—	—
S9	10~20	—	—	—	—	—	—	100	90~100	—	0~15	0~5	—	—
S10	10~15	—	—	—	—	—	—	—	100	90~100	0~15	0~5	—	—
S11	5~15	—	—	—	—	—	—	—	100	90~100	40~70	0~15	0~5	—
S12	5~10	—	—	—	—	—	—	—	—	100	90~100	0~15	0~5	—
S13	3~10	—	—	—	—	—	—	—	—	100	90~100	40~70	0~20	0~5
S14	3~5	—	—	—	—	—	—	—	—	—	100	90~100	0~15	0~3

表 4.2　沥青混合料用机制砂或石屑规格

规格	公称粒径/mm	水洗法通过各筛孔(mm)的质量百分率/(%)							
		9.5	4.75	2.36	1.18	0.6	0.3	0.15	0.075
S15	0~5	100	90~100	60~90	40~75	20~55	7~40	2~20	0~10
S16	0~3	—	100	80~100	50~80	25~60	8~45	0~25	0~15

5. 筛分工艺

在集料加工过程中,进入喂料机的是岩口开炸处的片石或块石,块石粒径宜不小于 10 cm,其中可能含有一定量的泥土,在颚式破碎机和圆锥破碎机之间加入 50 mm 筛孔的振动筛,将绝大多数的泥土及杂质筛除,使进入圆锥破碎机的块石洁净。将储料仓装在颚式破碎机和圆锥破碎机、圆锥破碎机和反击式破碎机之间,当生产流程后段发生机械故障时,前段仍可继续生产,可提高集料产量,也能保证供应给碎石机的石料均衡,成品料颗粒形状、级配稳定。

在圆锥破碎机和储料仓间安装振筛机,对从圆锥破碎机破碎出来的碎石进行筛分,选 30~50 mm 的碎石进入反击式破碎机进行破碎。若碎石规格过大,会降低反击式破碎机的生产效率;若碎石规格过小,会使集料不经过反击式破碎机而直接进入储料仓,导致 31.5 mm 以下颗粒含量过多,集料针片状颗粒含量增大。

集料振动筛的规格可根据需要选择,实践经验表明,采用 3 mm、6 mm、11 mm、16 mm、22 mm 和 29 mm 筛孔组成的套筛对集料进行振动筛分,获得的集料与沥青混合料生产所需不同规格集料有较好的相关性,可使集料利用率大大提高。

4.3　集料的生产工艺

集料的生产主要由(料仓)给料机经过一级破碎、二级破碎、筛分,最后形成成品。

1. 集料的生产

(1)石料粗筛(栅筛)。

石料的粗筛是在石料破碎前进行的,是石料的第一级筛分。通常利用栅筛来筛除石料中含有的杂质(筛去石料中的 50~80 mm 的细料)。栅筛是指设置在振动喂料机之前,通过结构本身的高频振动,对进入头破的泥土、细粉料、杂质等进行筛选、过滤,减少粉尘含量和泥块杂质。常用栅筛的间距为80~100 mm,长度为 100~150 cm。

(2)石料的一级破碎——粗碎。

石料的一级破碎,通常采用颚式破碎机先进行粗碎。破碎的结果是石料达到可由其他破碎机加工的尺寸。

(3)第二次筛分。

经过粗碎的石料颗粒,要进行第二次筛分,筛去 0~5 mm 的粒料。这是因为小于 5 mm 的石屑属于比较软弱的石料,且其中还夹带一定数量的杂质,易对集料的使用产生不利影响。因此,需布置合理的筛网顺序,将其剔除。

(4)石料的二级破碎——细碎。

石料的二级破碎是石料生产的关键环节。由调速振动喂料机(或调速带式给料机)供料至二级破碎。调速振动喂料机可根据不同产品要求,调节材料的供应量。一般情况下,二级破碎常采用反击式破碎机。破碎机在挤满给料条件下,使连续粒级给料颗粒之间空隙率最小,从而促使破碎后得到具有更好形状的颗粒。

从表面粗糙度和集料的棱角量方面比较,锤式、反击式破碎机破碎出的石料形状过圆且表面光滑。在沥青道面中,圆形且表面光滑的沥青混合料因碾压后相互嵌挤锁结,具有较小的内摩阻力且抗剪强度较小;对面层而言,圆形石料棱角少,抗滑性较差。采用层压破碎机理的圆锥式破碎机细碎出的集料符合道面面层用集料的要求。

(5)第三次筛分。

石料的第三次筛分主要是利用振动筛分机(振筛机)筛分出各种规格集料,将超粒径石料返回二级破碎,再进行加工处理。二级破碎、三级筛分是集料加工中常用的石料作业方法。

通常情况下,经过上面的三次筛分和二次破碎,所得到的成品石料能够满足使用的要求。对于仍然存在的超级粒径和对石料加工要求高的工程可能要进行三级破碎,即重复上述过程,直到满足要求。

集料生产中,在反击式破碎机和振筛机皮带出口处安装除尘设备,可获得洁净的集料,减少碎石生产的污染。振筛机筛分后,使大于规定尺寸的集料再进入反击式破碎机中破碎,直到尺寸满足要求为止。二级或三级破碎后的集料需用振筛机进行筛分,对不同规格的集料分别储存,对堆放集料的地面应做硬化处理,设置防雨棚,减少污染和雨淋。

2.集料的生产控制技术

集料的生产控制,在整个集料的生产和使用过程中起着至关重要的作用,主要通过以下三个方面进行。

(1)料场的选择。

料场一般选择在距离施工场地不远、岩石的工程性质较好且地形较为平坦的地区。工程上常用的几种集料为石灰岩、玄武岩、辉绿岩、安山岩、花岗岩、砂岩。

选择专业的爆破人员进行碎石的采集,碎石场要有专人看管。采集的碎石处理要遵循以下原则:①分区堆放;②清除杂质;③防止淋雨。

(2)设备的选择。

根据工程的需要,选择合适的碎石破碎设备。在几种不同型号破碎设备联合使用时,注意破碎机使用的先后顺序,防止因设备的使用不当而造成机械的损坏和碎石质量的下降。破碎机在进行破碎时,要根据石料颗粒的大小和料斗的容积来选择碎石的数量。严格控制破碎机转子的转速,保证碎石的质量。

在进行筛分作业时,一般采用振筛机。根据集料的级配要求,选择合适的筛孔尺寸进行组合。筛分过程中要严格控制振筛机的振动频率、筛面倾角、筛面的大小、筛网的次序,从而提高筛分质量。

(3)工艺及其他。

①料场的规划。

料场应规划合理,不同粒径集料场地要划分明确,集料堆放整齐,防止出现"串料"现象。对成品粗集料的堆积覆盖应配备相应面积的覆盖布(宜采用质量良好、使用寿命较长的篷布)。

各规格材料应用隔墙或料槽分隔开,整齐堆放在坚硬、清洁的场地,隔墙高度不小于1.5 m;料场应有良好的排水结构,保证雨水不滞留在堆放场地;细料应在已硬化的场地上采用罩棚或苫盖措施,防止因雨淋造成的含水率变化不稳定现象;料堆应设置标示牌,标明石料规格、种类、产地、收料人等内容;场区内应无不合格材料,无多余或杂乱无章的堆积物。

②除尘。

料场的杂质主要是灰尘。工程上常采用的除尘方式有:布袋式除尘、旋风式除尘、静电式除尘、水洗法除尘。

除尘设备的主要作用是减少集料成品料中的粉尘含量。粉尘是指集料中粒径小于0.075 mm的部分。不同的施工项目,根据对施工质量的不同控制应采用不同的除尘设备,来提高生产集料的质量。通常情况下,采用旋风式除尘工艺既能解决碎石生产场地的扬尘问题,又可解决0.075 mm细集料的通过率问题。旋风式除尘工艺是在碎石生产设备及振动筛上安装引风管,在调试生产中及时调整风速,检查0.075 mm细集料的通过率,调整风速直到0.075 mm细集料通过率满足规范要求为止。通过旋风式除尘工艺生产的细集料级配良好,可配制出性能优良的沥青混合料。

第 5 章　道面基层施工

基层是道面结构中的承重部分,主要承受面层传递下来的机轮荷载的竖向力,并把吸收后剩余部分的力扩散到压实土层。因此,要求道面基层有足够的强度与刚度;为了不使基层受到水和温度的影响而破坏,还必须有足够的水稳定性和抗冻性。

5.1 机场道面的初步认识

5.1.1 道面的构造与分类

1. 道面的构造

外界各因素对道面结构的影响会随着道面深度的增加逐渐减弱。因此,道面材料的强度、刚度和稳定性的要求也会随着道面深度的增加而逐渐降低。为了适应这一特点,并尽可能地降低成本,道面的结构一般是多层次的。上层用较贵的高级材料,下层用适中的次级材料,底层则用廉价低级的材料。

(1)面层。

机场道面的面层是直接同机轮和大气相接触的层次,承受机轮荷载的竖向应力、水平力和冲击力的作用,同时又受到降水的侵蚀作用和温度变化的影响。面层应具有较高的结构强度、刚度和温度稳定性,要耐磨、不透水,其表面还应具有良好的平整度和抗滑性。在民用机场中广泛使用水泥混凝土或沥青混凝土作为面层材料。

(2)基层。

道面基层分为无机结合料稳定基层和碎、砾石基层,起稳定道面的作用。道面基层是在土基(或垫层)表面用单一材料按照一定的技术措施分层铺筑而成的层状结构,其材料与质量的好坏直接影响道面的质量和使用性能,是整个道面的承重层。

(3)找平层。

在水泥混凝土面层和基层之间,用石屑或粗砂铺筑的道面层,不属于结构层。其作用是找平基层表面,保证面层的厚度均匀。如果施工中有条件将基层表面做平整,可将找平层取消。因为像石屑之类的材料可能在基层与面层之间形成软弱夹层,降低道面结构强度。目前,我国大型机场的水泥混凝土道面施工中,已经普遍取消了找平层。

(4)垫层。

垫层是介于地基和基层之间的层次,其主要作用是改善土基的湿度与温度状况,以保证面层和基层的强度稳定性和抗冻胀能力;继续传递由基层传下来的荷载,以减小土基的变形。垫层不是必须设置的结构层次,主要是在土基状况不良时设置。设置垫层可以增加道面结构的总厚度,减少土基冻胀量,是季节性冰冻地区防止和控制道面冻胀的重要措施。

(5)压实土基。

压实土基是道面结构的最下层,承受全部道面上层结构的自重和机轮荷载应力。土基的平整性和压实质量在很大程度上决定着整个道面结构的稳定性。因此,无论是填方还是挖方,土基均应按要求予以严格压实。否则,在机轮荷载和自然因素的长期反复作用下,土基会产生过量变形,从而加速面层的损坏。

2. 道面的分类

（1）按道面构成材料分类。

①水泥混凝土道面。

以水泥作为胶结材料,辅以砂、石集料加水拌和均匀铺筑而成的道面称为水泥混凝土道面。这种道面强度高、使用品质好、寿命长、应用广泛,但初期投资大,完工后需要较长时间来养护,不能立即开放交通,维护、翻修比较困难。

②沥青混凝土道面。

以沥青类材料作为黏结剂,辅以砂、石集料,在一定温度下拌和均匀,碾压成型后构成的道面称为沥青混凝土道面。这类道面平整性好、飞机滑行平稳舒适,强度较高且能满足各种飞机的使用要求,维护、翻修也比较方便,由于沥青道面铺筑后不需要养护期,可立即投入使用,特别适宜不停航施工。但与水泥混凝土道面相比,容易破损,使用寿命也较短。

③砂石类道面。

砂石类道面是在碾压平整的土基上铺筑砂石类材料,经充分压实后构成的道面。砂石类道面在早期机场道面中应用较多,但因其承载力低,晴天易扬尘,雨天泥泞无法飞行,目前应用较少。

④土道面。

土道面是以平整碾压密实的土质表面构成的道面,供飞机起落滑跑之用。这种道面造价低廉,施工简便,主要用于轻型飞机起降。土道面通常种植草皮,以提高其承载力。军用机场的应急跑道通常为土道面。

（2）按道面使用品质分类。

①高级道面。

高级道面的面层材料采用高级材料,道面结构强度高、抗变形能力强、稳定性与耐久性好。这类道面包括水泥混凝土道面、配筋水泥混凝土道面、预应力钢筋混凝土道面和沥青混凝土道面等,其中水泥混凝土道面和沥青混凝土道面应用最为广泛。高级道面具有良好的使用品质,受气候影响小,是民用机场广泛采用的道面。

②中级道面。

中级道面主要包括沥青贯入式、黑色碎石和沥青表面处置等类型的道面。这类道面无接缝、表面平整、使用品质也较好。中级道面的最初修建费用低于高级道面,并且可以根据使用机种的发展变化需要分期建设,这在投资上是有利的。

③低级道面。

低级道面主要包括砂石道面、土道面和草皮道面。这类道面承载力低,通常作为轻型飞机的起降场地,如初级航校机场、滑翔机场和农用飞机机场等。

（3）按道面力学特性分类。

按照荷载作用下道面的受力特征和计算图式,机场道面可划分为刚性道面和柔性道面。

①刚性道面。

水泥混凝土道面、配筋水泥混凝土道面、预应力钢筋混凝土道面等都属于刚性道面。刚性道面的面层是一种强度高、整体性好、刚度大的板体,能把机轮荷载分布到较大的土基面积上。因此,刚性道面结构承载力大部分由道面板本身提供。设计刚性道面时,考虑的主要因素是混凝土的结构强度,刚性道面板主要在受弯拉条件下工作,其承载力由板的厚度、混凝土弯拉强度、配筋率以及基层和土基强度来确定。

正确设计的刚性道面会把荷载分散到面积更大的基层和土基上,使土基不至于产生过大变形,如果荷载产生的弯拉应力大于混凝土最大承受值(弯拉强度),混凝土板将产生断裂,导致刚性道面破坏。

②柔性道面。

柔性道面有沥青类道面、砂石道面、土道面等,装配式道面也属于柔性道面。柔性道面抵抗弯曲变形的能力弱,各层材料的弯曲抗拉强度均较小,在机轮荷载的作用下表现出相当大的变形性,因此,只能把荷载传递到较小的面积上,各层材料主要在受压状态下工作。

机轮荷载作用下的柔性道面变形的大小,反映了柔性道面的整体强度。当荷载下的变形值超过容许弯沉值时,就会发生破坏。

(4)按施工方式分类。

①现场铺筑道面。

现场铺筑道面是将拌和均匀的道面材料现场铺筑而成的道面。水泥混凝土道面、沥青类道面以及各种砂石道面、结合料处治土道面等都属于现场铺筑道面。

②装配式道面。

装配式道面的面层不是在现场浇筑的,而是在工厂预制后运抵现场装配而成的。这类道面包括水泥混凝土砌块道面、预应力钢筋混凝土板道面、钢板道面等。

5.1.2 道面的特点

1.水泥混凝土道面的特点

水泥混凝土道面刚度大、强度高、整体性好,因此具有较好的承载力和荷载扩散能力,对基层和土基强度要求较低,结构层总厚度一般小于沥青混凝土道面。水泥混凝土的水稳定性、温度稳定性及抗疲劳特性明显高于沥青混凝土,故道面使用寿命长。水泥混凝土道面对气候条件和水的侵害不太敏感,抗侵蚀能力强,对航油、除冰剂等也不敏感。在正常情况下,水泥混凝土道面的养护工作量和养护费用比沥青混凝土道面小。

但是,水泥混凝土道面接缝多,平整度低,且接缝设计、施工或养护不当时容易出现唧泥、错台和断裂等病害,影响飞机起降和行驶的平稳度及旅客的舒适感。水泥混凝土道面施工进度较慢,铺筑完成后需要一定时间的养护,不能立即开放运行。水泥混凝土道面一旦出现损坏,维护修补较为困难。水泥混凝土属于脆性材料,故道面抗超载能力较差,一旦使用荷载超出设计荷载较多,混凝土板便可能断裂破坏。另外,水泥混凝土道面不利于分期修建,初建投资较大。

我国大部分民用机场新建时均采用水泥混凝土道面。

2.沥青混凝土道面的特点

沥青混凝土道面属于柔性道面,道面没有接缝,平整性好,有利于飞机高速滑跑,提高乘客舒适性。沥青混凝土道面施工速度快,铺筑完成后可立即开放运行,因此,我国近年来水泥混凝土道面加铺层多选择沥青混凝土,可以实现不停航施工。与水泥混凝土道面相比,沥青混凝土道面的抗超载能力更强,相对较容易维护。另外,沥青混凝土还具有便于分期修建、初建费用低和对地基的不均匀沉降有一定程度的适应性等优点。由于上述优点,在国际上沥青混凝土机场道面得到了更普遍的应用。

但是,沥青混凝土道面在刚度、强度、整体性方面远不如水泥混凝土道面,因此道面的承载力和荷载扩散能力较弱,对基层和土基的强度要求高,结构层总厚度一般比水泥混凝土道面大。沥青混凝土的水稳定性、温度稳定性以及抵抗疲劳应力特性远不如水泥混凝土,所以道面使用寿命相对较短。另外,沥青混凝土道面对航油、除冰剂等化学制品较为敏感,所以不适于机坪区域使用。沥青混凝土道面的养护工作量和养护费用一般比水泥混凝土道面高。

5.1.3 外界因素对机场道面的影响

1.飞机荷载对道面的影响

(1)垂直与水平荷载。

当飞机在道面上滑行时,道面除受到垂直荷载压力(主要荷载之一)外,还受到水平力的影响,如飞机运动时机轮与道面之间的摩擦力引起的水平荷载,机轮经过道面不平整处因撞击也会引起水平荷载,飞机着陆时机轮制动过程中同样产生水平荷载,飞机滑行过程中急转弯时由于存在侧向摩擦力还会产生水平荷载,等等。

作用在道面表面的水平荷载是很短暂的。水平荷载引起的水平应力随着道面深度的增大而迅速减弱,所以在刚性道面的设计中,一般不考虑水平荷载。但对于柔性道面,过大的水平应力能够引起面层产生波浪、拥包和剪切破坏等,因此要考虑水平应力,必要时设置保护层(磨耗层)。

(2)动荷载。

飞机在道面上的一切活动,包括滑行、起飞、着陆和地面试车,都会对道面产生动力影响。一方面,随着飞机滑跑速度的增大,机翼产生的升力使机轮对道面压力减小;另一方面,机轮通过道面不平整处将产生冲击作用,冲击增大了飞机荷载对道面的作用效果。冲击作用的大小与道面平整度和飞机运动速度有关,见图 5.1。

另外,飞机着陆时,跑道端部的道面将受到机轮的撞击,机轮的这种撞击作用与飞机的飘落高度有关。换句话说,是取决于飞行员的驾驶水平。通常飞机离地 0.5~1.0 m 时飘降属于正常着陆,如果高度过高,就属于粗暴着陆,粗暴着陆不仅使道面受到巨大的冲击,也容易引起飞机起落架的损坏甚至事故,一般情况下,粗暴着陆产生的冲击荷载是静荷载的 3 倍。但由于粗暴着陆是违反驾驶员操作规程的做法,危及飞行安全,所以机场道面设计中一般不予考虑。

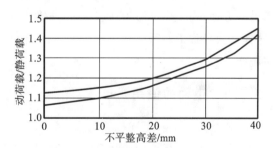

图 5.1 道面不平整高差对道面动荷载的影响

2.飞机尾流对道面的影响

当飞机在机场道面上运行时,无论是螺旋桨飞机的强大气流还是喷气式发动机的高温高速气流,都会对道面产生一定的影响。

在螺旋桨飞机使用的机场,特别是停机坪和起飞地段,当发动机高速运转时,受到气流集中作用的部位,松散材料会被吹起,既影响视线,又容易造成飞机蒙皮和发动机的损坏。

喷气式发动机喷出的高温高速气流,在喷口附近的气流温度可达 850~900 ℃,最高速度可达 180

m/s。这样的喷气流会以一个窄圆锥体扩散到很远的距离并至道面上,在道面表面的温度可达 150～200 ℃,速度为 50～60 m/s。

试验表明,水泥混凝土道面可以承受 500 ℃ 左右的高温作用而不致破坏;在喷气气流温度为 110～120 ℃、速度为 50 m/s 时,密实的沥青混凝土可保持 3～4 min 的强度与稳定性。在正常使用情况下,飞机在跑道、滑行道上停留时间较短,加之大型民用运输机的发动机喷口距离地面较高,所以喷气流不会对机场道面构成威胁。

3. 自然因素对道面的影响

机场道面结构体裸露在地表,直接受到自然因素的影响,实践表明,很多道面受自然力的破坏比遭受到机轮荷载的破坏更为严重。例如一个每天起降 700 架次的机场,在一天之内受到机轮荷载的总时间不到 7 s,这意味着 99% 以上的时间道面处于自然因素的作用下。

(1)温度的影响。

大气的温度在一年和一天内发生着周期性的变化,与大气直接接触的道面温度也相应地在一年和一天内发生着周期变化。换句话说,道面温度的周期性起伏同大气温度变化几乎相同。而面层结构内不同深度处的温度也随着气温呈周期性变化,且深度越深,变化越小。这种温度变化一方面使道面产生热胀冷缩体积变化;另一方面,面层横断面由于温度不同,伸长或缩短的幅度不一致,会产生翘曲变形。当这些变形受到外界阻碍时,就会产生温度伸缩应力和翘曲应力,久而久之,就会导致面层产生开裂、拱起、破碎等病害。

(2)湿度的影响。

由于混凝土混合料(特别是水泥混凝土)在铺筑时含有大量水分,随着时间的推移,这些水分不断蒸发(快速蒸发)导致混凝土较快收缩,从而产生收缩应力,使面层开裂。

另一方面,由于降水渗入基层和土层,在寒冷地区,这些水分不断结冰与融化。水结冰后体积会变大,这样就会导致道面基层和土基产生胀裂,温度高时受到雨水冲刷侵蚀,最终使道面面层出现唧泥或底层脱空。

5.1.4 道面的使用要求

由于机场道面受到上述机轮荷载、尾流、温度、湿度等因素的影响,为保证飞机在任何气候条件下都能执行飞行任务,机场道面必须有良好的使用性能。

1. 足够的强度与刚度

飞机的机轮不仅把竖向应力传给道面,又使道面受到水平力的作用。此外,道面还要受到温度应力的作用。在这些外力作用下,道面结构内会产生拉应力、压应力和剪切应力。当道面结构的整体或某一部分的强度不足,不能抵抗这些应力作用时,则会使道面出现断裂、碎裂或沉陷等损坏现象,使道面的使用品质迅速恶化。因此,道面整体结构及各组成部分必须具备同机轮荷载和温度应力相应的强度。

所谓刚度,就是结构体抵抗变形的能力。机场道面即使强度足够,但如果刚度不足,也会在外力作用下产生过量变形,使道面出现波浪、车辙、沉陷等不平整现象,影响飞机的滑行平稳性,或促使道面出现断裂等损坏现象,缩短道面使用寿命。因此,道面在强度达到要求的同时,其变形量也要控制在容许的范围内。

2．良好的平坦度

飞机在不平整的道面上滑行会产生附加振动作用。这不仅会造成飞机的颠簸，影响驾驶平稳度和乘客舒适度，而且飞机的附加振动作用又会反过来对道面施加冲击力，从而加速道面损坏。同时，附加振动作用还会加剧飞机部件的磨损，危及飞行安全。因此，机场道面表面的平整度应符合要求，以保证飞机以一定速度滑行时，不至于产生严重冲击和振动，保证飞行安全和减少不适感。

3．良好的抗滑性

机场道面的表面要求平整且具有一定的表面粗糙度。光滑的表面使机轮与道面之间缺乏足够的附着力，导致飞机着陆时制动距离过长，可能冲出跑道。尤其是在湿滑的跑道上滑行时，飞机容易产生水上漂滑而失去控制。

为了保证道面的抗滑性，各国都对机场道面摩擦系数及表面纹理深度作了具体规定，这些必须在道面施工中加以保证。

5.2 道面基层基础知识

5.2.1 道面基层常用建筑材料认知

1．石灰

石灰是在建筑上使用较早的矿物胶凝材料，石灰原料石灰石分布广泛、生产工艺简单、价格低廉，在建筑上应用广泛。石灰石的主要成分是碳酸钙（$CaCO_3$），将其煅烧生成生石灰，主要成分为氧化钙（CaO）。

$$CaCO_3 \xrightarrow{900\ ℃} CaO + CO_2 \uparrow$$

生石灰一般呈白色或灰色块状，表观密度 $800\sim1000\ kg/m^3$。其次要成分为氧化镁（MgO），当氧化镁成分小于5％时，称为"钙质石灰"；大于5％时，称为"镁质石灰"，强度较高。

（1）建筑石灰的四种形态。

①块状生石灰：由石灰石煅烧后所得的白色或灰色石灰块体。

②生石灰粉：把块状生石灰加工磨细，呈粉状的气硬性胶凝材料。

③消石灰粉：生石灰淋以适量的水后形成的粉末状材料，其主要成分是氢氧化钙，又称"熟石灰粉"。

④石灰膏：生石灰加入足量的水后，经过消解熟化后所得到的膏状成品。

（2）石灰的硬化。

石灰浆体在空气中逐渐硬化，是由以下两个同时进行的过程来完成的。

①结晶作用：游离水分蒸发，氢氧化钙逐渐从饱和溶液中结晶。

②碳化作用：氢氧化钙[$Ca(OH)_2$]与空气中的二氧化碳（CO_2）化合成碳酸钙结晶，释放出水分并被蒸发。

这一作用必须在有水（H_2O）参加的情况下进行。而且,碳化作用长时间只限于表层,氢氧化钙的结晶作用则主要在内部发生。所以,浆体硬化后,是由表里两种不同的晶体组成的。

（3）石灰的技术性质。

生石灰熟化成石灰浆后,有良好的可塑性。并且,由于碳化是从外向内进行,硬化速度较慢。同时,石灰的硬化只在空气中进行,硬化后强度低,1:3石灰砂浆28 d抗压强度通常为0.2~0.5 MPa,受潮后石灰溶解,强度更低,在水中还会溃散。所以,石灰不宜在潮湿环境下应用,也不宜用于重要建筑物基础。

石灰的硬化过程蒸发大量的水分而引起显著收缩,所以不宜单独使用。常在其中掺入砂、纸筋等以减少收缩和节约石灰。

石灰在空气中不宜放置太久,否则会失去胶凝能力。所以石灰不但要防止受潮,而且不宜久存。

2. 水泥

水泥呈粉末状,与水混合后经过物理化学作用由浆体变成坚硬的石状体,并且能将散粒状材料胶结成为整体,是一种良好的无机胶凝材料。其不仅能在空气中硬化,还能更好地在水中硬化,保持并增长其强度,属于水硬性胶凝材料。

（1）水泥的硬化。

水泥加水拌和后,制成可塑性浆体,逐渐变稠失去塑性,随着时间的推移,会产生明显的强度并逐渐发展成为坚硬的人造石,这一过程为水泥的硬化。这是一系列连续的物理化学变化所造成的。

整个硬化过程可以细分为:初始反应期→潜伏期（开始水化反应,生成水化物）→凝结期（生成水化硅酸钙凝胶,并相互黏结,使水泥失去塑性）→硬化期（凝胶物进一步产生,填充毛细孔,浆体产生强度）。

（2）水泥的技术要求。

①水泥颗粒的细度对水泥的性质有很大影响。一般颗粒粒径小于40 μm具有较高活性,大于100 μm活性就很小了。颗粒越细,与水反应表面积越大,水化反应越完全,早期与后期强度越高,但收缩性较大,成本较高。国际标准规定在筛析法检验中,在80 μm方孔筛筛余量不得超过10%。

②凝结时间分为初凝时间和终凝时间,初凝为水泥加水拌和至开始失去塑性的时间,终凝为水泥完全失去塑性至开始产生强度的时间。国家标准规定,硅酸盐水泥初凝时间不小于45 min,终凝时间不大于10 h。我国水泥实际上初凝时间一般为1~3 h,终凝时间为5~8 h。影响凝结时间因素有石膏掺入量、水泥颗粒细度、水灰比、混合材料掺入量。

③水泥硬化后产生不均匀的体积变化,称为体积安定性不良,使物体产生膨胀裂缝,强度降低,发生破坏。影响体积安定性的原因为:水泥熟料中游离 CaO 过多、熟料中游离 MgO 或石膏过多。这些物质与水反应体积膨胀,使已经凝固的水泥石开裂。国家标准规定,水泥熟料中游离 MgO 含量不超过5.0%,三氧化硫（SO_3）含量不超过3.5%。

④强度是水泥最主要的技术指标之一。它取决于熟料的矿物成分和细度。具体强度指标见表5.1。

表 5.1　硅酸盐水泥各龄期的强度值

强度等级	抗压强度/MPa		抗折强度/MPa	
	3 d	28 d	3 d	28 d
42.5	17.0	42.5	3.5	6.5
42.5R	22.0	42.5	4.0	6.5
52.5	23.0	52.5	4.0	7.0
52.5R	27.0	52.5	5.0	7.0
62.5	28.0	62.5	5.0	8.0
62.5R	32.0	62.5	5.0	8.0

注:R 表示早强型硅酸盐水泥。

⑤水泥在水化过程中要释放出热量,释放热量的大小和速度与水泥的矿物成分、水泥的细度、掺和混合料及外加剂的品种、数量有关。水泥水化热大部分在早期放出。1～3 d 内放热量总量占总热量的 50%,7 d 内占 75%,6 个月占 83%～91%,以后逐渐减少。由于放热速度内外有别,水泥体内部热量扩散慢,外部扩散快,内外温差引起的温度应力容易使水泥体产生裂缝,因此大体积混凝土不宜采用硅酸盐水泥。

3. 沥青

沥青材料是由一些极其复杂的高分子的碳氢化合物和这些碳氢化合物的非金属的衍生物组成的混合物。

(1)石油沥青。

石油沥青技术规范性质包括黏结度、延度、感温性、含水量四个方面;非技术规范性质则包含低温变形能力、耐久性、黏附性、化学组分含量、含蜡量五个方面。

沥青是一种有机胶体化合物,在外界温度、降水、空气氧化、阳光等因素长时间的作用下,性能改变,最终使沥青中胶质物质减少,固体类物质大量增加,产生老化。

为了延缓沥青的老化时间,提高其黏附性,改变沥青流变性,可以在沥青中加入各种耐氧化剂、改善黏附性添加剂(胺类、酰胺类和有机酸等)、改善流变性添加剂(丁烯、丁烯-苯乙烯聚合物和各种橡胶)。

我国将路用黏稠沥青按针入度大小分为油-200、油-180、油-140、油-100、油-60 总共五个标号,每个标号中对具体的溶解度、蒸发损失、闪点、水分等也作了相应的规定;对于路用液体沥青,按照沥青的凝固速度分为快凝、中凝和慢凝三个等级,而快凝为两个标号,中凝和慢凝按照黏度又各划分为六个标号,每个标号也对具体指标做出了规定。

(2)乳化沥青。

乳化沥青是沥青经机械作用分裂为细微的液体——分散在含有表面活性物质的水介质中不会产生沉析且具有非常好的黏附性。因此,乳化沥青铺筑道面具有节约能源、保护环境、便利施工、提高质量和造价低廉等优点。

乳化沥青主要由沥青、水、乳化剂和稳定剂组成。其中沥青是基本材料,占总质量的 55%～70%;水是第二大组成材料,能润湿、溶解、黏附其他物质并缓和化学反应,生产乳化沥青的水应当纯净,不含太多杂质;乳化沥青的性能主要依赖乳化剂,其使互不相容的沥青与水形成沥青均匀分布于水中的稳定分散系;稳定剂则能够使乳液具有良好的存储稳定性,一般是氯化钙、聚乙烯醇和丁醇等。

使用机械分散法制造乳化沥青的设备很多,主要有三大类:胶体磨、高速搅拌机、齿轮泵型乳化机。

首先将沥青预热脱水,在送入乳化机前加热至 120~140 ℃,然后将乳化剂水溶液加热至 60~70 ℃,送入乳化机,再加入加热后的沥青混合搅拌,沥青与水的比例约为 60:40。制造过程中一定要注意乳化机的保温,以免造成搅拌不良,影响乳化沥青的品质。

4. 石料

(1)石料的技术性质。

按照我国标准,路用石料按其技术性质可分为四个等级。对各种不同组成结构的岩石技术性质要求是不同的,因此,在分级之前首先应按其造岩矿物成分、含量以及组织结构来确定岩石名称,然后划分其所属岩类。现将各岩类划分及主要代表性岩石分类如下。

①岩浆岩类:花岗岩、正长岩、辉长岩、辉绿岩、闪长岩、橄榄岩、玄武岩、安山岩、流纹岩等。

②石灰岩类:石灰岩、白云岩、泥灰岩、凝灰岩等。

③砂岩和片岩类:石英岩、砂岩、片麻岩、花岗片麻岩等。

④卵石类。

以上各岩组按其物理-力学性质可以分为以下四个等级:1级,最坚硬的岩石;2级,坚硬的岩石;3级,中等强度的岩石;4级,较软的岩石。

(2)集料的技术性质。

集料包括岩石天然风化而成的漂石、砾石(卵石)和砂等,以及人工将岩石轧制成的各种尺寸的碎石。不同粒径的石料在水泥和沥青混合料中起的作用不同,因此对它们的技术要求也不同。不论天然还是人工轧制的集料,凡粒径小于 5 mm 者称为"细集料",不小于 5 mm 者称为"粗集料"。

5.2.2　道面基层认知

1. 概念

道面基础层可分为基层和底基层。直接位于沥青面层或水泥混凝土面板下面、用较高质量材料铺筑的主要承重层称为基层。在沥青道面或水泥混凝土道面基层下、用较次质量材料铺筑的次要承重层称为底基层。

2. 基层的作用

机场道面基层主要起着以下作用。

(1)改善土基的受力状态,延缓土基的累积塑性变形,从而使面层获得均匀、稳定的支撑,保证道面的使用寿命。

(2)缓和水、温度变化对土基的影响,通过设置基层可以减小机轮荷载对土基的压力,隔断或减轻水对土基的作用,改善道面的水、温度状况,控制和抵抗土基不均匀冻胀的不利影响。

(3)提高道面结构承载力,改善面层的受力条件。

(4)为铺筑面层提供平整、坚固的作业面,从而改善施工条件。

3. 基层的分类

机场道面的基层可按材料构成、修筑方式分为结合料稳定类整体型(也称为"半刚性型")、粒料嵌锁型和粒料级配型三大类。

(1)结合料稳定类整体型基层。

①水泥稳定类。

包括水泥稳定砂砾、水泥土、水泥稳定砾石土、水泥稳定未筛分碎石等。

②石灰稳定类。

包括石灰土、石灰稳定天然砂砾土、石灰稳定天然碎石土，以及石灰土稳定级配砂砾和石灰土稳定级配碎石等。

③石灰工业废渣稳定类。

a.石灰粉煤灰类包括石灰粉煤灰、石灰粉煤灰土、石灰粉煤灰砂、石灰粉煤灰砂砾、石灰粉煤灰碎石、石灰粉煤灰矿渣等。

b.石灰煤渣类包括石灰煤渣、石灰煤渣土、石灰煤渣碎石、石灰煤渣砂砾、石灰煤渣矿渣、石灰煤渣砾石。

④有机结合料稳定类。

采用液体沥青、乳化沥青或黏稠沥青同土拌和均匀，经压实后形成的结构层，称为"沥青稳定土基层"。

（2）粒料嵌锁型基层。

粒料嵌锁型基层是将块状或粒状石料按一定工艺要求铺筑碾压成型的结构层。结构层内粒料之间靠嵌挤作用形成整体强度。这类基层包括：①碎石基层（包括干压碎石、水结碎石、泥结碎石和泥灰结碎石等）；②块（片）、卵石基层。

（3）粒料级配型基层。

它是用符合级配要求的粒料，按一定工艺要求铺筑碾压成型的结构层。这类基层包括：①级配碎石；②级配砾石、符合级配的天然砂砾；③用轧制砾石掺配而成的级配碎、砾石；④土-集料混合料基层。

4.基层材料的适用范围

基层材料种类较多，材料的强度、水稳定性等质量指标也不尽相同，适用于机场道面不同部位的基层或底基层中，其适用范围如表 5.2 所示。

表 5.2　基层材料适用范围

材料种类	集料成分	土的粒径	适用范围
无机结合料稳定类	水泥稳定类	水泥土	不可用
		水泥稳定细粒土	不可用
		水泥稳定中粒土	基层、底基层
		水泥稳定粗粒土	基层、底基层
	石灰稳定类	石灰稳定细粒土	不可用
		石灰稳定中粒土	底基层
		石灰稳定粗粒土	底基层
	石灰工业废渣稳定类	二灰	底基层
		二灰土	底基层
		二灰砂	底基层
		二灰碎石	基层、底基层
		二灰矿渣	基层、底基层

123

材料种类	集料成分	土的粒径	适用范围
粒料级配型	级配碎石 级配砂砾		基层、底基层 底基层

注:a.细粒土:颗粒的最大粒径小于 9.5 mm,且其中小于 2.36 mm 的颗粒含量不少于 90%。b.中粒土:颗粒的最大粒径小于 26.5 mm,且其中小于 19 mm 的颗粒含量不少于 90%。c.粗粒土:颗粒的最大粒径小于 37.5 mm,且其中小于 31.5 mm 的颗粒含量不少于 90%。

5.3 石灰稳定土底基层施工

5.3.1 材料要求与组成

1.石灰稳定土强度形成的原理

在土中掺入适当的石灰,并在最佳含水量下压实后,既发生了一系列物理力学作用,也发生了一系列化学作用,从而使土的性质发生根本的变化。在初期,主要表现为土的结团、塑性降低、最佳含水量增大和最大密实度减小等。后期变化主要表现在结晶结构的形成,从而提高其板体性、强度和稳定性。石灰稳定土强度形成主要依靠离子交换作用、火山灰作用、碳酸化作用、结晶作用。

2.影响石灰稳定土强度的因素

(1)土质。

各种成因的亚黏土、亚砂土、粉土类土、黏土类土都可以用石灰来稳定,但实践表明,黏性土较好,其稳定的效果显著,强度也高。当采用塑性指数较高的土施工时不易粉碎,且增加干缩裂缝;采用塑性指数偏小的土时容易拌和,但难以碾压成型,稳定效果不显著。

(2)灰质。

石灰的等级愈高(即活性 CaO 和 MgO 的含量愈高)时,稳定效果愈好;石灰的细度愈大,其表面积愈大,在相同剂量下与土粒的作用愈充分,因而效果愈好。同时,石灰消解后不能在空气中存放过久,以免碳化,降低活性。

(3)石灰剂量。

石灰剂量是指石灰质量占全部粗细土颗粒(即砾石、碎石、砂砾、粉粒和黏粒)干质量的百分率。石灰剂量对石灰稳定土强度的影响显著。石灰剂量低于 4% 时,石灰主要起着稳定作用,土的塑性、膨胀、吸水量减小,使土的密实度、强度得到改善。随着剂量的增加,强度和稳定性均提高,但剂量超过一定范围时,强度反而降低。最佳剂量范围:黏质土、粉质土为 8%～14%;细粒土为 9%～16%。剂量的确定应根据结构层技术要求进行混合料组成设计。

(4)含水量。

水是石灰稳定土的重要组成部分,具有以下作用:①使石灰与土发生物理化学反应,从而提高强度;②水是土的粉碎、拌和与压实的必要条件,在最佳含水量下可达到最佳压实效果;③养护时需要保持一定湿度。

不同土质的石灰稳定土有不同的最佳含水量。需要通过重型击实试验确定,并用以控制施工中的实际加水量。

(5)压实度。

石灰稳定土的强度随着压实度的增加而增加。实践证明,石灰稳定土的压实度每减小 1%,强度减少 4% 左右。而且密实的石灰稳定土,其抗冻性、水稳定性好,缩裂现象也少。

(6)龄期。

石灰稳定土强度具有随着龄期增长的特点。石灰稳定土初期强度较低,随着时间的逐渐增长而趋于稳定。一般情况下,石灰稳定土的强度在 90 d 以前增长比较显著,以后就比较缓慢。石灰稳定土的这种特性对施工程序的衔接有相当的灵活性。

(7)养护条件。

养护条件主要指温度与湿度。养护条件不同,其强度也有差异。当温度高时,物理化学反应、硬化、强度增长快,反之则慢,在负温条件下甚至不增长。因此,要求施工的最低温度应在 5 ℃ 以上。经验表明,夏季施工的石灰稳定土强度高,质量可以保证。湿度条件对石灰稳定土的强度有很大影响,在一定潮湿条件下养护,强度的形成比在一般空气中要好。

3.材料质量标准与组合

石灰稳定土一般用于机场飞行区道面工程底基层的材料,其按照土中颗粒的大小和组成不同,可以分为石灰稳定粗粒土、石灰稳定中粒土和石灰稳定细粒土,其中细粒土不得用于场道工程中。土的有机质含量超过 10% 和硫酸盐含量超过 0.8% 不宜采用石灰稳定。

(1)材料质量标准。

石灰应采用细磨生石灰,其技术指标应符合表 5.3 的规定。应尽量缩短石灰存放时间,当堆放时间较长时,应避免日晒雨淋。

表 5.3　石灰的技术指标

项目	类别					
	钙质生石灰			镁质生石灰		
	等级					
	Ⅰ	Ⅱ	Ⅲ	Ⅰ	Ⅱ	Ⅲ
有效钙加氧化镁含量/(%)	≥85	≥80	≥70	≥80	≥75	≥65
未消化残渣含量(5 mm 圆孔筛的筛余)/(%)	≤7	≤11	≤17	≤10	≤14	≤20
钙镁石灰的分类界限,氧化镁含量/(%)	≤5	≤5				

注:硅、铝、镁氧化物含量之和大于 5% 的生石灰,其有效钙加氧化镁含量指标为:Ⅰ 等≥75%,Ⅱ 等≥70%,Ⅲ 等≥60%;未消化残渣含量指标与镁质生石灰指标相同。

一般饮用水可直接用于石灰稳定土施工,如有可疑可进行试验测定。

级配碎石、未筛分碎石、砂砾、碎石土、砂砾土、煤矸石及粒状矿渣均可作石灰稳定土材料。石灰稳定土中碎石、砂砾或其他粒状材料含量应在 70% 以上,并具有一定级配。其颗粒最大粒径不得超过 37.5 mm,碎石或砾石的压碎值不得大于 35%,各类石料中不含黏性土或无塑性指数时,应添加 15% 左右的黏性土。

（2）材料的组合。

选择同一土样,按最大、中间和最小石灰剂量进行试配,通过击实试验确定混合料最佳含水量和最大干密度;然后按照最佳含水量和最大干密度制备试件,通过实验室试验测定试件 7 d 浸水抗压强度,选择满足设计要求强度的试件来确定合适的石灰剂量,工地施工实际石灰剂量应比室内试验多 0.5%。

5.3.2　石灰稳定土施工工艺与流程

石灰稳定土施工中,混合料的拌和方式主要有路拌法和厂拌法,摊铺方式有人工和机械两种,这里主要讲路拌法施工。

1.石灰稳定土施工流程

石灰稳定土施工流程如图 5.2 所示。

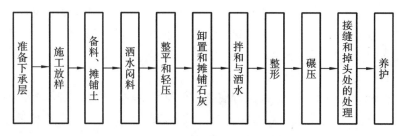

图 5.2　石灰稳定土施工流程

2.石灰稳定土施工工艺

（1）准备下承层。

在场道工程中,石灰稳定土的下承层一般为土基。因此在稳定土施工之前,要确保土基平整、坚实,符合工程验收标准。不合格地段以整平的措施使其达到标准后,方能在其上铺筑石灰稳定土底基层。

（2）施工放样。

在土基上恢复中线,直线段每 15～20 m 设一桩,曲线段每 10～15 m 设一桩,在对应断面道肩外侧设置指示桩。在两侧指示桩上用红油漆标出石灰稳定土底基层边缘的设计高度。

（3）备料、摊铺土。

根据石灰稳定土底基层的宽度、厚度以及预定的压实度计算所需的干集料质量。根据料场集料的含水量和运料车辆的吨位,计算每车料的堆放距离,根据石灰稳定土底基层的厚度和预定的干容量及石灰剂量,计算每平方米石灰稳定土所需的石灰质量,并计算每车石灰的摊铺面积,如使用袋装生石灰粉,则计算每袋石灰的摊铺面积。计算每车石灰的卸放位置,即纵向和横向间距,或计算每袋石灰的纵横间距。摊铺土应在摊铺石灰前一天进行,摊料长度应与施工日进度相同,以够次日加石灰、拌和、碾压成型为准。

（4）洒水闷料。

摊铺石灰前,如黏性土过干,应事先洒水闷料,使土的含水量略小于最佳值。细粒土宜闷料一夜,中粒土和粗粒土,视细土含量多少,可闷 1～2 h。

（5）整平和轻压。

对人工摊铺的土层整平后,用 6～8 t 两轮压路机碾压 1～2 遍,使其表面平整,并有一定压实度。

(6)卸置和摊铺石灰。

按计算的每车石灰的纵横间距,用石灰在集料层上做卸置石灰的标记,同时划出摊铺石灰的边线,用刮板将卸置的石灰均匀摊开。石灰摊铺完后,表面应没有空白位置。测量石灰的摊铺厚度,根据石灰的含水量和松密度,校核石灰用量是否合适。

(7)拌和与洒水。

使用稳定土拌和机进行拌和,专人随时检查拌和深度并配合拌和机操作员调整拌和深度。拌和深度应达到稳定层底并宜侵入下承层 5~10 mm,以利上下层黏结。严禁在拌和层底部留有素土夹层。通常应拌和 2 遍以上,在最后一遍拌和之前,必要时可先用多铧犁紧贴地面翻拌一遍。

拌和结束后,如果混合料含水量不足,应用喷管式洒水车补充洒水。混合料拌和均匀后应色泽一致,没有灰条、灰团和花面,无明显的粗集料离析现象,且水分合适和均匀。

(8)整形。

混合料拌和均匀后,先用平地机初步整平和整形。在直线段,平地机由两侧向中心进行刮平。在曲线段,平地机由内侧向外侧进行刮平。需要时,再返刮一遍。用平地机或轮胎压路机快速碾压 1~2 遍。

(9)碾压。

整形后,当混合料处于最佳含水量±1%时,立即用 12 t 以上三轮压路机、重型轮胎压路机或振动压路机在地基全宽内进行碾压。直线段由两侧道肩向中心碾压,曲线段由内侧道肩向外侧道肩进行碾压。碾压时后轮应重叠 1/2 的轮宽,后轮必须超过两段的接缝处;碾压过程中,石灰稳定土的表面应始终保持湿润。碾压结束前,用平地机再终平一次,使其高度符合设计要求。终平应仔细进行,必须将局部高出部分刮除并扫出底基层范围外,对于局部低洼之处,不再进行找补,留待铺筑上部基层时处理。

(10)接缝和掉头处的处理。

注意每一天最后一段末端缝的处理。同日施工的两工作段的衔接处,应采用搭接,后一段施工时,前段留下未压部分,应再加部分石灰重新拌和,并与后一段一起碾压。石灰稳定土层的施工应避免纵向接缝,必须设置时,必须垂直相接,避免斜接。

(11)养护。

养护对于石灰稳定土形成期最为重要,不能及时覆盖上层结构层的灰土应及时洒水养护,保证底基层表面处于潮湿状态,防止干晒,养护期不少于 7 d,养护期内应封闭交通,除洒水车外禁止一切车辆通行。

3. 石灰稳定土施工注意事项

(1)石灰稳定土结构层施工期的日最低气温应在 5 ℃以上,在冰冻地区,应在第一次重冰冻(−5~−3 ℃)到来之前的一个月至一个半月完成,稳定土层宜有半个月以上温暖气候期养护。

(2)在雨季施工石灰稳定土时,应做好排除表面水的措施,防止混合料过分潮湿。

(3)雨季施工时应采取措施,保护石灰免受雨淋。

(4)石灰稳定土养护期不宜少于 7 d,在养护期间应保持一定的湿度,不应过湿或忽干忽湿。

(5)在养护期间除洒水车外,应封闭交通。

(6)石灰稳定土底基层分层施工时,下层石灰稳定土碾压完成后,可立即铺筑上层石灰稳定土,不需专门的养护期。

5.4 石灰工业废渣稳定土基层施工

5.4.1 材料要求与组成

石灰工业废渣稳定土分为石灰粉煤灰类稳定土和石灰其他废渣类稳定土。可利用的工业废渣包括:粉煤灰、煤渣、锅炉矿渣、钢渣(已崩碎稳定)及其他冶金矿渣和煤矸石等。石灰工业废渣稳定土可用于基层和底基层,但二灰、二灰土和二灰砂不宜用作基层。

1.二灰稳定粒料认知

二灰稳定粒料即石灰、粉煤灰稳定粒料,对于机场场道工程基层来说,一般是在级配碎石、级配砂砾等中粗集料中掺入适量的石灰和粉煤灰,按照一定技术要求,将其拌和均匀后摊铺的混合料在最佳含水量时压实,经养护形成的一种道面基层。

二灰材料具有良好的力学性能、板体性、水稳定性和一定的抗冻性,其抗冻性较石灰稳定土高得多。在二灰中加入粒料、少量水泥或其他外加剂,可提高其早期强度。

2.材料质量标准与组合

(1)材料质量标准。

有机质含量超过10％的土不宜在石灰工业废渣稳定土中使用。石灰工业废渣稳定土所用石灰应采用细磨生石灰,其技术指标应符合表5.3的规定。

粉煤灰中的 SiO_2、Al_2O_3、Fe_2O_3(氧化铁)的总含量应大于70％,粉煤灰的烧失量应不超过20％,粉煤灰的比表面积宜大于 2500 cm^2/g。采用湿粉煤灰时,含水量应不超过35％,使用时应将凝块的粉煤灰打碎过筛,并清除有害杂质。煤渣的最大粒径应不大于 30 mm,颗粒组成有一定级配,不含杂质。

二灰稳定土中粒土和粗粒土不宜含有塑性指数的土,作底基层时最大粒径不超过 37.5 mm,二灰稳定土细粒土不宜作基层。二灰稳定土作为基层时,二灰质量应占 15％～30％,最大粒径不超过31.5 mm,粒径不小于 0.075 mm。二灰稳定级配砂砾和级配碎石颗粒组成应符合表 5.4 中的规定,碎石或砾石的压碎值对于底基层不得大于 35％,对于基层不得大于30％。

各类饮用水均可直接用于石灰工业废渣稳定土施工。

表 5.4 二灰稳定集料颗粒组成要求

应用层次		底基层		基层	
集料种类		级配砂砾	级配碎石	级配砂砾	级配碎石
通过下列筛孔(mm)的质量百分率/(％)	37.5	100	100	—	—
	31.5	58～100	90～100	100	100
	19.0	65～85	72～90	85～100	81～98
	9.5	50～70	48～68	55～75	52～70
	4.75	35～85	30～50	39～59	30～50
	2.36	25～45	18～38	27～47	18～38
	1.18	17～35	10～27	17～35	10～27
	0.60	10～27	6～20	10～25	6～20
	0.075	0～15	0～7	0～10	0～7

注:表中的筛孔指方筛孔。

（2）材料的组合。

制备不同比例的石灰、粉煤灰集料，用重型击实法确定集料的最佳含水量和最大干密度；然后按最佳含水量和最大干密度制备试件，通过实验室试验测定试件 7 d 浸水抗压强度来确定石灰、粉煤灰和碎石（砾石）的质量比例。

一般情况下，采用二灰级配集料作基层时，石灰与粉煤灰的比例可用 1：2～1：4；石灰粉煤灰与集料的比例可用 20：80～15：85。为了提高石灰粉煤灰稳定土的早期强度，可掺入 1%～2% 的水泥。

5.4.2　二灰土施工

1. 二灰碎石施工流程

二灰碎石施工流程如图 5.3 所示。

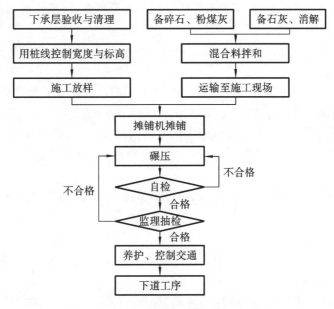

图 5.3　二灰碎石施工流程

2. 二灰碎石施工工艺

（1）下承层验收与清理。

石灰粉煤灰稳定碎石基层或底基层下承层表面应平整、坚实，下承层的高程、宽度、压实度、平整度等应符合规范与设计要求，并用压路机进行碾压，检查是否有轨迹、"弹簧"现象。凡不合格地段应分别采取补充碾压、换填好土或粒料等措施进行整改，低洼和坑洞应仔细填补、压实。在施工前，根据实际情况进行清扫和洒水湿润，用石灰粉画出二灰碎石基层的铺筑宽度线。

（2）施工放样。

在验收合格后、施工摊铺前，首先恢复中线，放样出道面中线、基层或底基层边线，选定检测断面及观测点位置并设置支撑杆，铺设基准线。

(3)混合料拌和。

①拌和作业前,预先调试拌和设备,依据混合料配比、实际生产率,找出各料斗闸门开启刻度。然后试拌一次,测定混合料的含水量及结合料的剂量,若有误差及时调整,直至符合要求。

②每天上下午各测一次原材料含水量,调整原材料的进料数量,使混合料中含水量大于最佳含水量2%左右。

③经常目测二灰碎石混合料拌和的均匀性,使出厂的混合料色泽均匀,无离析、成团现象;试验人员应重点进行二灰碎石混合料的级配组成、石灰与粉煤灰剂量及含水量的检测,检测频率为每台拌和设备上午、下午各一次。

(4)混合料运输。

①运输混合料宜采用大吨位的自卸式翻斗车,运输过程中要覆盖苫布,防止水分散失过快;装料时,车要有规律移动,使拌和料在装车时不致产生离析。

②自卸车将混合料倒车进行摊铺,喂料时应听从现场人员指挥,严禁撞击摊铺机。

(5)混合料摊铺。

①使用专门的摊铺机进行摊铺,摊铺时混合料的含水量应大于最佳含水量的1%~2%,以补偿摊铺机碾压过程中的水分损失。

②在摊铺机后设专人消除粗集料离析现象,特别是粗集料窝或粗集料带应铲除,并用拌和均匀的新混合料填补或补充细混合料并拌和均匀。

③用摊铺机摊铺混合料时,每天的工作缝应做成横向接缝,先将摊铺机附近未经压实的混合料铲除,再将已碾压密实且高程等符合要求的末端挖成一横向、与道面中线垂直的断面,然后摊铺新的混合料。

④摊铺时一般用多台摊铺机前后同时作业,可以加快施工速度、消除纵向接缝,同时作业的摊铺机前后相距10~20 m。

(6)混合料碾压。

①摊铺整形后立即进行碾压,按照由两边到中间、重叠1/2轮宽的原则,一般需要碾压6~8遍,碾压速度先慢后快。

②一次碾压长度一般为40~50 m,碾压时遵循"稳压→重振碾压→轮胎稳压"程序,压至无明显痕迹为止。碾压过程中,采用灌水法或灌砂法检测压实度,不合格应重复碾压。

③碾压时第1~2遍速度为1.5~1.7 km/h,以后各遍为1.8~2.5 km/h,碾压过程中,土基或底基层表面始终应保持潮湿,如表面水分蒸发过快,应及时补洒少量水。

(7)养护及边缘处理。

①二灰碎石碾压完成后即可开始洒水养护,每天洒水次数,应视当天天气情况而定。在一周内,应使二灰碎石表面保持潮湿状态。

②洒水养护时,应使喷出的水成雾状,不得将水直接喷射或冲击二灰碎石基层或底基层表面,以免将表面冲成松散状态或产生新的集料窝(带)。

③养护7 d内封闭交通,除洒水车外禁止其他车辆通行。

3. 施工要点

(1)拌和时土块最大粒径应不大于15 mm,粉煤灰块应不大于12 mm,且9.5 mm和2.36 mm筛孔的通过量应分别大于 95% 和 75%。

（2）混合料的含水量应略大于最佳含水量，使混合料运到现场摊铺后碾压时的含水量接近最佳值。

（3）拌成的混合料的堆放时间宜不超过 24 h，宜在当天将拌成的混合料运到现场摊铺，不宜将拌成的混合料长时间堆放。

4. 施工注意事项

（1）石灰工业废渣稳定土结构层施工期的日最低温度应在 5 ℃ 以上，在冰冻地区，应在第一次重冰冻（−5～−3 ℃）到来之前一个半月完成。

（2）石灰工业废渣稳定土在雨季施工时，石灰、粉煤灰和细集料应有覆盖，防止雨淋过湿。

（3）应根据集料和混合料含水量的大小，及时调整搅拌用水量。

（4）石灰工业废渣稳定土层从碾压完成后的第二天开始养护，必须采取保湿养护，防止其表面干燥。

（5）石灰工业废渣基层分层施工时，下层碾压完毕后，可以立即铺筑上一层，不需专门养护期。

（6）对于二灰稳定粗、中粒土的基层，养护期一般为 7 d。

（7）石灰工业废渣稳定土层上未铺封层或面层时，禁止开放交通；当施工中断，临时开放交通时，应采取保护措施，防止表面遭破坏。

5.5　水泥稳定土基层施工

5.5.1　材料要求与组成

一般情况下，由于水泥稳定土强度大、稳定性好、摊铺后比较平整，机场场道工程基层特别是上基层材料多选用水泥稳定土。

1. 水泥稳定土概念

在粉碎的或原来松散的土中，掺入足量水泥和水，经拌和得到的混合料在压实和养护后，其抗压强度符合规定要求时，称为"水泥稳定土"。根据用水泥所稳定的混合料不同，分为水泥稳定细粒土、水泥稳定中粒土和水泥稳定粗粒土，其中水泥稳定细粒土包括水泥土和水泥砂，水泥稳定中粒土和粗粒土包括水泥石屑、水泥石渣、水泥碎石、水泥砂砾、水泥碎石土和水泥砂砾土等。

2. 水泥稳定土形成的原理

在水泥稳定土中，水泥的用量很少，水泥的水化完全是在土中进行的，土对这一过程起着很大的影响，故凝结速度比在水泥混凝土中进行得慢。

水泥与土拌和后，水泥矿物与土中的水分发生强烈的水解和水化反应，同时溶液中生成氢氧化钙并形成其他水化物。当水泥的各种水化物形成后，有的自身继续硬化形成水泥石骨架，有的则与有活性的土进行反应。水泥稳定土的强度主要依靠离子交换及团粒化作用、硬凝反应、碳化作用形成。

3. 影响水泥稳定土强度的因素

（1）土质。

土的类别和性质是影响水泥稳定土强度的重要因素之一。除有机质或硫酸盐含量高的土外，各种砂砾土、砂土、粉土和黏土均可用水泥稳定，但稳定的效果不尽相同。表 5.5 中简要列举了各类土用水泥稳定后的一些特性。重黏土由于难以粉碎和拌和，以及水泥用量过高而不经济，不宜用水泥稳定。土的液限不大于40%,塑性指数不大于20。

表5.5　水泥稳定土的特性

土类	7 d无侧限抗压强度/MPa	弯拉弹性模量/MPa	CBR	水泥大致用量（占干土质量百分比)/(%)
级配良好的砾石—砂—黏土、砂或砂砾	>2.8	$(7\sim21)\times10^3$	>600	≤5
粉质砂、砂质黏土	1.7~3.5	7×10^3	600	7
粉质—砂质黏土、级配差的砂	0.7~1.7	$(3.5\sim7)\times10^3$	200	9
粉土、粉质黏土、级配很差的砂	0.35~1.05	$<3.5\times10^3$	100	10
重黏土	<0.7	1.4×10^3	50	≥13

（2）水泥的成分和剂量。

各种类型的水泥都可以用于稳定土。对于同一种土,水泥矿物成分是决定水泥稳定土强度的主导因素。在通常情况下,硅酸盐水泥的稳定效果较好,而铝酸盐水泥则较差。

过多的水泥用量,虽可获得强度的增长,但经济上是不合理的,因而存在一个经济用量。所需的水泥用量,按强度和耐久性需要并考虑其经济性,由试验确定。

（3）含水量。

当混合料中含水量不足时,水泥就要与土争水。若土对水有更大的亲和力,就不能保证水泥的完全水化和水解了。水泥正常水化所需要的水量约为水泥质量的20%。另外,水泥稳定土的含水量不适宜时,也不能保证大土团被粉碎和水泥在土中的均匀分布,更不能保证达到最大压实度的要求。

（4）工艺过程及养护条件。

水泥、土和水拌和得愈均匀,水泥稳定土的强度和稳定性愈高。拌和不均匀会使水泥剂量少的位置强度不能满足设计要求,而水泥剂量过多的地方则会增加裂缝。

从开始加水拌和到完成压实的延迟时间,对水泥稳定土的密实度和强度有很大的影响。间隔过长,水泥会部分凝结硬化,一方面影响到水泥稳定土基层的压实度,而压实度对强度的影响很大;另一方面,将破坏已凝结硬化水泥的胶凝作用,使水泥稳定土的强度下降。

水泥稳定土的强度随着龄期而增长,为保证水泥的水化,在初期养护阶段应洒水保持湿润,每天洒水次数和养护天数视当地气候条件而定。

4. 材料质量标准与组合

（1）材料质量标准。

机场道面工程的基层和底基层可使用水泥稳定粗粒土和水泥稳定中粒土。普通硅酸盐水泥、矿渣硅酸盐水泥和火山灰质硅酸盐水泥均可用于水泥稳定土。水泥强度等级宜采用32.5及其以上水泥,但不应使用快硬水泥及早强水泥。宜选用初凝时间3 h以上和终凝时间6 h以上的水泥,达不到要求可掺加缓凝剂。不得使用已经受潮变质的水泥。水泥稳定土粗粒土和中粒土,水泥剂量不超过6%。各类饮用水均可用于水泥稳定土施工,有可疑则进行试验鉴定。

水泥稳定土做底基层时,最大粒径不超过37.5 mm,宜选用均匀系数大于10、塑性指数小于12的土;水泥稳定土做上基层时,最大粒径不超过31.5 mm,其颗粒组成应符合表5.6的规定。水泥稳定土碎石或砾石的压碎值不大于30%。

表 5.6　水泥稳定土的颗粒组成范围

项目		部位	
		底基层	基层
		通过质量百分率/(%)	
筛孔尺寸/mm	37.5	100	—
	31.5	90～100	100
	26.5	—	90～100
	19	67～90	72～89
	9.5	45～68	47～67
	4.75	29～50	29～49
	2.36	18～38	17～45
	0.60	8～22	8～22
	0.075	0～7	0～7
液限/(%)		—	<28
塑性指数		<12	<9

注:a.集料中 0.5 mm 以下细粒土有塑性指数时,小于 0.075 mm 颗粒含量不超过 5%,细粒土无塑性指数时,小于 0.075 mm 颗粒含量不超过 7%;b.表中的筛孔指方筛孔。

(2)材料的组合。

选择同一土样,按最大、中间和最小水泥剂量进行试配,通过击实试验确定混合料最佳含水量和最大干密度;然后按照最佳含水量和最大干密度制备试件,通过实验室试验测定试件 7 d 浸水抗压强度,选择满足设计要求强度的试件来确定合适的水泥剂量,工地施工实际水泥剂量应比室内试验多 0.5%。

5.5.2　水泥稳定土施工

1.施工流程

水泥稳定土基层拌和可采用路拌法和厂拌法,但对于机场场道工程来讲,应采用集中厂拌式设备来拌和,以保证拌和质量和消除"素土"夹层的危险。水泥稳定碎石或砾石施工流程如图 5.4 所示。

2.施工工艺

(1)下承层验收。

下承层验收与石灰工业废渣稳定土相同。

(2)测量放样及下承层清扫、洒水、湿润。

在验收合格后,施工摊铺前,首先恢复中线。根据中桩和摊铺宽度每边外 30 cm 定出边桩指示桩,每 200～300 m 增设一临时水准点,在两侧指示桩上用红油漆标出水泥稳定土边缘的设计高程,将其作为施工控制标准,同时设置钢丝基准线。

(3)混合料拌和。

①利用集中厂拌式设备拌和,拌和前检测集料含水量,将其作为拌和用水量的调整依据。

②按照规定的比例上料,拌和时实际水泥量比实验室所确定的水泥剂量提高 0.5%左右。

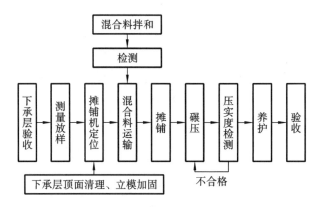

图 5.4　水泥稳定碎石或砾石施工流程

③在拌和中应严格控制混合料含水量,夏季施工时考虑到高温蒸发作用,应适当加大含水量。

④每天开始拌和前几盘料应抽样做筛分试验,有问题应及时调整。全天拌和料应按照摊铺规定的频率进行抽样试验,检测各项技术指标,使之达到规定要求。

⑤拌和时要防止水泥下料口堵塞不流动或者流量不足,造成缺少水泥现象,应勤于检查,观看拌和料是否均匀、色泽一致,否则应废弃。

(4)混合料运输。

①运输混合料一般使用大吨位自卸翻斗车,运输过程要覆盖苫布。

②装料时,车要有规律移动,使拌和料在装车时不致产生离析。

③发料时应认真填写发料单,记录车号、出料时间、吨位等,运至摊铺现场,应由收料人核对查收,并注明摊铺时间,以备检查剔除超出延迟时间的混合料,以防影响工程质量。

④自卸车将混合料倒车进行摊铺,喂料时应听从现场人员指挥,严禁撞击摊铺机。

(5)混合料摊铺。

①基层摊铺时宜采用多台摊铺机前后相距 8~10 m 同时摊铺。

②前一台摊铺机使用一侧钢丝基准线控制标高,并用摊铺机横坡仪控制坡度。后一台使用滑靴控制横坡,放在第一台摊铺机铺好未碾压的混合料上,摊铺宽度应与先铺层搭接 5 cm 左右,以保证相邻摊铺接缝紧密。

③拌和好的混合料运至现场,等存到一定车数应立即按松铺厚度均匀摊铺。在摊铺前应检查两侧分料器接头处有无离析料,若有,应清除处理。注意检查含水量大小是否合适,及时反馈拌和站以便调整。

④开始摊铺后,当铺到 10 m 左右时,应检查摊铺面标高、横坡、厚度,如不符合设计要求,应适当调整,再进行摊铺。正常施工时,应每 10 m 做一次松铺厚度检验并记录,每 50 m 检测一次横坡。如发现摊铺面上有杂物、大块石料,应清除并填补合格料。摊铺时应保持速度均匀,一般规定 1~3 m/min,设专人指挥运料车卸料,以保证不撞击摊铺机。

⑤摊铺过程因故中断 2 h 以上或每天工作结束时,必须设置横缝,摊铺机应驶离混合料末端一定距离。

(6)混合料碾压。

①摊铺整形后立即进行碾压,按照由边到中、重叠 1/2 轮宽的原则,一般需要碾压 6~8 遍,碾压速

度先慢后快。

②碾压时遵循"稳压→重振碾压→轮胎稳压"的程序,压至无明显痕迹为止。碾压过程中采用灌砂法或灌水法检测压实度,不合格应重复碾压。

③压力机碾压时的行驶速度,第 1~2 遍为 1.5~1.7 km/h,以后各遍为 2.0~2.5 km/h。碾压时应保持下承层始终潮湿,如表面水分蒸发过快,应及时洒水。

(7)养护。

①当混合料碾压完毕,经检测各项指标合格后,即采用土工布覆盖养护,并用洒水车人工配合洒水,洒水养护时间不少于 7 d。

②洒水次数视当地气候条件而定,保持基层表面潮湿状态,不受遍数和用水量限制,洒水时要均匀,特别是边侧一定要洒到位,避免用压力水对表面形成冲洗。

③养护期封闭交通,除洒水车外,禁止其他车辆通行。

3. 施工要点

(1)水泥稳定土混合料采用专用稳定土集中厂拌机械拌制时,土块最大尺寸不得大于 15 mm。配料应准确,保证集料的最大粒径和级配符合要求。

(2)严格控制混合料的拌和时间,保证混合料拌和均匀;每盘搅拌机混合料的体积不得超过搅拌机上标示的搅拌机的容量。

(3)运输中避免运料车剧烈颠簸,致使混合料产生离析现象。

(4)在摊铺机后面设专人消除粗细集料离析现象,基础分两层施工时,在铺筑上层前应在下层顶面先洒水湿润。

(5)设置横向接缝时,摊铺机应驶离混合料末端,人工将末端含水量合适的混合料修整整齐,紧靠末端放置与压实厚度相同的方木,并将紧挨方木处表面的混合料整平,方木另一侧应支撑牢固以防碾压时将方木移动,用压路机将混合料碾压密实。在重新摊铺混合料之前,将固定物及方木移去,并将四周清理干净。摊铺机返回到已压实层的末端,重新开始摊铺下一段的混合料。

(6)在纵向接缝处,必须垂直相接,严禁斜面搭接。

(7)纵缝的设置。在前一幅摊铺时,靠中央的一侧用方木或钢模板作支撑,支撑高度与稳定土层的压实厚度相同。养护结束后,在摊铺另一幅之前,拆除支撑。

(8)混合料每层摊铺厚度应根据碾压机具类型确定。用 12~15 t 三轮压路机(单钢轮)碾压时,每层的压实厚度应不超过 15 cm;用 18~20 t 三轮压路机和振动压路机碾压时,每层的压实厚度应不超过 20 cm;采用能量大的振动压路机碾压时,经过试验可适当增加每层的压实厚度。压实厚度超过上述规定时,应分层铺筑,每层最小压实厚度为 10 cm。

(9)水泥稳定土施工时,严禁用薄层贴补法进行找平。当混合料的含水量达到最佳含水量时,应立即用轻型两轮压路机并配合 12 t 以上压路机在结构层全宽内进行碾压。

(10)为保证稳定土层表面不受损坏,严禁压路机在已完成的或正在碾压的地段上掉头或急刹车。

(11)碾压过程中,水泥稳定土的表面应始终保持湿润。如水分蒸发过快,应及时补洒适量的水分。

(12)碾压过程中,如有"弹簧"、松散、起皮等现象,应采取有效措施处理,达到质量要求。

（13）水泥稳定土应尽可能缩短从加水拌和至碾压结束的延迟时间。延迟时间应不超过 2 h。宜在水泥初凝前并应在试验确定的延迟时间内完成碾压，达到要求的密实度。碾压结束之前，其纵横坡度应符合设计要求。

（14）水泥稳定土底基层分层施工时，如上层水泥稳定土采用重型振动压路机碾压，则下层水泥稳定土碾压完后，宜养护 7 d 后再铺筑上层水泥稳定土。底基层养护 7 d 后，方可铺筑基层。

4. 施工注意事项

（1）水泥稳定土结构层施工期的日最低气温应在 5 ℃ 以上，在冰冻地区，应在第一次重冰冻（-5～-3 ℃）到来之前半个月至一个月完成。

（2）水泥稳定土在雨季施工时，应注意天气变化，降雨时应停止施工，对已经摊铺的混合料应尽快碾压密实。

（3）雨季施工时应采取措施保护水泥和细集料，防止雨淋。

（4）应根据集料和混合料含水量的大小，及时调整搅拌时混合料的用水量。

（5）养护宜采取湿治养护，如采用无纺布、麻布袋、砂等。在整个养护期间应保持潮湿状态，不应忽干忽湿。在干旱缺水地区也可采用不透水薄膜、乳化沥青养护。

（6）养护结束后，应将覆盖物清除干净。

（7）养护期间应限制重型车辆在基础上行驶。

5.6　级配碎石（砂砾）基层（底基层）施工

5.6.1　材料要求与组成

1. 级配碎石

（1）级配碎石概念。

由粗、细碎石集料和石屑按一定比例组成，并且其颗粒组成符合密实级配要求的混合料，称"级配碎石"。其特点是强度较高、稳定性较好，是级配集料中最好的材料，也是无机结合料材料中最好的材料之一。

（2）材料质量标准。

级配碎石可用于道面工程的基层和底基层。用来作基层和底基层的级配碎石应由预先筛分成几组不同粒径的碎石（如 37.5～19 mm、19～9.5 mm、9.5～4.75 mm 的碎石）及 4.75 mm 以下的石屑组成。缺乏石屑时，可掺加细砂砾或粗砂。级配碎石用作基层时，最大粒径宜控制在 31.5 mm 以下，用来作底基层时，最大粒径宜控制在 37.5 mm 以下。

轧制级配碎石的材料可采用各种类型坚硬岩石、圆石或矿渣。圆石的粒径应是碎石最大粒径的 3 倍以上；矿渣应采用已崩碎稳定的，其干密度不小于 960 kg/m³。碎石中针片状颗粒总含量不超过 20%，其中不应有黏土块、植物等有害物质。石屑可采用碎石场中的细筛余料或专门轧制的细碎石集料，也可采用级配较好的天然砂砾或粗砂代替。级配碎石的粒径组成和塑性指数应满足表 5.7 中的规定。

表 5.7　级配碎石的粒径组成和塑性指数

应用层次		基层	底基层
		通过质量百分率/(%)	
筛孔尺寸/mm	37.5	—	100
	31.5	100	83～100
	19.0	85～100	54～84
	9.5	52～74	29～59
	4.75	29～54	17～45
	2.36	17～37	11～35
	0.60	8～20	6～21
	0.075	0～7	0～10
液限/(%)		<28	<28
塑性指数		<6 或 9	<6 或 9

注:a.潮湿多雨地区塑性指数宜小于 6,其他地区小于 9;b.对于无塑性的混合料,小于 0.075 mm 的颗粒含量应接近高限;c.表中的筛孔指方筛孔。

当粒径小于 0.5 mm 的细粒土塑性指数偏大时,塑性指数与粒径小于 0.5 mm 的颗粒含量的乘积应满足以下条件:在年降雨量小于 600 mm 的地区,地下水位对土基没有影响时,乘积应不大于 120%;在潮湿多雨地区,乘积应不大于 100%。级配碎石所用石料的压碎值对于基层不大于 26%;对于底基层应不大于 30%。

2.级配砂砾

(1)级配砂砾概念。

由粗、细砾石集料和砂按一定比例组成,并且其颗粒组成符合密实级配要求的混合料,称为"级配砾石",又称为"级配砂砾"。其特点是强度低、稳定性较差,其材料性质是级配集料中最差的一种。天然砂砾掺加部分未经筛分的统货碎石,称为"级配碎砾石"。其强度和稳定性介于级配碎石和级配砂砾之间。

(2)材料质量标准。

级配砂砾主要用于道面工程的底基层。

天然砂砾应符合规定的级配要求。塑性指数偏大的砂砾,可加入少量石灰降低其塑性指数,也可用无塑性的砂或石屑进行掺配,使其塑性指数降低到符合要求。可在天然砂砾中掺加部分碎石或轧碎砾石,以提高混合料的强度和稳定性。

级配砂砾中,砾石最大粒径应不超过 53 mm,砾石颗粒中细长及扁平颗粒含量应不超过 20%,粒料的压碎值应不超过 30%。级配砂砾的颗粒组成与塑性指数应满足表 5.8 的规定。

表 5.8　级配砂砾的颗粒组成与塑性指数

筛孔尺寸/mm	53	37.5	9.5	4.75	0.6	0.075
通过质量百分率/(%)	100	80～100	40～100	25～85	8～45	0～15
液限/(%)	<28					
塑性指数	<9					

注:表中的筛孔指方筛孔。

5.6.2 级配碎石(砂砾)施工

1. 施工流程

级配碎石(砂砾)施工流程如图 5.5 所示。

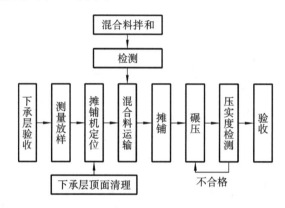

图 5.5 级配碎石(砂砾)施工流程

2. 施工工艺与要点

(1)混合料拌和与运输。

①在中心搅拌站,级配碎石混合料可采用强制式拌和机、卧式双转轴桨叶式拌和机或普通水泥混凝土拌和机等机械集中拌和。

②在搅拌之前应调试搅拌设备,要求混合料配料准确、搅拌均匀、含水量达到规定要求。

③当级配砂砾用平地机进行拌和,一般需5~6遍,拌和过程中,用洒水车洒水。拌和结束后,混合料的含水量应均匀,无粗细颗粒离析现象。

④采用大吨位自卸车进行运输,运输过程要注意避免强烈颠簸,以防造成混合料离析,运输到达现场后要有专人进行检查。

(2)混合料摊铺。

①级配碎石混合料运到现场后,应采用沥青混凝土摊铺机或其他碎石摊铺机摊铺碎石混合料,摊铺机后面应设专人消除粗、细集料离析现象。

②级配砂砾一般用平地机或其他合适的机具将混合料均匀地摊铺,其松铺系数为 1.25~1.35。

③用平地机将拌和均匀的混合料按设计的纵横坡度进行整平和整形。

(3)混合料碾压。

①整形后,当混合料含水量等于或略大于最佳含水量时,立即用 12 t 以上三轮压路机、振动压路机或轮胎压路机进行碾压。碾压时由两侧向中心,后轮应重叠 1/2 轮宽,后轮必须超过两段的接缝处。后轮压完道面全宽时即为一遍,一般需碾压 6~8 遍,直至达到要求的密实度为止。

②压路机的碾压速度,头两遍以 1.5~1.7 km/h 为宜,以后逐渐增加到 2.0~2.5 km/h。

③采用 12 t 以上三轮压路机碾压,每层的压实厚度应不超过 16 cm;采用重型振动压路机和轮胎压路机碾压时,每层压实厚度可达 20 cm。

④当采用摊铺机摊铺时,横向接缝的做法是:靠近摊铺机当天未压实的混合料,可与第二天摊铺的

混合料一起碾压。

⑤采用路拌法时,两作业段的横缝,应搭接拌和,第一段拌和后,留 5～8 m 不进行碾压,第二段施工时,前段留下未压部分与第二段部分一起整平后碾压。

⑥施工过程应减少纵向接缝,纵缝必须垂直相接,不应斜接;当采用摊铺机摊铺时,在前一幅摊铺时,在靠后一幅的一侧应用方木或钢模板作支撑,方木或钢模板的高度与压实厚度相同,在摊铺后一幅之前,将方木或钢模板除去;当采用路拌法时,纵缝应搭接拌和,第一幅全宽碾压密实,在后一幅拌和时,应将相邻的前幅边部约 50 cm 搭接拌和,整平后碾压。

3. 施工注意事项

(1)不同粒径的碎石和石屑应分别堆放,雨季施工期间,石屑等细集料应有覆盖,防止雨淋。

(2)当采用摊铺机进行摊铺时,摊铺机后面应设专人消除粗、细集料离析现象。

(3)碾压过程中应设专人添加细料,以填满空隙,达到密实稳定。

(4)严禁压路机在已完成或正在碾压的地段上掉头或急刹车。

(5)搭接部分第二天施工前,要确保含水量符合要求,必要时洒水。

(6)采用路拌法时,要确保拌和结束后集料无离析现象。

(7)当机械摊铺完毕,存在凹坑等缺陷时,需要人工进行补平。

5.7 基层施工质量控制

5.7.1 基层施工质量检测的必要性与检测程序

1. 基层施工质量检测的必要性

基层是道面结构的承重层。坚实稳固和耐久性好的基层,能够提高道面结构的整体强度,保证道面具有良好的通行条件,延长道面的使用寿命。基层的良好性能,一是依赖级配良好的各种结合料来实现,二是依赖优良的工程质量。因此,在施工过程中,必须对工程质量进行实时控制,以达到优良的结果。

2. 基层施工质量检测程序

基层施工过程中,质量控制的主要项目有施工材料质量、材料配比、高程、压实度、平整度、强度等。基层施工质量检测程序见图 5.6。

5.7.2 无机结合料稳定类基层无侧限抗压强度检测

无机结合料稳定土材料,也称"半刚性材料",它包括水泥稳定土、石灰稳定土、水泥石灰综合稳定土、石灰粉煤灰稳定土、水泥粉煤灰稳定土和水泥石灰粉煤灰稳定土等。其结构层的强度是以规定温度下保湿养护 6 d、浸水 1 d 后的 7 d 无侧限抗压强度为准。

1. 仪器设备

(1)圆孔筛:孔径 40 mm、25 mm(或 20 mm)及 5 mm 的筛各 1 个。

(2)试模:适用于下列不同土的试模尺寸。

①细粒土(最大粒径不超过 10 mm),试模的直径×高＝50 mm×50 mm。

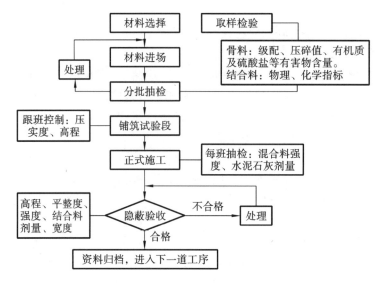

图 5.6 基层施工质量检测程序

②中粒土(最大粒径不超过 25 mm),试模的直径×高＝100 mm×100 mm。

③粗粒土(最大粒径不超过 40 mm),试模的直径×高＝150 mm×150 mm。

(3)脱模器。

(4)反力框架:规格为 400 kN 以上。

(5)液压千斤顶。

(6)击锤和导管:击锤的底面直径为 50 mm,总质量为 4.5 kg,击锤在导管内的总行程为 450 mm。

(7)密封湿气箱或湿气池:放在保持恒温的小房间内。

(8)水槽:深度应大于试件高度 50 mm。

(9)路面材料强度试验仪,或其他合适的压力机。

(10)天平:量程不小于 4 kg,感量 0.01 g。

(11)台秤:量程不小于 10 kg,感量 5 g。

(12)其他:量筒、拌和工具、漏斗、大小铝盒、烘箱等。

2.试件制备与养护

(1)试料准备。

将具有代表性的风干试料(必要时,也可以在 50 ℃烘箱内烘干)用木槌和木碾捣碎,但应避免破碎粒料的原粒径。将土过筛并进行分类,如试料为粗粒土,则除去大于 40 mm 的颗粒备用;如试料为中粒土,则除去大于 25 mm 或 20 mm 的颗粒备用;如试料为细粒土,则除去大于 10 mm 的颗粒备用。

在预定做试验的前一天,取有代表性的试料测定其风干含水率。对于粒径小于 10 mm 的细粒土,试样应不少于 100 g;对于粒径小于 25 mm 的中粒土,试样应不少于 1000 g;对于粒径小于 40 mm 的粗粒土,试样应不少于 2000 g。

(2)混合料最佳含水率和最大干密度的确定。

用重型击实试验法确定无机结合料混合料的最佳含水率和最大干密度。

（3）配制混合料。

对于无机结合料稳定细粒土,至少制 6 个试件,对于无机结合料稳定中粒土和粗粒土,至少应该分别制 9 个和 13 个试件;称取一定质量的风干土并计算干土的质量,其质量随试件大小而变。对于 50 mm×50 mm 的试件,1 个试件需干土 180~210 g;对于 100 mm×100 mm 的试件,1 个试件需干土 1700~1900 g;对于 150 mm×150 mm 的试件,1 个试件需干土 5700~6000 g。

对于细粒土,可以一次称取 6 个试件的土;对于中粒土,可以一次称取 3 个试件的土;对于粗粒土,一次只称取 1 个试件的土。

将称好的土放在约 400 mm×600 mm×70 mm 的长方盘内,向土中加水,对于细粒土(特别是黏性土),使其含水率较最佳含水率小 3%,对于中粒土和粗粒土可按式(5.1)计算混合料的加水量。

$$Q_w = \left(\frac{Q_n}{1+0.01w_n} + \frac{Q_c}{1+0.01w_c}\right) \times 0.01w - \frac{Q_n}{1+0.01w_n} \times 0.01w_n - \frac{Q_c}{1+0.01w_c} \times 0.01w_c$$

(5.1)

式中:Q_w 为混合料中应加的水量,g;Q_n 为混合料中素土(或集料)的质量,g;w_n 为土风干含水率,%;Q_c 为混合料中水泥或石灰的质量,g;w_c 为土原始含水率(水泥的 w_c 通常很小,也可以忽略不计),%;w 为要求达到的混合料的含水率,%。

将土和水拌和均匀后放置在密闭容器内浸润备用。如为石灰稳定土和水泥、石灰综合稳定土,可将石灰土一起拌匀后进行浸润。浸润时间:黏性土为 12~24 h;粉性土、砂砾土、红土砂砾、级配砂砾等,可以缩短到 4 h 左右;含土很少的未筛分碎石、砂砾及砂,可以缩短到 2 h。

在浸润过的试料中,加入预定质量的水泥或石灰[水泥或石灰剂量按干土(即干集料)质量的百分率计],并拌和均匀,拌和均匀的加有水泥的混合料,应在 1 h 内制成试件,超过 1 h 的混合料应该作废,其他结合料稳定土的混合料虽不受此限,但也应尽快制成试件。

（4）按预定的干密度制件。

用反力框架和液压千斤顶制件。制作一个预定干密度的试件,需要的稳定土混合料质量 m_1 可按式(5.2)计算。

$$m_1 = \rho_d V(1+0.01w)$$

(5.2)

式中:V 为试模的体积,cm³;w 为稳定土混合料的含水率,%;ρ_d 为稳定土试件的干密度,g/cm³。

将试模的下压柱放入试模的下部,但外露 2 cm 左右。将称量规定质量的稳定土混合料 m_1 利用漏斗分 2~3 次灌入试模中,每次灌入后用夯棒轻轻均匀插实。如制的是 50 mm×50 mm 小试件,则可以将混合料一次倒入试模中,然后将上压柱放入试模内,应使上压柱也外露 2 cm 左右(即上下压柱露出试模外的部分应该相等)。

将整个试模(连同上下压柱)放到反力框架内的千斤顶上,千斤顶应放在扁球座或压力机上,以 1 mm/min 的加载速率加压,直到上下柱都压入试模为止。维持压力 2 min,解除压力后,拿去上压柱,并放到脱模器上利用千斤顶和下压柱将试件顶出。称试件的质量 m_2,小试件精确到 1 g,中试件精确到 2 g,大试件精确到 5 g。然后用游标卡尺量试件的高度 h,精确到 0.1 mm。

用击锤制件的步骤同前,只是用击锤将上下压柱打入试模内。可以利用做击实试件的锤,但压柱顶面需要垫一块牛皮或胶皮,以保护锤面和压柱顶面不受损伤。

（5）养护。

试件从试模内脱出并称量后，应立即放到恒温恒湿箱内进行养护。但大、中试件要用塑料薄膜包覆，有条件时，也可采用蜡封保湿养护。养护时间视需要而定。作为工地控制，通常只取 7 d。标准养护温度为(20±2) ℃，相对湿度在 95％以上。

养护期的最后一天，应该将试件浸泡在水中，水的深度应使水面在试件顶上约 2.5 cm。在浸泡之前，应再次称试件的质量 m_3。在养护期间，试件损失的质量应该符合下列规定：小试件不超过 1 g；中试件不超过 4 g；大试件不超过 10 g。损失量超过此规定的试件，应该作废。

3. 试验步骤

（1）将已浸水一昼夜的试件从水中取出，用软的旧布吸去试件表面可见自由水，并称试件的质量 m_4。

（2）用游标卡尺量试件的高度 h_1，精确到 0.1 mm。

（3）先将倒顺控制开关控制到停止位，接通电源，电源指示灯点亮，即可操作。

（4）将试件放到路面材料强度试验仪的升降台上（台上先放一扁球座），进行抗压试验，试验过程中，应使试件形变等速增加，并保持速率为 1 mm/min（丝杠升降速度为 50 mm/min，适用于沥青混凝土的马歇尔试验；丝杠升降速度为 1 mm/min，适用于承载比试验等）。

（5）记录试件破坏时的最大压力 P。

（6）从试件内部取有代表性的样品（经过打破），测定其含水率 w_1。

4. 计算

（1）试件的无侧限抗压强度 R_c 用式(5.3)～式(5.5)计算。

对于小试件：

$$R_c = \frac{P}{A} = 0.00051P \tag{5.3}$$

对于中试件：

$$R_c = \frac{P}{A} = 0.000127P \tag{5.4}$$

对于大试件：

$$R_c = \frac{P}{A} = 0.000057P \tag{5.5}$$

式中：P 为试件破坏时的最大压力，N；A 为试件的截面积。

（2）精密度或允许误差。

若干次平行试验的偏差系数 C_v 应符合下列规定。

①小试件：不大于 6％，制 6 个试件。

②中试件：不大于 10％，制 9 个试件。

③大试件：不大于 15％，制 13 个试件。

注意事项有以下几点。

①土的性质应符合设计要求，土块要经粉碎。

②石灰质量应符合设计要求，块灰需充分消解才能使用，未消解生石灰必须剔除。

③水泥质量应符合设计要求。

④水泥、石灰、粉煤灰和土的用量按设计要求准确控制。

⑤在试验前应将所用的测试仪表(传感器、测力环)和需用的附件(压头)及试件各安其位,加以固定或保证位置平稳,对照两侧立柱上刻画的调平顶盘、顶平面的最低和最高极限位置线,满足要求即可,否则应采取加垫或其他措施加以调整。

⑥使用变速操作板把选择快速或慢速时,不要在停止状态下强行扳动,以免零件损坏。变速操作板把在手动位置时,可使用手摇把;停止使用时必须将手摇把拔掉。

5.7.3 压实度检测

级配碎石(砾石)、水泥稳定土、石灰稳定土等类型的基层压实度检测方法与土基大致相同,不同的是,环刀法只适用于细粒土现场湿密度检测,要检测基层现场材料的密度,需要采用灌水法或灌砂法进行。

1. 灌水法试验

(1)仪器设备。

①储水筒:直径均匀,附有刻度。

②台秤:量程 20 kg,感量 5 g;量程 50 kg,感量 10 g。

③塑料薄膜:聚乙烯塑料薄膜。

④其他:小铁锹、镐、小刮刀、平口螺丝刀、小铁锤、直尺、水平尺等。

(2)操作步骤。

①在压实现场选定一块面积为 40 cm×40 cm 的平整的检测点,用水平尺检测其是否水平。

②若符合要求,在此地挖一个近似圆柱体形的试坑(尺寸由该段基层材料最大粒径确定,见表5.9)。

表 5.9 试坑尺寸与对应最大粒径 (单位:mm)

试坑尺寸	最大粒径			
	20	40	60	200
直径	150	200	250	800
深度	200	250	300	1000

③挖出的集料全部收集起来,称重留用(以备含水率测定试验使用)。

④试坑挖好后,放上相应尺寸的套环,用水准尺找平后紧贴试坑铺上塑料薄膜,并翻过套环压住薄膜四周。

⑤使用带刻度储水桶向坑内注水,注满后记录注水量。

⑥当试坑内水接近套环上沿时,调小水量直至与套环上边缘齐平。

⑦等待几分钟,若试坑内水面不下降,读取储水桶内水位高度。

⑧可用称取水的质量来代替读数,计算试坑内石料密度。

⑨再进行一次平行试验,若两次检测的湿密度在一定差值范围内,取平均值为最终该检测点的湿密度。

(3)计算公式。

使用式(5.6)计算该试坑混合料的湿密度。

$$\rho_0 = \frac{m_p}{V_p} \qquad (5.6)$$

式中：ρ_0 为试样湿密度；m_p 为取自坑内试样质量；V_p 为试坑体积。

而试坑的体积按式(5.7)计算。

$$V_p = (H_1 - H_2) \times A_w - V_0 \qquad (5.7)$$

式中：H_1 为储水桶初始水位高度；H_2 为储水桶注水结束时水位高度；A_w 为储水桶断面面积；V_0 为套环体积。

2. 灌砂法试验

用挖坑灌砂法测定密度和压实度时，应符合下列规定。

①当集料的最大粒径大于 13.2 mm，测定层的厚度不超过 150 mm 时，宜采用直径为 100 mm 的小型灌砂筒测试。

②当集料的最大粒径大于 13.2 mm，但不大于 31.5 mm，测定层的厚度不超过 200 mm 时，应用直径为 150 mm 的大型灌砂筒测试。

(1)仪器设备。

本试验需要下列检测器具与材料。

①灌砂筒：有大、小两种，根据需要采用。灌砂筒筒底中心有一圆孔，下部装一倒置的圆锥形漏斗，上端开口，直径与灌砂筒的圆孔相同。漏斗焊接在一块铁板上，铁板中心有一圆孔与漏斗上开口相接，在灌砂筒筒底与漏斗顶端铁板之间设有开关，开关为一薄铁板，一端与筒底及漏斗铁板铰接在一起，另一端伸出筒身外，开关铁板上也有一个相同直径的圆孔。

②金属标定罐：用薄铁板制作的金属罐，上端周围有一罐缘。

③基板：用薄铁板制作的金属方盘，盘的中心有一圆孔。

④玻璃板：边长 500～600 mm 的方形板。

⑤试样盘：小筒挖出的试样可用铝盒存放，大筒挖出的试样可用 300 mm×500 mm×40 mm 的搪瓷盘存放。

⑥天平或台秤：量程 10～15 kg，感量不大于 1 g，用于含水率测定的天平精度，对细粒土、中粒土、粗粒土宜分别为 0.01 g、0.1 g、1.0 g。

⑦量砂：粒径 0.3～0.6 mm 清洁干燥的均匀砂，质量 20～40 kg，使用前须洗净、烘干并放置足够的时间，使其与空气的湿度达到平衡。

⑧盛砂的容器：塑料桶等。

⑨其他：凿子、改锥、铁锤、长把勺、长把小簸箕、毛刷等。

(2)试验准备。

①按规定选用适宜的灌砂筒。

②按下列步骤标定灌砂筒下部圆锥体内砂的质量。

a. 在灌砂筒筒口高度上，向灌砂筒内装砂至距筒顶 15 mm 左右为止；称取装入筒内砂的质量 m_1，精确至 1 g；以后每次标定及试验都应该维持装砂高度与质量不变。

b. 将开关打开，使灌砂筒筒底的流砂孔、圆锥形漏斗上端开口的圆孔及开关铁板中心的圆孔上下对准，让砂自由流出，并使流出砂的体积与工地所挖试坑内的体积相当(或等于标定罐的容积)，然后关上开关,称灌砂筒内剩余砂的质量 m_5。

　　c.不晃动灌砂筒的砂,轻轻地将灌砂筒移至玻璃板上,将开关打开,让砂流出,直到筒内砂不再下流时,将开关关上,并小心地取走灌砂筒。

　　d.收集并称量留在玻璃板上的砂或称量筒内的砂,精确至 1 g,玻璃板上的砂就是填满筒下部圆锥体的砂 m_2。

　　e.重复上述测量 3 次,取其平均值。

　　③按下列步骤标定量砂的堆积密度 ρ_s。

　　a.用水确定标定罐的容积 V,精确至 1 mL。

　　b.在灌砂筒中装入质量为 m_1 的砂,并将灌砂筒放在标定罐上,将开关打开,让砂流出。在整个流砂过程中,不要碰到灌砂筒,直到灌砂筒内的砂不再下流时,将开关关闭,取下灌砂筒,称取筒内剩余砂的质量 m_3,精确至 1 g。

　　c.按式(5.8)计算填满标定罐所需砂的质量 m_a。

$$m_a = m_1 - m_2 - m_3 \tag{5.8}$$

式中:m_a 为标定罐中砂的质量,g;m_1 为装入灌砂筒内的砂的总质量,g;m_2 为灌砂筒下部圆锥体内砂的质量,g;m_3 为灌砂入标定罐后,筒内剩余砂的质量,g。

　　④重复上述测量 3 次,取其平均值。

　　⑤按式(5.9)计算量砂的堆积密度 ρ_s。

$$\rho_s = \frac{m_a}{V} \tag{5.9}$$

式中:ρ_s 为量砂的堆积密度,g/cm^3;V 为标定罐的容积,cm^3;其他符号意义同前。

　　(3)试验步骤。

　　①在测试地点,选一块约 40 cm×40 cm 的平坦表面,并将其清扫干净,其面积不得小于基板面积。

　　②将基板放在平坦表面上,当表面的粗糙度较大时,则将盛有量砂(m_5)的灌砂筒放在基板中间的圆孔上,将灌砂筒的开关打开,让砂流入基板的中孔内,直到灌砂筒内的砂不再下流时,关闭开关。取下灌砂筒,并称量筒内砂的质量(m_6),精确至 1 g。当需要检测厚度时,应先测量厚度后再进行这一步骤。

　　③取走基板,并将留在试验地点的量砂收回,重新将表面清扫干净。

　　④将基板放回清扫干净的表面上(尽量放在原处),沿基板中孔凿洞(洞的直径与灌砂筒一致)。在凿洞过程中,应注意不使凿出的材料丢失,并随时将凿松的材料取出装入塑料袋中,不使水分蒸发。也可放在大试样盒内,试洞的深度等于测定层厚度,但不得有下层材料混入,最后将洞内的全部凿松材料取出,对于土基或基层,为防止盘内材料的水分蒸发,可分几次称取材料的质量。称量全部取出材料的总质量 m_w,精确至 1 g。

　　⑤从挖出的全部材料中取出有代表性的样品,放在铝盒或洁净的搪瓷盘中,测定其含水率。样品的质量如下:对于细粒土,不少于 100 g;对于各种粗粒土,不少于 500 g。

　　⑥将基板安放在试坑上,将灌砂筒安放在基板中间(灌砂筒内放满砂到要求质量 m_1),使灌砂筒的下口对准基板的中孔及试洞,打开灌砂筒的开关,让砂流入试坑内。在此期间,应注意勿碰动灌砂筒。直到灌砂筒内的砂不再下流时,关闭开关,小心取走灌砂筒,并称量剩余砂的质量 m_4,精确至 1 g。

（4）结果计算。

①计算填满试坑所用砂的质量，见式（5.10）。

$$m_b = m_1 - m_4 - (m_5 - m_6) \tag{5.10}$$

式中：m_b 为填满试坑所用砂的质量，g；m_1 为灌砂前灌砂筒内砂的质量，g；m_4 为灌砂后灌砂筒内剩余砂的质量，g；$(m_5 - m_6)$ 为灌砂筒下部锥体内及基板和粗糙表面间砂的合计质量，g。

②计算试坑材料的湿密度 ρ_w，见式（5.11）。

$$\rho_w = \frac{m_w}{m_b} \times \rho_s \tag{5.11}$$

式中：m_w 为试坑中取出的全部材料的质量，g；ρ_s 为量砂堆积密度，g/cm³；其他符号意义同前。

3. 无机结合料稳定类基层最大干密度与最佳含水量理论计算

常见的路面基层材料有半刚性基层和粒料类基层，粒料类基层最大干密度的确定可参照粗粒土和巨粒土的振动法。半刚性材料基层材料按照《公路工程无机结合料稳定材料试验规程》（JTG 3441—2024）执行，用重型击实法求得。但当粒料含量大于 50% 时，需采用理论计算法求得。

（1）石灰土、二灰稳定粒料。

根据室内试验测得结合料的最大干密度 ρ_1 和集料的表观相对密度 γ，把已确定的结合料与集料的质量比换算为体积比 $V_1 : V_2$，则混合料的最大干密度 ρ_0 见式（5.12）。

$$\rho_0 = V_1 \cdot \rho_1 + V_2 \cdot \gamma \tag{5.12}$$

石灰土、二灰稳定粒料的最佳含水率 w_0 是结合料的最佳含水率 w_1 和集料饱水裹覆含水量 w_2 的加权值，可按式（5.13）计算。

$$w_0 = w_1 A + w_2 B \tag{5.13}$$

式中：A、B 为结合料和集料的质量百分比，以小数计。

饱水裹覆含水量是指集料浸水饱和后取出，不擦去表面裹覆水时的含水率。除吸水率特大的集料外，此值对于砾石可以取 3%，碎石可取 4%。

（2）水泥稳定粒料。

此类材料的最大干密度 ρ_0 与集料的最大干密度 ρ_G 和水泥硬化后的水泥质量有关，见式（5.14）。

$$\rho_0 = \frac{\rho_G}{\left[1 - \dfrac{(1+K)a}{100}\right]} \tag{5.14}$$

式中：ρ_G 为集料在振动台上加载振动而得到的最大干密度，g/cm³；a 为水泥含量，%；K 为水泥水化时水的增量，视水泥品种不同而异，一般为水泥质量的 10%～25%，以小数计。

水泥加水拌匀后，在 105 ℃ 烘箱中烘干，称量试验前水泥质量和烘干后硬化的水泥质量之差，即可求得水泥水化的增量。

因水泥中含有水化水，故用烘干法不能正确测出水泥稳定粒料的最佳含水率。根据对比试验，水泥稳定粒料的最佳含水率 w_0 按式（5.15）计算。

$$w_0 = (0.5 + K)a + w_2\left(1 - \frac{a}{100}\right) \tag{5.15}$$

式中：w_2 为集料饱水裹覆含水率，%；其他符号意义同前。

5.7.4　基层外形尺寸检测

1. 宽度检测

道面基层宽度是指结构道面加道肩部分宽度的总和,用钢尺沿道面中心线垂直方向水平量取道面基层和底基层各部分的宽度,以 mm 计,精确至 5 mm。

测量时量尺应保持水平,不得将尺紧贴路面量取,也不得使用皮尺。各测点断面的实测宽度 B_i 与设计宽度 B_{0i} 之差 ΔB_i 见式(5.16)。

$$\Delta B_i = B_i - B_{0i} \tag{5.16}$$

2. 厚度检测

在场道工程中,各层次的厚度是和道面整体强度密切相关的。设计中不管是刚性道面,还是柔性道面,各个层次的厚度都是强度的主要决定因素,只有在保证厚度的情况下,道面的各个层次及整体的强度才能得到保证。除能保证强度外,严格控制各结构层的厚度,还能对道面的高程起到一定的控制作用;在道面施工完成后,道面各结构层的厚度是工程竣工验收的基础资料。

道面各结构层厚度的检测一般与压实度检测同时进行,当用灌砂法进行压实度检测时,可量取挖坑灌砂深度为结构厚度;当用钻芯法检测压实度时,可直接量取芯样作为结构厚度;还可以用雷达及超声波法进行无损检测,直接测出结构厚度。

(1)仪器与材料。

①挖坑用的镐、铲、凿子、小铲、毛刷。

②道面取芯钻机及钻头、冷水机。钻头的标准直径为 100 mm,如芯样仅供测量厚度,不做其他试验,沥青面层与水泥混凝土板也可用直径为 50 mm 的钻头;当基层材料有可能损坏试件时,也可用直径为 150 mm 的钻头,但钻孔深度均必须达到层厚。

③量尺:钢板尺、钢卷尺、卡尺。

④补坑材料:与检查层位的材料相同。

⑤补坑用具:夯、热夯、水等。

⑥其他:搪瓷盘、棉纱、硬纸片以及干冰(固体 CO_2)等。

(2)挖坑法检测道面基层厚度。

①决定挖坑检查的位置。

②选一块约 40 cm×40 cm 的平坦表面作为试验地点,用毛刷将其清扫干净。

③在选取采样地点的地面上,先用粉笔对钻孔位置做出标记。

④根据材料坚硬程度,选择镐、铲、凿子等适当的工具开挖这一层材料,直至层位底面。在便于开挖的前提下,开挖面积应尽量缩小,坑洞大体呈圆形。边开挖边将材料铲出置于方盘内。

⑤用毛刷将坑底清扫干净,作为下一层的顶面。

⑥将一把钢板尺平放且横跨于坑的两边,用另一把钢尺(凿子或卡尺等量具)在坑的中部位置垂直伸至坑底,测量坑底至钢板尺的距离,即为检查层的厚度,以 mm 计,精确至 1 mm。

⑦用与取样层相同的材料填补试坑。对于有机结合料稳定类结构层,应按相同配比用新拌的材料分层填补,并用小锤夯实整平;对于无机结合料粒料结构层,可用挖坑时取出的材料,适当加水拌和后分层填补,并用小锤夯实整平。

（3）钻孔取样法测定路面厚度。

本方法适用于用道面取芯钻机在现场钻取路面的代表性试样；也适用于对水泥、石灰、粉煤灰等无机结合料稳定基层或水泥混凝土面层、沥青混合料面层取样，以测定其密度或其他物理力学性质。

①按随机选点法决定挖坑检查的位置。

②将取样位置清扫干净。

③在选取采样地点的地面上，先用粉笔对钻孔位置做出标记。

④按钻取芯样的方法用取芯机钻孔，钻芯的直径应符合规定的要求，钻孔深度必须达到层厚。步骤如下。

a.用钻机在取样地点垂直对准地面放下钻头，牢固安放钻机，使其运转过程中不能移动。

b.开放冷却水，启动发动机，徐徐压下钻杆，钻取样芯，但不得使劲下压钻头，待钻透全厚后，上抬钻杆，拔出钻头，停止转动，避免芯样损坏，取出芯样，沥青混合料芯样及水泥混凝土芯样可用清水漂洗干净备用。

c.当因试验需要不能用水冷却时，应采用干钻孔法，此时为保护钻头，可先用约 3 kg 干冰放在取样位置上冷却路面约 1 h，钻孔时以低温 CO_2 等冷却气体代替冷却水。

⑤仔细取出芯样，清除表面灰土，找出与下层的分界。

⑥清扫坑边，用钢板尺或卡尺沿圆周对称的十字方向四处量取表面至上下层界面的高度，取其平均值，即为该层的厚度，精确至 1 mm。

⑦在沥青路面施工过程中，当沥青混合料尚未冷却时，可根据需要随机选择测点，用大螺丝刀插入至沥青层底面深度后用尺读数，量取沥青层的厚度（必要时用小锤轻轻敲打，但不得使用铁镐扰动四周的沥青层），以 mm 计，精确至 1 mm。

⑧取样时应注意以下几点。

a.取得的试块应保持边角完整，颗粒不得散失。

b.采取的混合料试样应整层取样，试样不得破碎。

c.将钻取的芯样或切割的试块妥善盛放于盛样器中，必要时用塑料袋封装。

d.填写样品标签，一式两份，一份粘贴在试样上，另一份作为记录备查。

e.钻孔采取芯样的直径宜不小于最大集料粒径的 3 倍。

（4）坑洞或钻孔填补。

挖坑法或钻孔取样法对道面造成的坑洞或钻孔，应采用与取样层相同的材料填补压实，并按下列步骤填补坑洞或钻孔。

①适当清理坑中残留物，钻孔时留下的积水应用棉纱吸干，待干燥后再补坑。

②对无机结合料稳定层及水泥混凝土面板，应按相同配比用新拌的材料分层填补并用小锤夯实，水泥混凝土中宜掺加少量快凝早强的外加剂。

③对于无机结合料粒料基层，可用挖坑取出的材料，适当加水拌和后分层填补，并用小锤夯实。

④对于正在施工的沥青道面，用相同级配的热拌沥青混合料分层填补，并用热的铁锤或热夯夯实整平，旧路钻孔也可用乳化沥青混合料修补。

⑤所有补坑结束时，宜比原面层高出少许，用重锤或压路机压实平整。

⑥特别注意：挖坑或钻孔均应仔细，并保证填补质量，以免造成道面隐患而导致开裂。

(5)检测结果计算。

计算实测厚度与设计厚度之差,按式(5.17)计算。

$$\Delta h_i = h_{ii} - h_{0i} \tag{5.17}$$

式中:h_{ii}为路面的实测厚度,mm;h_{0i}为路面的设计厚度,mm;Δh_i为路面实测厚度与设计厚度之差,mm。

计算一个评定地段检测厚度的平均值、标准值、变异系数,并计算代表厚度。当为检查道面总厚度时,将各层平均厚度相加即为道面总厚度。

3. 横坡检测

(1)检测工具。

水准仪、塔尺、钢卷尺等。

(2)检测步骤。

①将水准仪架设在道面上平顺处调平。

②将塔尺分别竖在道面中线 d_1 和结构道面与道肩交界 d_2 处,d_1 和 d_2 测点必须在同一横断面上。

③测量 d_1 与 d_2 处的高程,记录高程读数 h_{d1} 和 h_{d2},以 mm 计,精确至 0.1 mm。

④测量各断面 d_1 和 d_2 两测点间的水平距离。

⑤用钢卷尺测量各测点断面 d_1 和 d_2 之间两测点的水平距离 B_i,以 mm 计,精确至 5 mm。

(3)各测点断面的横坡度计算。

各测点断面的横坡度 i_i,按式(5.18)计算,精确至一位小数。按式(5.19)计算实测横坡度 i_i 与设计横坡度 i_{0i} 之差。

$$i_i = \frac{h_{d1} - h_{d2}}{B_i} \times 100\% \tag{5.18}$$

$$\Delta i_i = i_i - i_{0i} \tag{5.19}$$

式中:Δi_i 为各测点断面的横坡度与设计横坡度之间的差值,%。

(4)高程检测。

高程检测步骤如下。

①在道面上设置 10 m×10 m 的方格网。

②将水准仪架设在方格网一边线大约中间位置平顺处调平。

③依次将塔尺竖立在方格网交点上,以路线附近的水准点高程为基准,测量测定点的高程读数,以 mm 计,精确至 0.1 mm。

④连续测定全部测点,并与水准点闭合。

⑤计算各测点的实测高程 h_i 与设计高程 h_{0i} 之差 Δh_i,见式(5.20)。

$$\Delta h_i = h_i - h_{0i} \tag{5.20}$$

(5)平整度检测。

基层平整度检测方法与压实土层一样,也是用 3 m 直尺和楔形塞尺进行测量,但是,检测的频度及质量标准与压实土基不同。

第 6 章　机场道面沥青面层施工

沥青面层分为贯入式、表面处治式和沥青混合料三种结构类型。沥青贯入式面层是指在初步压实的碎石(或破碎砾石)上,分层浇洒沥青、撒布嵌缝料,或再在上部铺筑沥青封层,经压实而成的结构层。表面处治式沥青面层是指分层浇洒沥青、撒布集料、碾压成型的结构层。沥青混合料面层是指矿料和沥青按一定比例掺配并经过热拌、摊铺、碾压成型的结构层。贯入式和表面处治式的强度和稳定性都较低,在机场工程中主要用于飞行区的低等级路面(如围场路)及防吹坪、道肩等次要构筑物的面层。机场沥青道面面层则应采用沥青混合料。

6.1 沥青道面的技术要求

6.1.1 道面沥青混合料类型

机场沥青道面一般采用热拌热铺沥青混合料,它是由沥青、粗集料、细集料、矿粉以及外加剂所组成的多相结构。这些组成材料在混合料中,由于组成材料质量的差异和数量比例的不同,可形成不同的组成结构,并表现为不同的力学性能。

按照沥青混合料中矿质集料的最大粒径,热拌沥青混合料可分为特粗式(公称最大粒径大于31.5 mm)、粗粒式(公称最大粒径大于或等于26.5 mm)、中粒式(公称最大粒径为16 mm 或19 mm)和细粒式(公称最大粒径为9.5 mm 或13.25 mm),集料的最大粒径及代号见表6.1。

表6.1 机场道面沥青混合料类型

混合料类型	连续级配		间断级配	公称最大粒径 /mm	最大粒径 /mm
	沥青混凝土	沥青稳定碎石	沥青玛蹄脂碎石		
特粗式	—	ATB-40	—	37.5	53.0
粗粒式		ATB-30	—	31.5	37.5
	AC-25	ATB-25	—	26.5	31.5
中粒式	AC-20	—	SMA-20	19.0	26.5
	AC-16	—	SMA-16	16.0	19.0
细粒式	AC-13		SMA-13	13.2	16.0
	AC-10		SMA-10	9.5	13.2

1. 沥青混凝土混合料

沥青混凝土混合料(asphalt concrete,简称AC)是采用黏稠沥青与连续级配的矿质集料拌和而成的混合料,适用于道面结构面层的各个层次。

2. 沥青玛蹄脂碎石混合料

沥青玛蹄脂碎石混合料(stone mastic asphalt,简称SMA)是由沥青结合料与少量的纤维稳定剂、细集料以及较多的填料(矿粉)组成的沥青玛蹄脂填充于间断级配的粗集料骨架的间隙,组成一体的沥青混合料,具有抗滑、耐磨、密实耐久、抗疲劳、抗高温车辙、低温裂缝少等优点,主要用于道面结构的上面层,其厚度通常为3.5~4 cm。

3. 沥青稳定碎石

沥青稳定碎石(asphalt treated permeable base,简称 ATPB)是由矿料和沥青组成具有一定级配要求的密级配沥青稳定碎石混合料,主要应用于道面结构中的上基层。

沥青道面的中、下面层宜采用粗粒式或中粒式类型的沥青混合料,上面层宜采用中粒式或细粒式沥青混合料,跑道两侧边部 6.0~7.5 m 内可采用细粒式沥青混合料。道面各层沥青混合料的类型可按表 6.2 选用。

表 6.2　道面各层沥青混合料类型

层次	沥青混合料类型
上面层	SMA-13 SMA-16 AC-13 AC-16
中面层	AC-16 AC-20
下面层	AC-20 AC-25
基层	ATB-40 ATB-30 ATB-25

6.1.2　沥青道面的性能要求

1. 高温稳定性

沥青道面的高温稳定性是指沥青混合料在荷载作用下抵抗永久变形的能力。在夏季,环境温度较高使得沥青道面在飞机荷载作用下易出现剪切变形,其变形的累积会导致道面出现车辙、推移、波浪和拥包等永久变形。在各种永久变形中,车辙是最主要的变形形式。

车辙是指道面的轮迹带上产生的永久变形。当沥青道面采用半刚性基层时,车辙主要发生在沥青面层。车辙的形成过程可分为三个阶段。

(1)初始阶段的压密过程。

沥青混合料经碾压后,在高温下处于半流态的沥青及由沥青与矿粉组成的胶浆被挤进矿料间隙中,同时集料被强力排列成具有一定骨架的结构。道面交付使用后,在飞机荷载作用下,密实过程进一步发展,在轮迹位置产生局部沉陷。

(2)沥青混合料的侧向流动阶段。

在夏季,高温下的沥青混合料在机轮荷载作用下,沥青及沥青胶浆产生流动,除部分填充混合料空隙外,还将促使沥青混合料产生侧向流动,从而使道面受载处被压缩,而轮迹的两侧向上隆起形成马鞍形车辙。

(3)矿质集料的重新排列及矿质骨架的破坏阶段。

夏季高温条件下,处于半固体的沥青混合料,由于沥青及胶浆在荷载作用下首先流动,混合料中粗、细集料组成的骨架逐渐成为荷载主要承担者,促使沥青及胶浆向富集区流动,加速了混合料网络结构的破坏,特别是当沥青及胶浆过多时,这一过程会更加明显。

由此可见,车辙形成的最初原因是压密及沥青高温下的流动,最后导致骨架的失稳,本质上是沥青混合料的结构特征发生了变化。沥青混合料的材料品质与组成、压实方法、荷载、环境条件等与道面车辙的形成程度密切相关。

室内车辙试验是评价沥青混合料在规定温度条件下抵抗塑性流动变形能力的有效方法。在温度为 60 ℃和轮压为 0.7 MPa 的条件下,板块状试件与车轮之间的反复相对运动,使板块状试件产生压密、剪切、推移和流动,从而产生车辙。车辙试验方法可参照《公路工程沥青及沥青混合料试验规程》(JTG E20—2011),试验结果以动稳定度指标反映沥青混合料的高温抗车辙能力。

2. 低温抗裂性

沥青道面抵抗低温收缩的能力称为"低温抗裂性"。道面的低温开裂有两种形式:一种是由于气温骤降使面层收缩,在有约束的沥青层内产生的温度应力超过沥青混合料的抗拉强度造成开裂,此类裂缝多从道面表面自上向下发展;另一种形式是温度疲劳裂缝,沥青混合料经受长时间的温度循环,应力松弛性能下降,极限拉应变变小,在温度应力小于抗拉强度的情况下产生开裂,这种裂缝主要发生在温度变化频繁的温和地区。

在低温条件下,沥青混合料的变形能力越强,其抗裂性就越好,而沥青混合料的变形能力与其劲度模量成反比。为了提高沥青混合料的低温抗裂性,应选用低温劲度模量较低的混合料。影响沥青混合料低温劲度的最主要因素是沥青的低温劲度模量,而沥青黏度和温度敏感性是决定沥青劲度模量的主要指标。对于同一油源的沥青,针入度较大、温度敏感性较低的沥青劲度模量较小,抗裂能力较强。在寒冷地区,可采用稠度较低、劲度模量较低的沥青,或选择松弛性能较好的橡胶类改性沥青来提高沥青混合料的低温抗裂性。

《公路沥青路面施工技术规范》(JTG F40—2004)采用低温弯曲试验的破坏应变评价沥青混合料的低温抗裂性能。低温弯曲试验通常采用长 250 mm、宽 30 mm、高 35 mm 的小梁,其跨径为 200 mm,在 −10 ℃的温度环境下,以 50 mm/min 的速度,在跨中单点加载,在小梁断裂时记录梁底最大弯拉应变。沥青混合料破坏应变应符合表 6.3 的要求。

表 6.3　沥青混合料低温弯曲试验破坏应变技术要求

气候条件与技术指标	相应于下列气候分区所要求的破坏应变/$\mu\varepsilon$							
年极端最低气温及气候分区	<-37.0 ℃		$-37.0\sim-21.5$ ℃			$-21.5\sim-9.0$ ℃		>-9.0 ℃
	1.冬严寒区		2.东寒区			3.东冷区		4.冬温区
	1-1	2-1	1-2	2-2	3-2	1-3	2-3	1-4	2-4
普通沥青混合料,不小于	2600		2300			2000		
改性沥青混合料,不小于	3000		2800			2500		

3. 水稳定性

沥青混合料的水稳定性主要依靠沥青与集料之间的黏附程度。在我国,无论是冰冻地区还是南方多雨地区,沥青道面的水损害问题都有可能发生。水损害发生后使得沥青与集料脱离,从而使道面出现松散、剥离等病害,严重危害道面的使用性能。

(1)沥青道面水损害作用机理。

沥青道面的水损害包括两个过程:首先,水浸入沥青中,使沥青黏附性减小,导致混合料的强度和劲度减小;其次,水进入沥青薄膜和集料之间,阻断沥青与集料的相互黏结。由于集料表面对水比对沥青有更强的吸附力,从而使沥青与集料表面的接触面减小,使沥青从集料表面剥落。

影响沥青与集料之间的黏结力的因素包括:沥青与集料的化学组成、沥青的黏度、集料的表面构造、集料的空隙率、集料的清洁度、集料的含水率、集料与沥青拌和的温度等。

(2)沥青道面水稳定性的评价方法。

沥青道面水稳定性的评价方法分为两类:一是用沥青裹覆标准集料,在松散状态下浸入水中煮沸,观察沥青从集料上剥离的情况;二是使用击实试件,在浸水条件下,对道面结构的服务条件进行评估。测试方法包括:沥青与粗集料的黏附性试验、浸水马歇尔试验、冻融劈裂试验等。

①沥青与粗集料的黏附性试验。

依据《公路工程沥青及沥青混合料试验规程》(JTG E20—2011),将粒径为 13.2～19 mm、形状接近立方体的洁净规则集料颗粒用线提起,浸入预先加热的沥青(石油沥青 130～150 ℃)试样中 45 s 后,轻轻拿出,使集料颗粒完全为沥青膜所裹覆;待集料颗粒冷却后,浸入微沸状态的水中 3 min,将集料从水中取出,观察集料颗粒上沥青膜的剥落程度,并按表 6.4 评价粗集料的黏附性等级。

表 6.4　沥青与集料的黏附性等级

试验后石料表面上沥青膜剥落情况	黏附性等级
沥青膜完全保存,剥离面积百分率接近 0	5
沥青膜少部为水所移动,厚度不均匀,剥离面积百分率小于 10%	4
沥青膜局部明显地为水所移动,基本保留在石料表面上,剥离面积百分率小于 30%	3
沥青膜大部为水所移动,局部保留在石料表面上,剥离面积百分率大于 30%	2
沥青膜完全为水所移动,石料基本裸露,沥青全浮于水面上	1

②浸水马歇尔试验。

浸水马歇尔试验主要用于检验沥青混合料受水损害时抵抗剥离的能力,通过测试其水稳定性检验配合比设计的可行性。依据《公路工程沥青及沥青混合料试验规程》(JTG E20—2011),浸水马歇尔试验方法与标准马歇尔试验方法的不同之处在于试件在已达规定温度恒温水槽中的保温时间为 48 h,其余均与标准马歇尔试验方法相同。

③冻融劈裂试验。

依据《公路工程沥青及沥青混合料试验规程》(JTG E20—2011),沥青混合料冻融劈裂试验采用双面击实次数各为 50 次的马歇尔击实法成型的圆柱体试件,第一组试件在室温下放置,第二组试件真空饱水后置于−18 ℃环境下 16 h,再放入 60 ℃恒温水槽中 24 h;将第一组和第二组全部试件浸入 25 ℃的恒温水槽不少于 2 h,取出后分别进行劈裂试验,并计算两组试件的劈裂抗拉强度比值。

(3)提高沥青道面水稳定性的技术措施。

①完善道面结构排水系统。道面结构设计应保证地表水、地下水及时排出结构之外。

②沥青材料选择应考虑选取黏度大的沥青和表面活性成分含量高的沥青。

③集料应尽量选取 SiO_2 含量低的碱性集料,若难以采用碱性集料,混合料中可掺加外掺剂,以改善沥青与集料的黏附性,如抗剥落剂、消石灰、水泥等。

④施工时应保持集料干燥,混合料拌和充分,摊铺时不产生离析,碾压时保证达到压实度要求等。

4. 耐老化性能

沥青材料在沥青混合料的拌和、摊铺、碾压过程中以及沥青道面的使用过程中都存在老化问题。老化过程一般分为两个阶段,即施工过程中的短期老化和道面使用过程中的长期老化。沥青道面碾压成型后,沥青混合料的抗老化能力不仅与所处环境的光、氧等自然条件有关,还与沥青的材料性质及在混合料中所处的形态有关,如混合料空隙率大小、沥青用量等。

道面铺筑时混合料温度较高,道面建成后受自然因素和飞机荷载长期作用,沥青的技术性能向着不利的方向发生不可逆的变化,即沥青的老化。受沥青老化的制约,沥青混合料的物理力学性能随着时间的推移逐年降低,直至满足不了交通荷载的要求。在道面施工过程中,沥青始终处于高温状态,受热会产生短期老化,沥青的短期老化分为运输和储存过程的老化、拌和过程的老化以及施工期的老化三个阶段,其中拌和过程的老化是沥青短期老化的最主要阶段;道面使用期内,沥青长期暴露在自然环境中,同时受到飞机机械应力的作用而产生长期老化,即使用期老化。

短期老化的试验方法模拟沥青混合料施工阶段的老化效果,特别体现松散混合料在拌和、储存和运输中受热挥发和氧化。美国公路战略研究计划(Strategic Highway Research Program,简称 SHRP)根据以往研究,提出了三种方法,即烘箱老化法、延时拌和法和微波加热法等。沥青混合料长期老化试验方法模拟使用期内沥青道面的老化效果,着重体现沥青混合料压实成型持续氧化效应,SHRP 提出了三种方法:加压氧化处理(三轴仪压力室内),延时烘箱加热,红外线/紫外线处理。

《公路工程沥青及沥青混合料试验规程》(JTG E20—2011)采用热拌沥青混合料加速老化试验法模拟了沥青混合料短期老化。试验时,将沥青混合料均匀摊铺在搪瓷盘中,松铺 21～22 kg/m²,将混合料放入 135 ℃±3 ℃的烘箱中,在强制通风条件下加热 4 h±5 min,每小时用铲在试样盘中翻拌混合料一次。加热 4 h 后,从烘箱中取出混合料,供试验使用。

5. 表面抗滑性能

飞机机轮与道面之间必须具有足够的摩阻力,以防止飞机制动时打滑和方向失控。表征机场道面抗滑性能的主要指标有道面摩擦系数和纹理深度。

国际民航组织和中国民航均采用具有自湿装置的连续摩阻测试仪测量跑道的摩擦系数。一般认为,飞机在湿跑道上滑跑,道面摩擦系数小于 0.2 则非常危险。道面的纹理深度系指道面的表面构造,包括宏观构造(粗纹理)和微观构造(细纹理)。粗纹理是指道面表面外露集料之间的平均深度,可用填砂法等方法测定;细纹理是指集料自身表面的粗糙度,用磨光值表示。

沥青道面中的集料是承担机轮荷载的主体,为保证沥青道面的抗滑性能,集料的磨耗值、压碎值、磨光值以及与沥青的黏附性都应符合规范要求。集料的级配影响沥青道面的纹理深度,表面颗粒的裸露程度、尺寸大小和相互间距,又影响道面摩擦系数的大小。

沥青道面的抗滑性与沥青用量密切相关。沥青用量过多,空隙被填满,沥青容易溢出表面,纹理深度减小,抗滑性能降低。

《国际民用航空公约·附件 14——机场》建议新建跑道道面的平均纹理深度应不小于 1 mm。我国《民用机场飞行区技术标准》(MH 5001—2021)规定:跑道的平均纹理深度应不小于 0.8 mm。

6. 平整度

平整度是指道面表面相对于理想平面的偏差。飞机滑过道面的不平整处将产生冲击和振动,冲击和振动不仅影响乘客的舒适和货物的完好,而且还会影响飞行员操纵飞机和判读仪表,引起机件的磨损,危及飞行安全。

道面的平整度是一项综合性能指标,涉及施工过程各个环节的诸多因素,是道面施工全过程各个环节质量的综合体现。从影响的根源和机理上分析,主要有以下三方面因素。

(1)摊铺机性能及其作业。

为了获得平整的摊铺表面,从摊铺机操作方面来说,应尽可能地保持摊铺机稳定作业,即稳定的摊铺速度、稳定的刮板输送器供料量、稳定的螺旋输送器送料量,从而保证熨平板前方料堆大小和料位高度的恒定不变。

(2)摊铺机找平系统基准误差。

摊铺机自动找平装置的系统误差是由基准误差和装置本身的误差两部分组成的。在基准误差不变的情况下,自动找平装置本身的误差越小,则系统误差就越小,摊铺层平整度就越高。

(3)下承层的平整度。

平整度的传递是指道面下层的不平整向上反射的过程。下承层若平整度不好,将使得道面面层松铺厚度不等,碾压后表面出现不平整。因此,施工时应保证下承层的高程和平整度符合规范要求。

我国《民用机场飞行区技术标准》(MH 5001—2021)规定:跑道表面应具有良好的平整度;用 3 m 直尺测量跑道表面时,直尺底面与道面表面间的最大空隙应不大于 3 mm。

6.1.3　沥青道面的材料要求

1.沥青

(1)基质沥青。

飞行区指标Ⅱ为 D、E、F 的机场,由于运行飞机的荷载较大,胎压较高,修筑沥青道面时,应采用机场道面石油沥青(代号为 AB),其技术要求应符合表 6.5 的规定;对于飞行区指标Ⅱ为 C 及以下的机场,由于运行飞机的荷载和胎压相对较小,修筑沥青道面时可采用重交通道路石油沥青(代号为 AH),其技术要求见表 6.6。机场道面石油沥青技术要求较高,其中应严格限制蜡的含量不得超过 2%,软化点和薄膜烘箱试验后的延度等指标也高于重交通道路石油沥青技术标准。

表 6.5　机场道面石油沥青技术要求

试验项目		AB-130	AB-110	AB-90	AB-70	AB-50
针入度(25 ℃,100 g,5 s)/(0.1 mm)		120~140	100~120	80~100	60~80	40~60
延度(5 cm/min,15 ℃),不小于/cm		150	150	150	150	150
延度(5 cm/min,10 ℃),不小于/cm		50	50	50	50	40
软化点(环球法)/(℃)		42~50	43~51	44~52	45~54	46~55
闪点(COC),不小于/(℃)		230				
含蜡量(蒸馏法),不大于/(%)		2				
密度(15 ℃)/(g/cm³)		实测				
溶解度(三氯乙烯),不小于/(%)		99.0				
薄膜加热试验(TFOT)(163 ℃/5 h)	质量损失,不大于/(%)	1.3	1.2	1.0	0.8	0.3
	针入度比,不小于/(%)	45	48	50	55	58
	延度(15 ℃),不小于/cm	100	100	100	100	80
	延度(10 ℃)/cm	实测				

注:有条件时,测定沥青 60 ℃动力黏度(Pa·s)和 135 ℃运动黏度(mm²/s)。

表 6.6　重交通道路石油沥青技术要求

试验项目		AH-130	AH-110	AH-90	AH-70	AH-50
针入度(25 ℃,100 g,5 s)/(0.1 mm)		120～140	100～120	80～100	60～80	40～60
延度(5 cm/min,15 ℃),不小于/cm		100	100	100	100	80
软化点(环球法)/(℃)		40～50	41～51	42～52	44～54	45～55
闪点(COC),不小于/(℃)		230				
含蜡量(蒸馏法),不大于/(%)		3				
密度(15 ℃)/(g/cm³)		实测				
溶解度(三氯乙烯),不小于/(%)		99.0				
薄膜加热试验 (163 ℃/5 h)	质量损失,不大于/(%)	1.3	1.2	1.0	0.8	0.6
	针入度比,不小于/(%)	45	48	50	55	58
	延度(25 ℃),不小于/cm	75	75	75	50	40
	延度(15 ℃)/cm	实测				

沥青道面应根据机场所在地理位置和气候条件,按表 6.7 选用沥青材料。若需要增强道面的高温稳定性、低温抗裂性和耐久性等性能,经过技术经济论证,可采用改性沥青。

表 6.7　各气候分区选用的沥青标号

气候分区	年最低月平均气温/(℃)	机场道面石油沥青	重交通道路石油沥青
寒区	<-10	AB-90、AB-110、AB-130	AH-90、AH-110、AH-130
温区	-10～0	AB-70、AB-90	AH-70、AH-90
热区	>0	AB-50、AB-70	AH-50、AH-70

(2)改性沥青。

用于改性的基质沥青,应采用机场道面或重交通道路石油沥青。根据材料的性质,改性剂可分为以下几类。

①热塑性橡胶材料,主要有苯乙烯-丁二烯-苯乙烯共聚物(styrene butadiene styrene,简称 SBS)、苯乙烯-异戊二烯-苯乙烯共聚物(styrene isoprene styrene,简称 SIS)。

②橡胶类材料,主要有丁苯橡胶(styrene butadiene rubber,简称 SBR)、废旧轮胎磨细加工的橡胶粉等。

③热塑性树脂类材料,主要有低密度聚乙烯(low density polyethylene,简称 LDPE)和乙烯-醋酸乙烯共聚物(ethylene-vinyl acetate copolymer,简称 EVA)。

各类改性剂的改性效果各异,一般认为热塑性弹性体类改性沥青具有良好的温度稳定性,可明显提高基质沥青的高低温性能,降低沥青的温度敏感性,增强耐老化、抗疲劳性能;橡胶类改性沥青具有较好的低温抗裂性能和较好的黏结性能;树脂类改性沥青具有良好的高温稳定性和抗车辙能力,但对于沥青道面的低温抗裂性能无明显改善。机场道面改性沥青的质量应符合表 6.8 的规定。

表 6.8　机场道面改性沥青技术要求

技术指标		热塑性橡胶类				橡胶类			热塑性树脂类		
针入度(25 ℃、100 g、5 s),大于/(0.1 mm)		100	80	60	40	100	80	60	80	60	40
软化点(环球法),大于/(℃)		45	50	55	60	45	48	52	50	55	60
延度(10 ℃,5 cm/min),大于/cm		40				40			20		
当量软化点 Tsoo 大于/(℃)		44	46	48	50	43	44	45	48	50	52
当量脆点 T1.2 小于/(℃)		−16	−13	−10	−8	−16	−13	−10	−13	−10	−8
闪点,大于/(℃)		250				250			250		
离析试验		软化点差≤2 ℃				—			无明显析出或凝聚		
弹性回复(15 ℃),大于/(%)		50	55	60	65	—	—	—	—	—	—
薄膜烘箱试验(163 ℃/5 h)	质量损失,小于/(%)	1.0				1.0			1.0		
	针入度比,大于/(%)	50	55	60	65	50	55	60	50	55	60
	延度(10 ℃,5 cm/min),大于/cm	30				20			10		
黏度(60 ℃),大于/(Pa·s)		200	400	600	800	200	300	400	400	600	800
密度(25 ℃)/(g/cm³)		实测				实测			实测		

2. 粗集料

粗集料通常采用由岩石破碎加工而成的碎石,碎石应具有足够的强度和硬度,清洁、干燥,其质量应符合表 6.9 的规定。

表 6.9　粗集料的技术要求

指标	标准	
	上面层	中、下面层
石料压碎值,不大于/(%)	20	25
洛杉矶磨耗损失,不大于/(%)	30	30
视密度,不小于/(t/m³)	2.5	2.5
吸水率,不大于/(%)	2.0	2.0
与沥青的黏附性(水煮法),不小于	5 级	4 级
坚固性,不大于/(%)	12	12
细长扁平颗粒含量,不大于/(%)	12	15
水洗法,小于 0.075 mm 的颗粒含量,不大于/(%)	1	1
软石含量,不大于/(%)	5	5
石料磨光值(PSV),不小于	45	—

粗集料的颗粒形状宜接近立方体,表面粗糙而富有棱角,其颗粒尺寸的规格应符合表 6.10 的规定。

表 6.10 沥青面层用粗集料规格

集料名称	公称粒径/mm	过下列筛孔(mm)的质量百分率/(%)								
		37.5	31.5	26.5	19.0	13.2	9.5	4.75	2.36	0.6
S7	10～30	100	90～100	—	—	—	0～15	0～5	—	—
S8	10～25	—	100	90～100	—	0～15	—	0～5	—	—
S9	10～20	—	—	100	90～100	—	0～15	0～5	—	—
S10	10～15	—	—	—	100	90～100	0～15	0～5	—	—
S11	5～15	—	—	—	100	90～100	40～70	0～15	0～5	—
S12	5～10	—	—	—	—	100	90～100	0～15	0～5	—
S13	3～10	—	—	—	—	100	90～100	40～70	0～20	0～5
S14	3～5	—	—	—	—	—	100	90～100	0～15	0～3

粗集料与沥青黏附性不符合要求时,应采取掺抗剥离剂措施,抗剥离剂的种类、剂量须通过试验确定。

3. 细集料

细集料可采用石屑、机制砂、天然砂。细集料应清洁、干燥、质地坚硬、耐久、无杂质,其质量应符合表 6.11 的规定。石屑、砂的颗粒尺寸与规格应符合表 6.12 和表 6.13 的规定。

表 6.11 细集料技术要求

指标	标准
视密度,不小于/(t/m³)	2.50
坚固性(大于 0.3 mm 部分),不大于/(%)	12
小于 0.075 mm 的颗粒含量,不大于/(%)	3
塑性指数,不大于	4
砂当量,不小于/(%)	60

注:a.坚固性试验根据需要进行;b.砂当量试验有困难时,可只测定小于 0.075 mm 的颗粒含量(水洗法)及其塑性指数。

表 6.12 沥青面层用机制砂或石屑规格

集料规格	公称粒径/mm	水洗法通过各筛孔的质量百分率/(%)							
		9.5	4.75	2.36	1.18	0.6	0.3	0.15	0.075
S15	0～5	100	90～100	60～90	40～75	20～55	7～40	2～20	0～10
S16	0～3	—	100	80～100	50～80	25～60	8～45	0～25	0～15

表 6.13 沥青混合料用天然砂规格

筛孔尺寸/mm	通过各筛孔的质量百分率/(%)		
	粗砂	中砂	细砂
9.5	100	100	100

续表

筛孔尺寸/mm	通过各筛孔的质量百分率/(%)		
	粗砂	中砂	细砂
4.75	90～100	90～100	90～100
2.36	65～95	75～100	85～100
1.18	35～65	50～90	75～100
0.6	15～29	30～59	60～84
0.3	5～20	8～30	15～45
0.15	0～10	0～10	0～10
0.075	0～5	0～5	0～5
细度模数 M_x	3.7～3.1	3.0～2.3	2.2～1.6

注：表中筛孔指方筛孔。

细集料应与沥青有较好的黏结能力。与沥青黏结性能差的天然砂及用酸性石料轧制的机制砂或石屑不得在沥青上面层使用；料源困难时可在中、下面层使用，但应在沥青中掺加抗剥离剂，其剂量经试验确定，并应检验沥青与集料的黏附性、水稳定性是否满足要求。

在沥青混合料中单独使用富有棱角的石屑有可能导致沥青混合料压实困难，掺配部分天然砂有助于改善混合料的和易性，但天然砂的用量不宜过多，否则会降低混合料的稳定度，一般密级配沥青混合料中天然砂的用量宜不超过集料总量的20%，SMA不宜使用天然砂。

4.填料

填料应采用石灰石、白云石等碱性石料加工磨细的石粉。原石料中的风化石、泥土杂质应剔除。填料要求干燥、洁净、无风化，其质量应符合表6.14的规定。

表6.14　填料技术要求

指标	标准
视密度，不小于/(t/m³)	2.50
含水率，不大于/(%)	1
粒度小于0.6 mm含量/(%)	100
粒度小于0.15 mm含量/(%)	90～100
粒度小于0.075 mm含量/(%)	75～100
外观	无团粒结块
亲水系数，不大于	1

为提高沥青混合料的水稳定性，可使用水泥、消石灰粉代替部分填料，但总量宜不超过集料总重的2%。从沥青混合料拌和机集尘装置中回收的粉尘，不得用作填料。

6.2　沥青混合料配合比设计

热拌沥青混合料的配合比设计应通过目标配合比设计、生产配合比设计及生产配合比验证三个阶段,确定沥青混合料的材料品种、矿料级配、最佳沥青用量等。

6.2.1 目标配合比设计

1.密级配沥青混合料目标配合比设计

密级配沥青混合料目标配合比设计的任务是用工程实际使用的材料优选矿料级配、确定最佳沥青用量,并符合相关技术标准的要求。目标配合比一般在沥青面层施工前一个月左右进行,所确定的集料配合比供拌和机确定冷料仓的供料比例、进料速度及试拌使用。

(1)确定工程设计级配范围。

密级配沥青混合料的设计级配宜在表6.15规定的级配范围内,针对具体工程的气候条件、飞机荷载和已建机场沥青道面的成功经验进行调整。

表6.15 密级配沥青混合料级配及沥青用量表

筛孔尺寸/mm	不同类型沥青混合料通过各筛孔的质量百分率/(%)					
	AC-10	AC-13	AC-16	AC-20	AC-25	AC-30
37.5	—	—	—	—	—	100
31.5	—	—	—	—	100	95~100
26.5	—	—	—	100	95~100	79~92
19.0	—	—	100	95~100	75~90	66~82
16.0	—	100	95~100	75~90	62~80	59~77
13.2	100	95~100	75~90	62~80	53~73	52~72
9.5	95~100	70~88	58~78	52~72	43~63	43~63
4.75	55~75	48~68	42~63	38~58	32~52	32~52
2.36	38~58	36~53	32~50	28~46	25~42	25~42
1.18	26~43	24~41	22~37	20~34	18~32	18~32
0.6	17~33	18~30	16~28	15~27	13~25	13~25
0.3	10~24	12~22	11~21	10~20	8~18	8~18
0.15	6~16	8~16	7~15	6~14	5~13	5~13
0.075	4~9	4~8	4~8	4~8	3~7	3~7
沥青用量/(%)	5.0~7.0	4.5~6.5	4.0~6.0	4.0~6.0	4.0~6.0	4.0~6.0

注:表中筛孔指方筛孔。

调整工程设计级配范围宜遵循下列原则。

①粗型(C型)或细型(F型)混合料的选择。粗型和细型密级配沥青混合料的关键性筛孔通过率的要求见表6.16。

表 6.16　粗型和细型密级配沥青混合料的关键性筛孔通过率

混合料类型	公称最大粒径/mm	用以分类的关键性筛孔/mm	粗型密级配		细型密级配	
			名称	关键性筛孔通过率/(%)	名称	关键性筛孔通过率/(%)
AC-25	26.5	4.75	AC-25C	<40	AC-25F	>40
AC-20	19	4.75	AC-20C	<45	AC-20F	>45
AC-16	16	2.36	AC-16C	<38	AC-16F	>38
AC-13	13.2	2.36	AC-13C	<40	AC-13F	>40
AC-10	9.5	2.36	AC-10C	<45	AC-10F	>45

对夏季温度高、高温持续时间长、飞机起降次数多的机场道面,宜选用粗型密级配沥青混合料(AC-C 型),并取较高的设计空隙率;对冬季温度低、低温持续时间长、飞机起降次数较少的机场道面,宜选用细型密级配沥青混合料(AC-F 型),并取较低的设计空隙率。

②为保证沥青混合料的高温抗车辙能力,同时兼顾低温抗裂性能的需要,进行配合比设计时宜适当减少公称最大粒径附近的粗集料用量,并减少 0.6 mm 以下细集料的用量,使中等粒径集料含量较多。

③确定各层的工程设计级配范围时应考虑不同层位的功能需要,经组合设计的沥青道面应满足耐久、稳定、密实、抗滑等要求。

④按规范要求确定的工程设计级配范围应比规范级配范围窄,其中 4.75 mm 和 2.36 mm 通过率的上下限差值宜小于 12%。

⑤沥青混合料的配合比设计应充分考虑施工性能,使沥青混合料容易摊铺和压实,避免造成严重的离析。

(2)原材料的选择与确定。

原材料的选择应依据机场所在地区的气候分区及沥青道面材料要求,通过对初选的不同料源的材料进行全面的性能试验和经济比较,选择既符合性能要求又经济合理的原材料,作为混合料配合比设计用料。

(3)矿料配合比设计。

在工程设计级配范围内拟定约 3 组粗细不同的配比,使包括 0.075 mm、2.36 mm、4.75 mm 筛孔在内的较多筛孔的通过率分别位于设计级配范围的上方、中值及下方。设计合成级配不得有太多的锯齿形交错,且在 0.3~0.6 mm 范围内不出现"驼峰"。当反复调整不能满意时,宜更换材料设计。

(4)马歇尔试验。

按照《公路工程沥青及沥青混合料试验规程》(JTG E20—2011)的相关规定进行马歇尔试验,对于密级配沥青道面,其沥青混合料马歇尔试件成型及各项试验的技术要求见表 6.17。

表 6.17　密级配沥青混合料马歇尔试验技术标准

指标	标准
击实次数/次	两面各 75
稳定度 MS,大于/kN	9.0
流值 FL/(0.1 mm)	20~40

指标	标准
空隙率 VV/(%)	3～6
沥青饱和度 VFA/(%)	70～85
残留稳定度,大于/(%)	80

注:a.粗粒式沥青混凝土马歇尔稳定度标准可降低为大于 8.0 kN;b.细粒式沥青混凝土空隙率为 2%～6%。

沥青混合料试件的制作温度按表 6.18 的规定确定,并与施工实际温度相一致。改性沥青混合料的成型温度在此基础上再提高 10～20 ℃。

表 6.18　密级配沥青混合料试件的制作温度　　　　　　　　　(单位:℃)

施工工序	石油沥青的标号				
	50 号	70 号	90 号	110 号	130 号
沥青加热温度	160～170	155～165	150～160	145～155	140～150
矿料加热温度	集料加热温度比沥青温度高 10～30 ℃(填料不加热)				
沥青混合料拌和温度	150～170	145～165	140～160	135～155	130～150
试件击实成型温度	140～160	135～155	130～150	125～145	120～140

进行马歇尔试验时,以预估的油石比为中值,按一定间隔(对密级配沥青混合料取 0.5%)取 5 个或 5 个以上不同的油石比,按规定方法成型试件,测定试件的密度,并计算空隙率 VV、沥青饱和度 VFA、矿料间隙率 VMA 等物理指标。

(5)确定最佳沥青用量 OAC。

按图 6.1 的方法,以沥青用量为横坐标,以马歇尔试验的各项物理指标为纵坐标,将试验结果点入图中,连成圆滑的曲线,确定沥青用量范围 OAC_{min}～OAC_{max}。选择的沥青用量范围必须涵盖设计空隙率的全部范围,并尽可能涵盖沥青饱和度的要求范围,使密度及稳定度曲线出现峰值。如果没有涵盖设计空隙率的全部范围,试验必须扩大沥青用量范围重新进行。

在曲线图上求取对应于密度最大值、稳定度最大值、空隙率中值、沥青饱和度中值的沥青用量 a_1、a_2、a_3、a_4,按公式(6.1)取平均值作为最佳沥青用量初始值 OAC_1。

$$OAC_1 = (a_1 + a_2 + a_3 + a_4)/4 \tag{6.1}$$

如果在所选择的沥青用量范围未能涵盖沥青饱和度的要求范围,按公式(6.2)计算初始值 OAC_1。

$$OAC_1 = (a_1 + a_2 + a_3)/3 \tag{6.2}$$

以各项指标均符合技术标准(不含 VMA)的沥青用量范围 OAC_{min}～OAC_{max} 的中值作为 OAC_2,见式(6.3)。

$$OAC_2 = (OAC_{min} + OAC_{max})/2 \tag{6.3}$$

通常情况下取 OAC_1 及 OAC_2 的中值作为计算的最佳沥青用量 OAC,见式(6.4)。

$$OAC = (OAC_1 + OAC_2)/2 \tag{6.4}$$

按公式(6.4)计算的 OAC,从图 6.1 上得出所对应的空隙率和 VMA 值,检验是否能满足表 6.19 关于最小 VMA 值的要求。OAC 宜位于 VMA 凹形曲线最小值的贫油一侧。检查图 6.1 中相应于此

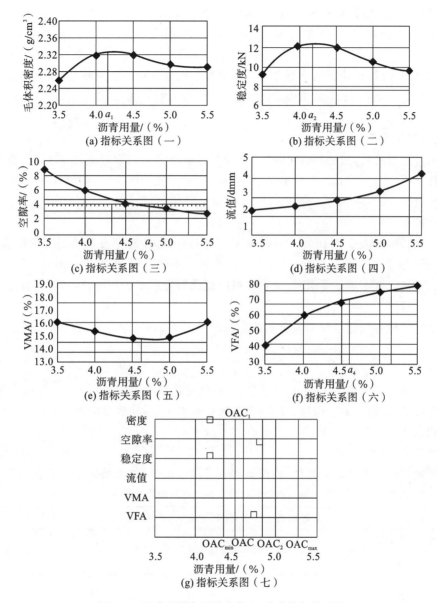

图 6.1 沥青用量与马歇尔物理-力学指标关系图

注:图中 $a_1=4.2\%$, $a_2=4.25\%$, $a_3=4.8\%$, $a_4=4.7\%$, $OAC_1=4.49\%$(由 4 个值的平均值确定),
$OAC_{min}=4.3\%$, $OAC_{max}=5.3\%$, $OAC_2=4.8\%$, $OAC=4.64\%$。

比例中相对于空隙率 4%的沥青用量为 4.6%

OAC 的各项指标是否均符合马歇尔试验技术标准。

表 6.19 矿料间隙率

最大集料粒径/mm	31.5	26.5	19.0	16.0	13.2	9.5	4.75
VMA,不小于/(%)	12.5	13	14	14.5	15	16	18

根据实践经验、气候条件、荷载情况,调整确定最佳沥青用量OAC。对温热区机场道面,预计有可能产生较大车辙时,可在OAC_2与下限OAC_{min}范围内决定,但宜不小于OAC_2的0.5%;对寒区机场道面,OAC可在OAC_2与上限值OAC_{max}范围内决定,但宜不大于OAC_2的0.3%。

最佳沥青用量确定后,应计算最佳沥青用量时的粉胶比和有效沥青膜厚度,以检验最佳沥青用量是否合理。粉胶比应符合0.6~1.6的要求,对常用的公称最大粒径为13.2~19.0 mm的密级配沥青混合料,粉胶比宜控制在0.8~1.2范围内。

(6)配合比设计检验。

确定最佳沥青用量之后,按已经确定的配合比,制作试件进行高温稳定性、低温抗裂性、水稳定性、渗水性能等各种使用性能的检验。若检验结果达不到技术标准的要求,应调整矿料配合比或更换材料重新进行配合比设计。

①高温稳定性检验。

对公称最大粒径小于或等于19 mm的密级配沥青混合料,按规定方法进行车辙试验;对公称最大粒径大于19 mm的密级配沥青混合料,由于车辙试件尺寸不能适用,检验时可加厚试件。

当车辙试验动稳定度不满足要求时,应对矿料级配或沥青用量进行调整,重新进行配合比设计。

②水稳定性检验。

按规范规定的试验方法进行浸水马歇尔试验和冻融劈裂试验,残留稳定度和劈裂强度比均应不小于80%。

③低温抗裂性检验。

对公称最大粒径小于或等于19 mm的混合料,按规定的试验方法在-10 ℃、加载速率50 mm/min的条件下进行弯曲试验,测定破坏强度、破坏应变、破坏劲度模量,并根据应力应变曲线综合评价混合料的低温抗裂性能。

④渗水性能检验。

宜利用轮碾机成型的车辙试验试件,脱模架起进行渗水试验,渗水系数应满足表6.20的相关要求。

表6.20 沥青混合料试件渗水系数技术要求

级配类型	渗水系数要求/(mL/min)	试验方法
密级配沥青混合料	≤120	T0730
SMA混合料	≤80	

(7)配合比设计报告。

配合比设计报告应包括工程设计级配范围选择说明、材料品种选择与原材料质量试验结果、矿料级配、最佳沥青用量及各项体积指标、配合比设计检验结果等。

2.SMA混合料目标配合比设计

SMA是由沥青、纤维稳定剂、矿粉和少量的细集料组成的沥青玛蹄脂填充间断级配的粗集料骨架间隙而组成的沥青混合料,其基本组成是碎石骨架和沥青玛蹄脂。SMA混合料的特点是粗集料多、细集料少、用油量高、矿粉多,其混合料属于骨架密实型结构。SMA混合料具有抗滑耐磨、孔隙率小、抗疲劳、高温抗车辙、低温抗开裂的优点。

基于SMA混合料的特点,其配合比设计与密级配沥青混合料配合比设计在集料级配、沥青用量以及马歇尔试验指标方面有较大差别。

SMA 混合料目标配合比设计的原则:一是要保证粗骨架的形成;二是要考虑最小沥青用量的限制,以保证混合料的耐久性;三是要保证混合料在施工时不产生沥青矿粉胶浆流淌、离析现象;四是所设计的混合料要满足相应技术指标的要求。

(1)材料选择。

用于配合比设计的各种材料质量必须符合规范要求。

(2)矿料级配的确定。

SMA 道面的工程设计宜采用表 6.21 规定的矿料级配范围。

表 6.21　SMA 混合料级配范围

筛孔尺寸/mm	通过各筛孔的质量百分率/(%)	
	SMA-16	SMA-13
19	100	—
16	90~100	100
13.2	60~80	90~100
9.5	40~60	45~65
4.75	20~32	22~34
2.36	18~27	18~27
1.18	14~22	14~22
0.6	12~19	12~19
0.3	10~16	10~16
0.15	9~14	9~14
0.075	8~12	8~12

注:表中筛孔指方筛孔。

在工程设计级配范围内,调整各种矿料比例,设计 3 组粗细不同的初试级配,3 组级配 4.75 mm 筛的通过率(SMA-10 为 2.36 mm,下同)分别为级配范围的中值、中值+3%、中值-0.3%,其矿粉数量宜相同,使 0.075 mm 筛的通过率为 10% 左右。

计算初试级配的矿料的合成毛体积相对密度 γ_{sb}、合成表观相对密度 γ_{sa}、有效相对密度 γ_{se}。把每个合成级配中小于粗、细集料分界筛孔的集料筛除,按《公路工程集料试验规程》(JTG E42—2005)的规定,用捣实法测定粗集料骨架的松方毛体积相对密度 γ_s,按公式(6.5)计算粗集料骨架混合料的平均毛体积相对密度 γ_{CA}。

$$\gamma_{CA} = \frac{P_1 + P_2 + \cdots + P_n}{\dfrac{P_1}{\gamma_1} + \dfrac{P_2}{\gamma_2} + \cdots + \dfrac{P_n}{\gamma_n}} \qquad (6.5)$$

式中:$P_1, P_2, \cdots, P_n$ 为粗集料骨架部分各种集料在全部矿料级配混合料中的配比;$\gamma_1, \gamma_2, \cdots, \gamma_n$ 为各种粗集料相应的毛体积相对密度。

按公式(6.6)计算各组初试级配的捣实状态下的粗集料松装间隙率 VCA_{DRC}。

$$VCA_{DRC} = \left(1 - \frac{\gamma_s}{\gamma_{CA}}\right) \times 100 \tag{6.6}$$

式中：VCA_{DRC} 为粗集料骨架的松装间隙率，%；γ_{CA} 为粗集料骨架的毛体积相对密度；γ_s 为粗集料骨架的松方毛体积相对密度。

预估 SMA 混合料的油石比 P_a 或沥青用量 P_b，作为马歇尔试件的初试油石比，制作马歇尔试件，马歇尔标准击实的次数为双面 50 次，根据需要也可采用双面 75 次，一组马歇尔试件的数目不得少于 4 个。SMA 马歇尔试件的毛体积相对密度由表干法测定。

按公式(6.7)的方法计算不同沥青用量条件下 SMA 混合料的最大理论相对密度 γ_t，其中纤维部分的比例不得忽略。

$$\gamma_t = \frac{100 + P_a + P_x}{\dfrac{100}{\gamma_{se}} + \dfrac{P_a}{\gamma_a} + \dfrac{P_x}{\gamma_x}} \tag{6.7}$$

式中：γ_{se} 为矿料的有效相对密度；P_a 为沥青混合料的油石比，%；γ_a 为沥青混合料的表观相对密度；P_x 为纤维用量，以沥青混合料总量的百分数代替，%；γ_x 为纤维稳定剂的密度，g/cm³，由供货商提供或由比重瓶法实测得到。

按公式(6.8)计算 SMA 混合料马歇尔试件中的粗集料骨架间隙率 VCA_{mix}，并计算混合料的空隙率 VV、矿料间隙率 VMA、沥青饱和度 VFA。

$$VCA_{mix} = \left(1 - \frac{\gamma_f}{\gamma_{CA}} \times P_{CA}\right) \times 100\% \tag{6.8}$$

式中：P_{CA} 为沥青混合料中粗集料的比例，即大于 4.75 mm 的颗粒含量，%；γ_{CA} 为粗集料骨架部分的平均毛体积相对密度；γ_f 为沥青混合料试件的毛体积相对密度，由表干法测定。

从 3 组初试级配的试验结果中选择符合 $VCA_{mix} < VCA_{DRC}$ 及 VMA > 16.5% 的级配作为设计级配，当有 1 组以上的级配同时符合要求时，以 4.75 mm 筛的通过率大的级配为设计级配。

(3)确定最佳沥青用量 OAC。

根据初试油石比试验的空隙率结果，以 0.2%～0.4% 为间隔，调整 3 个以上不同的油石比用以拌制混合料，制作马歇尔试件，每一组试件数宜不少于 4 个。若初试油石比的空隙率及各项体积指标恰好符合设计要求，可直接作为最佳油石比。

进行马歇尔试验，检验稳定度和流值是否符合表 6.22 的技术要求。表 6.22 中的稳定度和流值并不作为 SMA 混合料配合比设计可以接受或者否决的唯一指标，容许根据同类型 SMA 工程的经验予以调整，对改性沥青 SMA 试件的流值可不作要求。

表 6.22　SMA 混合料马歇尔试验技术要求

指标	标准
击实次数	两面各 75 次
稳定度/kN	＞6.0
流值/(0.1 mm)	20～50
空隙率/(%)	3～5
VMA/(%)	＞17

续表

指标	标准
沥青用量/(%)	>5.5
动稳定度/(次/mm)	>3000
残留稳定度/(%)	>80
冻融劈裂试验残留强度比/(%)	>75
析漏(170 ℃,1 h)/(%)	≤0.15
肯塔堡磨耗率(−10 ℃)/(%)	≤20

注:当集料的吸水率小于1%时,按集料的毛体积密度计算试件的空隙率;当集料的吸水率大于1%时,按集料的毛体积密度与视密度的平均值计算试件的空隙率。

根据期望的设计空隙率,确定最佳油石比。马歇尔试件的设计空隙率应符合表 6.22 的要求,在炎热地区空隙率宜选择靠近上限,寒冷地区空隙率可选择靠近中、下限。当击实次数为 75 次时,设计空隙率宜不超过 4%。

(4)配合比设计检验。

SMA 混合料的配合比设计与密级配沥青混合料相比,还必须进行谢伦堡沥青析漏试验及肯塔堡飞散试验。

①谢伦堡沥青析漏试验。

谢伦堡沥青析漏试验用以确定沥青混合料有无多余的自由沥青或沥青玛蹄脂,由此确定最大沥青用量。通过此试验,若结合料损失率超过表 6.22 的相关要求,即认为所设计的混合料沥青用量超过了最大沥青用量。试验方法可参见《公路工程沥青及沥青混合料试验规程》(JTG E20—2011)。

②肯塔堡飞散试验。

肯塔堡飞散试验用以检验所设计的集料与沥青结合料的黏结力是否满足表 6.22 飞散质量损失的要求。集料飞散大多可能是沥青结合料用量太少,也可能是沥青结合料的质量太差,二者都有可能使集料黏附不牢固而在交通荷载的作用下发生飞散。

肯塔堡飞散试验是将单个马歇尔试件在一定温度下放入洛杉矶磨耗试验机内,不加任何其他磨块,试件在筒内以一定速度旋转过程中受到撞击、筒壁摩擦等作用,旋转一定时间内,试件在磨损前后的质量损失率,称为"混合料飞散损失率",其试验步骤可依据《公路工程沥青及沥青混合料试验规程》(JTG E20—2011)的相关规定。

6.2.2　生产配合比设计

生产配合比是在目标配合比的基础上确定的。通过计算、调整确定沥青混合料拌和厂冷料仓的供料比例,确定热料仓的材料比例,并确定最佳沥青用量,这个过程即为生产配合比设计。

1.调整冷料仓的出料比例

首先对沥青混合料拌和厂堆料场中各种规格的集料进行筛分。如果堆料场各个规格集料的级配组成与目标配合比设计阶段相同,可直接根据目标配合比确定的矿质集料比例确定各冷料仓的出料比例。当料场集料规格与目标配合比时的集料规格有明显差异时,应重新进行矿料配合比计算,再根据目标配合比和集料级配重新确定各冷料仓的供料比例。

2. 热料仓矿料配合比设计

烘干后的热集料经过二次筛分重新分成 3～5 个不同粒径级别的集料,并分别进入拌和机的各个热料仓内。此时,各个热料仓中集料颗粒组成已不同于冷料仓,不能再按照冷料仓的集料颗粒组成确定各热料仓集料进入拌和锅的比例,需要重新进行矿料配合比计算。首先对各个热料仓集料进行筛分试验,根据各个热料仓集料的级配组成计算各个热料仓的取料比例,得到矿质混合料的生产配合比。所确定的生产配合比必须符合设计级配范围的要求,并尽量接近目标配合比级配组成。同时应反复调整从冷料仓进料的比例和进料速度,使得各个热料仓的取料比例基本均衡,防止个别热料仓取料比例较小,避免出现溢仓现象。

3. 确定最佳沥青用量

根据热料仓的材料比例,取目标配合比设计的最佳沥青用量 OAC、OAC±0.3% 这 3 个沥青用量进行马歇尔试验和试拌,通过室内试验及从拌和机取样试验综合确定生产配合比的最佳沥青用量,由此确定的最佳沥青用量与目标配合比设计结果的差值宜不大于 0.2%。

6.2.3　生产配合比验证

沥青混合料的生产配合比验证要求对沥青混合料进行试拌试铺。机场跑道道面较宽,要求在试铺中尽可能按道面宽度进行摊铺。应在防吹坪部位或滑行道部位先行试铺,确定生产配合比和施工工艺,成熟后再进行跑道等重要部位沥青混合料的摊铺。

拌和机的试拌和试验段上的试铺时,应对混合料级配、油石比、摊铺、碾压过程和成型混合料的表面状况进行观察和判断,并在拌和厂出料处或摊铺机旁抽检取样,检验混合料矿料级配和沥青用量是否合格;进行马歇尔试验,检验混合料是否符合规定的要求,同时还应进行车辙试验、浸水马歇尔试验,以检验高温稳定性和水稳定性。只有当试拌和试铺的混合料符合所有的要求时才能允许生产使用。

通过试拌和试铺,要解决下列问题。

(1)根据马歇尔试验结果(含残留稳定度等结果)、矿料间隙率和沥青饱和度、现场钻取试件的空隙率(如为上面层还要包括摩擦系数和表面构造深度等),验证初定的沥青混合料生产配合比。

(2)确定合适的摊铺温度、摊铺速度、自动找平方式等。

(3)确定所需运料车的数量及单车最小吨位。

(4)确定压路机组合方式、碾压温度(含初压、复压和终压三个阶段)、碾压的控制方法、碾压速度及各种压路机相应的碾压遍数。

(5)确定松铺系数和施工缝的处理方法。

6.3　沥青道面层间结合施工

6.3.1　透层施工

1. 定义与作用

(1)定义。

为使沥青面层与非沥青材料基层结合良好,在基层上喷洒乳化石油沥青、煤沥青而形成的透入基层表面一定深度的薄层称为"透层"。

（2）作用。

①透入基层表面孔隙,增强了基层和沥青面层间的黏结作用,提高了道面结构体系连续性,防止在水平力作用下造成的层间滑动,从而产生病害。

②有助于结合基层表面集料中的细集料。

③提高了道面的防水能力,透层材料渗入基层后,对基层表面起到填充作用,封闭基层材料的开口空隙,从而形成一个防水层,阻止地表水渗入地基,提高了基层抵御水破坏的能力,特别是结合下封层油膜的封闭作用,既可解决下封层的黏结,又为基层防水起到了良好的作用。

④在新铺筑的基层表面及时喷洒透层油,可以避免基层内水分蒸发,从而达到基层养护的目的,减少基层养护费用,提高养护质量。

（3）适用范围。

①沥青道面级配碎石基层。

②水泥、石灰、粉煤灰等无机结合料稳定土。

③粒料半刚性基层。

总之,沥青道面的各类基层都必须喷洒透层沥青,上部沥青层必须在透层油完全渗入基层后方可施工。基层设置下封层时,透层油不宜省略。

2. 材料选择

透层沥青可采用慢裂的洒布型乳化沥青,透层所用沥青应与道面所用沥青的种类和标号相同。透层沥青的稠度、品种、用量宜通过试喷确定,并符合表6.23的规定。表面致密的半刚性基层宜采用渗透性好的较稀的透层乳化沥青。

表 6.23　沥青道面透层材料规格和用量表　　　　　　　　　　　（单位:L/m²）

用途	液体沥青		乳化沥青		煤沥青	
	规格	用量	规格	用量	规格	用量
无机结合料 粒料基层	AL(M)-1、2 或 3 AL(S)-1、2 或 3	1.0～2.3	PC-2 PA-2	1.0～2.0	T-1 T-2	1.0～1.5
半刚性基层	AL(M)-1 或 2 AL(S)-1 或 2	0.6～1.5	PC-2 PA-2	0.7～1.5	T-1 T-2	0.7～1.0

（1）乳化石油沥青的选取与使用。

一般选取贮存稳定性为5 d的,如时间紧迫也可用1 d的稳定性;乳化石油沥青应采用与道面所用的同种石油沥青进行乳化,沥青含量为40%～60%。乳化石油沥青的类型应根据使用目的、矿料种类、气候条件选用。乳化石油沥青用于黏层时用量宜为0.4～0.6 kg/m²;用于透层时用量宜为0.5～0.8 kg/m²。

乳化石油沥青可利用胶体磨乳化机械在沥青拌和厂或现场制备。乳化剂用量(按有效含量计)宜为沥青质量的0.3%～0.8%。现场制备乳化石油沥青的温度应通过试验确定,乳化剂水溶液的温度宜为40～70 ℃,石油沥青宜加热至120～160 ℃。乳化沥青制成后应及时使用,存放期以不离析、不冻结、不破乳为度。经较长时间存放的乳化沥青在使用前应抽样检验,凡质量不符合要求者不得使用。

（2）乳化石油沥青的技术要求。

乳化石油沥青的技术要求见表 6.24。

表 6.24　乳化石油沥青技术要求

项目		种类	
		PC-2PA-2	PC-3 PA-3
筛上剩余量不大于/（%）		0.3	
破乳速度试验		慢裂	快裂
黏度	沥青标准黏度计 $C_{25\Delta3}$/s	8～20	
	恩格拉度 E_{25}	1～6	
蒸发残留物含量不小于/（%）		50	
蒸发残留物性质	针入度（100 g,25 ℃,5 s）/（0.1 mm）	80～300	60～160
	残余延度比（25 ℃）不小于/（%）	80	
	溶解度（三氯乙烯）不小于/（%）	97.5	
贮存稳定性	5 天不大于/（%）	5	
	1 天不大于/（%）	1	
与矿料的黏附性,裹覆面积不小于		2/3	
低温贮存稳定度（-5 ℃）		无粗颗粒或结块	

3. 施工前准备

（1）基层表面准备。

①对养护达到 2～4 d 的基层表面,用打毛机或钢丝刷将局部"镜面"部位进行凿毛处理,尽量使水泥稳定碎石基层顶面粗集料部分外漏。

②用空压机等将基层表面彻底清扫干净,不能存留浮尘。

③基层摊铺养护且表面干燥时,洒布透层油。

④在洒布透层油前,必须遮挡人工构造物,以免污染。

（2）喷洒设备准备。

透层油宜采用沥青洒布车一次喷洒均匀,使用的喷嘴宜根据透层油的种类和黏度选择,并保证均匀喷洒,沥青洒布车喷洒不均匀时要改用手工沥青喷洒机喷洒。

4. 施工注意事项与要求

①按设计用量一次喷洒均匀,当有遗漏时,人工进行补喷。

②透层沥青喷洒后应不致流淌,并渗透入基层一定深度,不得在表面形成油膜。

③在铺筑沥青混合料时,若局部地方尚有多余的透层沥青未渗入基层,应予清除。

④喷洒透层沥青后,严禁车辆、行人在其上通过。

⑤气温低于 10 ℃ 或即将降雨时,不得喷洒透层沥青。

⑥透层沥青喷洒后应待其充分渗透、水分蒸发（宜不少于 24 h）后方可铺筑沥青混合料。

6.3.2　黏层施工

1.作用与适用范围

（1）作用。

使上下层沥青结构层或沥青结构层与结构物（或水泥混凝土道面）完全黏结成一个整体，是沥青道面层间黏结的保证。

（2）适用范围。

符合下列情况之一时，必须喷洒黏层油：①双层式或三层式沥青混凝土道面层在铺筑上层前；②原沥青混凝土道面上加铺沥青混凝土面层；③原水泥混凝土道面上加铺沥青混凝土面层。

2.材料选择

黏层沥青宜采用快裂的洒布型乳化沥青，黏层所用沥青应与道面所用沥青的种类和标号相同；黏层沥青的品种和用量应根据黏结层的种类通过试洒确定，并符合表 6.25 的规定。在沥青层之间兼作封层而喷洒的黏层油，其用量宜不少于 $1.0~\text{L/m}^2$。

表 6.25　沥青道面黏层材料的规格和用量

下承层类型	液体沥青		乳化沥青	
	规格	用量/(L/m²)	规格	用量/(L/m²)
新建沥青层或旧沥青道面	AL(R)-3~AL(R)-6 AL(M)-3~AL(M)-6	0.3~0.5	PC-3 PA-3	0.3~0.6
水泥混凝土	AL(M)-3~AL(M)-6 AL(S)-3~AL(S)-6	0.2~0.4	PC-3 PA-3	0.3~0.5

3.施工前准备

①沥青中下面层受到污染，应进行清扫，对于下承层局部离析部位，必须提前采用黏层油进行喷洒处理。

②喷洒区附近的结构物应加以保护，以免溅上沥青受到污染。

③在洒布黏层油之前，应预热并疏通油嘴，保证洒布的均匀性。

4.施工注意事项与要求

①喷洒黏层沥青前，应将道面清扫干净。

②黏层沥青应均匀喷洒，过量处应予刮除。

③喷洒黏层沥青后，严禁车辆、行人在其上通过。

④气温低于 10 ℃或即将降雨时，不得喷洒黏层沥青。

⑤喷洒黏结沥青，待其破乳、水分蒸发后，方可铺筑沥青混凝土面层。

6.3.3　下封层施工

1.定义与作用

（1）定义。

封层分为上封层和下封层。上封层铺设在沥青混凝土面层上面，起着封闭水分及抵抗车轮磨耗的作用;下封层铺设在基层和面层之间,与透层油结合在基层和面层之间,形成一道抵御水害的防护层。下封层从工艺上可分为石屑封层和稀浆封层。

(2)作用。

下封层设在养护后的透层上面,与透层油结合,在基层与面层之间形成一道抵御水害(包括动水压破坏)的防护层。透层沥青材料在基层中的渗透,封闭了基层表面的开口孔隙且使无机结合料基层的亲油性得到改善,同封层材料牢固地黏合在一起。如果不做透层,直接把防水层(无渗透作用)施工于无机结合料基层上,就导致基层与面层的不连续,则明显降低道面的荷载应力扩散和抗动水冲刷性能。面层与基层的良好结合,对于保证沥青面层的使用质量是非常重要的。如果只做透层,不做封层,虽然透层具有一定的防水功能,但与封层相比,封层更具有水密性和消解应力的作用。所以,完整意义的下封层应该是透层和封层的有机结合,而不应该把透层和封层分开。

(3)适用范围。

①多雨潮湿地区且面层空隙率较大,有严重渗水可能时,宜在喷洒透层油后铺筑下封层。

②下封层宜采用层铺法表面处治或稀浆封层法施工,稀浆封层可采用乳化沥青或改性乳化沥青作结合料,下封层的厚度宜不小于 6 mm,且做到完全密水。

2.施工要求

①按层铺法表面处治工艺施工,其材料用量要求应符合相关规定。

②封层宜选择在干燥和较热的季节施工,并在最高温度低于 15 ℃到来以前半个月及雨期前结束。

③使用乳化沥青稀浆封层法施工上下封层。

3.施工注意事项

①稀浆封层施工前,应彻底清除原道面的泥土、杂物,修补坑槽、凹陷,较宽的裂缝宜清理灌缝。

②稀浆封层施工应在干燥情况下进行。

③稀浆封层铺筑后,必须待乳液破乳、水分蒸发、干燥成形后方可开放交通。

④稀浆封层施工温度不得低于 10 ℃,严禁在雨天施工,摊铺后尚未成形混合料遇雨时应予以铲除。

6.4 热拌沥青混合料施工

1.热拌沥青混合料施工工艺流程

热拌沥青混合料施工工艺流程如图 6.2 所示。

2.热拌沥青混合料施工要点

(1)施工准备。

施工前应按照有关标准、规范的规定对基层进行质量检查,符合要求后方可铺筑沥青混凝土混合料。在原道面上加铺沥青面层时,应对原道面的质量情况进行检测。对原道面及其基础的处理、表面清洗等工作应按设计要求提前进行。

沥青混凝土道面铺筑前,应将助航灯光灯具定位、各类管线埋设等工作提前完成。对各种材料进行调查和试验,经选定的材料在施工过程中不得随意更换。施工前备料应充足(包括沥青、各种集料、外加剂和改性剂等),堆料场应有平整坚实的铺砌面,进出料场道路通畅。

沥青混凝土道面应采用机械化连续施工,重要机械应有备用设备,施工能力和技术人员应配套,工

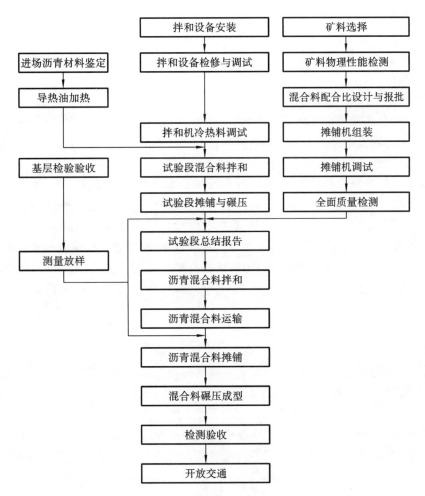

图6.2 热拌沥青混合料施工工艺流程

人应持证上岗操作。施工前应对各种施工机械进行全面检修,以保证其性能处于良好状态。

施工单位必须在现场设立质量控制机构,并有专职试验人员与检测设备,当采用改性沥青时,应根据改性剂种类及其工艺要求,配置相应设备。

(2)混合料拌和。

①施工现场拌和厂的要求。

拌和厂宜设置在机场附近,地势较高处,地面平坦坚硬,宜有铺砌层;尽量位于主风向的下风位置,有良好的排水设施、排污措施和可靠的电力供应;应有足够堆放沥青、矿料的场地。沥青分品种、标号分别储存;各矿料分别隔离堆放,不得混杂;堆放的细集料宜设置防雨棚,并应符合机场净空要求。

应备有消防、安全设施,符合国家现行有关环境保护和安全防火标准规范的要求,进出料交通应流畅。

②拌和设备。

拌和厂应配备间歇式拌和机,其生产能力应满足施工进度要求,并有独立控制操作室,有逐盘打印记录的计算机自动系统。

沥青材料应采用导热油加热,集料宜用自动传输鼓筒油料加温设施加热,且具有足够容量的沥青混合料储料仓,以保证连续摊铺。

③混合料的拌和要求。

每台班工作前,应对拌和设备及附属设施进行检查,确保设备正常运转。间歇式拌和机热集料二次筛分用的振动筛的筛孔应根据集料级配要求选用,其安装角度应根据集料的可筛分性、振动能力等由试验确定,并根据现场试验室确定的配合比用量输入计算机。所有计算机打印记录应作为每台班拌和的混合料的施工日志,留作竣工原始资料。

严格控制各种材料和混合料的加热温度,拌和好的沥青混合料应均匀一致,无花白或焦黄色,无粗细集料分离、结块成团以及干散等现象。不合格的沥青混合料应禁止使用。每次拌和结束,应清理拌和设备的各个部位,清除多余积存物。管道中的沥青也必须放尽,清理油泵。

出厂的沥青混凝土混合料应逐车测温并用地磅称重,现场签发的运料单应一式三份分别交司机、现场摊铺和拌和厂质检等人员。拌好的混合料因故无法立即出厂时,应放入储料仓储存。有保温设施的储料仓,储料时间宜不超过一天,无保温设施的储料仓,储料时间应以符合混合料摊铺温度要求为准。

(3)混合料运输与摊铺。

①混合料的运输。

a.运输车辆。

运输沥青混凝土混合料的车辆,宜采用较大吨位的自卸汽车。车内应清扫干净,车厢底板及四周涂抹一薄层油水混合液(柴油与水的比例可为1∶3),但应防止油水混合液积聚在底板上,并备有篷布覆盖设施,以保温、防雨、防风及防止污染环境。

拌和机向运料车上卸料时,每卸一半混合料应挪动汽车位置,注意卸料高度,以防止粗细集料离析。

混合料运料车的数量应与拌和能力、摊铺速度相匹配以保证连续施工。开始摊铺时在施工现场等候的卸料车的数量根据运输距离而定。对改性沥青混凝土混合料,不宜过早装车,以防结块成团。

b.混合料温度。

混合料运至摊铺地点后,应有专人接收运料单,并检查温度与拌和质量。不符合《民用机场沥青道面施工技术规范》(MH/T 5011—2019)中的温度要求、已结成团块或已遭雨淋湿的混合料禁止使用。

②混合料的摊铺。

a.摊铺设备。

混合料的摊铺宜采用履带自行式摊铺机。摊铺前应先调整幅宽,检查刮平板与幅宽是否一致,高度(按松铺系数)是否符合要求。刮平板和振动器底部应涂油以防黏结,熨平板应预先加热。

b.摊铺搭叠宽度。

为减少纵向施工冷接缝,保证平整度,宜采用多台摊铺机成梯队连续作业。相邻两幅的摊铺宽度宜搭叠5~10 cm,两相邻摊铺机间距宜不超过15 m,以免距离过远造成前面摊铺的沥青混合料冷却。

c.摊铺速度。

混合料必须缓慢、均匀、连续不断地摊铺。摊铺速度宜小于5 m/min,摊铺过程中不得中途停顿或随意变换速度。摊铺机螺旋送料器应不停顿地转动,两侧应保持有不少于送料器高度2/3的混合料,以防止摊铺机全宽度断面上发生离析。

d.摊铺料的更换。

摊铺机摊铺混合料后,应用3 m直尺及时随机检查平整度。特别是摊铺改性沥青混凝土混合料,应尽量一次成型,不宜反复修补。当出现以下情况时,可用人工局部找补或更换混合料。

Ⅰ.表面局部不平整。

Ⅱ.接缝部位缺料、不平整。

Ⅲ.摊铺幅的边缘局部缺料。

Ⅳ.混合料有明显离析、变色、油团、杂物等。

每班摊铺工作段长度应根据摊铺厚度、幅宽、拌和机生产能力、运输车辆、碾压设备等因素确定。施工中因气候原因停止摊铺而未及时压实部分,应全部清除重新更换新料摊铺。

施工时当气温低于10 ℃时,不宜摊铺混合料。

(4)混合料压实。

①压实机械。

a.碾压设备。

压路机的类型与数量,应根据碾压效率决定,可采用6~8 t两轮轻型压路机、6~14 t振动式压路机、12~20 t或20~25 t的轮胎式压路机。

b.碾压厚度。

混合料的分层压实厚度应根据集料粒径及压实机械性能确定,但一般不得大于10 cm。

c.碾压速度。

压路机的碾压速度应按表6.26规定严格控制。

表6.26　压路机碾压速度　　　　　　　　（单位：km/h）

压路机类型	初压		复压		终压	
	适宜	最大	适宜	最大	适宜	最大
钢轮式压路机	1.5~2	3	2.5~3.5	5	2.5~3.5	5
轮胎式压路机	—	—	3.5~4.5	8	4~6	8
振动式压路机	1.5~2(静压)	5(静压)	4~5(振动)	4~6(振动)	2~3(静压)	5(静压)

②初压要求。

初压应在混合料摊铺后及时进行,不得产生推移、发裂现象;如出现应找出原因及时采取措施处理。施工温度应符合表6.27的要求。

表6.27　沥青混合料施工温度

沥青种类	石油沥青	
沥青标号	AB-50 AB-70 AB-90	AB-110 AB-130 —

沥青种类			石油沥青	
沥青加热温度			150~170 ℃	140~160 ℃
间歇式沥青拌和机矿料加热温度			比沥青加热温度高 10~20 ℃（填料不加热）	
沥青混合料出厂正常温度			140~165 ℃	125~160 ℃
混合料储料仓储存温度			储料过程中温度比出厂温度降低不得超过 10 ℃	
混合料运输到现场温度不低于			120~150 ℃	
摊铺温度	正常施工	不低于	110~130 ℃	
碾压温度	正常施工	不低于	110~140 ℃	
碾压终了温度	钢轮压路机	不低于	70 ℃	
	轮胎压路机	不低于	80 ℃	
	振动压路机	不低于	65 ℃	
道面开放使用温度不大于			50 ℃	

压路机应从外侧向中心碾压。碾压时为防止混合料向外推移。外侧边缘应空出宽度 30~40 cm。相邻碾压带应重叠 1/3~1/2 轮宽，压完全幅为一遍，待压完第一遍后将压路机大部分质量位于已压实过的沥青混合料面上，再压边缘预先空出地段。

压路机碾压时，应将驱动轮面向摊铺机，碾压路线及方向不应突然改变而导致混合料产生推移。压路机启动、停止必须缓慢进行。

初压应采用轻型钢轮式压路机或关闭振动装置的振动压路机碾压 2 遍。其线压力宜不小于 350 N/cm。初压后立即用 3 m 直尺检查平整度，不符合设计要求时，予以适当修补与处理。

③复压要求。

复压紧接在初压后进行，宜采用重型的轮胎压路机，也可采用振动压路机。碾压遍数一般不少于 4 遍，直至无明显轮迹，达到要求的压实度为止。

轮胎压路机总质量宜不小于 15 t。碾压厚层的混合料，总质量宜不小于 22 t。轮胎充气压力不小于 0.5 MPa，各个轮胎气压应一致，相邻碾压带应重叠 1/3~1/2 轮宽。

当采用振动压路机时，振动频率为 35~50 Hz，振幅宜为 0.3~0.8 mm，并根据混合料种类、温度和层厚选用。层厚较厚时应选用较大的频率和振幅。振动压路机倒车时应停止振动，向另一方向运行时再开始振动，以避免混合料形成鼓包起拱。相邻碾压带重叠宽度为 10~20 cm。

④终压要求。

终压应紧接在复压后进行，压路机可选用双轮钢轮式或关闭振动装置的振动压路机碾压，宜不少于 2 遍，应无轮迹。

碾压过程与碾压终了温度控制应符合表 6.27 的规定，并由专人负责检测。

⑤碾压过程其他要求。

压路机的碾压段长度应与混合料摊铺速度相匹配。压路机每次由两端折回的位置应以阶梯形随摊铺机向前推进,使折回处不在同一横断面上。在摊铺机连续摊铺的过程中,压路机不得随意中途停顿。

碾压过程中出现混合料沾轮现象时,可向碾压轮洒少量清水或加洗衣粉的水,严禁在轮上洒柴油。在连续碾压一段时间轮胎已发热后即应停止向轮胎洒水。采用轮胎压路机碾压时不宜洒水。

压路机不得在未碾压成型的道面上转向、掉头或停车等候,振动压路机在已成型的道面上行驶时应关闭振动。

在碾压成型尚未冷却的沥青混合料层面上不得停放任何机械设备或车辆,不得散落矿料、油料等杂物。

(5)接缝与接坡处理。

①纵向接缝。

沥青混凝土道面的纵缝,宜沿跑道、滑行道的中心线向两侧设置,道面各层的纵缝应错开 30 cm 以上,接缝处必须紧密、平顺。

采用梯队作业摊铺的纵缝应采用热接缝,对先摊铺的混合料附近保留 10~20 cm 宽度暂不碾压,作为其后摊铺混合料的高程基准面,最后做跨缝碾压以消除轮迹。碾压时必须掌握混合料的温度,避免产生冷接缝。

当不能采用热接缝时,宜用切缝机将缝边切齐或刨齐,清除碎屑,吹干水分。切缝断面要垂直,纵向要成直线(上面层中间纵缝应位于道面的中线),垂直面应涂刷黏层油。

②横向接缝。

热拌沥青混合料相邻两幅及各分层间(上、中、下面层)的横向接缝均应错位 1 m 以上。铺筑接缝时,可在已压实部分上面铺设一些热混合料(碾压前应铲除),使之预热软化,以加强新老道面接缝处的黏结。

在道面的上面层应做成垂直的平接缝,中、下面层可采用斜接缝。接缝处应用 3 m 直尺检查平整度,当不符合要求时,应在混合料尚未冷却前及时处理。

横向接缝处应先用钢轮或双轮压路机进行横向碾压,碾压外侧可放置供压路机行驶的垫木,碾压时压路机应位于已压实的沥青道面上,主轮先压新铺层上约 15 cm 的宽度,然后逐步移入新铺层,直至全部压在新铺层上为止,再改为纵向碾压。

当相邻已有成型铺幅并且又是相连接地段时,应先碾压相邻纵向接缝,然后碾压横向接缝,最后进行正常的纵向碾压。

③其他接缝。

在道面的中、下面层的横向接缝为斜接缝时,搭接长度宜为 0.4~0.8 m,搭接处应清扫干净并洒黏层油。

在原道面上加铺沥青混凝土面层时,与原道面相接处可做成接坡。接坡段应洒黏层油,充分碾压,连接平顺。接坡的坡脚处,应在下层道面上铁刨一条宽 1 m、深 3~4 cm 的凹槽,使坡脚嵌入下层中。若原道面为水泥混凝土道面,接坡点宜设置在原道面接缝处。

3. 施工注意事项

沥青混凝土道面不得在雨天施工。施工期间应注意机场地区的气象预报,雨季施工应做好防雨、排水等措施。现场应有通信工具,以便与沥青拌和厂联络,保证各工序紧密衔接。

沥青混凝土道面施工应确保施工安全,施工人员应有良好的劳动保护条件,沥青拌和厂(场、站)应符合消防、环保要求。

6.5 SMA 道面施工

1. 概念

SMA(沥青玛蹄脂碎石混合料)是一种由大量粗集料(粒径大于 4.75 mm)及沥青、矿粉、纤维稳定剂、少量细集料(沥青玛蹄脂)组成的沥青玛蹄脂结合料填充间断级配的粗骨料骨架间隙而组成的沥青混合料,常用于道面抗滑层。

SMA 最基本的组成是碎石骨架和沥青玛蹄脂结合料两部分。通过采用木质素纤维或矿物纤维稳定剂、增加矿粉用量、沥青改性等技术手段,组成沥青玛蹄脂。沥青玛蹄脂可以使沥青的感温性变小,沥青用量增加,由它填充间断级配碎石集料中的空隙,从而使混合料既能保持间断级配沥青混合料表面性能好的优点,又能克服其耐久性差的缺点,尤其是能使混合料的高温抗车辙能力、低温抗裂性能、耐疲劳性能和水稳定性等各种道面性能大幅度提高。

2. SMA 强度形成机理

SMA 是由沥青稳定添加剂、矿粉及少量细集料组成的沥青玛蹄脂填充间断级配的碎石骨架组成的骨架嵌挤型密实结构混合料,其结构组成有如下特点。

(1)SMA 是一种间断级配的沥青混合料,其与密级配沥青混凝土、排水沥青混凝土的结构组成有明显的不同。

(2)SMA 的结构组成特点可概括为"三多一少",即粗集料多、矿粉多、沥青多、细集料少。具体来讲,SMA 沥青混合料粒径 4.75 mm 以上的粗集料比例达 70%~80%,矿粉的用量达 7%~13%,很少使用细集料;为加入较多的沥青,一方面增加矿粉用量,另一方面使用纤维作为稳定剂。沥青用量较多,有的甚至达 6.5%~7%,黏结性要求高,并选用针入度小、软化点高、温度稳定性好的沥青(最好采用改性沥青)。

3. 混合料材料及其技术要求

拌制 SMA 宜采用机场道面石油沥青,可采用改性沥青技术。SMA 所用的矿料应符合前述相关规定。混合料中应掺加纤维材料,提高材料的韧性和劲度。纤维材料可采用木质素纤维或矿物纤维。纤维掺量为混合料总质量的 0.3%~0.5%。纤维应耐溶剂、耐酸碱和耐高温。

SMA 的集料级配应符合表 6.28 中的规定,技术指标应符合表 6.29 的规定,施工温度应符合表 6.30 的规定。

表 6.28 SMA 集料级配

筛孔尺寸/mm	通过各筛孔的质量百分率/(%)	
	SMA-16	SMA-13
19	100	—

筛孔尺寸/mm	通过各筛孔的质量百分率/(%)	
	SMA-16	SMA-13
16	90～100	100
13.2	60～80	90～100
9.5	40～60	45～65
4.75	20～32	22～34
2.36	18～27	18～27
1.18	14～22	14～22
0.6	12～19	12～19
0.3	10～16	10～16
0.15	9～14	9～14
0.075	8～12	8～12

注:表中筛孔指方筛孔。

表 6.29　SMA 马歇尔试验技术要求

指标		标准
击实次数		两面各 75 次
稳定度/kN	大于	6.0
流值/(0.1 mm)		20～50
空隙率/(%)		3～5
VMA/(%)	大于	17
沥青用量/(%)	大于	5.5
动稳定度/(次/mm)	大于	改性沥青 3000;一般沥青 1500
残留稳定度/(%)	大于	80
冻融劈裂试验残留强度比/(%)	大于	75
析漏(170 ℃,1 h)/(%)	不大于	0.15
肯塔堡磨耗率(-10 ℃)/(%)	不大于	20

注:当集料的吸水率小于 1% 时,按集料的毛体积密度计算试件的空隙率;当集料的吸水率大于 1% 时,按集料的毛体积密度与视密度的平均值计算试件的空隙率。

表 6.30　SMA 施工温度　　　　　　　　　　　　　　(单位:℃)

工序	不使用改性沥青	使用改性沥青		
		热塑性橡胶类	橡胶类	热塑性树脂类
沥青加热温度	150～160	160～165	160～165	150～160
改性沥青现场制作温度	—	165～170	—	160～165
改性沥青加工最高温度	—	175	—	175

工序	不使用改性沥青	使用改性沥青		
		热塑性橡胶类	橡胶类	热塑性树脂类
集料加热温度	185～195	190～200	200～210	180～190
SMA 混合料出厂温度	160～170	175～185	175～185	170～180
混合料最高温度	180	不高于 190		
混合料贮存温度	160	比出厂温度降低不超过 10		
运输到达现场温度	155	比出厂温度降低不超过 15		
摊铺温度不低于	150	160		
初压温度不低于	140	150		
碾压终了温度不低于	110	130		
开放交通温度不高于	50	50		

4. SMA 施工工艺流程

SMA 道面施工工艺流程如图 6.3 所示。

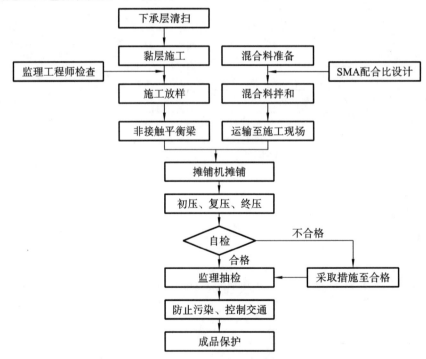

图 6.3　SMA 道面施工工艺流程

5. SMA 道面施工要点

(1)施工准备。

①了解气候情况,确保施工时气温不低于 15 ℃,无雨。

②准备好施工材料。

③检查施工机械设备是否正常运行,提前 0.5～1.0 h 预热熨平板,温度不低于 100 ℃。

(2)下承层检验查收。

铺筑沥青面层前,应检查下承层的质量,不符合要求的不得铺筑沥青面层。下承层已被污染时,必须清洗或经铁刨处理后方可铺筑沥青混合料。

(3)喷洒黏层沥青。

①SMA 沥青混合料与下承层沥青混合料采用黏层进行黏结。

②喷洒区附近的结构物应加以保护,以免溅上沥青受到污染。

③黏层采用 SBR 改性乳化沥青,黏层油喷洒量为 0.2～0.3 L/m²,采用沥青洒布车喷洒,并选择适宜的喷嘴、洒布速度和洒布量,且保持稳定。

(4)SMA 改性沥青混合料拌和。

①沥青混合料应采用间歇式拌和机,拌和设备必须设置除尘装置,生产中绝不允许使用回收粉尘。

②严格控制沥青和集料的加热温度以及沥青混合料的出厂温度,沥青加热温度为 160～170 ℃,矿料加热温度为 190～200 ℃,沥青混合料出厂温度为 175～185 ℃,超过 195 ℃ 以上的沥青混合料不得使用。

③拌和时间应以混合料拌和均匀、所有集料颗粒全部裹覆沥青为度,经试拌确定。纤维必须在喷洒沥青前加入拌和锅的热集料中,纤维与粗集料经适当干拌,干拌时间应比普通沥青混合料增加不少于 5 s。喷入沥青后的混拌时间也应比普通沥青混合料增加 5 s 以上。保证纤维能充分均匀地分散在混合料中,并与沥青结合料充分拌和,做到拌和均匀、色泽一致、无结块成团现象。

④SMA 混合料只限当天使用。

(5)沥青混合料的运输。

①采用大吨位的车辆运输,车辆数量应根据运输距离、摊铺速度确定,适当留有余地,摊铺机前方应有不少于 5 辆运料车等候卸料,以确保现场连续摊铺的需要。

②为减少混合料的离析,拌和机或储料仓向运料车放料时,料车应"前、后、中"移动,分 3～5 次装料。

③为防混合料黏在车厢底板上,可采取涂刷一薄层油水(柴油∶水为 1∶3)混合液来避免,但不得有余液积聚在车厢底部。

④运料车应加盖篷布或棉毯覆盖,用以保温、防雨、防污染。

⑤采用数字显示插入式热电偶温度计检测沥青混合料的出厂温度和运到现场温度,插入深度要大于 150 mm。在运料卡车侧面中部设专用检测孔,孔口距车厢底部约 300 mm。

(6)卸料。

①必须由专人指挥自卸车将料卸到摊铺机料斗。

②卸料过程中,运料车在摊铺机前 10～30 mm 处停住,运料车不得撞击摊铺机,卸料过程中运料车应挂空挡,靠摊铺机推动前进。

(7)沥青混合料的摊铺。

①摊铺作业应连续、匀速、不间断,中途不得随意变速或停机。

②摊铺机螺旋布料器连续运转,调整布料器的速度使出料连续而缓慢,且使两侧混合料均衡,其高度位于螺旋布料器 2/3 处。

③混合料的摊铺温度宜为 160～180 ℃,温度低于 140 ℃的混合料禁止使用,当道面表面温度低于15 ℃时,不宜摊铺。

④摊铺速度应尽量放慢,并保持匀速运行,一般控制在 1.0～2.5 m/min,最多不超过 3 m/min。

(8)沥青混合料碾压。

①按照"高温、刚碾、紧跟、慢压、高频、低幅"碾压十二字方针进行碾压,这是与一般沥青混合料碾压方式最大的区别。

②SMA 混合料铺筑中通常采用 2～3 台 10～12 t 双振双驱钢轮压路机进行静压或加振碾压,不应采用轮胎压路机压实 SMA 道面。

③为避免碾压时混合料挤挤产生拥包,碾压时驱动轮应朝向摊铺机;碾压路线及方向不应突然改变;压路机启动、停止必须减速缓行,不得刹车制动;压路机折回位置应呈阶梯状,不应在同一横断面。

(9)接缝处理。

①纵向施工缝。对于采用两台摊铺机成梯队联合摊铺方式的纵向接缝,应在前部已摊铺混合料部分留下 10～20 cm 宽暂不碾压作为后高程基准面,并有 5～10 cm 的摊铺重叠,以热接缝形式在最后做跨缝碾压,以消除缝迹,上中面层纵缝应错开 15 cm 以上。

②横向施工缝。横向施工缝全部采用平接缝。用 3 m 直尺沿纵向放置,在摊铺段端部的直尺呈悬臂状,以摊铺层与直尺脱离接触处定出接缝位置,用切缝机切割整齐后铲除。

③继续摊铺时,应将接缝锯切时留下的灰浆擦洗干净,涂上少量黏层沥青,摊铺机熨平板从接缝后起步摊铺;碾压时用钢筒式压路机进行横向压实,从先铺道面上跨缝逐步移向新铺面层。

(10)开放交通。

热拌沥青混合料道面应待摊铺层完全自然冷却,混合料表面温度低于 50 ℃后开放交通。

6. SMA 施工注意事项

(1)SMA 沥青混合料拌和站应配有纤维稳定剂投料装置。纤维必须在喷洒沥青前加入拌和容器中。纤维与粗细集料经适当干拌后投入矿粉,总的干拌时间应比普通沥青混合料增加 5～15 s,喷入沥青后的湿料拌和时间也应增加 5 s,保证纤维能充分均匀地分散在混合料中,并与沥青结合料充分拌和。

(2)SMA 混合料在运输等候及铺筑过程中,如发现有沥青析漏情况,应分析原因,立即采取适当降低施工温度、减少沥青用量或增加纤维数量等措施。

(3)SMA 面层不得采用轮胎压路机碾压,以防搓揉过度造成沥青玛蹄脂挤到表面而达不到压实效果。

(4)SMA 道面面层如出现"油町",应分析原因,仔细检查纤维添加的方式、数量、时间,是否漏放及拌和是否均匀等,严重的应予铲除。

6.6　机场沥青混凝土道面含砂雾封层施工技术

随着沥青混凝土跑道的兴起,雾封层技术开始在机场沥青混凝土跑道中得到应用。随着该技术在机场中的推广应用及不断改进,在原有的雾封层技术中合理掺加了金刚砂,有效地提高了养护后的摩擦性能。该技术是机场沥青道面预防性养护、延长跑道使用寿命非常有效、便捷的方法。下文将结合揭阳潮汕国际机场状况对此技术进行详细阐述。

1. 工程背景

揭阳潮汕国际机场位于广东省揭阳市揭东区登岗镇与炮台镇之间,地处潮州、汕头、揭阳三市的中间地带,潮汕平原西南部。定位为国内中型机场,飞行区等级 4D,1 条跑道,长 2800 m,宽 45 m,沥青混凝土结构,跑道道肩为水泥混凝土。

现状沥青混凝土道面面层 19 cm 厚,由 3 层(上、中、下面层)沥青混凝土组成,下设 1 层土工布和 2 cm AC-2 应力吸收层;基层由 20 cm 厚水泥稳定碎石基层和 20 cm 水泥稳定碎石底基层组成;垫层为 20 cm 级配碎石。跑道中部及部分快滑沥青混凝土道面的上、下基层各减薄为 18 cm,道面及垫层厚度不变。

沥青混凝土面层具体结构:上面层为 6 cm 厚 SMA-16 改性沥青混凝土;中面层为 6.5 cm 厚 AC-20 改性沥青混凝土;下面层为 6.5 cm 厚 AC-20 改性沥青混凝土。

机场自从 2011 年 12 月 15 日正式通航以来,沥青跑道已运行多年,沥青道面总体运营情况良好,但是局部出现了表层不同程度脱粒、裂纹,部分沥青混凝土道面渗水、道面泛白脱油等病害,且呈逐步增多的趋势。

机场沥青道面出现以上表层类病害,如不进行及时养护,使用后期将出现"车辙、沉陷、隆起、推挤"等竖向变形类病害,将严重影响跑道的使用性能。

沥青道面的使用状况一般随着时间的变化,受自然环境和荷载的反复作用呈现逐步恶化的趋势,这种变化在开始投入使用的一定时间内是较为缓慢的;经过一段时间后,则呈加速恶化破损的趋势,在道面寿命-时间关系上表现为形成拐点,对应的时间即为关键时间。在拐点即将形成的关键时间前进行道面的预防性养护、维护是最佳时机;如在关键时间前未进行必要的预防性养护、维护,则道面的使用状况会呈现出加速恶化破损的趋势。如果等到道面破损到一定程度后再进行道面养护,将花费数倍的资金才能达到在关键时间点之前进行养护的使用效果,这在经济上是不合算的。

2. 含砂雾封层技术概述

封层是指在沥青道面面层之上、基层之上或沥青层之间,铺筑的封闭表面空隙,阻止雨水下渗的沥青薄层,是用连续方式敷设在整个路表面上的养护层。封层材料可以是单独的沥青或其他封层剂,也可以是沥青与集料组成的混合料。

表面封层用于解决的养护问题主要有:还原沥青混合料中沥青的部分活性,密封和填充道面表面的微小裂缝,从减少水分渗入和延缓沥青老化两个方面提高沥青混合料的性能,延长道面使用寿命,还可以防止集料从表面脱落、崩散。目前常用的表面封层技术有雾封层、稀浆封层、微表处理等。

在含砂雾封层实施过程中,道面摩擦系数是主控指标。含砂雾封层实施过程中,养护时间内摩擦系数会有微小幅度降低,待达到养护时间后摩擦系数提升可满足机场对道面摩擦系数的要求。为此,在封层养护实施前,一定要做好试验验证工序,满足所有技术指标要求后方可进行实际大面积施工。

控制雾封层施工效果的两个主要指标是配合比及涂布率。涂布率指的是每加仑混合料可以涂覆的面积,根据道面情况可做适当调整,但调整幅度应不超过 10%。配合比是各种组成成分的质量比或体积比。涂布率及配合比应通过试验确定,以确保混合料通过抗油蚀检测使用后道面摩擦系数值能符合规范要求。此处给出建议配合比,最终施工配合比需经过试验后确定,如表 6.31 所示。

表 6.31　配合比范围　　　　　　　　　　　　　　　　　（单位：m³）

材料名称	配合比范围
煤焦油基封面料	100
砂	35～50
水	25～35
聚合物添加剂	2

涂布施工按 2 遍涂层,涂布率按施工段进行控制。

①施工段 1 涂布率为(2.05±0.05) m²/kg。涂布牵引车行车速度控制在 5～10 km/h,涂布车工作压力为 80～120 kPa。

②施工段 2 涂布率为(1.70±0.05) m²/kg。涂布牵引车行车速度控制在 5～10 km/h,涂布车工作压力为 80～120 kPa。

材料要求如表 6.32 所示。

表 6.32　含砂雾封层材料要求

项目		技术要求	试验方法
蒸发残留物含量/(%)		47～53	
蒸发残留物灰分/(%)		30～60	
干燥时间/h	表干	1.5～2.5	
	终干	≤5	ASTM D2939—03
耐热性		无凸起和凹陷	
黏结性和防水性		不渗透、不丧失黏结性	
密度(25 ℃)/(g/mL)		≥1.15	
表观密度/(g/cm³)		≥2.50	JTG 3432—2024 中的 T0328
含水率/(%)		≤1	JTG 3432—2024 中的 T0332
含泥率/(%)		≤0.5	JTG 3432—2024 中的 T0333
二氧化硅含量/(%)		≥99	SJ/T 3228.4—2016
粒径要求		30～70 目	方孔筛分

含砂雾封层掺入的水中不得含有有害的可溶性盐类、能引起化学反应的物质和其他污染物,可采用饮用水。

添加剂的主要作用是防止雾封层材料与砂的离析分层、调节干燥时间,并可在一定程度上改善含砂雾封层材料的性能。添加剂的掺加不应对含砂雾封层材料性能产生不利影响。为使封层养护施工达到预期的工程效果,雾封层养护所选取材料应通过室内试验确保沥青道面抗滑性、雾封层材料与沥青混合料的相容性、道面封水性、沥青混合料中结合料的还原效果、沥青混合料水稳定性、沥青混合料抗松散性等性能满足以下要求,如表 6.33 所示。

表 6.33　各项性能指标

评价指标	合格	不合格
跑道摩阻测试车抗滑系数(开放交通时)	≥0.54	<0.54
表面摩阻测试车抗滑系数(开放交通时)	≥0.47	<0.47
平均渗透深度(涂布 72 h 后)	≥2 mm	<2 mm
现场渗水系数检测(T0971—2008)	<10 mL/min	≥10 mL/min
15 ℃延度(5%还原剂与老化基质沥青物理混合)	>40 cm	≤40 cm
15 ℃延度比值(5%还原剂与老化基质沥青物理混合/老化基质沥青)	>130%	≤130%
冻融劈裂试验强度比 TSR_1(雾封层材料浸泡后)	≥65%	<65%
肯塔堡飞散质量损失率 AS_1(雾封层材料浸泡后)	≤15%	>15%

表干时间的要求:标准状态下,满足机场不停航夜间施工要求,开航前必须使涂布后道面达到表干状态,道面抗滑性能指标满足要求。

3.材料准备

含砂雾封层施工主要的材料为煤焦油基封面料,它是一种乳化沥青类路面养护材料,该材料原产于世界最大的养护材料生产商美国西尔玛(Sealmaster)公司,2007 年底,北京西尔玛道路养护材料有限公司与其紧密合作并签署协议,成为其大陆地区的总代理及东南亚材料供应商。

根据施工程序,材料进场后,需尽快将材料送检,由于该材料的特殊性,国内能进行检测的实验室并不多,需提前安排好材料送检工作,避免因材料检测耽误施工进度。试验检测依据《用作防护覆层的乳化沥青的标准试验方法》(ASTM D2939—03)进行,主要检测项目包括蒸发残留物含量、蒸发残留物灰分、干燥时间(表干、终干)、黏结性和防水性、耐热性、密度(25 ℃)等。

雾封层道面养护施工一般采取不停航施工,根据飞行区管理办法,每天进出飞行区的人员、车辆及材料都需严格接受安全检查,根据各机场实际情况,一般选择将封层材料及机械设备按飞行区管理规定堆放在飞行区合理位置,以便在施工过程中减少因大量的安检工作耽误有限的工作时间。堆放在飞行区内的材料及机械设备须采取合理的防护措施,避免对飞行区的正常运营造成影响。

4.沥青混凝土道面含砂雾封层施工方法

(1)道面清扫及除胶。

封层涂布施工前应将道面彻底清扫干净,不得留有尘土等杂物,针对沥青混凝土道面特性采用高压水射流方式将道面橡胶清除干净。除胶工序应与施工组织设计协调一致,涂布施工前对拟定的当日封层施工范围进行除胶。

应注意在高压水冲洗路面且干燥后方可进行封层涂布施工。须保证有效清除胶泥,且不得损伤道面;在大面积开展除胶施工前,先进行现场试验,通过试验确定最佳水压力、作业速度、单位除胶面积的用水量等参数。

(2)沥青道面裂缝修补。

在封层实施前采用热熔灌缝料对原有沥青道面裂缝进行修补。将裂缝边缘松动部分除去,将缝内杂物清除干净后采用灌缝料填入缝中。

（3）材料拌制及吸料。

根据不停航施工的特殊性，一般选择将材料及机械设备安放于飞行区适当位置，为保证有效利用停航时间，提高施工效率，须做好施工前准备工作，施工队伍一般在停航前至少2 h接受安检进入材料设备安放区，提前完成材料拌制、材料装车及设备检修等工作。严格控制配合比，砂及添加剂通过标定后的计量器具准确计量后加入，并用电动搅拌设备将混合料搅拌均匀（5 min）后通过封层设备自带吸料装置吸入设备储料罐中，每次备料根据当日施工进度计划确定。

（4）道面标志及灯光设施保护。

涂布施工前，对区域内嵌入式、立式助航灯光设施、标志线进行覆盖保护，防止助航设施及标志物遭到污染。施工过程中需要采取覆盖保护措施最多的是跑道上的标志线，常用的措施是使用预先定制的塑料胶带进行遮盖，胶带的宽度刚好与标志线的宽度一致，这种简单便捷的方法有效提高了施工效率，保证了在短暂的停航时间段的施工进度。

封层完成后，及时对覆盖胶带进行拆除，保证清除干净，随手装进储物袋，待出场时带离飞行区，避免形成外来物损坏（foreign object damage，简称FOD）。施工中如有标志线污染或助航灯光设施损坏，应及时予以修复。施工中如有道面标志污染、失真情况，参照《民用机场飞行区技术标准》（MH 5001—2021）相关要求恢复道面标志标识系统。

（5）分段分区域涂布施工。

根据道面不同部位飞行器荷载作用情况及使用现状，将施工区域划分为2个区域进行施工。

①施工区域1。

长度方向为跑道（快速出口滑行道）通长范围内，宽度方向为跑道（快速出口滑行道）中心线两侧各7.5 m范围内，该区域荷载作用较少。

②施工区域2。

跑道（滑行道）沥青道面范围内除"施工区域1"以外的区域。

施工中应根据工程量及不停航施工措施，制定相应的进度计划并采用分段分区域方式施工。施工期间时刻关注天气变化情况以及当日的航班运行情况，及时对施工计划做出合理调整。

涂布施工：此次含砂雾封层施工采用自行改装的大型高压喷洒车，配备1名专业司机，1名设备管理员，2名工人配合控制喷头开关，相比传统的拖灌式喷洒车，每次储料量增多1～2倍，稳定行车性能好，操作灵活，能有效控制行进速度。施工前制定合理的喷洒车行进路线，避免因重复喷洒而造成的厚薄不均影响整体施工质量，喷洒搭接覆盖宽度控制在30～40 cm；对于一些大型喷洒车难以涂布均匀的边角区域，应在大面积施工完成后，采用人工手持喷枪进行人工涂布，确保涂布均匀，对喷洒不均匀的地方用钢刷清扫均匀。

雾封层材料洒布后需要一定的时间（具体时间视材料类型而定）渗入沥青混凝土道面内部，在此期间应禁止人员、车辆等通行；封层施工后，须待乳液破乳、成型后才能开放交通。为保证机场的正常运行，在施工后视道面干燥情况，必须进行道面摩擦性能测试，只有摩擦性能恢复至合格指标后才能撤离现场，如遇天气突变，或施工操作不当，导致跑道摩擦性能难以恢复至通航条件，需及时报告机场指挥中心，同时尽快安排在现场待命的除胶车将施工完的道面清洗干净，使道面恢复至原性能状态，不影响机场开放运行。应保证在湿度小于70%，6级风以下，施工前及施工后24 h内气温不得低于10 ℃，并尽可能选择在施工后 24 h 内无雨水天气出现的情况下施工。

5. 封层养护技术创新点

机场沥青混凝土道面通常采用含砂雾封层作为预防性养护措施,含砂雾封层是由雾封层技术升级改造而来,与传统雾封层相比,含砂雾封层有自身的优势。

①含砂雾封层中含有一定成分的细粒砂,根据本次施工实际情况来看,道面抗滑性能得到有效提高。

②含砂雾封层能较好地渗透到面层孔隙和微小裂缝中,并填封原有道面的孔隙,细粒砂能迅速地渗透到微小裂缝中,起到填充作用,有效防止水分下渗。

③含砂雾封层因还有聚合物添加剂,使道面沥青材料的性能得到一定程度的恢复,能够保持和加强沥青道面骨料间的黏结力,补充原有道面流失掉的沥青并黏结锁住集料。

④含砂雾封层可以补偿原道面的沥青损失,因其多种成分的合理搭配,形成了一层很好的道面保护层,可以显著改善道面外观,耐久性强。

从雾封层技术在公路养护上的应用,到该技术在机场沥青混凝土道面养护的成功使用过程中,该技术得到不断地改进和提高,同时使用的设备和方法也在不断更新。作为一种高效、经济、可靠的机场沥青混凝土道面养护技术,将越来越多地在国内机场沥青混凝土跑道道面养护中得到使用。

6.7　沥青混凝土施工质量控制

6.7.1　施工质量控制总体要求与程序

1. 施工质量控制总体要求

施工质量检查是确保工程质量的重要环节,施工单位在施工过程中应随时对施工质量进行自检,要求施工单位在工地现场设质检站和试验室,监理工程师应进行抽检或旁站检查,并对施工单位的自检结果进行检查认定。施工前准备阶段的备料工作,施工单位应对材料的品种、质量、规格及数量进行检查验收;施工过程的材料检查仅抽查其质量的稳定性(变异性)。

在施工过程中,各个程序的温度控制是保证质量的关键。对沥青混合料拌和温度、出厂温度、摊铺温度、碾压温度都必须严格控制,施工单位应有专人负责测定各项温度,监理人员应进行抽测,对检测结果做好记录。

施工压实度的检查以钻孔取样为准。除压实本身的原因外,标准密度也是重要因素。检查时以当天施工的沥青混合料取样,成型后进行马歇尔试验,以 6 个试件平均密度作为该天取样的标准密度,控制现场压实度。

2. 施工质量控制程序

沥青混凝土道面面层施工的质量控制程序见图 6.4。

6.7.2　检测项目种类、频度与标准

1. 材料质量控制

在施工过程中,应随时或必要时对沥青混合料相关材料质量进行检测,检测项目与频度应符合表

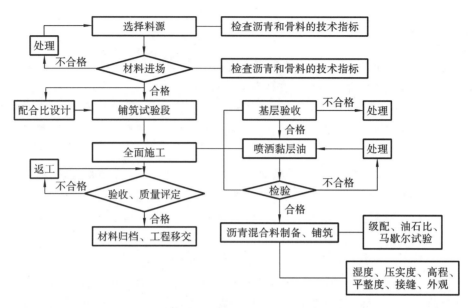

图 6.4　沥青混凝土道面面层施工质量控制程序

6.34 中的规定。施工单位要将每天材料及混合料检测报告报监理单位,在施工过程中施工单位不得擅自改变材料的来源、质量规格和加工方法,以免影响材料质量均匀性。

表 6.34　沥青材料检测项目与频度

材料	检查项目	检查频度
粗集料	外观(石料品种、针片状颗粒、含泥量、颜色均匀性等)	随时
	颗粒组成	必要时
	压碎值	必要时
	磨光值	必要时
	洛杉矶磨耗值	必要时
	含水率	施工需要时
	松方单位重	施工需要时
细集料	颗粒组成	必要时
	含泥量	必要时
	含水率	施工需要时
	松方单位重	施工需要时
矿粉	外观	随时
	粒径小于 0.075 mm 的含量	必要时
	含水率	必要时

材料	检查项目	检查频度
石油沥青	软化点 针入度 延度 含蜡量	每台班1次 每台班1次 每台班1次 每批1次
乳化沥青	黏度 沥青含量	抽查,每批1次 抽查,每批1次

2. 施工过程工程质量控制

面层施工过程中施工温度、外观、沥青用量、厚度、宽度、压实度、平整度等质量控制项目检测频度、方法与要求见表6.35。监理单位必须检查设备的运行情况,核实材料质量、比例和性质,对拌和均匀性、拌和温度、出厂温度及各料仓的用量进行检查,取样进行马歇尔试验,检测混合料矿料级配和沥青用量。在施工过程中,施工单位应派人负责监测规定的各项温度,做到每车测定,监理人员每天随时抽测。

表6.35 施工温度、外观、沥青用量等项目检测频度、方法与要求

项目		检测频度	单点验收质量要求	检测方法
外观		随时	表面平整密实,不应有泛油、松散、裂缝、粗细集料集中现象,不得有轮迹、推挤、油团、油丁、离析、花白料、结团成块现象	目测
接缝		随时	所有接缝应紧密平顺,应保持铺筑层新老段的连续黏结	目测,用3 m直尺量
施工温度	出厂温度 摊铺温度 开始碾压温度 碾压终了温度	每车1次 每车1次 随时 随时	符合前述要求	温度计测量
矿料级配筛分抽提后矿料级配曲线		每台班1次	矿料重量的精确度应在指示的级配范围重量±1%以内	拌和厂取样用抽提后的矿料筛分
沥青用量		每2台班1次	±0.3%	拌和厂取样离心法抽提(用射线法沥青含量测定仪随时检查)
马歇尔稳定度、流值、空隙率		每台班1次	符合前述要求	拌和厂取样成型试验

续表

项目		检测频度	单点验收质量要求	检测方法
压实度		每 2000 m² 1～2 个检测孔	符合设计要求	以现场钻孔试验为准,尽量利用灯坑钻孔试件,用核子密度仪随时检查
平均纹理深度		每 2000 m² 一处	符合设计要求,新建跑道不小于 1.0 mm,旧跑道与快速出口滑行道不小于 0.8 mm,其他道面不小于 0.4 mm	摊砂法
高程		纵向每隔 10 m 测 1 个横断面,每个横断面 5 个点	+5 mm −3 mm	用水准仪
平整度	上面层	随时	不大于 3 mm	3 m 直尺连续丈量 10 次,以最大间隙为准,随时检测
	中面层	随时	不大于 5 mm	
	底面层	随时	不大于 5 mm	
宽度		纵向每隔 100 m 用尺量 3 处	不小于设计宽度	用尺量
长度		跑道全长	不小于设计长度	用经纬仪
横坡		纵向每隔 100 m 测 3 断面	±0.3%	用水准仪或断面仪
摩擦系数		跑道上面层取 3 个值	符合设计要求,一般新建机场不小于 0.74	摩擦系数仪
厚度	总厚度	每 2000 m² 一点	−3 mm	钻孔取样
	上面层厚度	每 2000 m² 一点	−3 mm	钻孔取样

摊铺沥青混合料时应在考虑压实系数的基础上严格按照设计高程进行摊铺,保证设计坡度与厚度要求。沥青混凝土压实度必须符合设计要求,施工压实度检测以钻孔取样为准。

6.7.3 检测方法

1.马歇尔标准击实试验

通过马歇尔试验,可以确定最佳沥青用量、稳定度等,使混凝土达到要求的强度与压实度。步骤如下。

(1)根据经验确定初步沥青用量,根据矿料筛分曲线计算矿料配合比。

（2）拌制混合料。

（3）加热混合料,使用马歇尔电动击实仪每组按标准击实法制作5个试件,采用水中重法、表干法、蜡封法或体积法测定试件的密度。

（4）计算空隙率、沥青饱和度、集料间隙率等物理指标。

（5）进行马歇尔试验,测定马歇尔稳定度及流值等物理力学性质。

（6）绘制沥青用量——密度、稳定度、流值、饱和度、空隙度曲线。

（7）取最大密度时沥青用量为a_1,最大稳定度时沥青用量为a_2,以及空隙度中间值时沥青用量a_3,取三者平均值为OAC_1。

（8）求出稳定度、流值、空隙度、饱和度、密度均符合公路工程试验检测标准、规范、规程所规定的沥青用量范围$OAC_{min} \sim OAC_{max}$,并求取二者的中间值OAC_2。

（9）由OAC_1和OAC_2综合决定最佳沥青用量OAC。

计算沥青混合料压实时的标准密度即为对马歇尔标准击实试件测定的密度。

2. 沥青混合料试件密度检测

（1）表干法压实沥青混合料密度试验。

表干法适用于测定吸水率不大于2%的各种沥青混合料(包括Ⅰ型或较密实的Ⅱ型沥青混凝土、抗滑表层混合料、沥青玛蹄脂碎石混合料)试件的毛体积密度。

①试验仪器与材料。

a.浸水天平或电子秤:当最大量程在3 kg以下时,感量不大于0.1 g;最大量程在3 kg以上时,感量不大于0.5 g;最大量程在10 kg以上时,感量为5 g。应有测量水中重的挂钩。

b.网篮。

c.溢流水箱:使用洁净水,有水位溢流装置,保持试件和网篮浸入水中后的水位一定。

d.试件悬吊装置:天平下方悬吊网篮及试件的装置,吊线应采用不吸水的细尼龙线绳,并有足够的长度。对轮碾成型机成型的板块状试件可用铁丝悬挂。

e.秒表、毛巾、电风扇或烘箱。

②试验方法与步骤。

a.现场钻孔取芯,取得检测试件。

b.将试件用网篮放在水中,使用浸水天平测量其水中质量m_w(若吸水严重则不适用本方法)。

c.从水中取出试件,用洁净柔软的、拧至潮湿的毛巾轻轻擦去试件的表面水(不得吸走空隙内的水),称取试件的表干质量m_f。

d.然后用电风扇将试件吹干至恒重(一般不少于12 h,当不需进行其他试验时,也可用60 ℃±5 ℃烘箱烘干至恒重),再称取干燥空中质量m_a。

e.计算其吸水率与毛体积密度。

③计算公式。

试件吸水率即为试件吸水体积占沥青毛体积的百分率S_a,如式(6.9)所示。

$$S_a = \frac{m_f - m_a}{m_f - m_w} \tag{6.9}$$

首先计算该试件的吸水率,判断 S_a 是否大于 2%,如果大于该值,则采用蜡封法测定毛体积密度。

试件吸水率小于或等于 2%,毛体积密度则按式(6.10)所示计算。

$$\rho_s = \frac{m_a}{m_f - m_w}\rho_w \tag{6.10}$$

式中:ρ_s 为试件毛体积密度,g/cm^3;ρ_w 为常温水的密度,$0.9971\ g/cm^3$。

(2)水中重法压实沥青混合料密度试验。

水中重法适用于测定几乎不吸水密实的 I 型沥青混合料试件的表观相对密度或表观密度。

当试件很密实,几乎不存在与外界连通的开口孔隙时,可采用本方法测定的表观相对密度代替表干法测定的毛体积相对密度。

①试验方法与步骤。

a. 现场钻孔取芯,取得检测试件,清理试件表面。

b. 将试件用网篮放在水中,使用浸水天平测量其水中质量 m_w。

c. 从水中取出试件,然后用电风扇将试件吹干至恒重(一般不少于 12 h,当不需进行其他试验时,也可用 60 ℃±5 ℃烘箱烘干至恒质量),再称取干燥空中质量 m_a。

②计算公式。

按式(6.11)计算用水中重法测定的沥青混合料试件的表观相对密度及表观密度,取小数点后三位。

$$\rho_f = \frac{m_a}{m_a - m_w}\rho_w \tag{6.11}$$

式中:ρ_f 为试件的表观密度,g/cm^3;ρ_w 为常温水的密度,$0.9971\ g/cm^3$。

(3)蜡封法压实沥青混合料密度试验。

蜡封法适用于测定吸水率大于 2%的沥青混凝土或沥青碎石混合料试件的毛体积相对密度或毛体积密度。

①试验仪器与材料。

a. 浸水天平或电子秤与网篮。

b. 溢流水箱与试件悬吊装置。

c. 熔点已知的石蜡。

d. 冰箱:可保持温度为 4~5 ℃。

e. 铅或铁块等重物。

f. 滑石粉、秒表、电风扇。

g. 其他:电炉或燃气炉。

②试验方法与步骤。

a. 现场钻孔取芯,取得检测试件。

b. 使用电风扇吹干 12 h 以上至恒重(不得用烘干),使用天平称量其空中质量 m_a。

c. 将试件置于冰箱中,在 4~5 ℃条件下冷却不小于 30 min。

d. 将石蜡熔化至其熔点以上 5.5 ℃±0.5 ℃。

e. 从冰箱中取出试件立即浸入石蜡液中,至全部表面被石蜡封住后迅速取出试件,在常温下放置

30 min，称取封蜡试件的空中质量 m_d。

f.挂上网篮，浸入溢流水箱中，调节水位，将天平调平或复零，将蜡封试件放入网篮浸水约 1 min，读取水中质量 m_c。

③计算公式。

蜡封法测定试件的毛体积密度按式(6.12)计算。

$$\rho_s = \frac{m_a}{m_d - m_c - (m_d - m_a)/\gamma_p} \rho_w \tag{6.12}$$

式中：ρ_s 为蜡封法测定的试件毛体积密度，g/cm^3；γ_p 为在常温条件下石蜡对水的相对密度；ρ_w 为常温水的密度，取 $0.9971\ g/cm^3$。

而常温下石蜡相对水的密度则可按下述方法进行确定。

a.取一块铅或铁块之类的重物，称量其空中质量 m_g。

b.测定重物水中质量 m'_g。

c.待重物干燥后，按试件蜡封的步骤将重物蜡封后测定空中质量 m_d 及水中质量 m'_d。

d.按式(6.13)计算 γ_p。

$$\gamma_p = \frac{m_d - m_g}{(m_d - m_g) - (m'_d - m'_g)} \tag{6.13}$$

(4)体积法压实沥青混合料密度试验。

本方法仅适用于不能用表干法、蜡封法测定的空隙率较大的沥青碎石混合料及大空隙率透水性开级配沥青混合料等的毛体积相对密度或毛体积密度。

①试验仪器与材料。

a.天平或电子秤。

b.卡尺。

②试验方法与步骤。

a.现场钻孔取芯，取得检测试件，清理试件表面。

b.用电风扇吹干 12 h 以上至恒重(不得用烘干)，使用天平称量其空中质量 m_a。

c.用卡尺测定试件的各种尺寸，准确至 $0.01\ cm$，圆柱体试件的直径取上下两个断面测定结果的平均值，高度取十字对称 4 次测定的平均值。

③计算公式。

该试件的体积按式(6.14)计算。

$$V = \frac{\pi \times d^2 \times h}{4} \tag{6.14}$$

式中：V 为试件的毛体积，cm^3；d 为圆柱体试件直径，cm；h 为试件的高度，cm。

而试件的毛体积密度 ρ_s 则按照式(6.15)计算。

$$\rho_s = \frac{m_a}{V} \tag{6.15}$$

3.钻芯法测定沥青道面压实度

钻芯法适用于检验从压实的沥青路面上钻取的芯样试件的密度，以评定沥青混凝土面层的施工压实度。

(1)检测器具与材料。

①路面取芯钻机。

②天平:感量不大于 0.1 g。

③溢流水槽、吊篮。

④石蜡。

⑤其他:卡尺、毛刷、小勺、取样袋(容器)、电风扇等。

(2)方法与步骤。

①钻取芯样。

按现行《公路路基路面现场测试规程》(JTG 3450—2019)中"路面钻孔及切割取样方法"钻取路面芯样,芯样直径宜不小于 100 mm。当一次钻孔取得的芯样包含有不同层位的沥青混合料时,应根据结构组合情况用切割机将芯样沿各层结合面锯开分层进行测定。

钻孔取样应在路面完全冷却后进行,普通沥青路面通常在第二天取样,改性沥青及 SMA 路面宜在第三天以后取样。

②测定试件密度。

a.将钻取的试件在水中用毛刷轻轻刷净黏附的粉尘,如试件边角有浮松颗粒,应仔细清除。

b.将试件晾干或用电风扇吹干不少于 24 h,直至恒重。

c.按现行《公路工程沥青及沥青混合料试验规程》(JTG E20—2011)和沥青混合料试件密度试验方法测定试件的视密度或毛体积密度 ρ_s,测试标准温度为 25 ℃±0.5 ℃。

若是吸水率小于 2%的Ⅰ型沥青混凝土试件,采用水中重法测定。

若是吸水率小于 2%的表面粗糙但较密实的Ⅰ型或Ⅱ型沥青混凝土试件,采用表干法测定。

若是吸水率大于 2%的Ⅰ型或Ⅱ型沥青混凝土试件,以及沥青碎石混凝土试件,且不能用水中重法或表干法测密度的试件,用蜡封法测定。

若是空隙率较大的沥青碎石及大空隙透水性开级配沥青混凝土试件,用体积法测定。

③沥青混合料标准密度确定。

根据现行的《公路沥青路面施工技术规范》(JTG F40—2004)的规定,确定计算压实度下的沥青混合料标准密度。

(3)检测结果计算。

当计算压实度的沥青混合料的标准密度采用马歇尔击实试件成型密度或试验路段钻孔取样密度时,沥青面层的压实度按式(6.16)计算。

$$K = \frac{\rho_s}{\rho_0} \times 100\% \tag{6.16}$$

式中:K 为沥青面层的压实度,%;ρ_s 为沥青混合料芯样试件的视密度或毛体积密度,g/cm³;ρ_0 为沥青混合料标准密度,g/cm³。

由沥青混合料实测最大干密度计算压实度时,应按式(6.17)进行空隙率折算,作为标准密度,再按压实度公式计算压实度。

$$\rho_0 = \rho_t \times \frac{100\% - VV}{100\%} \qquad (6.17)$$

式中：ρ_t 为沥青混合料的实测最大干密度，g/cm³；ρ_0 为沥青混合料标准密度，g/cm³；VV 为试样的空隙率，%。

最后，计算一个评定地段检测的压实度平均值、标准差、变异系数并计算代表压实度。

4. 道面抗滑性能测试

（1）基本概念。

道面抗滑性能是指车辆轮胎受到制动时沿路面滑移所产生的力。通常，抗滑性能被看作道面的表面特性，并用轮胎与道面间的摩阻系数来表示。表面特性包括表面微观构造［通常用石料的磨光值（polished stone value，简称 PSV）表示］和宏观构造［用构造深度（texture depth，简称 TD）表示］。影响抗滑性能的因素有道面表面特性、道面潮湿程度和行驶速度。

道面微观构造是指集料表面的粗糙程度，它随轮胎的反复磨耗而逐渐被磨光。通常，采用石料的磨光值表征抗磨光的性能。微观构造在低速（50 km/h 以下）时对地表表抗滑性能起决定性作用。而在高速时主要起作用的是宏观构造，它是由地表外露集料形成的构造，功能是使轮胎的地表水迅速排出，以避免形成水膜。宏观构造由构造深度表征。

抗滑性能测试方法有摆式仪法、构造深度测试法（手工铺砂法、电动铺砂法、激光构造深度测试法）、摩擦系数测定车测定道面横向系数等。各种方法的特点和测试指标如表 6.36 所示。

表 6.36　道面抗滑性能测试方法比较

测试方法	测试指标	原理	特点及适用范围
摆式仪法	摩阻摆值	摆式仪的摆锤底面装一橡胶滑块，当摆锤从一定高度自由下摆时，滑块面同试验表面接触。由于两者间的摩阻而损耗部分能量，使摆锤只能回摆到一定高度。表面摩阻力越大，回摆高度越低（即摆值越大）	定点测量，原理简单，不仅可以用于室内，而且可用于野外测试沥青道面及水泥混凝土道面的抗滑值
手工铺砂法电动铺砂法	构造深度/mm	将已知体积的砂摊铺在要测试路表的测试点上，量取摊平覆盖的面积。砂的体积与所覆盖平均面积的比值，即为构造深度	定点测量，原理简单，便于携带，结果直观。适用于测定沥青道面及水泥混凝土道面表面构造深度，用以评定道面表面的宏观粗糙度、排水性能及抗滑性能
激光构造深度测试法	构造深度/mm	中子源发射的许多束光线，照射到地面表面的不同深度处，用 200 多个二极管接收返回的光束，利用二极管被点亮的时间差算出所测道面的构造深度	测试速度快，适用于测定沥青道面干燥表面的构造深度，用以评价道面抗滑及排水能力，但不适用于有许多坑槽、显著不平整或裂缝过多的地段

测试方法	测试指标	原理	特点及适用范围
摩擦系数测定车测定道面横向系数	横向力系数	测试车安装有试验轮胎,他们对车辆行驶方向偏转一定的角度。汽车以一定速度在潮湿道面上行驶时,试验轮胎受到侧向摩阻作用。此摩阻力除以试验轮上的载重,即为横向力系数	测试速度快,用于标准的摩擦系数测试车测定沥青或水泥混凝土道面的横向力系数,结果作为竣工验收或使用期评定道面抗滑能力的依据

(2)手工摊砂法表面平均纹理深度检测。

①工具与材料。

a.量砂筒:高度(内)86 mm,内径 19 mm。

b.平木盘:直径 64 mm,一面贴有 1.5~2 mm 厚的橡胶,另一面带有一个手柄。

c.天然干砂:全部通过 0.3 mm 筛孔面,不能通过 0.15 mm 筛孔的干砂。

d.软刷子(扫砂子用)一把。

e.盛砂用的 50 cm³ 带盖塑料桶或金属桶一个。

f.测量填砂面积直径用的 300 mm 钢尺一把。

g.小铲一把。

②检测步骤。

a.进行测试的道面要干燥,扫去表面上的尘土和污物。

b.在金属筒里装满砂,使砂密实后刮掉高出筒顶的砂。

c.将金属筒里的砂倒在已扫净的测试道面上,将砂摊开。

d.以贴有橡胶的平木盘面将砂仔细抹平,并尽可能摊成一个圆形,直至与道面表面平齐。

e.用 300 mm 钢尺量其所摊圆形的两个垂直直径,取其平均值,精确度为 5 mm。

f.同一点做 3 次平行检测,取平均值并精确到 0.01 mm。

③计算公式。

表面平均纹理深度的计算式见式(6.18)。

$$H_s = 31000/D^2 \tag{6.18}$$

式中:H_s 为表面平均纹理深度,mm;D 为砂摊成圆形的平均直径,mm。

(3)摩擦系数检测。

①测试标准。

跑道摩擦系数是反映跑道抗滑性能的物理指标之一,沥青混凝土跑道在质量检查时,道面摩擦力大小除由表面纹理深度控制外,还需要专门检测道面摩擦系数,一般使用跑道摩阻测试车、TATRA 摩阻测试车、滑溜仪拖车、表面摩阻测试车、μ 仪拖车、抗滑测试仪拖车等测试设备。同一道面、同样的潮湿状态,不同设备的检测结果不尽相同,因此,《民用机场飞行区技术标准》(MH 5001—2021)中规定了几种摩阻测试设备检测值对飞机刹车作用好坏的评定标准,见表 6.37。

表 6.37 不同摩阻测试设备检测值对飞机刹车作用好坏的评定标准

测试设备	测试轮胎		测试速度 /(km/h)	测试水深 /mm	新表面的 设计目标值	维护 规划值	最小的 摩阻值
	类型	压力/kPa					
(1)	(2)		(3)	(4)	(5)	(6)	(7)
μ仪拖车	A	70	65	1.0	0.72	0.52	0.42
	A	70	95	1.0	0.66	0.38	0.26
滑溜仪拖车	B	210	65	1.0	0.82	0.60	0.50
	B	210	95	1.0	0.74	0.47	0.34
表面摩阻测试车	B	210	65	1.0	0.82	0.60	0.50
	B	210	95	1.0	0.74	0.47	0.34
跑道摩阻测试车	B	210	65	1.0	0.82	0.60	0.50
	B	210	95	1.0	0.74	0.54	0.41
TATRA摩阻测试车	B	210	65	1.0	0.76	0.57	0.48
	B	210	95	1.0	0.67	0.52	0.42
抗滑测试仪拖车	C	140	65	1.0	0.74	0.53	0.43
	C	140	95	1.0	0.64	0.36	0.24

注:a.飞行区指标Ⅰ为1或2的跑道测试速度为65 km/h;b.飞行区指标Ⅰ为3或4的跑道及快速出口滑行道测试速度为95 km/h。

跑道摩擦系数测试时,如果是向空管汇报,首先将跑道沿纵向分为三等份,称为A、B、C段,一般A段为跑道识别号码较小的那一段。如果是向飞行员报告,则将跑道从着陆方向开始分为第一、第二和第三段。

摩擦系数测量是沿着平行于跑道的两条线,即跑道中线两侧约3 m或使用最多处进行,从A段或第一段开始,确定各段的平均摩阻值。

②准备工作。

a.检查测试车轮胎气压,应达到测试轮胎规定的标准气压。

b.检查测试轮胎磨损情况,当其直径比新轮胎减少6 m(即胎面磨损3 mm)以上或有明显磨损裂口时,必须立即更换新轮胎,更换的新轮胎在正式测试前应试测。

c.检测测试轮固定螺栓,应拧紧,将测试轮放到正常测试时的位置,应能够沿两侧滑柱上下自由升降。

d.根据测试里程的需要,向水罐加注清洁测试用水。

e.检查洒水口出水情况和洒水位置是否正常;洒水位置应在测试轮触地面中点沿行驶方向前方400 mm±50 mm处,洒水宽度应为中心线两侧各不小于75 mm。

f.将控制面板电源打开,检查各项控制功能键、指示灯和技术参数选择状态是否正常。

③检测步骤。

a.正式开始测试前,首先应按设备操作手册规定的时间要求对系统进行通电预热。

b.进入测试道面前,应将测试轮胎降至路面上预跑约500 m。

　c.按照设备操作手册的规定和测试地段的现场技术要求设置完毕所需的测试状态。

　d.驾驶员在进入测试地段前应使车速保持在规定的测试速度范围内,沿正常行车轨迹驶入测试地段。

　e.进入测试地段后,测试人员启动系统的采集和记录程序。在测试过程中必须及时准确地将测试地段的起终点和其他需要特殊标记点的位置输入测试数据记录中。

　f.当测试车辆驶出测试地段后,仪器操作人员停止数据采集和记录,提升测量轮并恢复仪器各部分至初始状态。

　g.操作人员检查数据文件应完整、内容应正常,否则需要重新测试。

　h.关闭测试系统电源,结束测试。

　④横向力系数(sideway force coefficient,SFC)的修正。

　a.SFC 的速度修正。

　测试系统的标准测试速度范围为(50 ± 4) km/h,其他速度条件下测试的 SFC 值须通过式(6.19)转换至标准速度下的等效 SFC 值。

$$SFC_{标} = SFC_{测} - 0.22(v_{标} - v_{测}) \tag{6.19}$$

式中:$SFC_{标}$为标准测试速度下的等效 SFC 值;$SFC_{测}$为现场实际测试速度条件下的 SFC 测试值;$v_{标}$为标准测试速度,取值 50 km/h;$v_{测}$为现场实际测试速度。

　b.SFC 的温度修正。

　测试系统的标准现场测试地面温度范围为(20 ± 5) ℃,其他地面温度条件下由于测试轮胎的弹性和路面本身的抗滑性能会发生变化,因而测试的 SFC 值须通过表 6.38 转换至标准温度下的等效 SFC 值。系统测试要求地面温度控制在 8~60 ℃范围内。

表 6.38　SFC 温度修正值

温度/℃	10	15	20	25	30	35	40	45	50	55	60
SFC 修正值	−3	−1	0	+1	+3	+4	+6	+7	+8	+9	+10

第 7 章　机场道面水泥混凝土面层施工

水泥混凝土道面是以水泥与水拌和成的水泥浆为结合料,以碎(砾)石、砂为集料,再添加适当的外加剂,有时掺加掺合料拌制成的混凝土铺筑的道面。由于具有强度高、刚度大、耐久性好等优点,水泥混凝土广泛应用于国内外机场道面工程。

7.1 水泥混凝土道面的技术要求

水泥混凝土机场道面暴露在大气环境中,直接承受机轮荷载的作用和环境因素的影响,应具有足够的弯拉强度、疲劳强度、抗压强度和耐久性。此外,为保证飞机起降安全与乘客舒适性,面层还应具有良好的抗滑、耐磨、平整等表面特性。

1. 道面设计强度

水泥混凝土板在飞机机轮荷载以及环境温度变化等因素作用下,将产生压应力和弯拉应力。混凝土板受到的压应力与混凝土抗压强度相比很小,而所受的弯拉应力与其抗弯拉强度的比值则较大,可能导致混凝土板的开裂破坏。因此,在水泥混凝土道面设计中,混凝土强度以弯拉强度为设计标准。

混凝土的强度随龄期而增长。机场水泥混凝土道面设计通常以 90 d 龄期的强度为标准,一方面由于机场水泥混凝土道面在完工 90 d 内往往不会正式开放运行;另一方面即使在 90 d 内开放运行,其使用飞机可能较轻(与设计飞机相比),并且期间如有设计飞机运行,其作用次数也很少(与设计使用年限内累积作用次数相比),因此对混凝土强度的疲劳消耗很少。为便于施工控制,混凝土配合比试验及施工过程中的强度测试通常以 28 d 龄期强度为基准。通常,水泥混凝土 90 d 龄期的强度是 28 d 龄期强度的 1.05~1.1 倍。

水泥混凝土的强度对道面的使用寿命影响很大。在混凝土板厚相同的情况下,当混凝土弯拉强度由 5 MPa 增加至 5.5 MPa 时,允许累积作用次数 N 可增大约 5.9 倍。混凝土强度在一定程度上还与混凝土的耐久性、耐磨性及抗冻性等性能的好坏有关。因此,在条件许可时,应尽量采用较高的混凝土设计强度。

影响水泥混凝土道面强度的因素主要包括:材料组成、制备与施工工艺、养护条件等。我国《民用机场水泥混凝土道面设计规范》(MH/T 5004—2010)中规定,道面水泥混凝土的设计强度应采用 28 d 龄期弯拉强度。飞行区指标Ⅱ为 A、B 的机场,其道面混凝土设计弯拉强度不得低于 4.5 MPa;飞行区指标Ⅱ为 C、D、E、F 的机场,其道面混凝土设计弯拉强度不得低于 5.0 MPa。

2. 道面耐磨性

在飞机机轮的摩擦、冲击下,道面水泥混凝土表面会发生磨耗,甚至剥落。首先磨损的是水泥砂浆,然后是显露出的粗集料。长期的磨耗不仅会减薄混凝土板的厚度、降低道面的整体强度,而且会降低混凝土表面的平整度和抗滑性;当引起集料松散时,还会对飞机的安全运行构成严重危害。

混凝土的耐磨性能与水泥的质量、水灰比、集料的硬度及混凝土的密实性等有关。为提高混凝土的耐磨性,应尽量选用强度等级较高的硅酸盐水泥、普通水泥或道路水泥。矿渣水泥因耐磨性能较差,应不使用;尽量降低水灰比,同时保证足够的水泥用量,在可能的情况下选择质地坚硬(耐磨性好)的集料,施工中应将混凝土混合料振捣密实。

3. 道面耐冻性

水泥混凝土抗冻性以抗冻等级表示。抗冻等级是采用龄期 28 d 的试块在吸水饱和后,承受反复冻融循环,以抗压强度下降不超过 25%,而且质量损失不超过 5% 时所能承受的最大冻融循环次数来确定的。道面水泥混凝土抗冻性能测试可采用《公路工程水泥及水泥混凝土试验规程》(JTG 3420—2020)规定的混凝土抗冻性试验方法。

《混凝土质量控制标准》(GB 50164—2011)规定的抗冻等级为 F50、F100、F150、F200、F250、F300、F350、F400、>F400 九个等级,分别表示混凝土能够承受反复冰融循环次数为 50、100、150、200、250、300、350、400 和>400 次。依据《民用机场水泥混凝土道面设计规范》(MH/T 5004—2010)规定,对于严寒地区(年最低月平均气温小于−10 ℃),道面混凝土的抗冻标号应不低于 F300;对于寒冷地区(年最低月平均气温为−10~0 ℃),道面混凝土抗冻标号应不低于 F200。

耐冻性能不良的混凝土在冻融交替作用下容易发生破坏。混凝土的水灰比大,则孔隙率大,可能存留的水分也多,对混凝土的耐冻性不利。所以,对地处严寒地区的水泥混凝土道面,应严格控制混凝土混合料的水灰比(不超过 45%)和用水量。集料级配良好时,可以减小混凝土的孔隙率,提高混凝土的耐冻性;提高集料本身的抗冻性(坚固性)对道面混凝土的耐冻性有利。另外,减少集料中的含泥量,振捣时增加混凝土的致密度,掺加引气剂,均可提高道面混凝土的耐冻性。

4. 道面抗滑性

为满足航空运输的需要,要求机场道面允许飞机在较恶劣的气象条件下进行起飞和着陆。机轮与道面之间必须具有足够的摩阻力,这是防止飞机制动时打滑和方向失控的重要保证。因此,机场道面的防滑问题就是飞机滑跑的安全问题。

表征机场道面抗滑性能的主要指标有道面摩擦系数和道面粗糙度。影响轮胎与道面之间摩擦系数大小的因素很多,如飞机滑行速度、道面粗糙度、道面状态(干燥、潮湿或被污染)、轮胎磨损状况、胎面的花纹、轮胎压力、滑溜比等。国际民航组织和中国民航规定应使用有自湿装置的连续摩阻测试仪测量跑道的摩擦系数。

干燥状态下的道面摩擦系数随飞机行驶速度的增加几乎保持不变,而潮湿状态下道面摩擦系数不仅小于干燥状态,而且随速度的增大而迅速减小。因此,从防滑角度分析,在进行道面设计时,要合理设计道面的纵横坡度。通常跑道应采用双面横坡,坡度值应适当大于纵坡,以保证降水及时排除,雨水不能沿跑道纵向流淌而形成飞机水上滑跑的条件。

道面的粗糙度也称"纹理深度",系指道面的表面构造,包括宏观构造(粗纹理)和微观构造(细纹理)。粗纹理是指道面表面外露集料之间的平均深度,可用填砂法等方法测定;细纹理是指集料自身表面的粗糙度,用磨光值表示。道面表面的纹理构造使道面表面雨天不会形成较厚的水膜,避免飞机滑跑时产生"水上飘滑"现象。在道面设计和施工时,应当有效地控制道面表面的纹理深度,以获得足够的道面摩阻力。

《国际民用航空公约·附件 14——机场》建议新建跑道道面的平均纹理深度应不小于 1 mm。我国《民用机场飞行区技术标准》(MH 5001—2021)规定:跑道的平均纹理深度应不小于 0.8 mm。该规定未区分新建道面和旧道面。《民用机场水泥混凝土道面设计规范》(MH/T 5004—2010)规定:跑道及快速出口滑行道应采用先拉毛后刻槽或拉槽毛等方法制作表面纹理,其表面纹理深度应不小于 0.8 mm;

在年降雨量大于 800 mm 的地区,飞行区指标Ⅱ为 D、E、F 时,跑道及快速出口滑行道应先拉毛后刻槽,其拉毛后的平均纹理深度为 0.6～0.8 mm;除快速出口滑行道外,其他滑行道以及机坪应采用拉毛的方法制作表面纹理,其纹理深度应不小于 0.4 mm。

5. 道面平整度

机场水泥道面表面的平整度是表征道面表面特性的一项重要指标。所谓道面平整度是指道面的表面相对于理想平面的偏差,它对飞机在滑行中的动力性能、行驶质量和道面承受的动力荷载三者的数值特征起着决定性的作用。道面平整度的变化和恶化,不仅影响乘客的舒适、货物的完好,而且还会影响飞行员操纵飞机和判读仪表,引起机件的磨损,危及飞行安全。

机场道面不可能是一个理想的平面。机场道面的不平整度主要由下列诸多因素引起。首先是道面固有的不平整度。例如,道面纵向坡度、施工中道面板在接缝处允许的邻板高差和达不到设计高程的偏差等,即使这些偏差都在设计和施工规范规定的允许范围内,它们对道面不平整度的影响也是不容忽视的。其次,道面在使用过程中由于受到荷载和自然因素的长期反复作用,产生新的不平整,会使固有的不平整度增大。例如,飞机荷载的重复作用使道面在垂直方向产生的塑性累积变形,地下水位变化引起土基和基层的不均匀沉陷,冰冻引起的道面鼓胀,温度应力引起的道面板的翘曲与抬高,道面表层的磨耗、剥落、腐蚀、拥包形成的表面缺损等。因此,提高道面水泥混凝土的摊铺、压实质量和加强道面使用过程中的养护工作等对保证持久良好的道面平整度至关重要。

我国《民用机场飞行区技术标准》(MH 5001—2021)规定:跑道表面应具有良好的平整度,用 3 m 直尺测量跑道表面时,直尺底面与道面表面间的最大空隙应不大于 3 mm。

7.2 水泥混凝土道面材料组成设计

7.2.1 水泥混凝土原材料技术要求

1. 水泥

水泥混凝土面层应选用旋窑生产的道路硅酸盐水泥、硅酸盐水泥或普通硅酸盐水泥,不宜选用早强型水泥,所选水泥的各项技术指标应符合国家现行标准。当水泥混凝土设计强度不小于 5.0 MPa 时,所选水泥实测 28 d 抗折强度宜大于 8.0 MPa。水泥混凝土面层所用水泥的化学成分和物理指标应符合表 7.1 的规定。

表 7.1 水泥技术指标

类别	项次	化学成分或物理指标	技术指标		试验方法
			水泥混凝土设计强度 ≥5.0 MPa	水泥混凝土设计强度≥4.5 MPa	
化学成分	1	铝酸三钙/(%)	≤9.0,宜≤7.0	≤9.0	GB/T 176—2017
	2	铁铝酸四钙/(%)	≥10.0,宜≥12.0	≥10.0	
	3	游离氧化钙/(%)	≤1.0	≤1.8	

续表

类别	项次	化学成分或物理指标	技术指标		试验方法
			水泥混凝土设计强度 ≥5.0 MPa	水泥混凝土设计 强度≥4.5 MPa	
化学成分	4	氧化镁/(%)	≤5.0	≤5.0	GB/T 176—2017
	5	三氧化硫*/(%)	≤3.5	≤3.5	
	6	含碱量 (Na₂O+0.658K₂O)/(%)	≤0.6	集料有潜在碱活性时不大于 0.6;集料无潜在碱活性时不大于 1.0	
	7	氯离子含量/(%)	≤0.06	≤0.06	
	8	混合材料种类及掺量	不应掺窑灰、煤矸石、火山灰、烧黏土、煤渣,有抗盐冻要求不应掺石灰岩石粉		水泥厂提供
物理指标	9	安定性	雷氏夹和蒸煮法检验合格	蒸煮法检验合格	JTG E30—2005 中的 T0505
	10	凝结时间 初凝时间/h	≥1.5	≥1.5	
		终凝时间/h	≤10	≤10	
	11	标准稠度需水量/(%)	≤28.0	≤30.0	
	12	比表面积/(m²/kg)	300～400	300～400	JTG E30—2005 中的 T0504
	13	细度(80 μm 筛余)/(%)	1.0～10.0	1.0～10.0	JTG E30—2005 中的 T0502
	14	28 d 干缩率/(%)	≤0.09	≤0.10	JTG E30—2005 中的 T0511
	15	耐磨性/(kg/m²)	≤2.5	≤3.0	JTG E30—2005 中的 T0510

注:三氧化硫含量在有硫酸盐腐蚀场合为必测项目,无腐蚀场合为选测项目。

2. 粉煤灰

水泥混凝土中可掺用适量Ⅰ、Ⅱ级干排或磨细低钙粉煤灰。粉煤灰分级和技术指标应符合表 7.2 的规定。

表 7.2 粉煤灰分级和技术指标

粉煤灰等级	烧失量/(%)	游离氧化钙/(%)	三氧化硫/(%)	细度ᵃ(45 μm气流筛,筛余量)/(%)	需水量/(%)	含水率/(%)	混合砂浆强度活性指数ᵇ	
							7 d	28 d
Ⅰ	≤3.0	<1.0	<3.0	≤12.0	≤95.0	≤1.0	≥75	≥85(75)

续表

粉煤灰等级	烧失量/(%)	游离氧化钙/(%)	三氧化硫/(%)	细度[a](45 μm气流筛,筛余量)/(%)	需水量/(%)	含水率/(%)	混合砂浆强度活性指数[b]	
							7 d	28 d
Ⅱ	≤6.0	<1.0	≤3.0	≤25.0	≤105.0	≤1.0	≥70	≥80(62)
试验方法	GB/T 176—2017			GB/T 1596—2017				

注：[a] 45 μm 气流筛的筛余量与 80 μm 水泥筛的筛余量换算系数约 2.4；

[b] 混合砂浆的强度活性指数为掺粉煤灰的砂浆与水泥砂浆的抗压强度比的百分数,适用于所配制混凝土设计强度不小于 5 MPa;当所配制的混凝土设计强度小于 5 MPa 时,混合砂浆的强度活性指数要求满足 28 d 括号中的数值。

在水泥混凝土中掺用粉煤灰时,宜使用硅酸盐水泥、道路硅酸盐水泥,并应了解所用水泥中已掺混合材料的种类和掺量,通过混凝土配合比设计试验,确定合适的掺量、相应的混凝土配合比和施工工艺。

3. 细集料

细集料应耐久、洁净、质地坚硬,宜采用天然砂,在设计文件许可的部位也可采用机制砂。细集料应符合表 7.3～表 7.5 规定的技术指标。

表 7.3　细集料的技术指标

项次	项目	技术指标
1	机制砂母岩抗压强度/MPa	≥60.0
2	机制砂母岩磨光值	≥35.0
3	机制砂单粒级最大压碎值/(%)	≤25.0
4	机制砂石粉含量/(%)	≤7.0
5	机制砂 MB 值	≤1.4
6	机制砂吸水率/(%)	≤2.0
7	氯离子含量(按质量计)/(%)	≤0.02
8	坚固性(按质量损失计)/(%)	≤8.0
9	云母与轻物质含量(按质量计)/(%)	≤1.0
10	含泥量(按质量计)/(%)	≤2.0
11	泥块含量(按质量计)/(%)	≤0.5
12	硫化物及硫酸盐含量(按 SO₃ 质量计)/(%)	≤0.5
13	有机物含量(比色法)	合格
14	其他杂物	不应混有石灰、煤渣、草根、贝壳等杂物
15	表观密度/(kg/m³)	≥2500
16	松散堆积密度/(kg/m³)	≥1400

项次	项目	技术指标
17	空隙率/(%)	≤45
18	碱活性	不应有碱活性反应,当岩相法判断疑似碱活性时,以砂浆棒法为准

注:a.机制砂母岩抗压强度、氯离子含量、硫化物及硫酸盐含量、碱活性在细集料使用前应至少检验一次;b.表中注明机制砂的指标仅为机制砂检验指标,未注明机制砂的指标为天然砂与机制砂通用指标。

表7.4　天然砂的级配范围

砂分级	细度模数	筛孔尺寸/mm							
		9.5	4.75	2.36	1.18	0.60	0.30	0.15	0.075
		累计筛余(以质量计)/(%)							
粗砂	3.1~3.7	0	0~10	5~35	35~65	70~85	80~95	90~100	95~100
中砂	2.3~3.0	0	0~10	0~25	10~50	40~70	70~92	90~100	95~100
试验方法		JTG E42—2005 中的 T0327							

注:表中筛孔指方筛孔。

表7.5　机制砂的级配范围

砂分级	细度模数	筛孔尺寸/mm						
		9.5	4.75	2.36	1.18	0.60	0.30	0.15
		累计筛余(以质量计)/(%)						
粗砂	2.8~3.9	0	0~10	5~50	35~70	70~85	80~95	90~100
中砂	2.3~3.1	0	0~10	5~20	15~50	40~70	80~90	90~100
试验方法		JTG E42—2005 中的 T0327						

注:表中筛孔指方筛孔。

民用机场水泥混凝土面层采用机制砂的实例较少,但考虑在部分地区难以找到符合要求的天然砂,允许使用符合要求的机制砂。机制砂只能用于设计文件许可的部位,采用机制砂需考虑对水泥混凝土工作性、耐磨性、耐久性等的影响,并采取相应措施。

采用细度模数为 2.6~3.2 的细集料,同一配合比用砂的细度模数变化范围应不超过 0.3。

机制砂应采用制砂机生产。

4. 粗集料

粗集料应采用碎石或破碎卵石,应质地坚硬、耐久、耐磨、洁净,并符合规定的级配。

碎石和破碎卵石均应符合表7.6和表7.7的规定。

表7.6　碎石和破碎卵石技术指标

项次	项目	技术指标
1	压碎值/(%)	≤21.0

续表

项次	项目		技术指标
2	坚固性(按质量损失计)/(%)		≤5.0(年最低月平均气温不低于0℃时)
			≤3.0(年最低月平均气温低于0℃时)
3	针片状颗粒含量(按质量计)/(%)		≤12.0
4	含泥量(按质量计)/(%)		≤0.5
5	泥块含量(按质量计)/(%)		≤0.2
6	吸水率(按质量计)/(%)		≤2.0
7	硫化物及硫酸盐含量[a](按SO₃质量计)/(%)		1.0
8	有机物含量(比色法)		合格
9	氧化物含量(按氯离子质量计)/(%)		≤0.02
10	碎石红白皮含量[b]/(%)		≤10.0
11	岩石抗压强度[a]/MPa	岩浆岩	≥100
		变质岩	≥80
		沉积岩	≥60
12	表观密度/(kg/m³)		≥2500
13	松散堆积密度/(kg/m³)		≥1350
14	空隙率/(%)		≤45
15	洛杉矶磨耗损失/(%)		≤30
16	碱活性[a]		不应有碱活性反应,当岩相法判断疑似碱活性反应时,以砂浆棒法为准

注:[a] 硫化物及硫酸盐含量、碱活性、岩石抗压强度在粗集料使用前应至少检验一次;[b] 红白皮是指颗粒中有一个及一个以上有水锈的天然裂隙面。

表7.7 粗集料的级配范围

类型	公称粒径/mm	筛孔尺寸/mm							
		2.36	4.75	9.50	16.0	19.0	26.5	31.5	37.5
		累计筛余(按质量计)/(%)							
合成级配	4.75~16	95~100	85~100	40~60	0~10	—	—	—	—
	4.75~19	95~100	85~95	60~75	30~45	0~5	0	—	—
	4.75~26.5	95~100	90~100	70~90	50~70	25~40	0~5	0	—
	4.75~31.5	95~100	90~100	75~90	60~75	40~60	20~35	0~5	0

续表

类型	公称粒径/mm	筛孔尺寸/mm							
		2.36	4.75	9.50	16.0	19.0	26.5	31.5	37.5
		累计筛余(按质量计)/(%)							
单粒级	4.75～9.5	95～100	80～100	0～15	0	—	—	—	—
	9.5～16	—	95～100	80～100	0～15	0	—	—	—
	9.5～19	—	95～100	85～100	40～60	0～15	0	—	—
	16～26.5	—	—	95～100	55～70	25～40	0～10	0	—
	16～31.5	—	—	95～100	85～100	55～70	25～40	0～10	0
试验方法		JTG E42—2005 中的 T0302							

注:表中筛孔指方筛孔。

破碎卵石应至少有两个破碎面。

碎石或破碎卵石的合成级配应采用两个或三个单粒级的粗集料掺配,以最小松堆孔隙率为准确定各粒级的比例。碎石应不含有可溶盐。

5. 水

水泥混凝土拌和、冲洗集料及养护用水宜采用饮用水。使用其他水源时,其水质应符合下列要求。

(1)水中不得含有影响水泥正常凝结和硬化的有害杂质,如油、糖、酸、碱、盐等。

(2)硫酸盐含量[按 SO_4^{2-}(硫酸根)计]应小于 2.7 g/cm^3。

(3)pH 值应大于 4。

(4)含盐量应小于 5 mg/cm^3。

6. 外加剂

水泥混凝土外加剂的品种及含量应根据施工条件和使用要求,并通过水泥混凝土配合比试验选用。外加剂除应符合国家现行相关标准外,尚应符合表 7.8 的规定,其检验方法应符合《混凝土外加剂》(GB 8076—2008)的规定。

表 7.8　掺外加剂产品的混凝土技术指标

项目		普通减水剂	高效减水剂	引气减水剂	引气高效减水剂	缓凝减水剂	缓凝高效减水剂	引气缓凝高效减水剂
减水率/(%)		≥8	≥14	≥10	≥18	≥8	≥14	≥18
泌水率比/(%)		≤100	≤90	≤70	≤70	≤100	≤100	≤70
含气量/(%)		≤3.0	≤3.0	≥3.0	≥3.0	≤3.0	≤3.0	≥3.0
凝结时间差/min	初凝	−90～+120	−90～+120	−90～+120	−60～+90	>+90	>+90	>+90
	终凝							

项目		普通减水剂	高效减水剂	引气减水剂	引气高效减水剂	缓凝减水剂	缓凝高效减水剂	引气缓凝高效减水剂
抗压强度比/(%)	1 d	—	≥140	—	—	—	—	—
	3 d	≥115	≥130	≥115	≥120	—	—	—
	7 d	≥115	≥125	≥110	≥115	≥115	≥125	≥120
	28 d	≥110	≥120	≥100	≥105	≥110	≥120	≥115
弯拉强度比/(%)	1 d	—	—	—	—	—	—	—
	3 d	—	≥125	—	≥120	—	—	—
	28 d	≥105	≥115	≥110	≥115	≥105	≥115	≥110
收缩率比/(%)	28 d	≤125	≤125	≤120	≤120	≤125	≤125	≤120
磨耗量/(kg/m³)		≤2.5	≤2.0	≤2.5	≤2.0	≤2.5	≤2.5	≤2.5

注：a. 表中抗压强度比、弯拉强度比、收缩率比为强制指标，其余为推荐性指标；b. 除含气量和磨耗量外，表中所列数据为掺外加剂混凝土与空白混凝土的差值或比值；c. 凝结时间差指标中的"一"号表示提前，"＋"号表示延缓。

外加剂产品出厂报告中应标明其主要化学成分和使用注意事项，面层水泥混凝土的各种外加剂应经具有相应资质的检测机构检验合格，并提供检验报告后方可使用。

外加剂的现场适应性检验应采用工程实际使用的胶凝材料、集料和拌和用水进行试配，并确定合理掺量。不宜选用含钾、钠离子的外加剂。有抗冻要求时，混凝土中应使用引气剂。引气剂应选用表面张力值大、引入水泥浆体中气泡多而微小、泡沫稳定时间长的产品。

7. 钢筋

钢筋的品种、规格应符合设计要求，其质量应符合国家相关标准的规定。钢筋每60t至少检测一次，检测项目见表7.9的规定。

表7.9　钢筋检测项目

项次	项目	取样数量/根	试验方法
1	拉拔试验	2	《金属材料 拉伸试验 第1部分：室温试验方法》(GB/T 228.1—2021)
2	冷弯试验	2	《金属材料 弯曲试验方法》(GB/T 232—2010)

钢筋线密度不应有负偏差。钢筋应顺直，不应有裂纹、断伤、刻痕、表面油污和锈蚀。

8. 纤维

合成纤维质量指标及检测方法应符合现行《水泥混凝土和砂浆用合成纤维》(GB/T 21120—2018)的规定。聚丙烯腈、聚酰胺、聚乙烯醇三种合成纤维质量应符合表7.10的规定，在饱和 $Ca(OH)_2$ 溶液中煮沸 8 h 后，其残余强度平均值应不小于 400 MPa。

表 7.10　合成纤维的技术指标

性能	聚丙烯腈纤维	聚酰胺纤维	聚乙烯醇纤维
抗拉强度/MPa	450～910	600～970	1000～1500
弹性模量/GPa	10.0～21.0	5.0～6.0	28.0～45.0
断裂伸长率/(%)	11～30	15～25	5～13
密度/(g/cm³)	1.16～1.18	1.14～1.16	1.28～1.30
吸水率/(%)	≤2.0	≤4.0	≤5.0
试验值的变异系数应不大于10%			

合成纤维的规格、加工精度及分散性应满足表 7.11 的要求。

表 7.11　合成纤维的规格、加工精度及分散性要求

外形分类	长度/mm	当量直径/μm	长度合格率/(%)	形状合格率/(%)	混凝土中分散性/(%)
单丝纤维	20～40	4～65	>90	>90	±10
粗纤维	20～80	100～500			

水泥混凝土中掺加钢纤维时,其品种、规格和质量应符合设计文件的要求,并且不应使用可能影响飞机或汽车安全行驶的钢纤维。

9.隔离层材料

隔离层采用复合土工膜时,应符合表 7.12 的要求;隔离层采用土工布时,宜符合表 7.13 的要求。

表 7.12　复合土工膜技术指标

类别	项目		技术指标
复合土工膜 (两布一膜)	厚度/mm	成品	≥0.5
		膜材	≥0.06
	纵、横向标称拉伸强度/(kN/m)		≥10
	纵、横向最大负荷下的伸长率/(%)		≥30
	CBR顶破强力/kN		≥1.9

表 7.13　土工布技术指标

检验项目	技术指标	
	基层与面层之间满铺的土工布	基层上局部铺设的土工布
单位面积质量/(g/m²)	100～160	100～200
厚度/mm	≤0.6	≤1.0
拉伸强度/(kN/m)	≥5.5	≥5.5

检验项目	技术指标	
	基层与面层之间满铺的土工布	基层上局部铺设的土工布
最大负荷下的伸长率/(%)	≥30	≥30
CBR 顶破强力/kN	≥1.0	≥1.0
梯形撕破强力/kN	20.27	≥0.15
伸长率为 5%时的拉伸力/(kN/m)	≥2.7	—
幅宽	不小于混凝土板宽	—

隔离层采用石屑时,所用石屑应坚硬、耐久、洁净,不应含有草根、树叶或其他有机物等杂质,并应符合表 7.14 和表 7.15 的技术指标。

表 7.14　石屑技术指标

项次	项目	技术指标
1	母岩抗压强度/MPa	≥60
2	含泥量(按质量计)/(%)	≤5
3	泥块含量(按质量计)/(%)	≤1
4	表观密度/(kg/m³)	2450
5	坚固性(按质量损失计)/(%)	≤12.0

表 7.15　石屑级配范围

公称粒径 /mm	筛孔尺寸/mm				
	9.5	4.75	2.36	0.6	0.075
	累计筛余量(按质量计)/(%)				
0～5	0	0～15	35～65	70～90	90～100

注:表中筛孔指方筛孔。

10. 养护材料

养护应采用对混凝土无腐蚀的材料,宜采用养护剂、节水保湿养护膜、养护复合土工膜或土工布。用于水泥混凝土面层养护的养护剂性能应符合表 7.16 的规定。养护剂应为白色乳液,不应含水玻璃成分。

表 7.16　养护剂技术指标

检验项目		一级品	合格品
混凝土有效保水率/(%)		≥90	≥75
混凝土抗压或弯拉强度比/(%)	7 d	≥95	≥90
	28 d	≥95	≥90

检验项目	一级品	合格品
混凝土磨损量/(kg/m²)	≤3.0	≤3.5
干燥时间/h	>4	
成膜后浸水溶解性	养护期内应不溶	
成膜耐热性	合格	

节水保湿养护膜宜符合表 7.17 的规定,养护复合土工膜宜符合表 7.18 的规定。

表 7.17 节水保湿养护膜检验项目

节水保湿养护膜的性能		节水保湿养护膜养护水泥混凝土面层的性能	
软化温度/(℃)	≥70	3 d 有效保水率/(%)	≥95
0.006～0.02 mm 厚面膜的水蒸气透过量/[g/(m²·d)]	≤47	一次性保水时间/d	≥7
纵、横向直角撕裂强度/(kN/m)	≥55	养护膜养护混凝土 7 d 抗压强度比(与标养比)/(%)	≥95
芯膜厚度/mm	0.08～0.10	养护膜养护混凝土 7 d 弯拉强度比(与标养比)/(%)	≥95
面膜厚度/mm	0.12～0.15		
长度允许偏差/mm	±1.5	保温性(膜内温度与外界环境温度之差)/(℃)	≥4
芯膜宽度	不允许负偏差	养护膜养护混凝土磨耗量/(kg/m²)	≤2.0
面膜、芯膜外观	干净整齐,无破损		

试验方法 JG/T 188—2010

表 7.18 养护复合土工膜(一布一膜)技术指标

项目	技术指标	
单位面积质量/(g/m²)	400±16	600±18
拉伸强度/(kN/m)	≥6.0	≥11.0
最大负荷下的伸长率/(%)	30～100	
梯形撕破强力/kN	≥0.15	≥0.32
CBR 顶破强力/kN	≥1.1	≥1.9
3 d 有效保水率/(%)	≥90	

7.2.2 水泥混凝土配合比设计

1. 水泥混凝土配合比

配置的混凝土应保证混凝土的设计强度、耐磨性、耐久性及拌和物工作性的要求,在寒冷地区还应满足抗冻性要求。混凝土配合比设计应按设计强度控制，以饱和面干为基准计算粗细集料的含水率，可根据水灰比与强度关系曲线及经验数据进行计算，并通过试配确定。

水泥混凝土单位水泥用量应不小于 310 kg/m³；混凝土中掺粉煤灰时，单位水泥用量应不小于 280 kg/m³。有抗冻要求的地区，采用的水泥强度等级为 42.5 时，单位水泥用量应不小于 330 kg/m³；采用的水泥强度等级为 52.5 时，单位水泥用量应不小于 320 kg/m³。

年最低月平均气温低于 0 ℃的地区，混凝土的抗冻等级应不低于表 7.19 的要求。

表 7.19　面层混凝土抗冻等级要求

面层部位	跑道、滑行道、机坪及道肩		防吹坪、路面	
试件	基准配合比	摊铺现场留样	基准配合比	摊铺现场留样
抗冻等级	≥F300	≥F250	≥F250	≥F200

除此之外，《民用机场水泥混凝土道面设计规范》(MH/T 5004—2010)要求：年最低月平均气温为 −10~0 ℃的地区，混凝土抗冻等级应不低于 F200；年最低月平均气温低于 −10 ℃的地区，混凝土抗冻等级应不低于 F300。但是在年最低月平均气温为 −10~0 ℃的地区，机场道面和道肩也存在较为严重的冻融破坏现象，这些地区冬季正负温交替天数较多，混凝土受到的冻融循环次数较多，是面层混凝土表面冻融破坏的主要原因。因此，不同温度对混凝土应提出不同抗冻等级要求。

除冰坪、在机位进行除冰作业的站坪，以及冬季需要喷洒除冰液的其他部位，其面层水泥混凝土应按《民用机场水泥混凝土面层施工技术规范》(MH 5006—2015)附录 B 进行混凝土抗除冰液冻融破坏试验，3 块试件经受 30 次除冰液冻融循环后，平均剥落量宜小于 0.6 kg/m²。

水泥混凝土最大水灰比应符合表 7.20 的规定。混凝土有抗冻性要求时，应掺加引气剂。搅拌机出口拌和物的含气量宜符合表 7.21 的规定。

表 7.20　水泥混凝土最大水灰比

部位	跑道、滑行道、机坪及道肩	防吹坪、路面
无抗冻要求的最大水灰比	0.44	0.46
有抗冻要求的最大水灰比	0.42	0.44

表 7.21　搅拌机出口拌和物含气量及允许偏差

名称	基准配合比抗冻标号小于 F300	基准配合比抗冻标号为 F300 或以上
含气量/(%)	3.0±0.5	3.5±0.5

混凝土拌和物的稠度试验采用坍落度测定时，摊铺时的坍落度应小于 20 mm；采用维勃稠度仪控制稠度时应大于 15 s。混凝土中需要掺加纤维时，其品种、掺量以及纤维混凝土的性能应符合设计要求。

试验室配合比宜按水泥混凝土设计强度的 1.10~1.15 倍进行配制。确定胶凝材料的组成和用量、水灰比、砂率后，采用绝对体积法计算细集料、粗集料用量，经试配，确定混凝土的配合比。

2. 水泥混凝土施工配合比确定与调整

试验室配合比应通过拌和站实际搅拌检验，合格后再经过试验段的验证，并应根据料场细集料和粗集料的含水量、拌和物实测视密度、含气量、坍落度及其损失,调整拌和用水量、砂率或外加剂掺量。调整时,水灰比不应增大,单位水泥用量、纤维体积率不应减小。

在目标配合比确定后,施工单位通过各项指标检验、拌和站实际搅拌检验、试验段的验证,并根据原材料、拌和物等实际情况进行调整。

施工期间可根据气温、风速、运输条件等的变化,微调用水量和外加剂的掺量。现场同条件养护的混凝土性能应不低于设计要求。

7.3 水泥混凝土道面施工

7.3.1 施工准备、施工测量与模板制作安装

1. 施工准备

(1)施工组织。

开工前,建设单位应组织设计、施工、监理单位进行技术交底。

施工单位应根据设计图纸、合同文件、摊铺方式、机械设备、施工条件等确定水泥混凝土面层施工工艺流程、施工方案,编制详细的施工组织设计,对施工、试验、机械、管理、安全、环保等岗位的有关人员进行培训,测量、校核并加密平面和高程控制桩。

施工现场应建立具备相应资质的现场试验室,能够对原材料、配合比和施工质量进行检测和控制。

水泥混凝土原材料选择及配合比的试验应先于面层开工前完成。施工前应妥善解决水电供应、交通道路、混凝土拌和站、材料堆放场地、仓库、钢筋加工场地等。摊铺现场和拌和站之间应建立快速有效的通信联络。水泥混凝土面层应在对基层(含隔离层)及相关隐蔽工程的质量检查验收合格后施工。

(2)拌和站设置。

拌和站宜设置在面层施工区附近,应满足施工能力、原材料储运、混凝土运输、供水、供电等要求,并尽量紧凑,减少占地。

拌和站应保障拌和及清洗用水的供应,并保证水质。必要时可在拌和站设置蓄水池。

拌和站应保证充足的电力供应。电力总容量应满足全部施工用电设备、夜间施工照明及生活用电的需要。

不同品种的水泥应分罐存放。矿物掺合料应不与水泥混罐。

施工前,至少应储备正常施工 10~15 d 的集料。集料场应建在排水通畅的位置,其底部应做硬化处理。不同规格的集料之间应有隔离设施,并设标识牌,严禁混杂。宜在集料堆上架设顶棚或进行覆盖。

拌和站内运输道路及拌和站下应采用混凝土进行硬化。拌和站内应设置防扬尘设施,混凝土原材料应不受到二次污染,并设置污水排放管沟、沉淀池。

(3)材料及设备检查。

开工前,工地试验室应对计划使用的原材料进行质量检验和混凝土配合比优选。原材料供给应满足面层施工进度要求。原材料检验合格后方可进场。原材料进出场应进行称量、登记、保管或签发。对原材料进行检测后,将相同料源、规格、品种的原材料作为一批,分批次检测和储存。

施工前应对机械设备、测量仪器、模板、工具、机具及各种试验仪器等进行全面检查、调试、检定、校准、维修和保养。主要施工机械的易损零部件应有适量储备。

（4）基层检查与整修。

面层铺筑前，应对基层进行全面的破损检查，对开裂、破损部位应进行修复。基层与面层之间未设置满铺的隔离层时，基层非扩展性温缩、干缩裂缝处以及预埋管切槽处，应铺设复合土工膜、土工布或其他有效的隔离材料，其覆盖宽度应不小于 1000 mm；距裂缝最窄处应不小于 300 mm。基层局部破损、松散部位，应挖除并修复。

土工织物隔离层应平整、顺直，不应有破裂、起皱。

2. 施工测量

施工测量应以建设单位所提供的平面、高程控制点（网）及其成果为准。

施工测量前，施工单位应对建设单位所提供的平面、高程控制点（网）及其成果进行复测和验收，合格后方能作为施工测量的依据。复测验收后，所有测量标志均由施工单位接管并妥善保护。工程竣工后，施工单位应将所有测量资料（含竣工测量资料）、图纸和计算成果，按工程项目分类装册，作为工程竣工资料的附件。

施工测量平面和高程控制点（网）的布置，可利用已有的平面和高程控制点（网）加密，间距宜不大于200 m。

施工测量控制点标石的埋设，应根据施工需要而定。主要控制点应不影响飞行安全，并且能长期保存。施工测量控制点标石，除图根点可采用临时标志外，均应采用永久性的水泥混凝土标石。标石的顶面应不小于 150 mm×150 mm，底面应不小于 250 mm×250 mm。一般地区埋设深度应不小于 800 mm，在北方寒冷地区还应在最大冰冻线以下 200 mm，埋设高度应高出完工后场地标高 50～100 mm。

平面控制与高程控制测量应符合下列要求：①平面控制与高程控制网的布设，应以已知控制点为起点；②各项工程控制网施测，应布设为闭合线路。

3. 模板制作、安装

模板应选用钢材制作。在弯道部位、异形板部位可采用木模。

钢模板应有足够的刚度，不易变形，钢板厚度应不小于 5 mm。钢板应做到标准化、系列化，装拆方便，便于运输，其各部分尺寸应符合要求。木模板宜采用烘干的松木或杉木，厚度应为 20～30 mm，不应有扭曲、折裂或其他损伤现象。木模板的内壁、顶面与底面应刨光，拼接牢固，角隅平整无缺。模板企口应制成阴企口，企口形状、尺寸按设计图纸要求制作。设置拉杆的企口模板应根据拉杆的设计位置放样钻孔，孔洞宜与钢筋直径匹配。

模板在使用过程中应注意维护，及时检查校正其外形尺寸并保证企口的完整性。安装立模前应对模板进行仔细检查，不应使用弯曲、变形、企口损坏的模板。每块模板应有高度、厚度、长度和编号的标识。模板应支立准确、稳固，接头紧密平顺，不应有前后错槎和高低不平等。模板接头、模板与基层接触处，均不应有漏浆现象。模板与混凝土接触面应涂隔离剂。

混凝土铺筑前，应对模板的平面位置、高程等进行复测；检查模板支撑稳固情况、模板企口是否对齐。在混凝土铺筑过程中，应设专人跟班检查，如发现模板变形或有垂直和水平位移等情况应及时纠正。

立模时,企口缝的企口朝向应一致。

模板制作质量应符合表 7.22 的规定。

表 7.22 钢模、木模质量指标

检查项目	钢模	木模
高度偏差/mm	+0,-5	+0,-5
长度偏差/mm	±3	±3
企口位置及其各部尺寸偏差/mm	±2	±2
两垂直边所夹角与直角的偏差/(°)	±0.5	—
各种预留孔及其孔径的偏差/mm	预留孔位置:5;孔直径:±2	—

立模精度应符合表 7.23 的规定。

表 7.23 立模精度指标

检查项目	精度要求
平面位置偏差/mm	≤5
高程偏差/mm	≤2
20 m 拉线检查直线性偏差/mm	≤5

7.3.2 混凝土拌和与混凝土铺筑施工

1. 混凝土拌和及运输

混凝土拌和物应采用双卧轴强制式搅拌机进行拌和,容量宜不小于 1.5 m³。

拌和站计量设备在标定有效期满或拌和站(机)搬迁安装后,应由具有相应资质的单位重新计量标定。施工中应每台班检查一次,15 d 校验一次拌和站(机)称量精度。

混凝土拌和时,散装水泥温度应不超过 50 ℃。投入搅拌机每盘原材料的数量应按混凝土施工配合比和搅拌机容量计算确定,并应符合下列要求。

①投入搅拌机中的各种材料应准确称量,每台班前检测一次称量的准确度。应采用有计算机控制重量、有独立控制操作室、可逐盘记录的设施。混凝土拌和物应按质量比计算配比,各种材料计量允许误差应符合表 7.24 的规定。

表 7.24 搅拌机原材料计量允许误差

材料	允许误差/(%)
水泥	±1
粉煤灰	±1
水	±1

材料	允许误差/(%)
集料	±2
纤维	±1
外加剂	±1

②拌和用水量应严格控制。施工单位工地试验室应根据天气变化情况及时测定集料中含水量变化情况,及时调整拌和用水量。

③每台班拌和首盘拌和物时,应增加适量水泥及相应的水与砂,并适当延长拌和时间。

混凝土拌和应符合下列规定。

①搅拌机装料顺序宜为细集料、水泥、粗集料,或粗集料、水泥、细集料。进料后,边拌和边均匀加水,水应在拌和开始后15 s内全部进入搅拌机鼓筒。

②混凝土应拌和均匀,根据搅拌机的性能和容量通过试拌确定每盘的拌和时间。拌和时间从除水之外所有材料都已进入鼓筒时起算,至拌和物开始卸料为止。双卧轴强制式搅拌机拌和最短时间宜不小于60 s,加纤维时应延长20~30 s,加粉煤灰时应延长15~25 s。

③外加剂溶液应在1/3用水量投入后开始投料,并于搅拌结束30 s之前应全部投入搅拌机。

④引气混凝土的每盘搅拌量应不大于搅拌机额定容量的90%。

混凝土拌和物质量检测项目及其频率应符合表7.25中的规定。每座拌和站试拌时或当原材料、混凝土种类、混凝土强度等有变化时,应检测该表中每种混凝土拌和物的全部项目,合格后方可拌和生产。拌和物出料温度宜控制为15~30 ℃。

表7.25 混凝土拌和物质量检测项目及其频率

检测项目	检测频率	试验方法
水灰比	每工班至少测1次,有变化随时测	JTG E30—2005 中的 T0529
坍落度及坍落度经时损失	每工班测3次,有变化随时测	JTG E30—2005 中的 T0522
纤维体积率	每标段抽测不少于3次,有变化随时测	CECS 13:2009
含气量	每工班测2次,有抗冻要求不少于3次	JTG E30—2005 中的 T0526
泌水率	每工班测2次	JTG E30—2005 中的 T0528
表观密度	每工班测1次	JTG E30—2005 中的 T0525
温度	每工班至少测2次,包括当天气温最高和最低时	JTG E30—2005 中的 T0527
离析	随时观察	JTG E30—2005 中的 T0529

运输混凝土宜采用自卸机动车,并以最短时间运到铺筑现场。运输应符合下列规定。

①运输工具应清洗干净,不漏浆。运料前应洒水润湿车厢内壁,停运后应将车厢内壁冲洗干净。

②混凝土从搅拌机出料直到卸放在铺筑现场的时间,宜不超过30 min,期间应减少水分蒸发,必要时应覆盖。

③不应用额外加水或其他方法改变混凝土的工作性。

④运输道路路况应良好,避免运料车剧烈颠簸致使拌和物产生离析。明显离析的混凝土拌和物不应用于面层铺筑。

⑤混凝土搅拌机出料口的卸料高度以及铺筑时自卸机动车卸料高度均应不超过1.5 m。

2. 混凝土铺筑施工

(1)试验段铺筑。

水泥混凝土面层在施工前应铺筑试验段。试验段宜在次要部位铺筑。试验段铺筑面积大小根据试验目的确定,每个标段宜不超过 5000 m²。

通过试验段应确定如下内容。

①混凝土拌和工艺:检验集料、水泥及用水量的计量控制情况,每盘拌和时间,拌和物均匀性等。

②混凝土运输:检验在现有运输条件下,拌和物有无离析,运到铺筑现场所需时间,工作性变化情况等。

③混凝土铺筑:确定预留振实的沉落高差,检验振捣器功率、行走速度、振实所需时间及有效振实范围,检查整平及做面工艺,确定拉毛、养护、拆模及切缝最佳时间等。

④通过试验段测定混凝土强度增长情况,检验强度是否符合设计要求及施工配合比是否合理。

⑤检验施工组织方式、机具和人员配备以及管理体系。

在试验段铺筑过程中,应做好各项记录,检查试验段的施工工艺、技术指标是否达到要求,如某项指标未达到要求,应分析原因并进行必要的调整,直至各项指标均符合要求为止。施工单位应对试验段情况写出总结报告,经批准后方可进行正式铺筑施工。

(2)混凝土铺筑。

混凝土铺筑前应根据当地气候条件采取防雨、防晒和防风措施。

混凝土拌和物从搅拌机出料后,运至铺筑地点进行摊铺、振捣、抹面允许的最长时间,应由工地试验室根据混凝土初凝时间及施工时的现场气温确定,并应符合表 7.26 的规定。

表 7.26　混凝土拌和物从搅拌机出料至抹面的允许最长时间

施工现场气温/(℃)	出料至抹面允许最长时间/min
5~10(不含 10)	120
10~20(不含 20)	90
20~30(不含 30)	75

混凝土摊铺应符合下列规定。

①混凝土摊铺厚度应按所采用的振捣机具的有效影响深度确定。采用平板振捣器时,当混凝土板厚度小于 220 mm 时,可一层摊铺;当混凝土板厚度大于 220 mm 时,应上下分层湿接,在下层混凝土经振实、整平后,铺筑上层混凝土。当采用自行排式高频振捣器时,可按混凝土全厚一次摊铺。

②混凝土摊铺厚度应预留振实的沉落高差,该值应根据所用振捣机具通过现场试验确定,一般可按混凝土板厚的 10%~15% 预留。

③混凝土摊铺应与振捣配合进行。在摊铺过程中,因机械故障、突然断电等原因造成临时停工时,

对已铺筑的混凝土应加以覆盖,防止失水;未经振实且已初凝的混凝土应予以清除。

④摊铺时所用机具和操作方法应防止混凝土产生离析。

混凝土拌和物摊铺后应立即进行振捣密实作业。混凝土的振捣,宜采用自行排式高频振捣器,但异形板和钢筋混凝土板和板的局部补强处等部位可采用平板振捣器或手持振捣器。

混凝土采用自行排式高频振捣器振捣时,应符合下列规定。

①自行排式高频振捣器应由机架、行走动力系统、高频振动器及操作平台组成。高频振捣棒应选用直联式高频振动器,振动频率应不小于 200 Hz,单个振捣棒功率应不小于 1.1 kW。振捣棒间距应不大于 0.5 m。

②当混凝土摊铺整平出 4~5 m 的工作面后,便可开动振捣器准备施振。振捣棒端头距基层表面的垂直距离为 60~100 mm。

③振捣器起步前,应在混凝土端部先振捣 2~3 min,再缓慢起步,开始正常振捣作业。振捣器正常行进速度宜不超过 0.8 m/min。

④振捣器作业时应观察振捣效果和气泡溢出情况,并监视各条振捣棒在运行中有无不正常声音或停振、漏振现象,发现异常应立即停机。

⑤振捣过程中,应辅以人工和平板振捣器找平,并应随时检查模板有无下沉、变形、移位或松动,若有,应及时修正。

⑥边部设有拉杆、传力杆时,应采用手持插入式振捣器对自行排式高频振捣器无法振捣的部位进行辅助振捣。插入式振捣器功率应不小于 1.1 kW,振动频率应不小于 50 Hz。

混凝土采用平板振捣器振捣时,应符合下列规定。

①平板振捣器底盘尺寸应与其功率相匹配。混凝土板的边角、企口接缝部位及埋设有补强钢筋的部位,宜采用插入式振捣器进行辅助振捣。

②平板振捣器的功率应不小于 2.2 kW,振动频率应不小于 50 Hz。插入式振捣器功率应不小于 1.1 kW,振动频率应不小于 50 Hz。

③振捣器在每一位置的振捣时间,可根据振捣器的功率、频率及拌和物的工作性确定,以混凝土停止下沉、不再有气泡逸出并表面呈现泛浆为宜,并且不宜过振。

④分层摊铺混凝土时,应分层振捣,其上下两层振捣的间隔时间应尽量缩短,上层的振捣应在下层的混凝土初凝前完成。下层混凝土经振实并基本平整后方能在其上摊铺上层混凝土。

⑤平板振捣器的振捣,应逐块逐行循序进行,每次移位其纵横向各应重叠 50~100 mm;不能拖振、斜振;平板振捣器应距模板 50~100 mm。

⑥采用插入式振捣器进行辅助振捣时,振捣棒应快速插入慢慢提起,每棒移动距离应小于其作用半径的 1.5 倍,其与模板距离应小于振捣器作用半径的 0.5 倍,并应避免接触或扰动模板、传力杆、拉杆、补强钢筋等。分两层摊铺的混凝土,当振捣上层混凝土时,振捣棒应插入下层混凝土 50 mm 左右的深度。

⑦振捣过程中,应辅以人工找平,并随时检查模板有无下沉、变形、移位或松动,若有,应及时纠正。

混凝土填仓浇筑的时间,自两侧混凝土面层最晚铺筑的时间起算,应不早于表 7.27 规定的时间。铺筑填仓混凝土时,对两侧已浇筑的混凝土面层的边部及表面应采取保护措施,防止边部损坏及粘浆。两侧已浇筑的面层,假缝侧面开裂处应全厚度粘贴隔离材料,宽度不小于 200 mm,可采用两层油毡或其他适宜材料。做面时宜在新老混凝土结合处用抹刀划一整齐的直线,并应将板边的砂浆清除干净。

表 7.27　混凝土填仓浇筑的最早时间

施工现场气温/(℃)	混凝土填仓浇筑的最早时间/d
5～10(不含 10)	6
10～15(不含 15)	5
15～20(不含 20)	4
≥20	3

混凝土整平、做面应符合下列规定。

①整平、揉浆:宜采用三辊轴对经过振捣器振实的混凝土表面进行振平、揉浆;填仓或异形板部位宜采用振动行夯进行振平,再用特制钢滚筒来回滚动揉浆。提浆厚度宜为 3～5 mm,检测方法见《民用机场水泥混凝土面层施工技术规范》(MH 5006—2015)附录 A。

②找平:混凝土表面经整平、揉浆后,在混凝土仍处于塑性状态时,应采用长度不小于 3 m 的直尺检测表面平整度。表面上多余的水和浮浆应予以清除。表面低洼处应立即用混凝土填平、振实并重新修整。表面高出的部位应去掉并重新加以修整,不应深挖。

③做面:混凝土表面抹面的遍数宜不少于 3 遍,将小石、砂压入板面,消除砂眼及板面残留的各种不平整的痕迹。做面时不应在混凝土表面上洒水或洒干水泥。

做面工序完成后,应按照设计对平均纹理深度的要求,适时将混凝土表面拉毛,拉毛纹理应垂直于纵向施工缝,必要时可采用槽毛结合法以达到要求的平均纹理深度。平均纹理深度可用铺砂法测定。

混凝土板中设有钢筋网或局部钢筋补强时,其施工应符合下列规定。

①钢筋的规格、间距、加工的形状、尺寸等应符合设计要求。

②钢筋焊接和绑扎应符合国家现行标准的相关规定。

③单层钢筋网应在底部混凝土摊铺、振捣、找平后直接安设,钢筋网片就位稳定后方可在其上铺筑上部混凝土。

④双层钢筋网,对于厚度小于 220 mm 的混凝土板,上下两层钢筋网可事先以架立钢筋扎成骨架后一次安放就位;对于厚度不小于 220 mm 的混凝土板,上下两层钢筋网宜分两次安放,下层钢筋网片可用预制水泥砂浆小块垫起,将钢筋网安放在其上并用绑丝将钢筋网与砂浆块固定,上层钢筋网待混凝土摊铺、找平、振实至钢筋网设计高度后安装,再继续其他工序作业。

⑤钢筋网片及边、角钢筋的安装技术指标应符合表 7.28 的规定。

表 7.28　钢筋网片及边、角钢筋的安装技术指标

项目	最大允许偏差/mm	检查方法	检查数据
网的长度与宽度	±10	用尺量	
网的方格间距	±10	用尺量	按加筋板总数 1/5 抽查
保护层厚度	±5	用尺量	
边缘、角隅钢筋移位	±5	用尺量	

混凝土面层中设有灯坑、排水明沟、雨水口以及各类井体时,其施工应符合下列规定。

①灯坑、排水明沟、雨水口以及各类井体的位置应符合设计文件的规定,高程应按道面分块高程图确定或推算。

②灯坑处应设置好模具后,方可浇筑所在部位的混凝土面层。

③排水明沟、雨水口以及各类井体施工安装完毕,应按设计文件要求设置面层补强钢筋,经检验合格后,方可浇筑其周围的混凝土面层。

④灯坑、雨水口以及各类井体周围无法采用自行排式高频振捣器进行振捣时,应采用平板式振捣器或手持插入式振捣器进行振捣。

现场应留置一定量的水泥混凝土试件,采取同条件养护,测试抗压强度及其他性能指标。

7.3.3 养护与拆模

1.养护

水泥混凝土面层应选择合理养护方式,保证强度增长及其他性能,防止混凝土产生微裂纹与裂缝,可选用养护剂、节水保湿养护膜、复合土工膜、土工布等材料。采用土工布时,应及时洒水保持混凝土表面湿润。在蒸发量大时,宜采用喷洒养护剂与覆盖保湿的组合养护方式。在干旱缺水地区,宜采用养护剂、节水保湿养护膜或复合土工膜进行养护。在不停航施工时,宜采用养护剂进行养护。

当采用养护剂进行养护时,应在做面拉毛后及时喷洒养护剂。养护剂应喷洒均匀,喷洒后表面不应有颜色差异。养护剂的现场平均喷洒剂量宜在试验室测试剂量的基础上适当增加。

当混凝土表面有一定硬度(用手指轻压表面不显痕迹)时,应及时均匀洒水并覆盖养护材料,保证混凝土表面处于湿润状态。混凝土拆模后,其侧面也应及时覆盖并洒水养护。养护用水与新浇筑的面层混凝土温度差宜不超过 15 ℃。

养护时间应根据混凝土强度增长情况确定,宜不少于水泥混凝土达到 90% 设计强度的时间,且应不少于 14 d。养护期满后方可清除覆盖物。混凝土在养护期间,不应有车辆在其上通行。

2.拆模

拆模时不应损坏混凝土板的边角、企口。最早拆模时间应符合表 7.29 的规定。

表 7.29 混凝土板成型后最早拆模时间

日平均气温/(℃)	混凝土板成型后最早拆模时间/h
5～10(不含 10)	72
10～15(不含 15)	54
15～20(不含 20)	36
20～25(不含 25)	24
≥25	18

拆模后如发现混凝土板侧壁出现蜂窝、麻面、企口榫舌缺损等缺陷,应及时报告监理工程师或建设单位,并研究确定处理措施。

设置拉杆的模板,拆模前应先调直拉杆,并将模板孔眼里的水泥灰浆清除干净。

拆模后,侧面应及时均匀涂刷沥青,设计缝槽以下不应露白,并及时覆盖养护。

7.3.4 接缝施工

1.接缝材料

水泥混凝土道面的所有接缝都应采用接缝材料予以封闭,以防止水分和杂物进入接缝。接缝材料质量的好坏,直接影响水泥混凝土道面的使用品质。采用性能较差的接缝材料,往往会使道面在接缝处出现如下问题。

(1)接缝渗水。由于接缝材料不能与混凝土板很好黏结,尤其是气温较低时,混凝土板收缩后缝隙增大,从而使表面水沿接缝渗入基层,造成基础承载力降低和唧泥,诱发混凝土板产生断裂和错台。

(2)填缝料外溢。气温较高时,如填缝料本身的压缩性能及热稳定性能差,就容易从缝中溢出,影响道面的平整度。

(3)杂物嵌入。如接缝材料性能差,则泥沙等杂物便易于嵌入缝中,使接缝失去胀缩作用,板产生拱胀及断裂。尤其是小石子嵌入时,会使接缝处压力集中,以致接缝(特别是胀缝)附近的混凝土板挤碎。

接缝材料按照使用性能分为接缝板和填缝料。

水泥混凝土道面胀缝应选用能适应混凝土板的膨胀和收缩、施工时不变形、复原率高和耐久性良好的材料。通常采用的材料有软质木板、泡沫橡胶板和泡沫树脂板等。

填缝料主要用在水泥混凝土道面的缩缝中和封闭胀缝的上部。应选用与混凝土板缝壁黏结牢固、回弹性好、拉伸量大、不溶于水、不透水、高温时不溢出或流淌、低温时不脆裂、抗嵌入能力强和耐久性好的材料。

机场水泥混凝土道面通常采用常温施工的填缝料,主要有丙烯酸类、聚氨酯类、氯丁橡胶类和改性沥青橡胶类材料。在高原地区,填缝料宜选用硅酮类或改性聚硫类。

设有倒角的接缝以及刻槽道面与槽相垂直的接缝,其填缝料表面宜低于道面 6～8 mm,其余接缝的填缝料表面宜低于道面 2～5 mm。道面和道肩缩缝(含纵向施工缝)的填缝料有效深度,聚氨酯类可采用 12～15 mm,改性聚硫类、硅酮类可采用 6～10 mm。

2.接缝构造施工

企口缝应先铺筑混凝土板凸榫的一边。企口部位的混凝土应振捣密实,不应出现蜂窝、麻面现象。拆模时应注意保护企口的完整性。

其中,拉杆施工应符合下列规定。

①拉杆应垂直于混凝土板的纵向施工缝、平行于混凝土板表面并位于板厚的中间。

②在立模浇筑混凝土的振捣过程中,将拉杆穿入模板孔眼并放置在设计位置处。在铺筑、振捣混凝土过程中,应随时注意校正拉杆位置。

③拉杆应按设计位置准确安放。

传力杆缝的施工应符合下列规定。

①传力杆宜锯断,断口应垂直光圆,并用砂轮打磨毛刺,加工成 2～3 mm 的圆倒角。涂层材料为沥青时,传力杆一端应按设计要求长度均匀涂刷一层沥青,沥青厚度为 1 mm,不宜过厚。为防止传力杆沥青间相互黏结,可在沥青表面撒一层滑石粉。不应使用沥青脱落的传力杆。设计要求采用其他涂层时

(如涂漆、喷塑、浸塑、镀锌等),应按设计要求对传力杆进行加工。

②传力杆应按设计位置准确安放,假缝宜采用传力杆支架方法埋设,施工缝传力杆应采用模板加支撑架方式安放。

每天施工结束时,或因机械故障、停电及天气等原因中断混凝土铺筑时,应在设计的接缝位置设置施工缝。相邻板的横向施工缝应错开。施工缝中应按设计要求放置传力杆。

平缝应以不带企口的模板铺筑成型。拆模后缝壁应平直,并在缝壁垂直面上涂刷一层沥青。

当混凝土达到一定强度、产生收缩裂缝前,应按设计要求及时切缝。在切缝条件受到限制的异形板缝或日温差大的地区进行连续铺筑混凝土时,可采用预埋钢板的方法形成假缝。钢板抽出后形成的缝槽中应放入嵌缝条,嵌缝条应在混凝土终凝前抽出。

切缝应符合下列规定。

①切缝的时间应根据施工时的气温和混凝土的强度通过试验确定,切缝时的混凝土抗压强度宜为6～8 MPa。应避免切缝过早导致接缝边缘损伤、石子松动,也应避免切缝过晚导致混凝土板产生不规则的收缩裂缝。

②混凝土的纵、横向缩缝应采用切缝机切割,切缝深度和宽度应符合设计要求。

③切割纵、横缝时,应准确确定缝位。纵向施工缝应按已形成的接缝切割,不应形成双缝;切割横缝时应注意相邻板缝位置的连接,不应错缝。

④设计要求设置接缝倒角时,可采用特制锯片在扩缝时同步形成倒角。

⑤切缝后应立即将板面浆液冲洗干净。

胀缝应按平缝方式施工,缝宽应符合设计要求。道肩处的胀缝可采用切缝机按设计要求的深度和宽度切割形成,但在与道面板相接处宜埋设三角形木板并在切缝后凿除。

接缝板的施工应符合下列规定。

①接缝板的材质和尺寸应符合设计要求。接缝板不宜用两块以上板块拼接,个别需要拼接时,可用胶带黏结牢固,搭接处应紧密无空隙。

②胀缝两侧的混凝土非连续浇筑时,接缝板应黏结在预先浇好的板面的接缝一侧,黏结应牢固、严密。接缝板的底面应与混凝土板底面齐平,接缝板底面不应脱空。经验收合格后方能浇筑另一侧水泥混凝土。接缝板在缝中应处于直立、挤压状态。道肩面层采用切缝形成胀缝间隙时,应将接缝间隙清理干净,并按设计要求在接缝中放置接缝板。

3. 填缝施工

(1)填缝料施工工艺。

灌注填缝料应在切缝完成、混凝土养护期结束后进行。气温低于5 ℃时不宜进行灌缝工作。灌缝前应将缝内的填塞物如砂、泥土、浮浆、养护化合物及其他杂物清理干净。清缝可采用钢丝轮刷、高压水冲洗等方法。清扫完成后应采用压缩空气将缝吹净。灌缝施工时缝槽应处于清洁、干燥状态。下雨或缝中有潮气时不应进行灌注(水溶性材料除外)。

灌缝施工应符合下列规定。

①灌缝应采用压力设备进行灌注,以保证填缝料灌注饱满、密实并与缝壁黏结牢固。

②灌缝深度应达到设计要求并应一次成型,不应分次填灌。缩缝下部应填入背衬材料。

③采用双组分填缝料时,应将各组分材料严格按规定比例进行配比并搅拌均匀,拌好的料应尽快灌入缝中。

④填缝料不应掺加挥发性溶剂。

⑤施工过程中应及时清除洒溢在板面上的填缝料。

⑥在填缝料表干前应封闭交通。

⑦有倒角的接缝及刻槽道面与槽相垂直的接缝,其填缝料表面低于面层表面的下凹值宜为 6～8 mm,其余接缝的填缝料表面低于面层表面的下凹值宜为 2～5 mm。上述下凹值,夏季灌缝时宜取较小值,其余季节宜取较大值。

(2)预塑嵌缝条施工工艺。

预塑嵌缝条是专门为机场跑道、滑行道、停机坪和高速公路设计的嵌缝产品。尤其当道面承受繁重的通航压力、极端的气候条件、具有腐蚀性的燃油和融雪剂等严重考验时,嵌缝条能够有效地保护混凝土道面,以避免潮湿和杂物等进入并破坏混凝土接缝与基础。

预塑嵌缝条施工对道面板缝要求较高。始终如一的切缝宽度对成功安装嵌缝条至关重要,扩缝深度对嵌缝条能否成功安装也影响极大。预塑嵌缝条安装前,用清缝机彻底清除混凝土道面板块接缝中所有的水泥浆、异物、旧的填充物(抢修翻建工程中常见)和硬化水泥块等杂物。最后要用空压机进行高压气冲,保证缝壁和道面的干净。施工时须使用专用的黏结润滑剂和专用压条机进行嵌缝条安装。黏结润滑剂应采用聚氯丁烯化合物,其固体含量为 22%～28%,在 -15～50 ℃ 应能保持液态,并应在保质期内使用。

嵌缝施工应在道面抗折强度达到设计要求后进行,安装过程中环境温度及道面接缝内壁温度应不低于 5 ℃。接缝应保持干燥以保证润滑剂与混凝土的黏结。如果观察到接缝中潮湿或有异物,必须清理干净后才能进行嵌缝施工。

嵌缝施工需经培训合格的专业施工人员进行压条操作。施工基本顺序应遵循先安装跑道、滑行道、机坪长度方向的纵向接缝,再安装宽度方向的横向接缝。

在压条机安装完纵向接缝并等润滑剂表面凝结后,用壁纸刀在纵横缝交叉处将纵向嵌缝条切断。由于嵌缝条在接缝内处于微拉伸状态,切断后的嵌缝条会适当回缩,为后续施工横向嵌缝条留出缝隙。最后安装横向嵌缝条,横向嵌缝条需穿过切开后的纵向嵌缝条,并与纵向嵌缝条紧密连接。横向嵌缝条必须是一条完整的嵌缝条,不得有断开,以保证降水能迅速排出道面而不下渗。当安装时发现长度不够时,应将已安装的嵌缝条取出,不能采用切断的小段嵌缝条补足长度。

施工时遗洒到混凝土道面上的黏结润滑剂应及时清除,以避免其在道面面层上固化而污染道面。安装后的预塑嵌缝条应均匀、平直,不应有扭曲、变形、断裂、超过 3% 的纵向拉伸或者压缩。

预塑嵌缝条具有较好的耐久性,使用寿命长,但在我国民用机场的应用还较少。

7.3.5　道面刻槽与面层保护

1.道面刻槽

水泥混凝土强度达到设计要求后,方可在道面表面上刻槽。槽形应完整,不应出现毛边现象。跑道刻槽的方向应垂直于跑道的中线;快速出口滑行道处刻槽的方向应利于道面排水。

年最低月平均气温不低于 0 ℃的地区,槽的深度、宽度均应为 6 mm;年最低月平均气温低于 0 ℃的地区,槽的形状应采用上宽 6 mm、下宽 4 mm、深 6 mm 的梯形槽。相邻槽中线间距应为 32 mm。

根据使用经验,寒冷地区如使用矩形刻槽,则槽的边部容易在融雪水结冰膨胀时以及除雪设备铲雪时损坏,因此寒冷地区刻梯形槽。

槽可以连续通过道面的纵缝,距横缝应不小于 75 mm,不大于 120 mm。嵌入式灯具附近 300 mm 范围内不应进行刻槽。

在刻槽过程中应及时将废料冲洗并清理干净,水泥灰浆宜收集处理,并且不应将废料直接排入土面区或机场雨水排水系统。

2. 面层保护

水泥混凝土面层达到设计强度之前,车辆不应在其上通行。水泥混凝土面层达到设计强度后,需要在其上设置临时通道时,应在该处混凝土面层加覆盖物予以保护。尽量避免在完工后的水泥混凝土面层上设置施工车辆通道,如设置施工车辆通道,需采取有效的道面保护措施,并严格限制车辆通行路线。

水泥混凝土面层在未验收交工前,施工单位应指定专门的看守人员,设立各种警示标志,保护混凝土面层及其附属设施的完整性。

混凝土面层宜在行业验收后正式开放使用。在开放使用之前,应将面层清理干净。

7.4 既有机场旧道面加铺水泥混凝土施工

二十世纪五六十年代,水泥混凝土是我国建造机场的主要原材料。经过长期的风吹日晒以及飞机荷载作用,路面会有一定程度的损伤。部分机场道面设计建造时考虑因素有限,而且飞机越来越重、体型越来越大,交通量增长速度加快,导致机场道面难以跟上发展的速度以至于不能满足需求;虽然有的水泥混凝土机场道面板块还没达到断裂的程度,但是这些损伤已经严重影响使用,平坦度的降低和表面粗糙度的增加都会直接对飞机的飞行安全和舒适度造成重大影响。为了解决这个问题,现有方法主要是对既有道面进行加铺,以提高其承载能力,保障其使用品质。在旧水泥混凝土道面上进行加铺主要采用的是三种结构:水泥混凝土结构、沥青混凝土结构、其他类型结构。在我国,为了满足机场不停航施工的需求,民用机场大多采用沥青混凝土结构进行加铺。但是也存在部分机场因为重载及环境复杂多变的特点采用水泥混凝土进行加铺。

本节通过对国内某机场道面的加铺方案实例进行调查评估,根据现状分析结果,制定旧道面处置方案,确定加铺方案。

7.4.1 道面加铺水泥混凝土方式

1. 加铺层结构形式选择

国内外众多学者与研究机构对水泥混凝土道面的加铺方式进行了多年的研究,对加铺方式的类型基本达成一致,结合国内外的研究成果,加铺主要呈现出以下三种形式。

(1)隔离式加铺。

在机场既有道面和新加铺的道面之间使用隔离材料,通过在两层之间设置隔离层的加铺方式称为隔离式加铺。隔离式加铺主要适用的情况有以下几种：首先是机场既有道面和需要加铺的道面之间道面坡度不一样；其次是机场既有道面和需要加铺的道面面板划分尺寸不一致；最后是机场既有道面的结构缺陷有能力、有技术修复，且道面的状况评级为可接受或较差。结合研究经验成果，在隔离式加铺过程中，加铺的道面厚度要大于 160 mm。

（2）直接式加铺。

在机场既有道面上直接铺筑加铺层的方式称为直接式加铺。在进行直接式加铺前，需要对既有机场道面进行清扫、清洁工作，去除机场既有道面上的油污、飞机轮胎摩擦划痕、污染物等，清除机场既有道面板块之间接缝异物并重新填补接缝材料。直接式加铺主要适用的情况有以下几种：首先是机场既有道面和需要加铺的道面之间坡度一致；其次是机场既有道面和需要加铺的道面板块划分尺寸和接缝位置一致；最后是机场既有道面的结构缺陷有能力、有技术修复，且道面的状况评级为良好或中等。

（3）结合式加铺。

在机场既有道面和加铺层之间紧密连接的铺设方式称为结合式加铺。结合式加铺对机场既有道面的清洁程度要求较高，需要使用特殊工具对机场既有道面进行细粒度的清洁，修复机场既有道面的破损，清除机场既有道面板块之间接缝异物并重新填补接缝材料。在铺设前，需要在清洁完成的机场既有道面上涂抹水泥泥浆，以提高道面和加铺层之间的黏结性。

结合式加铺主要适用的情况有以下几种：首先是机场既有道面和需要加铺的道面之间道面坡度一样，且既有道面和需要加铺的道面板块划分尺寸和接缝位置一致；其次是机场既有道面的结构缺陷有能力、有技术修复，且道面的状况评级为优秀。

2. 依托工程概况

依托工程为国内某机场，机场场区整体区域较为平坦，现有主跑道 1 条、平滑 1 条、停机坪 4 处，以及多处垂直联络道。现状道面由于长时间使用，存在嵌缝料损坏、起皮、纵横斜向裂缝、坑洞、细微裂纹、角隅断裂、龟裂、小补丁、大补丁、接缝破碎、沉陷或错台问题。其中起皮、龟裂、细微裂纹和纵横斜向裂缝分布最多，道面表观状况和道面结构性能出现较大程度的衰减，严重影响到飞行安全。此外，随着机场训练任务的逐年增加，对机场飞行区道面使用性能提出更高的要求。对于机场管理部门及机场发展决策者来说，对现有道面状况进行评价，全面、准确地把握机场道面现有状况，是确认机场是否满足飞机起降各项要求的重要依据，同时也可为制定机场改建、扩建方案提供一定的依据。本项目中重新修建成本高且时间上不可行，因此采用对旧道面进行加铺的处理方式更为经济有效。

3. 隔离式加铺层选择分析

由于本机场使用年限较久（机场建成于 20 世纪 50 年代，距今已 70 余年，远超设计使用年限），并根据测绘图分析发现存在既有跑道道面分块尺寸不尽一致、接缝布置不尽合理、道面坡度变化多等问题。根据目前规范进行纵断面设计，无法保证与旧水泥混凝土道面的坡度一致，同时由于直接式加铺需要加铺层与旧水泥混凝土板的尺寸、摆放位置和接缝完全一致，对施工要求很高，因此本次不采用直接式加铺。经分析，本次机场项目确定加铺处置措施为隔离式加铺。

7.4.2　旧道面处置方案

为了保证加铺层良好的使用性能，延长使用寿命，需要将机场既有道面对加铺层产生的影响控制在尽可能小的范围内,因此在对机场跑道进行加铺之前,需要对既有的机场道面进行修补,以保证既有的机场道面能对加铺层提供良好的支撑能力。

1. 机场既有道面对加铺层的影响

机场的既有飞机跑道在经过长期的风吹日晒环境作用下,跑道材料会出现一定程度的折旧性能损失,进而导致机场道面出现坑洼、道面平整度降低、裂缝缺失等现象。如果此时直接在既有机场道面上按隔离式的形式进行加铺,则加铺层的底部空间不稳,会在使用中加速加铺层的破损,缩短加铺层的使用寿命。机场既有道面对加铺层的影响主要体现在以下三个方面。

(1)道面封水。

在机场道面的损坏种类中,裂缝类损坏是最常见到的现象,也是机场道面损坏种类中占据比例最高的损坏类型。其次由于机场道面是水泥混凝土结构,道面面块之间存在接缝,随着时间的推移,接缝中的填充材料也会丢失。加铺层与地面之间由于机场既有道面的裂缝和道面之间接缝的存在,地下水会通过这些裂缝或接缝反渗到加铺层,从而对加铺层造成一定程度的损坏。

(2)应力集中。

除了裂缝,机场道面另一大破损种类是边角缺失,如果在加铺前没有对这些缺失的边角进行修补处理,那么在加铺层承受飞机荷载作用时,加铺层会因为底部支撑不匀而出现应力集中的现象。应力集中会加速加铺层的破损,缩短加铺层的使用寿命。

(3)层间结合。

在机场既有道面上,为了指示飞机或牵引车的行进方向,会在机场道面上绘制各种指示线。并且由于大量的飞机起降与滑行频次,轮胎会在机场道面上留下各种摩擦划痕。如果在加铺前未对这些指示线和摩擦划痕进行清理,则会影响加铺层与机场既有道面之间的结合度,进而会造成加铺层出现应力集中的现象,加速加铺层的损坏。

以上从道面封水、应力集中、层间结合三个方面分析了机场既有道面对加铺层可能产生的影响,为了避免这些不良现象的发生,我们在加铺前需要先对机场既有道面进行处置修复。

2. 机场既有道面的处置

在机场既有道面加铺前,为避免机场既有道面对加铺层造成损害,需要对机场既有道面上的病害问题分类进行处置。主要措施有以下几种。

(1)如果机场既有道面某块板存在脱空情况,则需要使用压密灌浆法对脱空情况进行处理,使道面面板底部空间填充完整。

(2)对于机场既有道面某块板开裂或者产生错位,则需要将整块板进行替换,重新使用混凝土进行浇筑,在浇筑过程中要夯实基层,防止出现脱空现象。

(3)对于机场既有道面板块之间填缝材料的缺失或损坏,为了防止地下水通过接缝反渗到加铺层,降低加铺层的使用性能,需要对接缝材料进行修补。修补前首先需要使用清缝机将接缝内的填充材料和其他异物清除干净,然后选用聚氨酯材料对接缝进行填充。

(4)对于机场既有道面最常见的破损类裂缝的处理,需要根据裂缝的位置和宽度进行处理。裂缝不仅会造成道面积水问题,还会产生应力集中问题,更会造成加铺层产生裂缝。对于裂缝的处理,经常会使用到填补、加固和修补的方式。对于较小的裂缝可以将缝内杂质清除后使用环氧树脂或清砂进行胶结;对于宽度在 2~4 mm 的裂缝,首先采用沥青粉刷之后再用青砂进行填充修补;对于宽度在 3 mm 及以上的裂缝,如果该块板没有修复价值,采用凿碎重新浇筑的方式,对于还有修复价值的板块,采用全厚度板块修补。

(5)对于机场既有道面边角缺失的损坏类型,为了避免加铺层产生应力集中的问题,需要对缺失的边角进行修复。修复时根据边角缺失的范围确定修复的范围,将破损处凿碎重新进行水泥混凝土的铺筑。

(6)对于机场既有道面板块出现断裂、全板裂纹、严重破碎等问题,若板块已经丧失承载能力且没有修复价值,应当对整块板进行替换,重新使用水泥混凝土进行浇筑。

(7)对于机场既有道面上,为了指示飞机或牵引车的行进方向,在机场道面上绘制的各种指示线以及由于大量的飞机起降与滑行频次,轮胎会在机场道面上留下各种摩擦划痕等问题,对于这类损伤,一般采用高压水冲法结合化学溶剂并使用钢丝球等物理工具进行清除,在高压水洗之前应该先进行试验确定高压水枪的压力,以免在清洗过程中对机场既有道面造成二次损坏。

(8)最后在加铺层进行铺设前,应将机场既有道面清扫干净。

本节通过对机场既有道面加铺方式的分析,依据项目现场实际情况,选择隔离式加铺层的方式对既有道面进行加铺。并分析既有道面存在的损坏情况,从道面封水、应力集中、层间结合三个方面提出合理有效的处置方案,以保证加铺层安全长久地使用。

7.5　特殊条件下水泥混凝土道面施工

1. 低温施工

水泥混凝土道面除少量收尾工程等特殊情况外,一般不宜采用低温施工。当昼夜平均气温连续 5 d 低到 5 ℃ 及以下时,混凝土混合料应按低温规定进行施工;当昼夜平均气温低于 0 ℃ 时,不得施工。

低温施工时,应事先准备足够的防寒用材料及用具,混凝土搅拌站应搭设暖棚或其他挡风设备,砂、石材料必要时用保暖材料加以覆盖。不得在有冻害或有积雪的基层上铺筑混凝土混合料,也不应该把冰冻的砂、石料用在混凝土混合料中。混凝土应保证不受冻害,并有一定的硬化条件,适当减小混凝土混合料的水灰比(应保持要求的用灰量,减少用水量),混合料中不得掺用缓凝剂。

搅拌好的混凝土混合料铺筑到模板中时的温度应不低于 10 ℃。当气温为 2 ℃ 或以下,或混合料铺筑温度低于 10 ℃ 时,应视情况事先将水加热或将水和砂、石料都加热。材料加热应遵守下列规定。

(1)水的加热温度应不超过 60 ℃,砂石料应不超过 40 ℃,拌制的混凝土混合料应不超过 35 ℃。

(2)水泥不得加热。

根据气温情况可掺入适量的早强剂或加气剂,提高混凝土的早期强度及抗冻性,混凝土混合料的搅拌时间应较常规施工增加 50%。为减少热量损失,混凝土混合料的搅拌、运输和铺筑等工序应紧密衔接,尽量缩短其间隔时间。运料过程中应对混合料予以覆盖保温。

混凝土混合料铺筑后应尽快振实、做面。表面有泌水现象时,应及时清除,完成做面工序时的混凝土温度不得低于 5 ℃。做面完毕,当用手指轻压表面无痕迹时,立即用塑料布、无纺布、麻袋等保温材料覆盖养护。覆盖厚度应根据气温和混凝土温度而定,保证混凝土在早期硬化期的最低温度不低于 5 ℃,同时应保证当混凝土强度未达到设计强度的 50% 以前,混凝土道面不受冻害。

混凝土保温养护期应不少于 28 d。养护期间内，如遇天气骤然降温，应视情况及时增加覆盖层的厚度。最早拆模时间，企口模板为 96 h，平缝为 72 h。拆模后应立即将混凝土侧壁严密覆盖，保温养护。

低温施工时，应按下列规定进行测温。

(1)水和砂、石料投入搅拌机前与混合料出料时的温度测定，每台班应不少于 3 次。

(2)混凝土板养护过程中，最初两昼夜应每隔 6 h 测温一次，以后每昼夜不少于 2 次。

(3)道面测温孔每一板块不得少于 1 个，交错布置于道面模板附近和中部。孔深不得少于 10 cm，孔口应用棉花或木塞填住，孔内灌煤油，测温时温度计应与外界冷空气隔离，温度计在孔内停留时间不少于 3 min。

(4)各项测温和保温情况的资料、试件代表地段及其强度等均应详细记录，作为工程验收时的依据。

2. 高温施工

摊铺现场气温达 30 ℃及以上的施工，属于高温施工。高温施工时应尽量缩短混凝土混合料运输、铺筑、振捣、做面等各道工序的间隔时间。作业完毕应及时覆盖，洒水养护。搅拌站应有遮阳棚。模板和基层表面在铺筑混合料前应洒水湿润，必要时，应对砂、石料采取洒水降温措施。

气温过高时，宜避开中午施工，尽量安排在早晨、傍晚或夜间施工。高温施工时摊铺的混凝土混合料的温度不得超过 35 ℃。混凝土混合料搅拌时可按适量比例增加单位用水量，运输混凝土混合料的车辆应予以覆盖，做面作业宜在遮阳棚内进行。

3. 风、雨天施工

混凝土道面应尽量避免在大风天(风速 4～6 m/s)以及干热风天中施工。风速大于 6 m/s 时必须停止施工。铺筑混凝土混合料时，在迎风面应采取挡风措施，及时清除被大风刮到混凝土混合料上的尘土和杂物。尽量缩短各工序作业的时间间隔。作业完成后及早覆盖、洒水养护。

混凝土雨天施工应符合下列规定。

(1)应配备足够数量的材料轻便、结构牢固的防雨棚和塑料布。

(2)混凝土道面不得在雨天中施工。混凝土道面施工过程中如遇降雨，铺筑作业应予停止。对已铺筑的混凝土混合料，应及时盖上塑料布或防雨棚，并防止相邻板的雨水流入冲走砂浆。

(3)雨停后，混凝土混合料尚未凝结时，应抓紧时间继续作业。表面被雨水冲走的部分砂浆，应及时利用原浆填补，不得另调砂浆或在其上撒干水泥。如冲刷面积较大，应予挖除部分混合料，用新混合料重铺。如混合料已终凝，而振捣、做面作业尚未完成，对已终凝的混合料应予全部清除，重新铺筑新混合料。铺筑时应清除基槽中的积水。

(4)运送混凝土混合料的运输车辆，应有防雨遮盖物。各种电气设备应配有防雨设施。

(5)应测定砂、石的含水量，并及时调整混合料的用水量和混凝土的配合比。

4. 加筋混凝土板及钢筋补强

钢筋表面不得有降低黏结力的污物。钢筋加工的形状、尺寸应符合设计要求。钢筋绑扎与焊接应符合国家现行标准的有关规定。

单层钢筋网的位置应符合设计要求，在底部混凝土混合料铺筑振捣找平后直接安放。钢筋网片就位稳定后，方可在其上铺筑上部混凝土混合料。

双层钢筋网，对于厚度小于 22 cm 的道面，上下两层钢筋网可事先以架立钢筋扎成骨架后一次安放就位;厚度不小于22 cm的道面,上下两层钢筋网宜分2次安放,下层钢筋网片可用预制水泥小块铺垫;垫块间距应不大于80 cm,将钢筋网安放在其上面,上层钢筋网待混合料摊铺找平振实至钢筋网设计高度后安装,再继续其他工序作业。钢筋网片及边、角钢筋的质量标准应符合表7.30的规定。

表7.30　钢筋网片及边、角钢筋的质量标准

项目	最大允许偏差/mm	检查方法	检查数量
网的长度与宽度	±10	用尺量	按板总数1/5抽查
网的方格间距	±10	用尺量	
保护层厚度	±5	用尺量	
边缘、角隅钢筋位移	±5	用尺量	

安放角隅钢筋时,应先在安放钢筋的角隅处摊铺混凝土混合料。铺筑高度应比钢筋设计位置预加一定的沉落度。角隅钢筋就位后,用混凝土混合料压住,再进行其他工序作业。安放板边加强钢筋时,应先沿边缘铺筑混凝土混合料,振实至钢筋设计位置高度,然后安放边缘钢筋。

5.混凝土加铺层施工

加铺前应对原水泥混凝土道面进行检查,若发现有基础沉陷、脱空、唧泥、翻浆以及结构性损坏的混凝土板,应及时与设计单位、监理工程师研究处理方案,经妥善处理后方可进行加铺层施工。

(1)采用部分结合式加铺层施工时,应符合下列要求。

①应先对原道面的表面进行仔细清理,清除表面上的油污、油漆标志、轮迹及板边角剥落碎块。接缝内失效的填缝料及杂物应清除干净后重新灌缝。原混凝土板损坏严重的应将其打掉,用新混凝土修补。当发现基础有沉陷、脱空时,应按设计要求采取灌浆措施。必要时应按设计要求对原混凝土表面凿毛。

②加铺水泥混凝土板的分块应与原板的分块一致,上下板的接缝应对齐。

③立模应使模板支立牢固,并保持模板的直线性。模板与原道面板间有空隙时,应采取措施防止漏浆。

④铺筑新混凝土混合料前,应洒水润湿原混凝土板,洒水应适量,表面不应有积水。夏天施工应对原道面表面洒水降温后方可铺筑混合料。

⑤加铺层的混凝土混合料的材料及各项作业要求,应符合前述要求。

(2)采用隔离式加铺层施工时,应符合下列要求。

①隔离层的厚度宜不超过2 cm,隔离层的材料应符合设计要求。

②支立模板应符合前述要求。

③加铺层的混凝土混合料的材料及各项作业要求,应符合前述要求。

7.6　水泥混凝土道面施工质量控制

7.6.1　质量控制程序与标准

1.水泥混凝土道面施工质量控制程序

水泥混凝土道面施工的质量控制程序如图7.1所示。

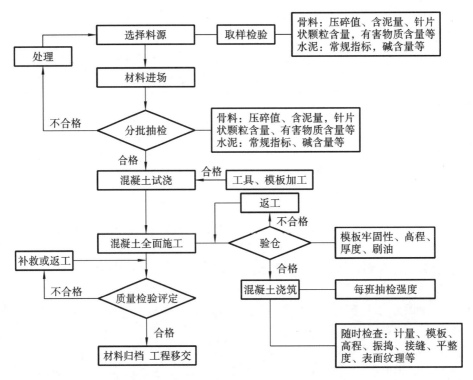

图 7.1 水泥混凝土道面施工质量控制程序

2. 施工质量控制标准

在水泥混凝土道面面层的施工过程中及施工完成后,应该对抗折强度、平整度、表面纹理深度、跑道摩擦系数、高程等外形尺寸及质量指标进行检验,合格后方可进入下一道工序或进行验收。质量控制项目、检测频度以及建议检测方法见表 7.31。

表 7.31 水泥混凝土道面面层施工质量控制标准

检查项目	质量指标或允许偏差	检测频度	检验方法
弯拉强度	不小于 28 d 设计强度	每 500 m³ 成型一组 28 d 试件;每 3000 m³ 增做不少于一组试件,供竣工验收检验;每 20000 m² 钻一圆柱体进行劈裂强度试验,每标段不少于 3 个芯样	现场成型室内标养小梁弯拉强度试验方法:JTG E30—2005 中的 T0551 及 T0558。钻芯劈裂强度试验方法:JTG E30—2005 中的 T0551 及 T0561。劈裂强度折算为弯拉强度方法见《民用机场水泥混凝土面层施工技术规范》MH 5006—2015
混凝土抗冻等级	有抗冻要求时:≥F250	在摊铺现场未振捣前留样制件,每 20000 m² 留一组,每标段不少于 3 组	JTG E30—2005 中的 T0565

续表

检查项目	质量指标或允许偏差	检测频度	检验方法
板块厚度	与设计厚度偏差不超过 −5 mm	分块总数的 10%；每一个钻芯试件	拆模后用尺量；对钻芯试件用尺量
平整度	≤3 mm（合格率≥90%）；≤5 mm（极值）；跑道 IRI≤2.2 mm/km	分块总数的 20%；跑道主要轮迹带	用 3 m 直尺和塞尺测定，一块板量 3 次，纵、横、斜向各测 1 次，取其中最大值；车载平整度检测仪检测
表面平均纹理深度	符合设计要求（合格率≥90%）；与设计值偏差不超过 −0.1 mm（极值）	用摊砂法检查分块总数的 10%	每块抽查 3 点，布置在板的任一对角线的两端附近和中间，检测方法：JTG E60—2008 中的 T0962
跑道摩擦系数	≥0.55	跑道主要轮迹带	摩擦系数测试车测试
刻槽质量	符合《民用机场水泥混凝土面层施工技术规范》MH 5006—2015 中的规定	每 5000 m² 抽测一处	用游标卡尺及尺量
高程	±5 mm（合格率≥85%）；±8 mm（极值）	不大于 10 m 间距测一横断面，相邻测点间距不大于两块板	用水准仪测量板角表面高程
相邻板高差	≤2 mm（合格率≥85%）；≤4 mm（极值）	分块总数的 20%	纵、横缝用塞尺量
纵、横缝直线性	≤10 mm（合格率≥85%）	接缝总长度 10%	用 20 m 长直线拉直检查
长度偏差	跑道、平行滑行道：≤1/7000	验收时沿着中线测量全长	按一级导线测量规定精度检查
宽度偏差	跑道、滑行道、机坪：≤1/2000	每 100 m 测量一处	用钢尺自中线向两侧测量
预埋件预留孔位置中心偏差	≤10 mm（合格率≥85%）	总数的 20%	纵、横两个方向用钢尺量
外观	①不应有以下严重缺陷：断板、裂缝、错台、板角断裂、露石、脱皮起壳、大面积不均匀沉陷，接缝缺边掉角。②不应有以下一般缺陷：小面积剥落、起皮、露石、粘浆、凹坑、足迹、积瘤、蜂窝、麻面等现象。③应纹理均匀一致，嵌缝料饱满，黏结牢固，缝缘清洁整齐		

7.6.2 混凝土强度检测

混凝土是场道工程中主要的建筑材料之一,混凝土的质量将直接影响到工程实体的质量。水泥混凝土面层的设计强度以抗折强度为设计标准。在浇筑混凝土时,就需要评定其抗折强度。一般采用两种方法:第一种是取现场混合料,在试验室内制作小梁试件(尺寸:150 mm×150 mm×550 mm),在标准条件下养护 28 d,少量试件养护 90 d,并使用万能试验机测定其抗折强度;第二种是在现场随机钻孔取样圆柱体制作成标准试件(尺寸:直径 $D=150$ mm,高度 $H=300$ mm),进行劈裂试验做最终校核。

1. 混凝土试件的制作及养护方法

(1)试件的制作器具。

①试模:150 mm×150 mm×550 mm。

②振动台。

③其他:料斗、拌板、平头铲、台秤、直尺、振捣棒等。

(2)人工成型与养护。

①将试模装配好,检查试模尺寸,避免使用变形试模。

②试模内壁涂抹一层矿物油脂,试模接缝处用硬黄油涂抹,避免漏浆。

③当坍落度小于 70 mm 时,用标准振动台成型。将拌和物一次装满试模并稍有富余,开动振动台,至混凝土表面出现乳状水泥浆为止。振动过程中随时添加混凝土使试模满装,并记录振动时间(一般不超过 90 s)。

④当坍落度大于 70 mm 时,用人工成型,将拌和物分成大致相等的两层装入试模,每层插捣次数为 100 次。插捣时,从边缘到中心按螺式旋转,均匀地进行。插捣底层时,捣棒到达模底;插捣上层时,捣棒插入该层底面下 2～3 cm 处。

振动或捣实后,用金属直尺沿试模边缘刮去多余混凝土,用镘刀将表面初次抹平,2～4 h 后,再用镘刀将试件仔细抹平,表面与试模边缘的高低差不得超过 0.5 mm。

⑤试件成型后,用湿布覆盖表面,在室温(20±5)℃、相对湿度大于 50% 的情况下,静放 1～2 d,然后拆模并做第一次外观检查、编号,对有缺陷的试件应除去,或加工补平。

⑥拆去试模后,随即将试块放在标准养护室或水槽[温度(20±2)℃、相对湿度大于 95%]进行养护,至试验龄期为止。在养护室内,试块应放在铁架或木架上,彼此间距至少为 3～5 cm。

⑦至试验龄期时,将试块从养护室取出后,先检查其规格、形状及相对两表面是否互相平行,表面倾斜偏差应不超过 0.5 mm,且无蜂窝和缺角现象,否则应在试验前 3d 用浓水泥浆填补平整。

⑧试验前应擦干试块,并精确测量其各边长度(精确到 1 mm)。

2. 水泥混凝土抗弯拉(折)强度检测

水泥混凝土抗弯拉(折)强度是以 150 mm×150 mm×550 mm 的梁型试件在标准养护条件下达到规定龄期后,净跨 450 mm,在双支点荷载作用下受到弯拉破坏,按规定的计算方法得到的强度值。根据该强度值提供水泥混凝土路面设计参数,检查水泥混凝土道面施工品质。

(1)试验目的。

测定混凝土抗折极限强度,以提供设计参数,检查混凝土施工质量。

（2）试验仪器。

①试验机：50～300 kN 抗折试验机或万能试验机，最小读数为 200 N。

②抗折试验装置：三分点加荷和二点自由支承式混凝土抗折强度试验装置。

（3）试件。

试件为 150 mm×150 mm×550 mm 直角棱柱体小梁，试件龄期相同者为一组，每组 3 个，同等条件制作和养护。标准养护条件为温度（20±3）℃，相对湿度大于 90%，龄期 28 d。

（4）试验步骤。

①试验前先检查试件，如试件中部三分之一长度内有大于 $\phi7×2$ mm 的蜂窝，该试件即作废。

②量出试件中部的宽度和高度，精确至±1 mm。

③将试件安放在支座上，其承压面与试件成型时顶面垂直。缓加初荷 1 kN，检查调整以确保试件不扭动，接触无空隙，而后以每秒（60±40）kPa 的加荷速度均匀而连续地加荷，直至试件破坏，记录破坏极限荷载。检查并量度断面处，描述有关特征情况。

（5）试验结果计算。

当断裂发生在两个加荷点之间时，抗折强度 R_b 按式（7.1）计算。

$$R_b = \frac{RL}{bh^2} \tag{7.1}$$

式中：R_b 为抗折强度，MPa；R 为试件破坏时最大极限荷载，N；L 为计算跨径，即两支点间距（450 mm）；b 为试件宽度，mm；h 为试件高度，mm。

（6）注意事项。

①试件从养护水槽取出后应尽快擦干试件表面水分进行试验，以免试件内部的湿度发生显著变化。

②试验前应准确地在试件表面画出支点及加载位置。

③试验应按规定加载速度连续而均匀加载，直至破坏。

④按试验规程要求评定试件的抗折强度。

3. 圆柱体劈裂抗拉强度试验

钻芯法是利用钻机，从结构混凝土中钻取芯样以检测混凝土强度或观察混凝土内部质量的方法。钻芯法会对结构混凝土造成局部损伤，因此是一种半破损的现场检测手段。

利用钻芯法检测混凝土抗压强度，无须进行某种物理量与强度之间的换算，因此普遍认为它是一种直观、可靠和准确的方法。但由于在检测时总是对结构混凝土造成局部损伤，而且成本较高，因此大量取芯往往受到一定限制。近年来，国内外主张把钻芯法与其他非破损检测方法综合使用，一方面非破损法可以大量测试而不损伤结构；另一方面钻芯法可提高非破损检测的精度，使二者相辅相成。

用钻芯法检测混凝土的强度、裂缝、接缝、分层、孔洞或离析等缺陷，具有直观、精度高等特点，但也有一定的局限性。

①钻芯时会对结构造成局部损伤，因而钻芯位置的选择及钻芯数量等均受到一定限制，而且它所代表的区域也是有限的。

②钻芯机及芯样加工配套机具与非破损测试仪器相比，比较笨重，移动不方便，测试成本较高。

③钻芯后的孔洞要修补，尤其当钻断钢筋时，更增加了修补工作的难度。

在正常生产情况下，混凝土结构应制作立方体标准养护试块进行混凝土强度评定和验收。只有在下列情况下才可以进行钻取芯样检测其强度,并作为处理混凝土质量事故的主要技术依据。

①对立方体试块的抗压强度产生怀疑。试块强度很高,而结构混凝土的外观质量很差;试块强度较低而结构混凝土外观质量较好;或者因为试块形状、尺寸、养护等不符合要求,而影响了试验结果的准确性。

②混凝土结构因水泥、砂石质量较差或因施工、养护不良发生质量事故。

③检测部位的表层与内部的质量有明显差异,或者在使用期限内遭受冻害的混凝土均可采用钻芯法测其强度。

④使用多年的老混凝土结构,如需加固或因工艺流程的改变而荷载发生了变化,需要了解某些部位的混凝土强度。

⑤对施工有特殊要求的结构和构件,如道面厚度测试等。

(1)试验目的。

测定混凝土的劈裂抗拉强度,可根据抗折强度与劈裂抗拉强度的关系式推算混凝土的抗折强度。

(2)检测器具。

①钻芯机:轻型钻机(钻芯直径 150 mm)。为了满足钻孔和取芯工作的需要,不论哪种钻芯机,都应具备以下 5 个基本功能。

a.向钻芯头传递压力,推动钻头前进或后退。

b.驱动钻头旋转,并应具有一定范围的转速,以便保证所需要的线速度。

c.为了冷却钻头及冲洗钻孔过程中产生的磨削碎屑,应不断供给冷却水。

d.钻机应具有足够的刚性和稳定性。

e.钻机移动、安装和拆卸方便。

为了满足上述 5 个条件,钻芯机一般应包括以下几个部分。

a.机架部分主要由底座、立柱所组成,底座上一般均安装 4 个调整水平用的螺钉和两个行走轮。

b.进给部分由滑块导轨、升降座、齿条、齿轮、进给柄等组成。当把升降座上的紧固螺钉松开后,利用进给手柄可使升降座安全匀速地上下移动,以保证钻头在允许行程内的前进后退。

c.变速器由壳体、变速齿轮、变速手柄和旋转水封等组成。

d.给水部分在钻芯过程中,必须供应一定流量的冷却水,水经过水嘴后流入水套内,经过水套进入主轴中心孔,然后经过连接头最后由钻头端部排出。

e.动力部分主要由电动机、启动机和开关等组成。

②芯样切割机:当检测混凝土强度时,应将芯样用切割机加工成具有一定尺寸的抗压试件。切割方式可分为两种类型:一种是锯片不移动,但工作台可以移动;另一种是锯片平行移动,工作台不动。

③人造金刚石空心薄壁钻头:空心薄壁钻头主要由钢体和胎环两部分组成。钢体一般由无缝钢管制成。钻头的胎环是由钢系、青铜系、钨系等冶金粉末和适量的人造金刚石浇铸成型。在胎环上加工若干排水槽(一般称"水口")。

钻头与钻孔机的连接方式,主要由钻斗的直径和钻机的构造决定。一般可分为柄式、螺纹连接式和卡连接式 3 种。

④压力试验机:压力试验机能够满足试件破坏吨位要求。

⑤劈裂夹具和木质三合板垫层(或纤维板垫层):木质三合板宽度为 20~25 mm,厚度为 $(3+0.2)$ mm,

长度不短于试件圆柱体长度,垫层不得重复使用。

(3)钻芯前的准备。

①调查了解工程质量情况。

a.工程名称或代号,以及设计、施工、建设单位名称。

b.结构或构件种类、外形尺寸以及数量。

c.混凝土强度等级、混凝土的成型日期、所用的水泥品种、粗集料粒径、砂石产地以及配合比等。

d.混凝土试块的抗压强度。

e.结构或构件的现场质量状况以及施工或使用中存在的质量问题。

f.有关的结构设计图和施工图。

②钻芯机具准备及钻头直径的选择。

一般根据被测构件的体积及钻取部位确定钻芯的深度,据此选择合适的钻机及钻头。

应根据检测的目的选择适宜尺寸的钻头。当钻取的芯样是为了进行抗压强度试验时,则芯样的直径与混凝土粗集料最大粒径之间应保持一定的比例关系。在一般情况下,芯样直径为粗集料最大粒径的 3 倍。在钢筋过密或因取芯位置不允许钻取较大芯样的特殊情况下,钻芯直径可为粗集料最大粒径的 2 倍。在工程中的梁、柱、板、基础等现浇混凝土结构中,一般使用粗集料的最大粒径为 32 mm 或 40 mm,这样采用内径为 150 mm 的钻头可满足要求。

③芯样数量的确定。

取芯的数量,应视检测的要求而定。进行强度检测时,一般可分为以下两种情况。

a.单个构件进行强度检测时,在构件上的取芯个数一般不少于 3 个;当构件的体积或截面积较小时,取芯过多会影响结构承载能力,这时可取 2 个。

b.对构件某一指定局部区域的质量进行检测时,取芯数量应视这一区域的大小而定,如某一区域遭受冻害、火灾、化学腐蚀或质量可疑等情况,这时检测结果仅代表取芯位置的质量,而不能据此对整个构件或结构物强度做出整体评价。至于检查内部缺陷的取芯试验,更应视具体情况而定。

④取芯位置的选择。

取芯时会对结构混凝土造成局部损伤,因此在选择芯样位置时要特别慎重。其原则是:应尽量选择在结构受力较小的部位。对于一些重要构件的重要区域,尽量不在这些部位取芯,以免对结构安全造成不利影响。

在一个混凝土构件中,由于施工条件、养护情况及不同位置的影响,各部分的强度并不是均匀一致的。在选择钻芯位置时,应考虑这些因素,以使取芯位置混凝土的强度具有代表性。如有条件,应首先对结构混凝土进行超声或超声-回弹综合法测试,然后根据检测目的与要求来确定钻芯位置。

(4)钻芯与试样加工。

①芯样钻取。

混凝土芯样的钻取是钻芯测强过程的首要环节,是技术性很强的工作。芯样质量的好坏、钻头和钻机的使用寿命以及工作效率,都与操作者的熟练程度和经验有关。因此,熟练的操作技术、合理调节各部位装置,将会获得较好的钻取效果。

先将钻机安放稳固(稳固的方法有配重法、真空吸附法、顶杆支撑法和膨胀螺栓法等)并调至水平后,安装好钻头,接通电源,启动电动机,然后操作加压手柄,使钻头慢慢接触混凝土表面。当混凝土表面不平时,下钻更应特别小心,待钻头入槽稳定后,方可适当加压钻进。

在钻进过程中,应保持冷却水的畅通,水流量宜为 3～5 L/min,出口水温不宜过高。冷却水的作用有两点:一是防止金刚石温度升高烧毁钻头;二是及时排除钻孔中产生的大量混凝土碎屑,以利钻头不断切削新的工作面和减少钻头的磨损。水流量的大小与钻进速度和直径成正比,以料屑能快速排出,又不致四处飞溅为宜。当钻头钻至芯样要求长度后,退钻至离混凝土表面 20～30 mm 时停电停水,然后将钻头全部退出混凝土表面。如停水停电过早,则容易发生卡钻现象,尤其在深孔作业时更应特别注意。

移开钻机后,用带弧度的钢钎插入圆形槽并用锤敲击,弯矩的作用使芯样底部与结构断离,此时将芯样提出。取出的芯样应及时编号,检查外观质量情况,做好记录后,妥善保管,以备割成标准尺寸的芯样试件。

为了保证安全操作,取芯机操作人员必须穿戴绝缘鞋及其他防护用品。

②芯样尺寸精度要求。

a.平均直径。在钻芯过程中,由于受到钻机振动时钻头偏摆等因素的影响,同一芯样其直径有的部位大,有的部位小。为了方便计算芯样的截面积,以平均直径为代表。用游标卡尺测量芯样中部,在互相垂直的两个位置上取其两次测量的算术平均值作为平均直径,测量精度为 0.5 mm。当沿芯样高度任一直径与平均直径相差达 2 mm 以上时,由于对抗压强度的影响难以估计,故这样的芯样不能作为抗压试件使用。

b.芯样高度。抗压芯样试件高度用钢卷尺或钢板尺进行测量,精确至 1 mm。

c.端面平整度。芯样端面与立面方体试块的侧面一样,是进行抗压强度试验时的承压面,其平整度对抗压强度影响很大。端面不平时,向上比向下引起的应力集中更为剧烈,如同劈裂抗拉强度破坏一样,强度下降更大。当中间凸出 1 mm 时,其抗压强度只有平整试件的二分之一左右,因此国内外标准对芯样端面平整度有严格要求。测量端面平整度是用钢板尺紧靠在芯样端面上,一面转动钢板尺,一面用塞尺测量与芯样之间的缝隙,在 150 mm 长度范围内不超过 0.1 mm 为合格。

d.垂直度。芯样两个端面应互相平行且垂直于轴线。芯样端面与轴线间垂直度偏差过大,抗压时会降低强度,其影响程度还与试验机的球座及试件的尺寸等有关。大部分规定垂直度偏差不得超过 ±1°。垂直度测量方法是:用游标量角器分别测量两个端面与轴线间的夹角,在(90±1)°时为合格,测量精度为 0.1°。

③芯样切割加工与端面的修整。

a.芯样切割。采用切割机和人造金刚石圆锯片进行切割加工。正确选择芯样切割部位和正确操作切割机是保证芯样切割质量的重要环节。芯样加工时,切除部分和保留部分应根据检测的目的确定。在一般情况下,应将影响强度试验的缺边、掉角、孔洞、疏松层、钢筋等部分切除。但是,在一些特殊情况下,如为了检测混凝土受冻或疏松层的强度时,在切割加工时要注意保留这一部分混凝土。为了抗压强度试验的方便,在满足试件尺寸要求的前提下,同一批试件应尽可能切割成同样的高度。

b.芯样端面的修整。芯样在锯切过程中,由于受到振动、夹持不紧或圆锯片偏斜等因素的影响,芯样端面的平整度及垂直度很难完全满足试件尺寸的要求。此时,需采用专用机具进行磨平或补平处理。芯样端面修整基本可分为磨平法和补平法两种方法。磨平法是在磨平机的磨盘上撒上金刚石砂粒(或直接用金刚石磨轮)对芯样两端进行磨平处理,或采用金刚石车刀在车床上对芯样端面进行车光处理,直到平整度与垂直度达到要求时为止。补平法是用补平材料对芯样端面进行修整,根据所用材料可分为硫磺补平、硫磺胶泥补平、硫磺砂浆补平、水泥净浆补平、水泥砂浆补平等。

测定钻取后芯样的高度及端面加工后的高度,其尺寸差应在 0.25 mm 之内。

对于机场道面钻芯取样试验,检验道面混凝土板强度,可现场随机选取混凝土板,在板中间部位钻孔取样,试件直径、高度与道面面层厚度相同,将钻取试件加工成直径为 150 mm、高(长)300 mm 标准试件进行试验,每组 3 个。试件的两端平面应与试件轴线垂直,误差应不大于 ±1°,端部平面凹凸每100 mm不超过 5 mm,承压线凹凸应不大于 0.25 mm。

(5)试验步骤。

①使用钻孔取芯机在道面现场取得试件。

②试验前将试件表面擦干,量出试件尺寸,精确至 1 mm。

③将劈裂夹具放在压力机上,放好下垫层,再将试件放入夹具内,放好上垫层,借助夹具两侧杆,将试件对中。

④开动压力机。当上压板与夹具垫条接近时,调整球座使接触均衡。压力加到 5 kN 时,将夹具两侧杆抽出,以每秒钟(60±40)N 的速度连续而均匀加荷,直至试件劈裂为止。

(6)试验结果计算。

劈裂抗拉强度按式(7.2)计算。

$$\sigma_c = 6370 \frac{p}{dh} \tag{7.2}$$

式中:σ_c 为混凝土劈裂抗拉强度,Pa;p 为试件破坏时最大荷载,N;d 为圆柱体试件的直径,cm;h 为圆柱体试件的高度,cm。

第 8 章　机场排水工程施工

8.1　机场排水概述

1. 排水系统

（1）表面排水组成。

表面排水指设计暴雨径流排水系统的工作。在选择经济的排水系统之前可能需要做若干个排水的试行布置方案。通常在跑道、滑行道和机坪已完成的整坡等高线图上布置暴雨排水系统。

雨水降落在升降带、滑行带和机坪上形成的地表径流，通过地表坡度（主要是横坡）流向带的边缘。升降带的外侧边缘设置集水沟渠（明沟或暗沟）。升降带的内侧边缘与滑行带外侧边缘交接处，设置集水浅沟，并每隔 60～90 m 设置一个集水井，将汇集的地表径流排入地下的雨水管系统。

滑行带和机坪外侧边缘，沿场界处也设置集水沟渠（明沟或暗沟）。汇集在邻近场界外侧集水沟渠的地表径流，通过沟渠（明沟或暗沟）排向场外水系。而汇集在内侧集水浅沟的地表径流，则通过集水井流入雨水管，并由地下管涵排向场外水系。

对于低洼平坦地区的机场和沿海受海潮影响地区的机场来说，自流排水往往不能保障机场在雨季可靠运营，必须设置排水泵站，进行强制排水。

（2）排水系统平面布置。

①排水系统的组成。

a. 集水部分。集水部分指凡直接吸收土中水分，或直接拦截表面径流的排水构造物。

b. 导水部分。导水部分指将各集水线路的水引导至容泄区的沟管等。

c. 容泄区。容泄区指用作容纳或排除机场排水线路所排出的水量的场地。

d. 排水系统中的附属构造物。附属构造物包括检查井、雨水口、集水井、出水口、跌水、陡槽、闸门、抽水站等。

②排水系统平面布置的原则。

a. 满足使用要求。

b. 不影响场外地区使用。

c. 力求工程量最小，便于施工，维修简便。

（3）地下排水功能。

①排除从基层来的水。

②排除从道面下土基来的水。

③拦截、汇集并排除从泉或透水层流来的水。

2. 主要术语

（1）排水构筑物。

用混凝土、钢筋混凝土或砖石修造的排水沟、管、井、进出水口等，统称为排水构筑物。

机场飞行区排水工程，有混凝土盖板沟、钢筋混凝土盖板沟、钢筋混凝土箱涵以及砖石结构等的暗沟或明沟；混凝土或砖石护砌土质明沟、沟管配置的井、进出水口和渗水系统（管式或无管式）等，统称为排水构筑物。

（2）胸膛土。

胸膛土指排水构筑物的外顶以下至外底以上的两侧或四周的回填土。

当排水的沟、管、井修建完毕后，它的两侧或四周必须回填土。根据设计要求，回填土应达到一定的质量标准，以确保排水构筑物的安全使用。

（3）护坦。

护坦指排水沟管的进出水口至两侧八字翼墙端为止的沟底护砌部位。

在进出水口与明沟相接的一段长度的沟底部，需设置护坦，目的是保护主要构筑物不因水流加速而受到冲刷。护坦的结构可采用与主要构筑物相同的材料，也可不同。厚度一般为 20～50 cm。

（4）垂裙。

垂裙指为防止冲刷排水构筑物基础而设置的加固护墙，可采用水泥混凝土或砖石修筑。

在铁路或公路工程中，垂裙又称"护墙"，它是埋设在沟底以下，较基础的厚度要深，以防止基础受到冲刷而设置的墙。

（5）沟床护砌段。

沟床护砌段指在弯道或进出水口、跌水和靠急流槽上下游地段，因排水沟的断面大小、形状或坡度的改变而影响水流速度的变化，为防止冲刷，在沟底和沟帮进行加固处理的一段长度。

在机场排水构筑物中还可能设置跌水、急流槽等设施。

（6）伸缩缝。

伸缩缝是为减轻材料胀缩变形对排水构筑物的影响而在构筑物中预先设置的间隙。根据缝的厚度不同，填塞一种或多种柔性材料，且应不渗漏水。

（7）沉降缝。

沉降缝是为减轻基础不均匀沉陷变形对排水构筑物的影响而在构筑物中预先设置的间隙。根据缝的厚度不同，填塞一种或多种柔性材料，且应不渗漏水。

伸缩缝与沉降缝的采用，是根据设计构筑物时对缝的要求确定的，可使伸缩产生的裂缝或不均匀沉降限制在设置的缝位处，从而保证构筑物的使用安全。缝所填塞的材料应符合设计要求，具有弹性，施工完毕的缝不应渗漏水。

8.2　箱涵工程施工

8.2.1　开槽

1. 一般规定

（1）开槽边坡和支护方式的选择关系到施工安全与成本，因此应根据现场水文、地质状况以及施工季节的具体情况确定。

（2）开挖沟槽宜边挖边进行排水构筑物的施工。沟槽应防止日晒雨淋，以免干裂或泡槽，因此要求各种材料和构件均准备完善后方可进行沟槽开挖。

（3）机场飞行区排水构筑物的施工应尽可能安排在枯水季节或少雨季节进行。开沟挖槽的方向应由出口向上游进行，以利于雨水和施工用水的排除。同时个体基坑如有积水应及时抽排。

(4)无论是机械开挖还是人工开挖沟槽,均应控制好槽底的宽度和高程,防止超挖,以免搅动原土,造成返工,影响工程进度。机械开挖不易控制准确的高程,因此可保留10～30 cm厚的槽底土,再采用人工修整。

(5)施工过程中的机械动力作用、施工用水影响或其他不利因素易引起边坡坍塌,造成安全事故,因此开槽施工时,必须经常对槽帮及其支撑的稳定状况进行检查,在开槽深度较深时尤其应注意。

2. 开槽断面

一般采用直槽或梯形槽。其施工要求如下。

(1)排水构筑物的尺寸、形式、埋设深度以及现场土质、水文等因素直接影响开槽断面和形式。开槽断面首先应考虑施工安全,在方便安装施工的前提下,还应考虑少挖土、少占地,以节约投资。

(2)开槽底宽应是结构物的外部尺寸,加上便于工人安装或铺砌操作所需要的工作面宽度,需设支撑时还应考虑支撑所占的宽度。

(3)土工试验方案参照《公路土工试验规程》(JTG 3430—2020)制订。混合槽头槽、中槽、下槽是指由上而下的分层。采用人工挖槽时,为了方便弃土,深度宜保持在2 m左右,预留台阶宽度也应考虑方便工人操作,且应经常检查台阶是否稳固,以免发生事故。

3. 挖土及堆土

(1)挖土要求。

①开槽挖土时,严禁掏洞挖土。

②不扰动天然地基或地基处理应符合设计要求。

③槽壁稳定且平整,边坡符合施工规定。

(2)堆土要求。

①堆土位置、高度和坡度应保证施工安全。

②堆土位置不得妨碍施工操作。

③回填土数量应尽量避免二次倒运。

④不得掩埋各种构筑物和现场的各类标志,以便施工顺利进行。

4. 支撑

支撑施工的具体要求如下。

(1)机场排水施工中,开槽深度不大,可以不用支撑而保持边坡的稳定。凡黏聚力较高的土壤,在天然状态下,都可以在一定的时间内维持一定的高度,土壤黏聚力越大,边坡可越陡,维持稳定的时间也越长。当然,在施工中还应考虑槽顶有无外荷载,否则会直接影响边坡的稳定。如果施工过程中无法保持稳定的边坡或因大开槽不经济以及受地形限制,则采用垂直边坡再支护加固,确保安全。

(2)支撑的材料可采用钢材、木材、钢木混用、塑料、钢网片或其他支护结构。我国幅员辽阔,地质情况变化受多方面影响,规范仅对常用的钢板桩支撑和撑板支撑两类结构形式提出了基本要求,其他类型的支撑应在施工设计中具体规定。

(3)撑板支撑分单板撑(横向单板及竖向单板)、井字撑和密撑(横向或纵向),应根据设计要求施工。

(4)支撑施工时的操作与支撑拆卸均应由有经验的技术工人或在技术人员的指导下进行,因其关系到支撑是否牢固和管道施工、绑扎钢筋等后续工序的顺利进行。拆卸支撑也应遵守相关条文中的规定,以免造成人身事故。

8.2.2　槽底土基与垫层

1.槽底土基

槽底土基施工的具体要求如下。

(1)土基施工时必须清除耕土、树根、垃圾或其他有机杂物。

(2)冬季施工时应采取防冻措施,必须在土基不受冻害的状态下进行压(夯)实。

(3)土基土壤宜在最佳含水量的条件下进行压(夯)实,压实度应符合设计要求。

(4)施工中避免土基超挖,当超挖发生时可用原土回填压(夯)实,压实度应符合设计要求。干槽超挖 15 cm 以上者,可用石灰土处理,处理后的土基压实度应符合设计要求。

(5)施工中如发现墓穴、枯井和不良地质等特殊情况,应通知监理工程师和建设单位会同设计单位共同研究处理。

2.垫层

设置垫层不但可以改善土基,而且可以传递荷载,在冰冻区还可隔水、排水防冻。垫层施工首先要按规范中规定的各项技术指标,严格控制各种材料的质量,掌握好垫层的材料配制,做好压(夯)实工作,把好施工质量关。

垫层应在经验收合格后的土基上铺筑;铺筑垫层前,须打桩拉线,测定虚铺厚度、控制高程及宽度,压实后的高程、厚度、宽度和压实度均应符合设计要求;垫层施工完毕经验收合格后,应立即安排基础施工,尤其是半刚性垫层,以免产生裂缝等现象。

垫层的类型主要有灰土垫层、级配碎石(砂砾)垫层、水泥混凝土垫层等。

(1)灰土垫层。

灰土垫层的配合比设计应符合设计要求,并应通过击实试验确定最大干密度及最佳含水量。

灰土垫层施工应符合设计要求及下列规定。

①混合料拌和宜采用集中厂拌方式,应严格控制拌和时间,保证拌和均匀。

②混合料每层摊铺厚度、碾压含水率要求应根据压实方式并经试验确定。

③石灰稳定土垫层碾压前应确保生石灰已消解充分,水泥稳定土垫层应尽可能缩短从拌和至碾压终了的延迟时间,并按设计要求碾压至要求的压实度为止。

④严禁用薄层贴补法进行找平。

⑤压实过程中,如有"弹簧"、松散、起皮等现象,应采取有效措施处理。

灰土垫层的质量要求应符合表 8.1 的规定。

表 8.1　灰土垫层的质量要求

序号	检查项目	规定值或允许偏差	检查方法和频率
1	强度	设计要求	按 MH 5007—2017 的要求检查:每100 m 测1处
2	压实度	设计要求	灌砂法、环刀法等:每100 m 测1处
3	宽度/mm	±50	尺量:每20 m 测1处
4	底面高程/mm	±50	水准仪:每20 m 测3处
5	顶面高程/mm	±30	水准仪:每20 m 测3处

续表

序号	检查项目	规定值或允许偏差	检查方法和频率
6	轴线偏位/mm	≤25	经纬仪或全站仪：每20 m纵、横向各测2处

（2）级配碎石（砂砾）垫层。

级配碎石（砂砾）垫层所使用原材料性能应符合设计要求，级配碎石最大粒径应不大于结构层设计厚度的1/3，其级配及含泥量应符合设计要求。

级配碎石垫层施工应符合下列要求。

①级配碎石混合料应无离析现象。

②级配碎石垫层宽度应符合设计要求。

压实前宜进行洒水，应根据工况选择合适的压实方法；并应通过试验确定虚铺厚度、碾压速度及碾压遍数。

级配碎石垫层的质量要求应符合表8.2的规定。

表8.2 级配碎石垫层的质量要求

序号	检查项目	规定值或允许偏差	检查方法和频率
1	干密度或固体体积率	设计要求	灌砂法或环刀法等：每100 m测1处
2	宽度/mm	±50	尺量：每20 m测1处
3	底面高程/mm	±50	水准仪：每20 m测3处
4	顶面高程/mm	±30	水准仪：每20 m测3处
5	轴线偏位/mm	≤25	经纬仪或全站仪：每20 m纵、横向各测2处

（3）水泥混凝土垫层。

水泥混凝土垫层的质量要求应符合表8.3的规定。

表8.3 水泥混凝土垫层的质量要求

序号	检查项目	规定值或允许偏差	检查方法和频率
1	混凝土强度	设计要求	按MH 5007—2017的要求检查：每班或100 m³取1组
2	宽度/mm	±50	尺量：每20 m测1处
3	底面高程/mm	±50	水准仪：每20 m测3处
4	顶面高程/mm	±30	水准仪：每20 m测3处
5	轴线偏位/mm	≤25	经纬仪或全站仪：每20 m纵、横向各测2处

8.2.3 钢筋、混凝土施工

1. 钢筋

钢筋应有产品合格证和出厂检验报告等质量证明文件，并应按钢筋生产厂家、钢种、等级、牌号、规格等分批抽取试样进行性能检验，检验性能应符合设计要求及国家现行标准的规定。

每批抽检质量宜不大于60 t，超过60 t的部分，每增加40 t（或不足40 t的余数）应增加一个拉伸试验试样和一个弯曲试验试样。

(1)钢筋运输、存放。

钢筋在运输、存放及施工过程中应做好相关防护措施,并符合以下规定。

①钢筋在运输过程中应避免锈蚀、污染或被压弯。

②在工地存放时,应按不同品种、规格分批分别堆置整齐,不得混杂,并应设立识别标志,存放场地应有防排水设施,且钢筋不得直接置于地面,应垫高或堆置在台座上,顶部应采用合适的材料予以覆盖,防止水浸和雨淋。

③钢筋使用前应将表面的油渍、漆皮、磷锈等清除干净,带有颗粒状或片状老锈的钢筋不得使用。

(2)钢筋加工。

钢筋的调直及弯折加工应符合下列规定。

①钢筋的形状、尺寸应按照设计的规定进行现场加工,对于预加工的钢筋,其表面不应有削弱钢筋截面的伤痕。

②钢筋宜采用机械设备进行调直,调直设备不应具有延伸功能。采用冷拉方法调直时,HPB300 光圆钢筋的冷拉率宜不大于 2%;HRB400、HRB500、HRBF400、HRBF500 及 RRB400 带肋钢筋的冷拉率宜不大于 1%。

③受力钢筋弯折的弯弧内直径、平直段长度应符合设计要求和国家现行标准的规定。

④箍筋、拉筋的末端应按设计要求做弯钩,弯钩设置应符合设计要求及国家现行标准的规定。

(3)钢筋连接。

受力钢筋的连接接头应设置在内力较小处,并应错开布置。对焊接接头和机械连接接头,在接头长度区段内,同一根钢筋不得有 2 个接头;对于绑扎接头,两接头间的距离应不小于 1.3 倍搭接长度。

配置在接头长度区段内的受力钢筋,其接头截面面积占总截面面积的百分率应符合设计要求。

钢筋的焊接接头应符合设计要求及下列规定。

①钢筋的焊接接头宜采用闪光对焊,或采用电弧焊、电渣压力焊或气压焊,但电渣压力焊仅可用于竖向钢筋的连接,不得用于水平钢筋和斜筋的连接。钢筋焊接的接头形式、焊接工艺和焊接材料应符合《钢筋焊接及验收规程》(JGJ 18—2012)的规定。

②每批钢筋焊接前,应先选定焊接工艺和焊接参数,按实际条件进行试焊,并检验接头外观质量及规定的力学性能,试焊质量经检验合格后方可正式施焊。焊接时,对施焊场地应配备适当的防风、雨、雪、严寒等不利天气的设施。

③电弧焊宜采用双面焊缝,仅在双面焊无法施焊时,方可采用单面焊缝。采用搭接电弧焊时,两钢筋搭接端部应预先折向一侧,两接合钢筋的轴线应保持一致;采用帮条电弧焊时,帮条应采用与主筋相同的钢筋,其总截面面积应不小于被焊接钢筋的截面面积。电弧焊接头的焊缝长度,对双面焊缝应不小于 $5d(d$ 为钢筋直径),对单面焊缝应不小于 $10d$。电弧焊接与钢筋弯曲处的距离应不小于 $10d$,且不宜位于构件的最大弯矩处。

钢筋的机械连接宜采用镦粗直螺纹、滚轧直螺纹或套筒挤压连接接头,且适用于 HRB400、HRBF400、HRB500 和 RRB400 热轧带肋钢筋,并应符合下列规定。

①钢筋机械连接接头的等级应选用Ⅰ级或Ⅱ级,接头的性能指标应符合国家现行标准的相关规定。

②钢筋机械连接接头的材料、制作、安装施工及质量检验和验收,应符合《钢筋机械连接技术规程》

(JGJ 107—2016)、《钢筋机械连接用套筒》(JG/T 163—2013)的规定。

③钢筋机械连接件的最小混凝土保护层厚度,应符合设计受力主筋混凝土保护层厚度的规定,且应不小于 20 mm;连接件之间或连接件与钢筋之间的横向净距宜不小于 25 mm。

钢筋的绑扎接头应符合设计要求及下列规定。

①绑扎接头末端距钢筋弯折处的距离,应不小于钢筋直径的 10 倍,接头不宜位于构件的最大弯矩处。

②受拉钢筋绑扎接头的搭接长度,应符合表 8.4 的规定;受压钢筋绑扎接头的搭接长度,应取受拉钢筋绑扎接头搭接长度的 0.7 倍。

③受拉区内 HPB300 钢筋绑扎接头的末端应做弯钩;HRB400、HRBF400、HRB500 和 RRB400 钢筋的绑扎接头末端可不做弯钩;直径不大于 12 mm 的受压 HPB300 钢筋的末端可不做弯钩,但搭接长度应不小于钢筋直径的 30 倍。钢筋搭接处,应在其中心和两端用铁丝扎牢。

表 8.4　受拉钢筋绑扎接头的搭接长度

钢筋类型	HPB300		HRB400、HRBF400、RRB400	HRB500
混凝土强度等级	C25	≥C30	≥C30	≥C30
搭接长度/mm	40d	35d	45d	50d

注:a.当带肋钢筋直径 d 大于 25 mm 时,其受拉钢筋的搭接长度应按表中值增加 5d 采用;当带肋钢筋直径 d 小于或等于 25 mm 时,其受拉钢筋的搭接长度按表中值减少 5d 采用;b.当混凝土在凝固过程中受力钢筋易受扰动时,其搭接长度应增加 5d;c.在任何情况下,纵向受拉钢筋的搭接长度应不小于 300 mm,受压钢筋的搭接长度应不小于 200 mm;d.环氧树脂涂层钢筋的绑扎接头搭接长度,受拉钢筋按表值的 1.5 倍采用;e.两根不同直径的钢筋的搭接长度以较细的钢筋直径计算;f.检查频率按 10% 计。

(4)钢筋安装。

安装钢筋时应符合下列规定。

①钢筋的牌号、直径、根数、间距等应符合设计的规定。

②对多层多排钢筋宜设置间隔件,间隔件的选型、规格、间距及固定方式应符合设计要求及国家现行标准的规定。

③钢筋因预埋件或预留洞口需断开时,应按设计要求进行处理。

(5)钢筋绑扎。

钢筋的绑扎应符合下列规定。

①钢筋的交叉点宜采用直径 0.7~2.0 mm 的铁丝扎牢,必要时可采用点焊焊牢;绑扎方式宜采取逐点改变绕丝方向的 8 字形方式交错绑扎,对直径 25 mm 及以上的钢筋,宜采取双对角线的十字形方式绑扎。

②结构构件拐角处的钢筋交叉点应全部绑扎;中间平直部分的交叉点可交错绑扎,总绑扎交叉点宜占全部交叉点的 40% 以上。

③钢筋绑扎时,除设计有特殊规定者外,箍筋应与主筋垂直。

④绑扎钢筋的铁丝丝头不应进入混凝土保护层内。

(6)其他。

钢筋骨架的焊接拼装应在坚固的工作台上进行,并应符合下列规定。

①拼装前应按设计图纸放大样,放样时应考虑焊接变形的预留拱度。拼装时,在需要焊接的位置宜

采用楔形卡卡紧,防止焊接时局部变形。

②骨架焊接时,不同直径钢筋的中心线应在同一平面上,较小直径的钢筋在焊接时,下面宜垫以厚度适当的钢板。施焊顺序宜由中到边对称地向两端进行,先焊骨架下部,后焊骨架上部。相邻的焊缝应采用分区对称跳焊,不得顺方向一次焊成。

钢筋与模板之间应设垫块,垫块的制作、设置和固定应符合下列规定。

①混凝土垫块应具有足够的强度和密实性;采用其他材料制作垫块时,除应满足使用强度的要求外,其材料中不应含有对混凝土产生不利影响的成分。垫块的制作厚度不应出现负误差,正误差应不大于 1 mm。

②用于重要工程或有防腐蚀要求的混凝土结构或构件中的垫块,宜采用专门制作的定型产品,且该类产品的质量偏差应符合①的规定。

③垫块应相互错开、分散设置在钢筋与模板之间,但不应横贯混凝土保护层的全部截面进行设置。垫块在结构或构件侧面和底面每平方米所设的数量宜不少于 4 个,重要部位应加密。

④垫块应与钢筋绑扎牢固,且其绑丝的丝头不应进入混凝土保护层内。

⑤混凝土浇筑前,应对垫块的位置、数量和紧固程度进行检查,不符合要求时应及时处理,应保证钢筋的混凝土保护层厚度符合设计要求和相关规定。

2. 混凝土施工

(1)原材料。

机场排水结构设计的混凝土强度等级一般在 C20～C30,选用水泥强度与要求配制混凝土强度应相适应。若以低强度水泥配制高强度混凝土,每立方米混凝土水泥用量会增加很多,不但不经济而且加大水化热,易发生收缩裂纹;若以高强度水泥配制低强度混凝土,则可以减少水泥用量,但应按最低水泥用量控制,否则混凝土的和易性差,影响工程质量。根据民用机场以往的试验资料,在排水构筑物中配制混凝土的水泥强度等级以 32.5 较为适宜。

粗集料应具有与混凝土相适应的强度值,否则使用中会在粗集料本身出现断裂。因此《民用机场飞行区排水工程施工技术规范》(MH/T 5005—2021)规定,粗集料最大粒径应不超过结构最小尺寸的 1/4,且应不超过钢筋最小净间距的 3/4;在两层或多层密布钢筋结构中,最大粒径应不超过钢筋最小净距的 1/2;混凝土实心板的粗集料最大粒径宜不超过板厚的 1/3 且应不超过 37.5 mm;泵送混凝土粗集料最大粒径,除应符合上述规定外,碎石宜不超过输送管径的 1/3,卵石宜不超过输送管径的 2/5,主要是为了防止集料过大时被钢筋卡住,混凝土不易捣实,形成空洞。机场排水构筑物的混凝土厚度多在 18～30 cm 之间,要求级配的粗集料粒径不能过大,但从混凝土节约水泥用量的角度考虑则宜采用较大的粒径。

砂的质量应符合《民用机场飞行区排水工程施工技术规范》(MH/T 5005—2021)的规定值,机场混凝土配制时多采用河砂,其质干净、坚硬,在一般条件下可直接使用。人工砂质量差、成本高,仅在无砂源的情况下使用。拌制混凝土的用砂最好是粗砂或中粗砂,以节约水泥用量。

(2)配合比。

混凝土由粗集料、细集料、水泥和水按一定的比例组成。由于材料来源不同,混凝土配合比应通过多组配比试验方能确定,经试验确定的配合比,在施工中应严格掌握,不得任意变更,以免影响工程质量或造成浪费。实验室提供的配合比是以粗、细集料干燥时计算的理论配合比,在施工拌制混凝土时应按粗、细集料实际的含水量进行修正。

（3）施工要点。

①混凝土运输。

运输能力应与混凝土的凝结速度和浇筑速度相适应，应使浇筑工作不间断；混凝土运至浇筑地点后发生离析、泌水或坍落度不符合要求时，不得使用。

②混凝土浇筑。

a. 浇筑前应清理模板内杂物，并检查钢筋根数、直径、间距、接头、钢筋保护层厚度以及预埋件等。

b. 浇筑混凝土时，不得碰撞模板、不得随意踩踏钢筋。搭跳板不得以模板为支架。混凝土倾灌高度宜不超过 2 m。

c. 混凝土浇筑应分层、对称进行，高差宜不大于 250 mm，以防模板偏移。

d. 使用插入式振捣器时应避免碰撞钢筋及其他预埋构件，振捣器机头距模板的距离应不小于 50 mm，插入的间距应不超过振捣器作用半径的 1.5 倍，分层浇灌混凝土时，应将振捣器机头插入下一层混凝土中 50～100 mm。

e. 振捣应快插慢拔，直到混凝土停止下沉、无显著气泡逸出、表面平坦为止。

f. 浇筑混凝土应做到连续进行，一次成型。如因故必须间歇，应不超过允许的间歇时间。允许间歇时间应根据气温、水泥品种、水泥凝结速度及水胶比等条件通过试验确定。

③混凝土的养护。

a. 在混凝土收浆后应及时覆盖，覆盖时不得损伤或污染混凝土表面，及时保湿养护。浇水养护周期因环境气温和水泥品种而异，普通硅酸盐水泥混凝土应不少于 7 d，对于有抗渗要求、掺用缓凝剂或构筑物顶面作为道面的混凝土应不少于 14 d。

b. 每天浇水次数，应以终日保持混凝土表面湿润状态为标准，混凝土面覆盖养护时，应保持覆盖物湿润。

竖向施工缝的位置应留在结构物伸缩缝及沉降缝处，水平施工缝宜留在底板腋角上方。水平施工缝的松弱层应予以清除、凿毛，并应采用洁净水冲洗干净。

防水混凝土的抗渗等级、强度等级、耐久性能应符合设计要求及国家现行标准的规定。

8.2.4　箱涵接缝与预制箱涵

1. 箱涵接缝

箱涵接缝传力杆应按照设计位置准确安放，传力杆的涂层加工应符合设计要求。

箱涵接缝应按设计要求采用止水带、填缝料、接缝板等材料封缝，止水带材料性能应符合设计及国家现行标准的规定；其尺寸应根据实际缝宽调整，并与接缝两侧密贴，止水带安装时应保持洁净；止水带应安装稳固，外缘嵌入深度应符合设计要求；填缝料宜采用聚硫、硅酮、聚氨酯等材料，其材料性能应符合设计要求，填缝深度应不小于 30 mm；接缝板应具有一定的弹性变形能力，接缝板安装应与接缝侧壁密贴，应完整，无脱落、缺损现象。

箱涵外壁防水采用涂料防水层时，防水涂料的材料性能应符合设计要求及国家现行标准的规定；防水涂料涂刷之前，基体表面应干燥、清洁、平整、无浮浆现象，不应有孔洞、凹凸不平、蜂窝麻面等缺陷；涂料防水层严禁在雨天、雾天、五级及以上大风时施工，不得在施工环境温度低于 5 ℃ 及高于 35 ℃ 或烈日暴晒时施工;涂膜固化前如有降雨可能,应及时做好涂层的保护工作;防水涂料的配制应按涂料的技术要求进行;防水涂料应分层刷涂或喷涂,涂层应均匀,不得漏刷漏涂;搭接宽度应不小于 100 mm。

箱涵外壁防水采用卷材作为防水层时,卷材的材料性能应符合设计要求及国家现行标准的规定;宜选用耐腐蚀、抗老化的石油沥青卷材、沥青玻璃布卷材等,不得使用再生胶卷材、纸胎卷材、聚氯乙烯(polyvinyl chloride,简称 PVC)煤焦油柔性卷材;防水层的基层应牢固、无松动现象,表面应平整,清洁干净且干燥;卷材的搭接长度,长边应不小于 100 mm,短边应不小于 150 mm;上下两层和相邻两幅卷材的接缝相互错开,上下层不得相互垂直;在立面与底面的转角处,卷材的搭接缝应留置在立面上,距底板不低于 600 mm 处;粘贴胶底厚度宜为 1.5~2.5 mm,应不超过 3 mm;粘贴卷材应展平压实,卷材与基层和各层卷材间应黏结紧密,并将多铺的沥青胶结材料挤出,防止出现水路;卷材防水层施工时的气温应不低于 5 ℃。

防水层施工完后应及时做保护层,保护层的材料及施工应符合设计要求及国家现行标准的规定。

2. 预制箱涵

当排水结构采用预制箱涵时,应制定专项施工方案,并针对施工工况进行必要的吊装施工验算。

预制箱涵的施工现场应设置合理的运输线路、吊装场地及存放场地,运输道路和相关场地应坚实平整。

预制箱涵安装吊运,吊具和起重设备应按国家现行相关标准的有关规定进行设计验算或试验检验,经验证合格后方可使用;应采取措施保证起重设备的主钩位置、吊具及构件重心在竖直方向上重合,吊运过程应平稳,不应有偏斜和大幅度摆动;吊运过程中应有专人指挥,相应人员应位于安全位置。

预制箱涵安装前,宜选择有代表性的单元进行试安装。安装时,预制箱涵混凝土应达到设计要求的安装强度,方可进行吊运及安装;接缝两侧的混凝土表面应冲洗干净,再按设计要求进行拼接施工;成品安装前,应完成成品、垫层基础、定位测量等验收工作。

预制箱涵连接,涵节连接处浇筑用材料的强度及收缩性能应满足设计要求。设计未要求时,其强度等级值应不低于连接处涵节混凝土强度设计等级值的较大值,粗骨料的最大粒径宜不大于连接处最小尺寸的 1/4;浇筑前应清除浮浆、松散骨料和污物,并宜浇水湿润;连接处强度达到设计要求后方可承受设计荷载。

8.3　明沟及盖板沟工程施工

8.3.1　明沟施工

1. 一般规定

明沟多位于飞行区的边沿地带,即作围场沟或场区出水口外的排水沟。作围场沟使用时,沟的修筑与场区土方作业有密切关系,尤其是在填方区,会出现以下三种情况。

(1)飞行区土方施工完毕,竖向设计中已要求该地区按排水沟压实度进行压实,明沟开挖只需按设计断面要求进行即可。

(2)围场沟多在飞行区边沿地带,升降带平整区以外的土方多按抛填处理,压实度是达不到要求的,因此,为了明沟能稳定,保证工程质量,应按排水设计要求,在沟两侧一定范围内重新压实。

(3)明沟先于场道土方施工,这在挖方区的可能性大,而在填方区是少见的,尤其是围场沟几乎不可能先于场区填方施工,因它会形成一道土墙,拦截场区施工排水,不利排水。只有当场区施工时的用水有出路,且排水沟又处于低填方时,明沟可先于场区土方施工。若排水沟施工安排在土方施工之前,土方应按设计要求的压实度进行压实。

2. 土质明沟施工要点

(1)土质明沟分为现铺草皮及不铺草皮两种,因其不易维护,目前在机场修建中较少采用,但因造价相对较低,在少雨地区有时也采用。

(2)排水沟处在填方地段时,土方的压实度尤为重要,因其关系到沟体的稳定和渗水与否,因此应按设计要求的压实度进行压实。

(3)因机场本身所处的地势较为平坦,排水沟的纵坡可能较小,为了不使沟中积水泡沟,按规定不允许倒坡。

3. 砖石护砌明沟施工要点

(1)排水中使用的砖石材料均暴露在大气中,易风化和受水冲刷与侵蚀,在冰冻地区,还受到冬季冻结、春季融解之害,因此规定砖石材料强度按设计要求备料,不应低于设计强度。

(2)砌体勾缝抹面不仅美观,还能提高砌体的整体强度和防冲刷能力,增强抗渗作用。

4. 水泥混凝土护砌明沟施工要点

水泥混凝土现浇或预制板护砌明沟的板厚一般为 6~12 cm,预制板平面为 40~50 cm 的正方形;现浇板的尺寸根据沟底宽和沟深确定板面水平缝距,沿沟纵向的缝距一般在 2~4 m,具体尺寸及缝的设置,按设计要求施工。

8.3.2 盖板沟施工

1. 盖板沟类型

机场排水结构物中常使用盖板沟,根据地面汇水及高程等情况设置盖板明沟或盖板暗沟。

由于荷载大小不同及考虑投资经济、就地取材等因素,盖板沟有钢筋混凝土、混凝土及砖石等不同结构。

为了减小地基的不均匀沉降或减小材料胀缩变形的影响,设计中考虑了沉降缝和伸缩缝的位置,施工时应按设计要求进行施工。

两种类型的缝隙宽度均在 2~4 cm。填缝的材料应按设计规定配制。机场排水构筑物一般使用的填缝料有沥青泡制的软质木板、油麻和聚氨酯等。

2. 钢筋混凝土盖板沟施工要点

(1)盖板沟的浇筑顺序,宜自上游向下游逐段延伸施工。

(2)浇筑混凝土应在两接缝之间沟段连续一次浇筑,如因故必须间歇,应符合规范的有关规定。

(3)盖板沟质量标准:盖板沟的混凝土强度,必须符合设计要求;外观检查按每段沟计蜂窝麻面的总面积,不得大于表面积的 0.5%,每处面积应不大于 2 cm×2 cm,其深度应不超过 1 cm,且不得露筋;蜂窝麻面应修补完毕后洒水养护。

(4)盖板沟浇筑完毕,应及时进行养护。

3.砖石砌盖板沟施工要点

(1)砖石砌盖板沟多用在跑道、滑行道之间的排水沟或围场沟的盖板暗沟,砖石可就地取材,以降低造价。规范规定了块石和片石的规格尺寸,若来料中有不符合者,在经现场加工达到要求后方可使用。在机场排水结构中很少使用料石,因此,规范未做规定。

(2)《民用机场飞行区排水工程施工技术规范》(MH/T 5005—2021)中规定无论是砖砌或石砌,在砌筑前均需将砖石表面泥垢等清除干净并洒水润湿,砌筑时要求砂浆必须满铺,不得有孔隙,这样可提高砖石砌体的整体强度和避免应力集中。因砖、石均为吸水材料,砖的吸水率还较石大,会影响砂浆的强度,砖、石表面泥垢等杂物也会隔离砂浆与砖石间的黏结力,因此条文均作了具体的规定。

(3)对砖石砌体表面进行勾缝主要是为了砌体美观,并弥补砌筑时砌体表面砌缝松散不实之处,以提高砌体强度并防止缝受到掏空冲刷。

(4)抹面的目的基本与勾缝相同。但在某些条件下,还可起到防渗的作用。

4.预制盖板施工要点

(1)由于机场建设规模大小不同,采用盖板沟的方式排水时,按每块盖板长(沿水流方向)50 cm 计,在一般情况下需 5000～10000 块,因此数量是较大的,适宜用翻转模板法预制。干硬性混凝土坍落度小,在终凝后即可翻转机模,可使模板的周转率提高,因此规范中提出了采用干硬性混凝土。

(2)混凝土的强度等级及钢筋种类、等级和规格应符合设计要求。在预制盖板时,应注意钢筋网在盖板中的正确位置,受拉钢筋不应倒置,避免造成废品。

(3)《民用机场飞行区排水工程施工技术规范》(MH/T 5005—2021)规定了钢筋混凝土盖板和钢箅子的质量标准,在规格尺寸上应准确;盖板尺寸设计与沟墙配合,应盖合严密。更为重要的是机场供飞机行驶,要求平整度高,尤其是钢箅子多用在站坪或其他道面上,机轮经过频繁,因此不但要求强度、尺寸和平整度合格,还应考虑美观。

(4)盖板安装时支座的处理,在使用过程中要求便于打开进行清理维护,因此支座处是否采用砂浆垫实,按设计要求处理。

(5)安装钢筋混凝土盖板时,在吊装或人力搬动过程中,由于自重的影响会产生内应力,因此要求安装时的盖板混凝土强度不低于设计强度的 75%。

5.钢筋混凝土箱涵施工要点

(1)钢筋混凝土箱涵为框架结构,均设为暗沟,孔径根据流量大小确定,有单孔、双孔及三孔等。

(2)箱涵施工采用现场浇筑混凝土,当条件具备时,宜在两温度缝之间一次成活,否则应先浇筑底板,施工缝位留在底角加腋的上皮,墙与顶板宜一次连续浇筑成型,不留施工缝。

(3)对于箱涵施工缝的处理,应凿除施工缝表面的水泥砂浆和松弱层,人工凿除时混凝土的强度须达到 2.5 MPa;将缝做成凹形、凸形或设置止水带;经凿毛的混凝土面,应用水冲洗干净。

(4)钢筋混凝土箱涵的质量标准包括:混凝土强度应符合设计要求;加腋位置及尺寸应准确;外观、几何尺寸满足规范要求。

8.4 管道工程施工

8.4.1 管道施工

1.管子

机场使用的混凝土及钢筋混凝土圆管,一般是当地市政工程建设或公路涵管所采用的工厂预制离心管。外观质量及管节各部位的允许偏差值按《公路桥涵施工技术规范》(JTG/T 3650—2020)中有关标准制订。结构强度在设计中按机场使用荷重校核,如不能满足要求,可根据设计提出的预制管图纸,另行加工或进行加固处理。

2.管基及管座

应在经检验合格的垫层上进行基础施工。垫层的铺筑应符合规范有关规定;混凝土、钢筋混凝土基础以及砖石基础的施工要求,应符合规范有关规定。

管座形式、尺寸应符合设计要求,浇筑管座时应使混凝土与管子密切贴合,施工方法有以下三种。

(1)先浇筑混凝土平基,待有一定强度后支管,并做完管子接口。

(2)支垫稳固,做完管子接口后,再支模将平基与管座一次浇筑。

(3)套管接口的管子,可先浇筑每节管子的中间部分,待做完套管接口后,再浇筑接口及管子两侧部分。

当管道设计为混凝土或砌体基础时,基础上面均设有混凝土管座,规范规定90°、135°、180°的管座,均要求浇筑时应使管座混凝土与管身紧密贴紧吻合,以保证圆管受力均匀,不致产生集中应力,而使管节损坏。

3.管节安装施工要点

(1)管节安装应以施工安全、操作方便为原则。管径小、长度短、质量较轻的管节可用人力铺设,以小型工具下管;管径大而长的管节则需要汽车吊或起重机进行下管。

(2)在经检验合格的基础上进行下管。下管时混凝土基础强度不得低于设计强度的70%。

(3)根据管径大小、管的长短及操作方便原则来选用下管方法,保证施工安全。在施工过程中应随时检查槽壁有无崩坍危险。

(4)各管节应顺水流坡度成平顺直线,当管壁厚度不一致时应使内壁管口相接齐平。当管径为700 mm以上时,可进入管内检查,防止错口现象。承插管应将承口铺在上游的一方。

(5)铺设管子时,应将管内外清扫干净,调整管子高程、位置,使中心线位置符合要求。垫块固定后的管位应平稳。

4.刚性接口施工要点

刚性接口形式有抹带接口、企口管接口、承插管接口和预制套环接口四种。做完接口后应立即覆盖,洒水养护。

(1)抹带接口的管口为平口,在管口外部用1:2~1:3的水泥砂浆抹一道椭圆形、长方形或梯形带,带宽12~15 cm、带厚2~3 cm。抹带分2次进行,第一层抹后,在表面应划槽,使表面粗糙,待初凝后再抹第二层,并用专用抹子压实抹光,根据气温条件养护。

（2）企口管接口在管壁厚小于 90 mm 时不宜做成企口。企口管接口在管内操作，用 1∶2～1∶3 水泥砂浆或石棉水泥填实，注意保持接口缝宽均匀一致。

（3）承插管接口采用边稳管定位边做接口，即第一节管子稳好后，在承口处满坐水泥砂浆，随即将第二节管的插口挤入，注意保持接口缝宽均匀一致，然后用水泥填满接口，捣压密实，口部抹成斜面，挤入管内的砂浆应及时抹平抹光，并将多余砂浆清除干净。

（4）预制套环接口的套环为钢筋混凝土短管，管长 20～25 cm，其内径比所接管口外径大 4～6 cm。施工时将套环安装在接口定位，再在缝隙中填实石棉水泥（重量比，水∶石棉∶水泥＝1∶3∶7）。填缝料中严禁用普通水泥砂浆或膨胀水泥砂浆。

刚性接口质量标准：抹带外观无裂缝、不空鼓、里外光，带宽允许偏差值为±10 mm（以管接缝为中心向两边用尺量）；厚度允许偏差值为±5 mm。接口缝隙均匀，填塞在缝内的材料应密实，管内缝须平整。

5. 柔性接口施工要点

柔性接口形式有卷材接口、预制套环接口及承插管口接口三种。做完柔性接口后，在接口部位撒一层干热砂保护接口。

（1）卷材适用于管平口接口，卷材种类有沥青油毛毡、沥青麻布、玻璃丝油毡以及沥青、石棉等加工的特质卷材，黏结料用沥青或沥青玛蹄脂，卷材层数可采用 2～5 层。

施工时先在管口处刷一层冷底子油，然后涂一层黏结料，后铺一层卷材，再涂黏结料一层，直至达到设计要求的层数为止。卷材宽度第一层可采用 10 cm，每层宽度以 5 cm 递增。卷材的搭接长度不小于 10 cm，各层搭接位置应错开，且必须贴紧贴牢。

（2）预制套环接口的套环形式和安装与刚性接口相同。但柔性接口是在环与管口空隙内将高温沥青玛蹄脂灌注，灌注时应做好密封，防止沥青玛蹄脂外溢。沥青玛蹄脂的配方，应使其能与混凝土有良好的黏结力。

（3）承插管口的填缝料有冷沥青油膏或热沥青。施工时先在承口内和插口外均匀刷一层冷底子油，在第一节已涂好冷底子油的管子按设计中心线及高程定位稳固后，将填缝料填塞管口，然后将第二节管子插入承口内，注意保持缝宽均匀一致，调整好管子中心线及高程后将管固定，在接口外涂一层冷底子油后按设计要求抹带。

柔性接口质量标准：冷底子油无漏刷现象；缝隙应均匀，填塞在缝内的材料应密实，包裹管子的卷材必须贴紧黏牢，表面平整；抹带宽度允许偏差为±10 mm（以管接缝为中心向两边用尺量），厚度允许偏差值为±3 mm。

当管径大于 700 mm 时，须进入管内勾缝。

6. 管加固施工要点

因机场分布于全国各地，且飞行区等级有差异，钢筋混凝土管一般不可能如公路或市政道路的排水管在制管厂内批量生产，有时为了赶工，可能利用现有钢筋混凝土管进行加固，加固结构按设计图纸施工。

（1）管加固是在管的四周包封混凝土或钢筋混凝土，使其与管及混凝土连成 360°。加固管的形式、尺寸以及混凝土强度等级和钢筋的强度、直径、根数应符合设计要求。

（2）管加固前应将管座连接处打毛后清除干净，若加固为钢筋混凝土结构，在管座施工时应预埋钢筋,使加固后的管外壁密切结合。

(3)浇筑混凝土前,应将模板内的木屑等杂物清除干净,必须浇水保持模板、管子及管座连接处湿润,然后浇筑混凝土。

7.顶管施工要点

采用顶管方式埋设管道,多用在扩建或改建机场的施工中,要求原道面及地面建筑物不受破坏,保证飞机正常起飞滑行及场内车辆的正常行驶,由于受到以上条件的限制,必须做好周密的施工组织工作。顶管作业技术性较强,需结合水文地质、地形和管顶预埋深度等条件,选择合理的顶进方法。常用的顶进方法有:整体顶进法、对顶进法、中继间法、对拉法、多箱分次顶进法、顶拉法和牵引法等。

8.管道渗漏试验

管道铺设完毕后,需检查接口的质量,进行渗漏试验,合格后方能进行回填土施工。渗漏试验用烟雾试验及闭水试验两种方法,均可在两座检查井之间的管道进行。

(1)烟雾试验法渗漏试验。

①管径在 450 mm 以上时一般采用烟雾试验法,可在两座井之间的管道进行。

②管段两端用 1∶3 水泥砂浆砌砖封堵,在封闭最后开口时,接通烟雾试验装置,然后压入具有 25 Pa压力的浓烟雾,保持此压力至少 5 min,在管接缝处以及管子与井相接处应无烟雾出现。

(2)闭水试验法渗漏试验。

①管径在 450 mm 以下时可采用闭水试验法,也可在两座井之间的管道进行。

②将管段两端用 1∶3 水泥砂浆砌砖封堵,上游接排气管,下游接进水管,同时将水源接通。试验应在管道灌满水经 1 h 后再进行。

③试验时的水位,上游管道保持在管顶(内顶)以上 2 m,不足 2 m 时可以到井口的水位为准。

④渗水量用添加水的办法测出,测定时间应不少于 30 min。保持原始水头,每 10 min 加一次水,并记录添加的水量。管道允许渗水量如不大于表 8.5 的规定值,本试验段方认为合格。

表 8.5　管道闭水试验允许渗水量 Q

混凝土、钢筋混凝土管径 /mm	允许渗水量 Q	
	$m^3/(km \cdot d)$	$L/(m \cdot h)$
<150	6	0.3
200	12	0.5
250	15	0.6
300	18	0.7
350	19	0.8
400	20	0.8
450	21	0.9
500	22	0.9
600	24	1.0
700	26	1.1

混凝土、钢筋混凝土管径/mm	允许渗水量 Q	
	m³/(km·d)	L/(m·h)
800	28	1.1
900	30	1.2
1000	32	1.3
1100	34	1.4
1200	36	1.5
1300	38	1.6
1400	40	1.7
1500	42	1.7
1600	44	1.8
1700	46	1.9
1800	48	2.0
1900	50	2.1
2000	52	2.2
2100	54	2.2
2200	56	2.3
2300	58	2.4
2400	60	2.5

8.4.2　管道附属构造物施工与回填土

1. 检查井、连接井、集水井施工要点

(1)井身下部尺寸一般较上部大,因下部尺寸与排水管径有关。圆形井上口直径一般为 70 cm。砖石砌体的井,由下向上砌筑时,需按一定比例进行收口,以免影响质量造成返工。

(2)踏步不得在井身施工完毕后凿洞安装,因事后补装的踏步不能受力,使用过程中易脱落,造成人身伤亡事故。

(3)集水井的支管应顺直无错口,管口与井内壁应齐平,井圈、井盖完整无损,安装应平稳。

(4)位于道面上的集水井井盖(或钢箅子)与道面相接必须平顺、稳定。因道面上经常有飞机滑行通过,规范对安装井盖提出了质量要求,即:井盖本身应平稳安置在井圈上,井盖与道面衔接的平整度允许偏差值不得大于 5 mm。

(5)沟管与井相连接处的填缝料应符合设计要求,缝隙宽度均匀一致,结合严密牢固,沟管连接平顺,纵坡均匀,且不渗漏水。

(6)在回填土前应进行养护。

2. 进出水口

(1)进出水口一般由翼墙、护坦、帽石和垂裙等组成,不但其构造形式和尺寸与主沟有很大不同,而且所采用的材料有时也有差异,因此进出水口与主沟间必须设置沉降缝,以防止不均匀沉陷。同时,沉降缝的位置、缝宽及填缝料等均应符合设计要求。

(2)进出水口应在养护完毕并经检验合格后进行回填土。帽石及翼墙背面的填土压实度均应符合设计要求。

3. 回填土

(1)排水构筑物应达到要求的强度后方可回填。若为排水管,应为管座的混凝土强度及管接口处用砂浆的强度;若为砌体,应为砌筑砂浆的强度。

(2)回填土是否均匀和达到压实度要求,关系到在外荷载作用时能否起到扩散外力、保护排水构筑物受力均匀的问题。回填土土质宜与构筑物周围土质相同就是为了压实度能均匀一致。并且,回填压土方法不当,会对构筑物起破坏作用。例如对盖板沟回填土时,不但应在沟两侧对称填土压实,而且应在盖好盖板后进行填压,否则会造成沟墙断裂。

(3)宜自上游向下游回填,这有利于降水和槽内可能的积水的排除。

8.4.3 渗水系统施工

1. 一般规定

(1)渗水系统铺设的位置、高程和坡度均应符合设计要求。机场渗水沟管主要用于排除施工时道面下的积水或降低地下水水位。铺设渗水沟管的位置、高程和坡度均与水源、水位和流量有关,因此规定应按设计要求施工。

(2)施工前必须将管子、砂石料等清洗干净,在施工过程中应防止泥土混入。一段管沟施工,宜安排在最短的时间内完成。在管沟末端与井、管沟接头处,若井或管沟还未建成,暂不能接入,应采取保护措施,防止淤塞。

(3)渗水系统有导水用管道时,管道施工质量应符合规定。

2. 管式渗水系统

(1)管式渗水系统可采用缸瓦管、混凝土管、无砂混凝土管或石棉水泥管,管子结构形式有平口、承插口、带孔管及半圆形管子等,规格及材质应符合设计要求。

(2)管子在渗水槽中的位置应固定,填筑的渗水材料应对称拍实,管道应顺直、接口对正。在接口处渗水的管道,包裹的渗水材料的类别、宽度和厚度应符合设计要求。

(3)承插式渗水管的承口应铺设在迎向水流方向。采用无砂管时,应将管内外清洗干净,施工中防止泥土、砂浆等阻塞管壁。

管式渗水系统是在管道壁外分层铺设渗水砂石填料,填料的湿周面积、渗透系数均应根据需要排除的流量计算而定。各类管子的管径一般为 12~40 cm,长 40~100 cm,石棉水泥管长度可达 250~400 cm,管壁厚 0.8~4.0 cm。

管子渗入水的方式有以下几种。

第一种为带孔管,水由管壁四周孔口渗入。可用无砂混凝土管作渗水管,这借鉴于老百姓用无砂混凝土管作水井井身渗引地下水的实践。但这种方法应因地制宜,适用于土壤渗透系数大,无泥土阻塞管壁孔隙的情况,施工时必须保护好管壁内外的清洁。

第二种渗水方式是在管子接口处渗入。

第三种为两半圆形管组成的渗水管,水由管的纵缝渗入。

后两种均应按设计规定的包裹材料厚度和宽度施工。

3. 无管式渗水系统

无管式渗水可采用粗砂和不同粒径的砾石或碎石组成。施工时应按照设计要求的材质、规格、组合比例、层次及各层的厚度铺设。

8.5　机场排水施工实践——以海口美兰国际机场排水工程为例

机场排水工程是保证后期机场运行的保障性建筑,所以排水工程施工质量的好坏对后期建设有直接影响,下文以海口美兰国际机场二期扩建场外排水工程为例,介绍多孔小间距顶管施工技术。

施工前期,采用数值模拟手段对多孔顶管施工顺序进行了优化分析,得出三孔和四孔顶管分别采用1-3-2 和 1-3-2-4 的施工顺序时,可有效减少施工对地面的影响。同时总结了顶管施工的中继环布设、减阻泥浆注浆工艺等施工要点。针对顶管施工过程中遇到的顶管出洞发生渗水、管内渗漏及顶管遇巨大孤石等问题,给出了工程所采取的处理方法。

1. 工程背景

海口美兰国际机场二期扩建场外排水工程总投资为 10.15 亿元,主要任务是解决机场周围涝水无法排放的问题。该工程包含明渠、箱涵及顶管等内容,其中顶管段总长 1795 m(不含井)。1♯～3♯井段为四孔直径 4.0 m 顶管,顶管横向间距 3.1 m,平均覆土厚度 11.19 m,顶距 665 m;4♯～5♯井段和 6♯～7♯井段为三孔直径 3.5 m 顶管,顶管横向间距 3.18 m,平均覆土厚度分别为 4.92 m、8.64 m,顶距分别为 490 m、640 m。采用泥水平衡顶管法施工,管片选择专用钢筋混凝土管,每管节长 2.5 m。

根据地质勘察资料,1♯～3♯井顶管段地基土主要为:⑧层粗砂、⑨层粉质黏土和⑩层生物碎屑砂。4♯～5♯井顶管段地基土主要为:⑧层粗砂和⑩层生物碎屑砂。6♯～7♯井顶管段地基土主要为:④层粉质黏土、⑦层粉质黏土和⑧层粗砂。该工程的难点是地质情况复杂、地面沉降控制难、顶距长。由于该工程下穿交通要道及地面厂房建筑物,且采用多孔小间距顶管施工,顶管间的相互影响增大了地面沉降控制难度;管线施工区域多位于中粗砂层,地下水压大,施工时易产生管涌、流砂等现象;顶距最长达 640 m,后期顶力控制更难,需安装中继环协同施工。

2. 顶管机顶力估算及中继环位置布设

在长距离顶管段加设中继环,减少主顶千斤顶的顶推力,可有效克服长距离施工时阻力过大的问题。

依据《给水排水工程顶管技术规程》(CECS 246—2008),顶管理论顶力大于管片允许顶力 80% 时,需要安装中继环。当总顶力超过中继环容许顶力 70% 时,首个中继环应该布设使用。顶管顶力依据式(8.1)进行估算。

$$F_0 = \pi D_1 L f_k + N_F \tag{8.1}$$

式中:F_0 为总顶力标准值,kN;D_1 为管道外径,m;L 为管道设计顶进长度,m;N_F 为顶管机迎面阻力,kN;f_k 为管道外壁与土平均摩阻力,kN/m^2。

该工程不同区段的顶力估算及中继环布设见表 8.6。6♯～7♯井段由于顶距较长,管片强度不足以承受理论顶推力,需要布设2个中继环。首个中继环的位置距离顶管机头相对较近,目的是适应顶管机在不同地质条件下的顶力变化。中继环运行时,先开启最前端中继环,后面中继环和主顶油缸不动;待顶进后,启动第二个中继环,同时前面中继环收回伸缩杆,完成第二段顶进,最后启动主顶油缸,从而达到长距离顶进。施工完毕后,采用人工方式拆除中继环内千斤顶,钢壳留在管内做防腐处理后,再在中继环位置浇筑一节管片。

表 8.6　顶力估算及中继环布设

区段	顶距/m	管片允许顶力/kN	管片允许顶力 80%/kN	理论顶力/kN	首个中继环与机头距离/m	第 2 个中继环与机头距离/m
1#～2#井	386	40435.5	32348.4	32557.12	135	—
2#～3#井	279	40435.5	32348.4	23689.57	—	—
4#～5#井	490	32254.9	25803.9	33073.66	155	—
6#～7#井	640	32254.9	25803.9	43749.30	140	312.5

为保证顶管顺利顶进,此次选用的中继环最大行程为 30 cm,直径 4.0 m 顶管中继环内部配置 40 个 50 t 千斤顶,总推力 20000 kN;直径 3.5 m 顶管中继环内部配置 32 个 50 t 千斤顶,总推力 16000 kN。

3. 施工方法的确定

(1)多孔顶管施工方法选择。

多孔小间距顶管比单孔顶管施工复杂,顶管间相互影响,导致新建顶管对已建顶管产生应力变形,引起地面不均匀沉降。目前有学者对多孔重叠隧道施工顺序进行了优化研究,得出重叠隧道采用"先下后上"的施工方法,可减小隧道间的相互影响;对三孔重叠隧洞的研究,也得出了"先下后上"的施工顺序最优。针对本工程四孔和三孔并行顶管施工,通过分析研究,确定最优施工顺序,保证顶管安全高效施工,降低地面沉降变形,减少顶管间相互影响。

为确定最优顶管施工顺序,施工前期依据工程地质条件进行了有限元模拟分析。土体本构模型为莫尔-库仑剪切破坏模型,基本假定:①土体为均质土体;②减阻泥浆为一等厚层;③顶管与周围土体的摩擦阻力均匀分布于管道外侧。

每个管片的顶进过程采用 ABAQUS 中"生死单元法"模拟,模拟步骤:首先对土体模型进行地应力平衡,保证地面沉降已经完成;将开挖土体折减 40%,模拟土体应力释放过程;随后"杀死"开挖土体,并在掌子面施加顶推力;激活管片材料,并在管片四周添加 3 kPa 的剪切力;最后添加减阻泥浆层。

其余管片的顶进采用 *Elcopy 命令进行循环模拟。每孔顶管模拟顶进 20 个管片。模拟两组工况,工况 1 的顶进顺序为 1-3-2,工况 2 的顶进顺序为 1-2-3。图 8.1 为直径 3.5 m 顶管按 1-3-2 顺序顶进后的地表沉降云图(放大 50 倍),沉降槽整体呈凹槽状,沉降最大值发生在三孔顶管中心轴处。

图 8.2 为路径一在不同工况下的沉降演变曲线,当第一根顶管贯通时,最大沉降值为 6.89 mm。当顶进第二根顶管时,顶进顺序不同,产生的沉降相差甚大;当顶进顺序为 1-3 时,产生沉降最大值为 8.64 mm,且沉降槽沿 3 孔顶管中轴线对称分布;而顶进顺序为 1-2 时,产生沉降最大值达到 13.15 mm,远大于工况 1,且沉降槽偏向于顶管 1 方向。当三根顶管全部贯通时,工况 1 和工况 2 所产生的沉降最大值基本相当,分别为 17.56 mm 和 16.93 mm。

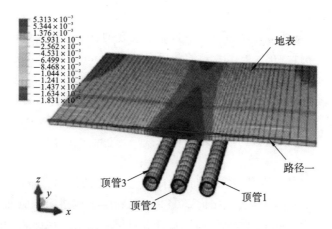

图 8.1　顶进顺序为 1-3-2 时地表沉降云图(放大 50 倍)

综合分析,由于本工程三根顶管下穿厂房,施工时特别注重厂房的倾斜值和沉降差变化。顶进第二根顶管时,工况 1 产生的沉降槽沿厂房中轴线对称分布,使其整体倾斜值明显小于工况 2,故施工顺序选择 1-3-2 为最优。同理,四孔顶管经模拟得出最优施工顺序为 1-3-2-4。工程施工共投入 3 台顶管机,其中 2 台 DN3500 泥水平衡顶管机,1 台 DN4000 泥水平衡顶管机。分 4 个施工段施工,DN4000 顶管机施工 1♯～2♯井、2♯～3♯井,施工顺序为 1-3-2-4;1 台 DN3500 顶管机施工 6♯～7♯井,施工顺序为 1-3-2;1 台 DN3500 顶管施工 4♯～5♯井,施工顺序为 1-3-2。

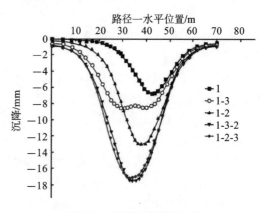

图 8.2　地表沉降演变曲线

(2)出土方案设计。

开挖后土体经排泥管排出,排出泥水中含砂、黏土、砾石等各种粒径土颗粒,其中黏土可用于配制平衡开挖面土压力的泥浆,因此需对排出的泥水进行处理,一部分循环再利用,另一部分运出场外。

施工现场设有 U 形砖砌泥浆池,泥浆池总容量为 1050 m³。首先将排出泥水中颗粒大的砾石、粗砂分离出来,作为渣土运出;剩下含有黏土成分的部分泥水,经处理达到要求后,用作平衡土压的泥浆回收至开挖面;多余泥水在泥浆池中经自然沉淀,用渣土车外运处置;沉淀出水达标排放。经计算,以日顶进 10 m 工作量计,顶管理论出土量达 227 m³/d,泥浆外运间隔天数为 5 d,故每 5 天进行一次泥浆外运。由于顶进距离长,随着顶进距离增加,在 4♯～5♯井(顶距 490 m)间增设 1 台增压泵,6♯～7♯井(顶距 640 m)间增设 2 台增压泵,以提高排泥效率。

(3)泥浆减阻。

①注浆方法。

减阻泥浆技术的使用可有效解决长距离顶进时阻力过大的问题。为确保减阻效果,顶进前在管片外壁涂抹 3 遍改性石蜡;顶进时同步注浆且必须随顶随注,由于前段管道外侧摩擦阻力较大,在工具管尾部环向设置 3 个压浆孔,以便及时补充减阻泥浆。同时,对于距离工具管较近的三节管片,每节都布设压浆孔,距离较远的管片,每两节管片布设一节带有压浆孔的管片。在中继环处也布设压浆孔。压浆总管选择直径 50 mm 镀锌钢管,在远离工具管的管段,应每隔 6 m 设置一个三通管,用于连接总管和压浆软管,实现注浆。由于 6♯~7♯ 井顶距长达 640 m,注浆距离远,无法一次性到达,在管内安设了 2 座压浆接力站,距离 6♯ 井分别为 300 m、600 m。压浆泵选用脉动小的螺杆泵,可有效保证浆液从土体孔隙中挤进,形成良好的泥浆套。注浆压力控制在 0.2~0.3 MPa,由于穿越中粗砂层区,注浆实际用量可达理论用量的 4~8 倍,因此注浆压力和注浆量需依据现场顶进的土质情况进行调控。

②泥浆置换。

顶管施工完毕后,为减少外界动荷载和后期固结对上方土体的沉降影响,要及时将管壁外侧的减阻泥浆进行置换。采用水:水泥:粉煤灰配比为 5:1:3 的粉煤灰浆进行置换处理,通过原来的压浆孔进行注浆,重复注浆 3 次以上,相邻注浆时间间隔应小于 1 d。泥浆置换时,以相邻两混凝土管片为一组,分别作为注浆孔和排浆孔管片,首先开启吸浆泵对第一组注浆孔进行注浆,当排浆孔排出泥浆后,停止注浆,即完成第一组管片的置换。同样的工法进行其余各组的置换,直至完成全部置换。最后关闭所有阀门,保持注浆压力 1 MPa、持续 30 min。

(4)顶管始发出洞控制技术。

顶管机从始发井顶入土体的这一过程称为"出洞",顶管出洞时经常会发生始发管节后退、顶管机磕头、洞口产生水土流失坍塌等问题。该工程管道穿越中粗砂地层,土质较差,为保证顶管顺利出洞,主要采取了 3 种技术措施。

①始发管节防止后退措施。

该工程 1♯~3♯ 井段四孔顶管平均覆土厚度达 11.19 m,且穿越粗砂层,顶管顶推面上的主动土压力大于管壁周围的摩擦力,当更换管节时,管片会发生后退问题。为防止该问题发生,施工时对钢筋混凝土管采用手拉葫芦防止管节后退,同时手拉葫芦还可以保证顶管的顶进方向不受刀盘旋转的影响。

②顶管机防磕头措施。

为了抑制顶管机头出洞时产生下沉,施工中将机头及其后面三节混凝土管片连在一起。具体施工方法:预制混凝土管片时,在管片内埋设钢埋件,安装时将管片内的钢埋件和机头进行焊接,利用后续管节配重,增加稳定性。初始顶进时利用主顶油缸下面 2~4 个主千斤顶顶进,可产生明显的向上推力,修正顶管机向下的趋势。在洞口延长导轨,保证顶管机在洞内依然有导轨支托。出洞前,做好测量放样及复核工作,保证顶进方向准确。

③导轨控制。

导轨采用 45 kg/m 的重型钢轨制作,DN4000 导轨基座采用型钢加工而成。

为确保整个导轨系统在使用过程中不发生位移,将钢横梁置于工作井底板上,并与底板上的预埋件焊接。导轨下部的方形钢管采用 Q235 型钢,在每个油缸处设置 2 个卡箍固定油缸,并设置 25♯ 槽钢支撑底部油缸,防止产生移动。施工时两导轨应与管道设计坡度(0.04%)保持一致。

4. 施工中遇到的问题及解决措施

(1)顶管出洞发生渗漏。

在 6♯~7♯ 井顶管段,地下水埋深为 1.90~4.10 m,水位较高且周围地质条件差,多为粗砂层地基土。为保证顶管顺利出洞,施工前在顶管出洞侧的钢筋混凝土防渗墙后又打入两排高压旋喷桩,形成连续的地下防渗墙。顶管顶进过程中,由于钢筋混凝土强度较大,顶管机无法穿透,只能采用人工破洞方式进行施工。6♯工作井在破洞过程中,出现地下水外渗现象,渗水中带有砂,为防止渗水将砂层掏空导致地面沉降,在全部开洞之前采取相应处理措施。

发生渗水后,首先紧急对工作井内的渗水进行抽排,然后采用砂袋对人工开凿的洞口进行封堵,基本控制了地下渗水后,在顶管出洞区域以顶管轴线为中心,在半径 2 m 范围内进行灌浆处理,与地下防渗墙共同形成相对封闭的止水区域。该方法既解决了地下水渗漏问题,又解决了混凝土强度大顶管无法穿透问题。采取上述措施后,6♯～7♯井段顶管出洞问题顺利得到解决。

(2)管内渗水。

在施工过程中,1♯～2♯井段已顶进管道的部分区域内部发生了渗漏现象。通过目测法计取管内渗水量,漏水平均 1 min 滴落 6～8 滴,根据实际经验判断 24 h 渗水量为 2 L 左右,达到了《给水排水管道工程施工及验收规范》(GB 50268—2008)规定的允许渗水量[$Q = 2$ L/($m^2 \cdot$ d)]。管内渗水一方面可能会导致周围地基下沉,增加后续顶管施工难度;另一方面,会导致施工后顶管运行存在安全隐患。对管内渗水原因进行调查,分析如下:①顶管吊装安放时,导致管片吊装孔产生了微小裂缝,在地下高水位地段可能产生渗漏;②顶管顶进时管道轴线产生小偏差,导致管节之间的止水装置密封不严。综合分析后,对后续管节采取以下措施进行处理:首先将吊装孔周围清理平整,在横纵方向分层涂抹聚合物水泥基防水涂料,保证吊装孔周围缝隙密实,并在后续管节吊装孔周围增加了加强筋;对于管与管之间的接缝,在木垫圈外部增加了一套密封橡胶装置,并在外侧涂抹聚合物水泥基防水涂料,保证止水效果。对已经渗水区域,当顶管顶通后及时用粉煤灰浆置换触变泥浆,在泥浆置换过程中渗水问题可得到解决,同时对管道内侧渗水区域再用防水聚合物进行处理。采取上述措施后,管节渗漏问题得到了有效控制。

(3)顶进时遇到障碍。

施工遇到障碍物时,会使刀盘电流和刀盘转矩发生大的变化,严重时会导致顶管机无法启动。

当顶管遇到巨大孤石时,可以采用人工进入破除、引入静力膨胀爆破、液压分离岩石以及水钻法等施工方式,但本工程顶管直径达 4 m,且顶管横向间距小,若采用以上破除方法,可能会对周围管线土层产生较大扰动,经分析采用了新建接收井挖除孤石方式。首先通过测量,确定孤石位置;依据测量结果和顶管直径大小,新建接收井。采用边开挖边支护的施工方式,开挖至孤石底部。若孤石直径小于接收井内径(8.2 m),可采用地面吊车将孤石吊出;若孤石直径大于接收井内径(8.2 m),则采用人工配合风镐方式破碎大块孤石,再采用吊车吊出较大孤石,剩余的碎小石块利用料斗吊出。孤石清理完毕后,对接收井进行回填,回填料选择含水率适当的黏土,并在回填料中掺入水泥、石灰等材料,改善回填料的压实性能,每回填一层,采用人工夯压实,确保每层回填土的压实系数不小于设计值(0.9),保证顶管机通过时达到正常的土仓压力,从而减少施工中产生的地面沉降。此项施工完毕后,按照正常施工方式继续进行顶管顶进。

海口美兰国际机场二期扩建场外排水工程采用了多孔小间距顶管施工法,单次顶进距离长,工程地质条件差,施工难度大。通过对下穿建筑物的三孔和四孔小间距顶管模拟分析,得出当顶进顺序分别采用 1-3-2 和 1-3-2-4 时,可以有效避免施工过程中建筑物的倾斜变化;对遇到的顶管出洞发生渗漏、管内渗水及顶进时遇到障碍等问题,采取了有效的处理措施。1♯～2♯井段已顺利顶通 2 根直径 4.0 m 顶管,6♯～7♯井段直径 3.5 m 顶管已经全线贯通,整体施工效果良好。

第 9 章　道面损坏状况评价

机场道面运营过程中,受持续机轮荷载作用和外部环境影响,道面会出现形态和特征多种多样的损坏现象。机场道面损坏状况一般可由三个方面特征表征:损坏类型、损坏严重程度和损坏的范围或密度。为了保证各类损坏描述的一致性,应根据损坏的形态、特征和肇因,对道面损坏进行分类和命名,并为每一类损坏规定明确的定义和量测标准,这是损坏状况检测与评价的基础。机场损坏状况检测可采用人工目测、设备检测和经验判断的方法来完成。

道面各种损坏对其使用性能有着不同的影响,应建立科学的机场道面损坏状况评价方法,包括选取评价指标、构建量化的评价指标和评价模型以及制定评价标准等。

9.1 水泥混凝土道面损坏鉴别及计量标准

根据机场道面损坏的分类原则,机场水泥混凝土道面损坏现象分成四大类:断裂类、接缝破坏类、表面损坏类及其他类。根据《民用机场道面评价管理技术规范》(MH/T 5024—2019)的规定,水泥混凝土道面损坏类型、计量单位与程度等级如表 9.1 所示。

表 9.1　水泥混凝土道面损坏类别

损坏类别	损坏类型	计量单位	程度等级
断裂类	纵向、横向和斜向裂缝	m	轻微、中等、严重
	角隅断裂	m²	轻微、中等、严重
	破碎板或交叉裂缝	m²	轻微、中等、严重
	收缩裂缝	个	不分等级
接缝破坏类	胀裂	m²	轻微、中等、严重
	嵌缝料损坏	m	轻微、中等、严重
	接缝破碎	m²	轻微、中等、严重
	唧泥和板底脱空	个	不分等级
	耐久性裂缝	m²	轻微、中等、严重
表面损坏类	坑洞	个	不分等级
	起皮、龟裂和细微裂纹	个	轻微、中等、严重
	板角剥落	m²	轻微、中等、严重
其他类	沉陷或错台	个	轻微、中等、严重
	小补丁	m²	轻微、中等、严重
	大补丁和开挖补块	m²	轻微、中等、严重

9.1.1　断裂类

水泥混凝土道面使用期间,因飞机荷载、外界环境和工程质量原因,道面会发生断裂现象,严重影响飞机运行安全。断裂类损坏主要包括纵向、横向和斜向裂缝,角隅断裂,破碎板或交叉裂缝,收缩裂缝四种类型。

1. 纵向、横向和斜向裂缝

(1)特征描述。

由重复荷载、温度翘曲应力和温度收缩应力等综合作用引起的板块开裂,将板块分成 2～3 块。

(2)损坏程度判别。

①轻微:裂缝边缘没有或仅有轻微剥落,未产生碎块。若裂缝未填补,其平均宽度小于 3 mm;若已填补,则嵌缝料完好;或者道面板被程度轻微的裂缝分成 3 块。

轻度裂缝在平面上一般未裂通,或是刚裂不久。裂缝处于初始发育形态,在素混凝土板中,一般不会维持很久。对于未裂通的轻度裂缝,原则上不予处理,对于已裂通的裂缝,应采取灌封处理。

②中等:为以下情形之一。

a.裂缝边缘中等程度剥落,剥落长度为缝长的 10%～50%,或者裂缝边缘道面板块存在着中等错台,即错台量为 6～10 mm。

b.裂缝未填补,平均宽度为 3～15 mm。

c.裂缝已填补,裂缝边缘没有或仅有轻微剥落,但嵌缝料已经损坏。

d.板块被裂缝分成 3 块,其中最少有 1 条裂缝为中等程度。

③严重:为以下情形之一。

a.裂缝边缘严重剥落,发生严重错台(错台量大于 10 mm)、沉陷、唧泥。

b.裂缝未填补,其平均宽度大于 15 mm。

c.板块被裂缝分成 3 块,其中最少有 1 条为严重程度的裂缝。

(3)损坏量计量。

记录发生损坏的板块数量,如需为裂缝填补提供依据,应记录各条裂缝的长度作为补充。

(4)备注。

中等程度以上时,可以判断为结构性损坏。

2. 角隅断裂

(1)特征描述。

由于重复重荷载、板底支撑强度不足或者翘曲应力等综合因素的作用,在角隅处产生的与接缝斜交的裂缝。从板角到裂缝两端的距离均小于或等于板边长的一半(否则为斜向裂缝),裂缝贯穿整个板厚(否则为板角剥落)。

(2)形成原因。

①接缝处夹有石子或其他外来物,在夏季温度应力作用下,挤碎板边和板角。

②断裂后的板边、板角没有及时修补,以致多次碾压形成碎块。

③若灌缝不及时,水从该处进入断缝中,产生碱集料反应。

④企口断裂或传力杆断裂,造成板块在接缝处形成应力集中而被压碎。

(3)损坏程度判别。

①轻微:裂缝边缘没有或仅有轻微剥落,未产生碎块,且角隅断块上没有其他裂缝。如果裂缝未填补,平均宽度小于 3 mm;如果已填补,则嵌缝料完好。

②中等:为以下情形之一。

a.裂缝边缘存在中等程度剥落,可能产生碎块。

b. 裂缝未填补,平均宽度为 3～25 mm。

c. 裂缝已填补,裂缝边缘没有或仅有轻微剥落,但嵌缝料已损坏。

d. 角隅断块上出现其他轻微裂缝,即 1 条轻微程度的裂缝将角隅断块分成两块。

③严重:为以下情形之一。

a. 裂缝边缘严重剥落,已经产生碎块。

b. 裂缝未填补,平均宽度大于 25 mm。

c. 角隅断块上出现中等程度以上的裂缝。

(4)损坏量计量。

记录发生损坏的板块数量,如需为裂缝填补提供依据,应记录各条裂缝的长度作为补充。

(5)备注。

①角隅断裂与板角剥落可以根据裂缝是否贯穿板块进行区分。如无法判断裂缝贯穿与否,则按照如下方法区别:若断块两边边长之一大于 600 mm,记为角隅断裂;否则记为板角剥落,除非能够证实裂缝贯穿板厚。

②如果一块板上有多处角隅断裂,应按照其中损坏最严重的程度记录损坏程度。

③如果角隅断裂处存在错台,且错台量大于 3 mm,应将损坏程度等级提高一级;如果断裂处错台量大于 13 mm,角隅断裂的损坏程度直接判定为严重。

④角隅断裂可以判断为结构性损坏。

3. 破碎板或交叉裂缝

(1)特征描述。

由道面结构承载能力不足或者严重超载引起的板块断裂,裂缝数量不少于 2 条,将板块分割成 4 块或以上。对于已经影响行车安全的破碎病害,应当立即进行换板处治。

(2)形成原因。

①道面施工时,切缝深度不够或混凝土本身强度不均匀,但薄弱处不在切缝部位;当冬季道面正常收缩时,道面被拉裂。

②基础局部出现不均匀下沉,形成板块局部底面与基础脱空。当机轮荷载施加在该处板表面后,由于荷载产生的弯曲变形大于混凝土板的允许变形,所以引起板块断裂。

③基础进水后,存留在基础与面层夹缝中的水在冬季结冰膨胀,且板块四周又受传力杆、拉筋或企口缝的约束,板块受冻膨胀、顶起断裂。

④道面板的实际厚度小于设计厚度、地基反应模量假定不合理或者道面在使用期限内超负荷、超频率使用,也可能引起断板。

(3)损坏程度判别。

①轻微:板块被轻微的裂缝分割成 4～5 块。

道面的轻微破碎病害,一般是轻微裂缝病害进一步发展形成的。对于轻微破碎病害道面板,应采取封闭裂缝等方法控制其发展,以维持道面正常使用。

②中等:为以下情形之一。

a. 板块被轻微和中等裂缝(裂缝平均宽度不大于 25 mm)分割成 4～5 块。

b. 板块被轻微裂缝(裂缝平均宽度不大于 3 mm)分割成 6 块或 6 块以上。

③严重：为以下情形之一。

a. 板块被裂缝分割成 4～5 块，其中有严重裂缝（裂缝平均宽度大于 25 mm）。

b. 板块被中等裂缝（裂缝平均宽度为 3～25 mm）分割成 6 块或 6 块以上。

（4）损坏量计量。

记录发生损坏的板块数量，如需为板块处治提供依据，应记录损坏所影响的面积作为补充。

（5）备注及图例。

①板块出现破碎板或交叉裂缝，且程度为中等或严重时不再记录其他损坏类型。

②图 9.1、图 9.2 所示道面可以判断为结构性损坏。

图 9.1　破碎板或交叉裂缝（中等）

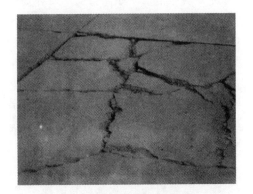

图 9.2　破碎板或交叉裂缝（严重）

4. 收缩裂缝

（1）特征描述。

板块表面出现数厘米长的细微裂缝，其深度没有贯穿板厚。

（2）形成原因。

①施工中养护方法不当、养护不及时或养护期短等问题导致的裂纹。

②空气中的 CO_2 与混凝土中碱性物质化合产生碳化收缩导致的裂纹。

③施工中天气干热和风大，混凝土表面失水过快而产生的裂纹。

（3）损坏程度判别。

不分损坏等级。

（4）损坏量计量。

按发生损坏的板块数计。

（5）备注。

可以判断为非结构性损坏。

9.1.2　接缝破坏类

接缝破坏类的损坏主要包括胀裂、嵌缝料损坏、接缝破碎、唧泥和板底脱空、耐久性裂缝五种类型。

1. 胀裂

（1）特征描述。

接缝或者裂缝中（或者与其他构筑物相接位置）存在硬粒或者宽度不足，引起板块的翘曲、开裂或者破碎。

（2）损坏程度判别。

①轻微：翘曲现象随着温度降低而消失，道面出现轻微的不平整，无碎裂现象。

②中等：翘曲现象随着温度降低而消失，道面出现中等程度的不平整，并存在出现碎裂的可能。

③严重：翘曲现象已无法随温度变化而改变，接缝（裂缝）附近已经出现碎裂现象。

（3）损坏量计量。

记录发生损坏的板块数量，胀裂发生在板块裂缝上时按1块板的数量记录，发生在2块板之间的接缝上时按2块板记录。如需为局部修补提供依据，应记录胀裂影响区域的面积作为补充。

（4）备注。

可判断为结构性损坏；出现后应立即修复。

2. 嵌缝料损坏

（1）特征描述。

道面接缝处，嵌缝料因老化，在环境和荷载因素的共同作用下，与接缝缝壁剥离，嵌缝料被挤出或者被车轮带出，从而失去弹性和封堵的作用，无法阻止地表水渗入和防止硬物进入接缝，接缝整条脱粘、开裂、渗水或者1/3以上缝长出现空缝（包括被砂、石、土填塞）。

（2）形成原因。

①施工时缝内灰尘、灰浆没有清理干净，导致料与缝壁单边脱开。

②嵌缝料的弹性差，导致料与缝壁两边都脱开。

③嵌缝料低温延伸率差，导致嵌缝料从中间裂开。

④嵌缝料高温稳定性差，导致道面夏季软化、泛油或隆起。

⑤冬季使用吹雪车除雪，热气的吹蚀使嵌缝料表面产生微小裂纹。

（3）损坏程度判别。

①轻微：嵌缝料表观状况良好，无挤出、缺失、长草等现象，少数嵌缝料与接缝间存在微小缝隙，但仍具有一定的黏结性。

②中等：为以下情形之一。

a. 嵌缝料没有缺失，且与接缝间存在不大于3 mm的缝隙，无法有效地防止地表水渗入。

b. 接缝附近有唧泥痕迹。

c. 嵌缝料已老化而失去弹性但未脆化。

d. 植物在接缝内生长，但看得清接缝槽口。

③严重：为以下情形之一。

a. 10％以上的嵌缝料存在中等程度的损坏。

b. 10％以上的嵌缝料缺失，丧失了封堵作用。

（4）损坏量计量。

一般情况下无须计量损坏量，而应以道面"单元"为单位记录损坏程度，以该"单元"20％以上接缝中损坏等级高的损坏程度作为该"单元"嵌缝料的损坏程度。如需为嵌缝料更换提供依据，应记录嵌缝料出现损坏的接缝总长度。

(5)备注及图例。

如图 9.3、图 9.4 所示,道面可以判断为非结构性损坏。

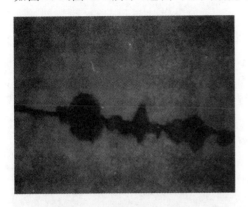

图 9.3 嵌缝料损坏(中等)

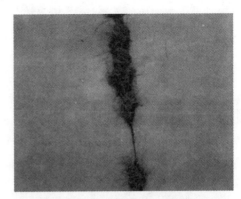

图 9.4 嵌缝料损坏(严重)

3. 接缝破碎

(1)特征描述。

接缝两侧各 60 cm 范围内出现的裂缝,这些裂缝没有贯穿板块厚度,一般情况下与板边斜交,容易引起板块表层的脱落现象。

(2)形成原因。

①横向缩缝经过若干次冻缩,假缝逐渐折断成真缝;随着嵌缝料的老化,也会像胀缝一样导致板边破损。

②嵌缝料经长期环境因素作用已老化、失去弹性,甚至断裂脱落,致使硬物进入板缝,阻碍了板块由于高温而引起的膨胀变形,使板体承受较高的挤压应力,在接缝处附近裂碎。

(3)损坏程度判别。

①轻微:为以下情形之一。

a. 接缝两侧各 60 cm 范围内的板块被轻微或者中等裂缝(裂缝宽度不大于 25 mm)分割成 3 块(含)以下,但不易产生碎块。

b. 接缝出现轻微的磨损(接缝表观宽度不大于 25 mm,而且深度不大于 13 mm),存在产生碎块的可能性。

②中等:为以下情形之一。

a. 接缝两侧各 60 cm 范围内的板块被轻微或中等裂缝(裂缝平均宽度不大于 25 mm)分割成 3 块以上。

b. 接缝两侧各 60 cm 范围内的板块被裂缝分割成 3 块(含)以下,其中有严重裂缝(裂缝宽度大于 25 mm),较易产生碎块。

c. 接缝出现中等程度的磨损(接缝表观宽度大于 25 mm,或者深度大于 13 mm),产生碎块的可能性较大。

③严重:为以下情形之一。

a. 接缝两侧各 60 cm 范围内的板块被裂缝分割成 3 块以上,其中有严重裂缝(裂缝宽度大于 25 mm),很容易产生碎块。

b.接缝出现严重程度的磨损,产生碎块的可能性很大。

(4)损坏量计量。

记录发生损坏的板块数量,如果仅接缝一侧的板块发生破碎,记录 1 块板块,如果接缝两侧的板块均发生破碎,记录 2 块板块。如需为板块修补提供依据,应记录各破碎区域的面积。

(5)备注及图例。

①如果一块板在多条接缝处出现接缝破碎现象,应选择损坏程度等级较高的情况记录。

②如果接缝破碎长度小于 66 mm,或者发生破碎的区域已经被嵌缝料填补,则不作为"接缝破碎"损坏记录。

③如图 9.5、图 9.6 所示,道面可以判断为非结构性损坏。

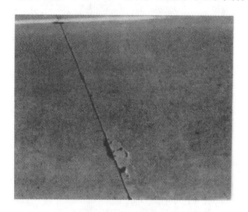

图 9.5　接缝破碎(轻微)

图 9.6　接缝破碎(严重)

4.唧泥和板底脱空

(1)特征描述。

当水泥混凝土道面板下发生脱空时,板下会汇集积水,飞机通过脱空的道面板时会有明显的活动感,随即发生唧泥现象,表现为在道面板接缝处有污染、沉积着许多基层材料或土基材料。

(2)形成原因。

①基层局部下沉或胀起。

②基层或下面层松散材料被水冲刷而导致流失。

③板块之间接缝施工处理不当,板体高温膨胀使板拱起,板下脱空而松动。

(3)损坏程度判别。

不分损坏等级。

(4)损坏量计量。

记录唧泥和板底脱空所影响到的板块数量,如图 9.7 所示。

5.耐久性裂缝

(1)特征描述。

由于环境因素(如冻融循环、活性集料反应等)的影响或者施工期间混凝土塑性收缩因素作用,在接缝附近产生的平行于接缝的发丝状表层裂缝,裂缝周围通常呈现暗色,严重情况下,可能导致接缝周边 0.3~0.6 m 范围内板块的碎裂。

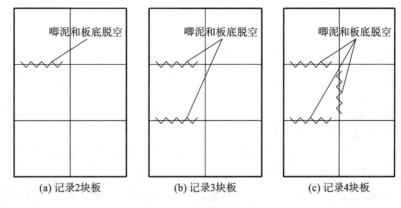

(a) 记录2块板　　　(b) 记录3块板　　　(c) 记录4块板

图 9.7　损坏量计量示例

(2)损坏程度判别。

①轻微:发生范围为 1 个板角或 1 条接缝,板块无剥落现象。

②中等:为以下情形之一。

a.发生范围为 1 个板角或 1 条接缝,但是板块已开始出现剥落现象。

b.发生范围在 1 个板角或 1 条接缝以上,板块尚无剥落现象。

③严重:发生范围在半块板以上,板块剥落现象明显。

(3)损坏量计量。

损坏量按发生损坏的板块数计。如需为板块修补提供依据,应记录各破碎区域面积。

(4)备注。

如果同一板块上同时存在"耐久性裂缝"和"起皮、龟裂和细微裂纹"2 种损坏,则按"耐久性裂缝"记录后,不再记录"起皮、龟裂和细微裂纹"。

9.1.3　表面损坏类及其他类

1.表面损坏类

表面损坏类的损坏主要包括坑洞,起皮、龟裂和细微裂纹,板角剥落三种类型。

1)坑洞

(1)特征描述。

道面因粗集料脱落,或者施工时局部振捣不到位等原因,形成一些小坑。一般情况下,小坑的直径为 25～100 mm、深度为 13～50 mm。

(2)损坏程度判别。

损坏程度不分损坏等级。一般处理措施为采用高强度水泥砂浆填实。

(3)损坏量计量。

损坏量按发生损坏的板块数计。

(4)备注。

当一板块上小坑出现的密度大于 3 个/m² 时,则进行记录。

2)起皮、龟裂和细微裂纹

(1)特征描述。

道面表层掉皮或者形成网状、浅而细的发状裂纹,影响深度一般为表面以下 3～13 mm,一般出现在整块板块上(耐久性裂缝仅出现在接缝附近)。

(2)形成原因。

①机轮荷载冲击力和温度变化、干湿变化、光照等自然应力共同作用造成砂粒崩解。

②道面采用高压水(或钢丝轮)除胶。

③原材料本身耐磨性能差,如水泥成分中的铁铝酸四钙含量低、砂子坚固性差、含水率低、石料硬度和磨耗未达到要求,由此而造成砂浆保护层上的纹理损失。

④道面施工时的水胶比大,使砂浆保护层强度低,道面表面网状裂纹多,纹理损失快。

(3)损坏程度判别。

①轻微:细微裂缝可以辨别,但表面状况尚好,且无剥落迹象。

②中等:一些区域出现剥落迹象,但面积比率不大于 5%。

③严重:出现剥落的面积比率大于 5%,板块很容易产生碎块。

(4)损坏量计量。

损坏量按发生损坏的板块数计。

(5)备注。

同一板块上同时存在"耐久性裂缝"和"起皮、龟裂和细微裂纹"2 种损坏,则按"耐久性裂缝"记录后,不再记录"起皮、龟裂和细微裂纹"。

3)板角剥落

(1)特征描述。

飞机机轮荷载作用下,板角区域(距离角点距离小于 0.6 m)出现的板块开裂现象。与角隅断裂的不同之处在于裂缝尚没有贯穿板的全厚度。

(2)损坏程度判别。

①轻微:损坏区域被轻微裂缝(裂缝宽度小于 3 mm)分割,剥落成 2 块,或者被中等裂缝(裂缝宽度为 3～25 mm)分割,剥落成 1 块,不易产生碎块。

②中等:为以下情形之一。

a.损坏区域被中等裂缝(裂缝宽度为 3～25 mm)分割,剥落成 2 块以上,存在松动或者集料缺失现象。

b.损坏区域内存在程度严重的裂缝(裂缝宽度大于 25 mm),且已经出现次生裂缝。

c.损坏区域内容易产生碎块。

③严重:为以下情形之一。

a.损坏区域被严重裂缝(裂缝宽度大于 25 mm)分割,剥落成 2 块以上,存在松动或者集料缺失现象。

b.损坏区域内破碎现象明显,已产生碎块。

(3)损坏量计量。

损坏量按发生损坏的板块数计。如需为板块修补提供依据,应记录各破碎区域面积。

(4)备注。

如果损坏区域的长度小于 76 mm,而且已经采用嵌缝料填补,则不作为板角剥落记录。

2. 其他类

其他类的损坏主要包括沉陷或错台、小补丁、大补丁和开挖补块三种类型。

1)沉陷或错台

(1)特征描述。

由于地基、土基或基层的竖向永久变形,在接缝或裂缝两侧出现高差。此时,道面板块下沉,低于相邻道面板平面或者板块正常高程。

(2)形成原因。

①胀缝安装不当,在夏季温度应力作用下,道面推移产生沉陷或错台。

②冬季雪水进入基础后,水结冰膨胀,顶起一侧道面板,也形成沉陷或错台。

③基础脱空,传力杆压弯或断裂引起沉陷或错台。

(3)损坏程度判别。

以邻板(接缝两侧)间高差作为判断依据,判别标准如表 9.2 所示。

表 9.2　沉陷或错台损坏程度判别标准

损坏程度	邻板(接缝两侧)高差/mm	
	跑道及滑行道	停机坪
轻微	<6	3~13
中等	6~13	13~25
严重	>13	>25

(4)损坏量计量。

损坏量按发生损坏的板块数量计,当两块板之间的接缝出现沉陷或错台时,按 1 块板记录。

(5)备注。

①由施工质量等引起的沉陷或错台不作为损坏进行记录。

②由地基、土基或基层竖向变形引起的沉陷或者错台,可以判断为结构性损坏。

2)小补丁

(1)特征描述。

板块上已经进行过局部修补,但修补区域面积不大于 0.5 m²。

(2)损坏程度判别。

①轻微:补丁区域状况良好,没有其他损坏形式出现。

②中等:补丁区域损坏或中等剥落,较容易产生碎块。

③严重:补丁区域再次出现损坏,且沉陷或错台等现象已经影响到道面的平整度;或严重剥落,已产生碎块。

(3)损坏量计量。

损坏量按发生损坏的板块数计。如需为板块修补提供依据,应记录补丁面积。

(4)备注。

若修补裂缝的补丁宽度很小(10～25 cm),可不作为小补丁记录。

3)大补丁和开挖补块

(1)特征描述。

大补丁为板块上已经进行过的局部修补,且修补区域的面积大于 0.5 m²。开挖补块指因增设地下管线等设施而开挖道面后形成的补块。

(2)损坏程度判别。

①轻微:补丁区域状况良好,没有其他损坏形式出现。

②中等:补丁区域损坏或中等剥落,较容易产生碎块。

③严重:补丁区域再次出现损坏,且沉陷或错台等现象已经影响了道面平整度;或严重剥落,已产生碎块。

(3)损坏量计量。

损坏量按照发生损坏的板块数计。如需为板块修补提供依据,应记录补丁面积。

(4)备注。

道面经过局部修补,无论修补效果如何,均认为是一种损坏形式,并予以记录。

9.2 沥青道面损坏鉴别及计量标准

机场沥青道面损坏现象可分成四大类:裂缝类、变形类、表面损坏类、其他类等。根据《民用机场道面评价管理技术规范》(MH/T 5024—2019)的规定,沥青道面损坏类型、计量单位与程度等级,如表 9.3 所示。

表 9.3 机场沥青道面损坏类别

损坏类别	损坏类型	计量单位	程度等级
裂缝类	龟裂	m²	轻微、中等、严重
	不规则裂缝	m²	轻微、中等、严重
	纵向、横向裂缝	m	轻微、中等、严重
	反射裂缝	m	轻微、中等、严重
	滑移裂缝	m²	不分等级
变形类	沉陷	m²	轻微、中等、严重
	隆起	m²	轻微、中等、严重
	车辙	m²	轻微、中等、严重
	搓板	m²	轻微、中等、严重
表面损坏类	集料磨光	m²	不分等级
	推挤	m²	轻微、中等、严重

续表

损坏类别	损坏类型	计量单位	程度等级
其他类	松散和老化	m²	轻微、中等、严重
	泛油	m²	不分等级
	喷气烧蚀	m²	不分等级
	油料腐蚀	m²	不分等级
	补丁和开挖补块	m²	轻微、中等、严重

9.2.1 裂缝类

裂缝类的损坏主要包括龟裂、不规则裂缝、纵向与横向裂缝、反射裂缝和滑移裂缝五种类型。

1. 龟裂

(1)特征描述。

在飞机机轮荷载反复作用下,沥青混凝土产生疲劳开裂现象,初期为相互平行的裂缝,随着次生裂缝的发展,逐渐形成网格状,一般裂缝长度不大于 0.6 m。出现龟裂的道面,可能伴随有沉陷变形。龟裂的产生,反映出道面的强度不足以承受飞机机轮荷载的作用。此外,基础排水不良、低温时沥青混合料变硬或变脆等,也可能产生龟裂。

(2)损坏程度判别。

①轻微:沿轮迹方向(纵向)产生相互平行的细微裂缝,相互交叉的次生裂缝很少,裂缝边缘无剥落现象。

②中等:形成网格状裂缝,裂缝边缘存在轻微剥落,网格内沥青混凝土无松动现象。

③严重:网格状裂缝明显,裂缝边缘剥落现象普遍,网格内的沥青混凝土出现松动。

(3)损坏量计量。

记录损坏所影响的道面面积。

(4)备注。

①龟裂只发生在飞机机轮荷载反复作用的道面区域(一般指轮迹带)。

②存在龟裂现象的区域如果同时存在车辙现象,2 种损坏应分别记录。

2. 不规则裂缝

(1)特征描述。

沥青混凝土由于温度应力引起的收缩裂缝,一般情况下存在沥青混凝土老化迹象,道面被裂缝分割成网格状,尺寸为 0.5 m×0.5 m～3 m×3 m,飞机轮迹带区域和非轮迹带区域均可能出现。

(2)损坏程度判别。

①轻微:裂缝边缘无剥落现象,如果裂缝未填补,裂缝宽度小于 6 mm;如果裂缝已填补,嵌缝料状况完好。

②中等:为以下情形之一。

a.裂缝边缘存在轻度剥落现象。

b. 如果裂缝未填补,裂缝宽度大于6 mm,缝边剥落现象不明显。

c. 如果裂缝已填补,嵌缝料已出现损坏现象,但缝边剥落现象不明显。

③严重:裂缝边缘剥落现象明显,存在沥青混凝土碎粒。

(3)损坏量计量。

记录损坏所影响的道面面积。

(4)备注。

①与龟裂相比,不规则裂缝所形成的网格面积更大,而且裂缝之间较少存在锐角相交的现象。

②对于沥青道面,同一道面上如已经记录不规则裂缝,则不再记录纵向、横向裂缝。

③对于水泥混凝土上加铺的沥青道面,同一道面上出现的不规则裂缝与其他裂缝形式(一般指反射裂缝)应分别记录。

3. 纵向、横向裂缝

(1)特征描述。

纵向裂缝指平行于轮迹方向的沥青混凝土开裂现象,有时伴有少量支缝。半填半挖土基或者道面加宽处,常由于压实不好,土基或基层出现沉降而产生纵向裂缝。混合料摊铺时纵向施工搭接不好,或者旧混凝土面层纵向接缝的反射作用,也会在路中线处出现纵向裂缝。沿轮迹带因荷载重复作用而产生的纵向裂缝,属于疲劳裂缝。

横向裂缝指与轮迹垂直方向的沥青混凝土开裂现象,有时伴有少量支缝。横向裂缝通常不是由机轮荷载作用引起的,而是由低温收缩或者半刚性基层收缩裂缝引起的。

与龟裂和不规则裂缝相比,道面上没有被多条裂缝分割成网格状的现象。

(2)损坏程度判别。

①轻微:裂缝边缘剥落现象不明显;如裂缝未填补,裂缝宽度小于6 mm;如裂缝已填补,嵌缝料状况完好。

②中等:为以下情形之一。

a. 裂缝边缘存在中等程度的剥落现象。

b. 如果裂缝已填补,嵌缝料已出现损坏现象,但缝边剥落现象不明显。

c. 如果裂缝未填补,裂缝宽度大于6 mm,但缝边剥落现象不明显。

d. 裂缝周围出现一定程度的次生裂缝,但剥落现象不明显。

③严重:无论裂缝是否已经填补,裂缝边缘剥落现象明显,沥青混凝土中的粗集料存在明显松动现象或者已经部分缺失。

(3)损坏量计量。

损坏量以裂缝的实际长度计量。

(4)备注。

①如果同一条裂缝的不同位置存在不同程度的损坏,应分别记录其长度和损坏程度。

②同一道面上如已经记录不规则裂缝,则不再记录纵向、横向裂缝。

4. 反射裂缝

(1)特征描述。

仅出现在水泥混凝土道面上加铺沥青混凝土的结构形式上,原水泥混凝土板块接缝(裂缝)处由于应力集中而引起的加铺层开裂现象,多与原水泥混凝土板块接缝或裂缝位置对应。

（2）损坏程度判别。

①轻微：裂缝边缘剥落现象不明显；如裂缝未填补，裂缝宽度小于6 mm；如裂缝已填补，嵌缝料状况完好。

②中等：为以下情形之一。

a. 裂缝边缘存在中等程度的剥落现象。

b. 如果裂缝已填补，嵌缝料已出现损坏现象，但缝边剥落现象不明显。

c. 如果裂缝未填补，裂缝宽度大于6 mm，但缝边剥落现象不明显。

d. 裂缝周围出现一定程度的次生裂缝，但剥落现象不明显。

③严重：无论裂缝是否已经填补，裂缝边缘剥落现象明显，沥青混凝土中的粗集料存在明显松动现象或者已经部分缺失。

（3）损坏量计量。

损坏量以裂缝的实际长度计量。

（4）备注。

①如果同一条裂缝的不同位置存在不同程度的损坏，应分别记录其长度和损坏程度。

②对于水泥混凝土上加铺沥青混凝土的道面结构，同一道面上如已经记录反射裂缝，则不再记录不规则裂缝。

5. 滑移裂缝

（1）特征描述。

道面上出现的月牙或半月状裂缝，一般存在于飞机制动或者转向的道面区域，主要由沥青混凝土层间滑动和黏结不良或者上面层材料抗剪能力不足等原因造成。如果范围较大，其原因就可能是黏层油较少，或面层使用了软质石料，石料压碎后造成黏结不良并增加滑移。

（2）损坏程度判别。

滑移裂缝病害不分损坏等级。

（3）损坏量计量。

记录损坏所影响的道面面积。

（4）备注。

道面可以判断为非结构性损坏。

9.2.2 变形类

变形类的损坏主要包括沉陷、隆起、车辙与搓板四种类型。

1. 沉陷

（1）特征描述。

由于地基沉降或者道面结构层、土基压实度不足等原因，道面局部区域明显低于其周边区域的现象。

（2）损坏程度判别。

①轻微：雨后道面残留水迹明显，与周边相比有明显色差，但对平整度的影响较小。

②中等：道面干燥条件下可以通过目视发现，对于平整度有一定的影响，强降水后存在明显积水。

③严重:道面干燥条件下通过目视很容易发现,对于平整度影响较大,强降水后积水较严重。

(3)损坏量计量。

记录损坏所影响的道面面积。

(4)备注。

可以采用3 m直尺间隙的大小精确地判定损坏程度,判断标准见表9.4。

表9.4 沉陷损坏程度判别标准(3 m直尺法)

损坏程度	3 m直尺最大间隙/mm	
	跑道和快速出口滑行道	其他滑行道和停机坪
轻微	3～13	13～25
中等	13～25	25～51
严重	>25	>51

2. 隆起

(1)特征描述。

由于基础冻胀、盐胀、膨胀土膨胀、道面材料推移等,导致道面局部区域明显高于其周边区域的现象,一般损坏区域还伴随开裂现象。

(2)损坏程度判别。

①轻微:通过目视较难发现,巡视车辆经过时有颠簸感。

②中等:通过目视可以发现,对于平整度有一定的影响。

③严重:通过目视很容易发现,对于平整度影响较大。

(3)损坏量计量。

记录损坏所影响的道面面积。

(4)备注。

①可以采用3 m直尺间隙的大小精确地判定损坏程度,判断标准见表9.5。

②道面可以判断为非结构性损坏。

表9.5 隆起损坏程度判别标准(3 m直尺法)

损坏程度	3 m直尺最大间隙/mm	
	跑道和快速出口滑行道	其他滑行道和停机坪
轻微	≤20	≤40
中等	20～40	40～80
严重	>40	>80

3. 车辙

(1)特征描述。

由于面层混合料稳定性不足,轮迹带内的道面在飞机机轮荷载反复作用下发生固结变形和侧向剪切变形而产生永久变形,表现为道面沿轮迹方向的凹陷,以及轮迹两侧局部道面可能的隆起。

(2)损坏程度判别。

可以采用 3 m 直尺沿垂直于轮迹方向放置,量测各个断面上的最大间隙后取平均值的方法,作为损坏程度的判定标准,如表 9.6 所示。

表 9.6　车辙损坏程度判别标准(3 m 直尺法)

损坏程度	3 m 直尺间隙的均值/mm
轻微	6～13
中等	13～25
严重	>25

(3)损坏量计量。

记录损坏所影响的道面面积。

(4)备注。

同一道面上如果车辙与龟裂同时存在,应分别进行记录。

4.搓板

(1)特征描述。

垂直于道面轮迹方向上出现的有规则的波浪状隆起和凹陷,一般相邻隆起(凹陷)之间的距离不大于 1.5 m。材料组成设计不良与施工质量较差,使面层材料不足以抵抗机轮水平力的作用,是产生搓板的主要原因。

(2)损坏程度判别。

可以通过损坏对平整度的影响程度进行经验判定,也可采用 3 m 直尺间隙的大小进行判定。通过选取不少于 5 个断面,量测道面隆起和沉陷之间的高差,取平均值后按照表 9.7 判定。

表 9.7　搓板损坏程度判别标准(3 m 直尺法)

损坏程度	3 m 直尺间隙的均值/mm	
	跑道和快速出口滑行道	其他滑行道和停机坪
轻微	<6	<13
中等	6～13	13～25
严重	>13	>25

(3)损坏量计量。

记录损坏所影响的道面面积。

(4)备注。

道面可以判断为非结构性损坏。

9.2.3　表面损坏类和其他类

1.表面损坏类

表面损坏类的损坏主要包括集料磨光和推挤两种类型。

281

1）集料磨光

（1）特征描述。

沥青混凝土中的集料棱角在飞机机轮荷载的反复作用下被磨成圆滑或平滑状,从而使其逐渐丧失纹理构造的现象。该病害是由于所用集料不耐磨和车轮反复作用造成的。

（2）损坏程度判别。

损坏程度不分损坏等级。

（3）损坏量计量。

记录损坏所影响的道面面积。

（4）备注。

判断这种损坏时,可以将轮迹带与非轮迹带区域的纹理进行对比。

2）推挤

（1）特征描述。

仅发生在水泥混凝土和沥青道面交界的区域。由于交界处构造设置不合理或者失效等原因,水泥混凝土板块在温胀作用下对沥青道面形成推挤,引起沥青道面发生隆起或者开裂等现象。

（2）损坏程度判别。

①轻微:沥青道面发生推挤的面积较小,没有产生明显的开裂或者隆起现象。

②中等:沥青道面发生推挤的面积较大,存在较明显的开裂或者隆起现象,对道面平整度有一定的影响。

③严重:沥青道面发生推挤的面积很大,道面开裂或者隆起的程度严重,对道面平整度产生很大影响。

（3）损坏量计量。

记录损坏所影响的道面面积。

（4）备注。

道面可以判断为非结构性损坏。

2. 其他类

其他类的损坏包括以下五种:松散和老化;泛油;喷气烧蚀;油料腐蚀;补丁和开挖补块。

1）松散和老化

（1）特征描述。

由于沥青混合料中沥青偏少、沥青与集料间黏结差或者沥青混凝土中胶结料老化变硬,造成中粗集料散失,表面出现微坑的现象。

（2）损坏程度判别。

①轻微:沥青混凝土中的粗集料出现裸露现象,裸露部分小于粗集料最大粒径的1/4,但是粗集料尚无松动、剥落现象。

②中等:沥青混凝土中的粗集料的裸露程度达到了其最大粒径的$1/4\sim1/2$,道面表面由于少量集料的剥落出现微坑、不平整等现象。

③严重:道面表面微坑、不平整等现象严重,存在与胶结料分离的粗集料。

（3）损坏量计量。

记录损坏所影响的道面面积。

（4）备注。

由于道面除胶、除雪或者其他机械性破坏所引起的沥青混凝土中粗集料散失现象,应列为严重的松散和老化。

2）泛油

（1）特征描述。

因沥青混凝土油石比过高,或者沥青混合料空隙率过小,在高温气候和机轮荷载下,沥青混凝土中的胶结料迁移到道面表面,积聚形成一层有光泽的沥青膜。

（2）损坏程度判别。

损坏程度不分损坏等级。

（3）损坏量计量。

记录损坏所影响的道面面积。

（4）备注。

道面可以判断为非结构性损坏。

3）喷气烧蚀

（1）特征描述。

沥青道面表层在飞机发动机高温尾气烧蚀的影响下发生碳化,造成胶结料黏性的丧失,一般表现为喷气烧蚀的道面与周边存在明显的色差。

（2）损坏程度判别。

损坏程度不分损坏等级。

（3）损坏量计量。

记录损坏所影响的道面面积。

（4）备注。

道面可以判断为非结构性损坏。

4）油料腐蚀

（1）特征描述。

飞机的燃油、机油或者其他具有腐蚀性的液体洒落在道面表面,对沥青混凝土造成的污染现象。

（2）损坏程度判别。

损坏程度不分损坏等级。

（3）损坏量计量。

记录损坏所影响的道面面积。

（4）备注。

可以判断为非结构性损坏。

5）补丁和开挖补块

（1）特征描述。

经过局部面层修补的道面。

（2）损坏程度判别。

①轻微:局部修补区域状况良好,没有其他损坏形式出现。

②中等:局部修补的区域内开始出现其他形式的损坏,损坏程度轻微,对飞机行驶质量有影响,或者修补道面上可能产生碎粒。

③严重:局部修补的区域内已经出现其他形式的损坏,且损坏程度处于中等以上,显著影响了飞机行驶质量,或者修补道面上已经产生碎粒。

(3)损坏量计量。

记录损坏所影响的道面面积。

(4)备注。

①如果同一个补丁上不同区域道面的损坏程度存在明显的差异,应分别记录各自的面积和损坏程度。

②计算道面状况指数(PCI)时,不再记录补丁范围内出现的其他损坏形式,但是,应考虑这些损坏形式对于补丁的影响,进而判断补丁的损坏等级。如果补丁面积很大(大于 230 m²),还应该将补丁上存在的其他损坏另行记录,作为损坏状况调查的补充资料。

③道面可以判断为非结构性损坏。

9.3　道面损坏状况调查方法

机场道面损坏状况调查是道面管理最重要的工作之一,机场管理机构应在道面调查的基础上进行道面损坏状况的季度统计与分析,统计报表应该反映以下内容:①损坏的分布区域和位置,各种损坏的类型、程度和数量;②道面损坏对机场运行的影响。

道面损坏状况调查可通过目视判别的方法确定损坏类型,借助简单的仪器和工具判定损坏程度及量测损坏量(损坏的长度或面积等)。在满足调查要求的前提下,可运用图像识别等先进技术。

1.道面损坏状况调查的基本要求

根据《民用机场道面评价管理技术规范》(MH/T 5024—2019)中道面损坏状况调查及评价的要求,我国绝大部分机场是通过目视判别的方法确定道面损坏类型,借助简单的仪器和工具判定损坏程度及损坏量。以掌握道面总体损坏状况为目的时,可采取全面调查的形式,也可采取抽样调查的形式;以指导加铺层设计和既有道面处治为目的,或者进行道面损坏状况专项调查时,应选择全面调查的形式。对于规模不大的飞行区,道面损坏状况调查宜采用全面调查的形式。对较大面积的跑道道面采用抽样调查的方式选取调查单元,抽样的频率一般为 15%~45%;道面损坏状况轻微时取低值,严重时取高值;一个调查单元一般为 300~500 m²。将每个调查单元内的道面损坏类型、损坏程度及损坏量记录在调查表内,如表 9.8 和表 9.9 所示。

表 9.8　水泥混凝土道面损坏状况调查记录表

单元编号		单元板块数量		日期		记录人	
损坏类型代码		①纵向、横向和斜向裂缝;②角隅断裂;③破碎板或交叉裂缝;④沉陷或错台;⑤胀裂;⑥嵌缝料损坏;⑦接缝破碎;⑧唧泥和板底脱空;⑨耐久性裂缝;⑩收缩裂缝;⑪坑洞;⑫起皮、龟裂和细微裂纹;⑬板角剥落;⑭小补丁;⑮大补丁和开挖补块						

续表

单元编号		单元板块数量		日期		记录人	
损坏程度		L—轻;M—中;H—重;N—不分等级					

行编号	列编号	损坏类型	损坏程度	损坏量		
				长度/m	面积/m²	数量

表 9.9　沥青道面损坏状况调查记录表

单元编号		单元面积/m²		日期		记录人	
损坏类型代码		①龟裂;②不规则裂缝;③纵向、横向裂缝;④反射裂缝;⑤滑移裂缝;⑥松散和老化;⑦泛油;⑧集料磨光;⑨沉陷;⑩隆起;⑪车辙;⑫搓板;⑬推挤;⑭喷气烧蚀;⑮油料腐蚀;⑯补丁和开挖补块					
损坏程度		L—轻;M—中;H—重;N—不分等级					

P 向距离	H 向距离	损坏类型	损坏程度	损坏量	
				长度/m	面积/m²

2. 道面裂缝类病害的调查方法

道面裂缝类病害调查范围包括水泥混凝土道面断裂类、接缝类破坏和沥青道面的裂缝类破坏。

(1)检测工具。

一般采用直尺、测绳、裂缝尺、裂缝测定器(千分表式或放大镜式)。

(2)检测方法与步骤。

①对于水泥混凝土道面的裂缝,实地量测其裂缝的长度,以长度计算。

②对于沥青道面和碎石道面的裂缝,凡成块(网)状者,则直接量测其面积;凡属单条的裂缝,则测其实际长度,均按其计算宽度 0.2 m 折算成面积。

③裂缝宽度应在裂缝最大处测定。

3. 道面变形类病害的调查方法

道面变形类病害调查是指对沥青道面的变形类病害的调查,分为传统的人工检测方法和道面自动检测方法。

(1)人工法检测工具。

①横断面尺:横断面尺为硬木或金属制直尺,刻度间距 5 cm,长度不小于 3 m。顶面平直,最大弯曲不超过 1 mm,两端有把手及高度为 10~20 cm 的支脚,两支脚的高度相同。

②量尺:钢板尺、卡尺、塞尺,量程大于变形深度,刻度精确至 1 mm。

③其他:皮尺、粉笔等。

(2)人工法检测方法与步骤。

①将横断面尺放于测定断面上,两端支脚置于测定车道两侧。

②沿横断面尺每隔 20 cm 一点,用量尺垂直立于道面上,用目平视测记横断面尺顶面与路面之间的距离,精确至 1 mm。如断面的最高处或最低处明显不在测定点上,应加测该点距离。

③记录测定读数,绘出断面图,最后连接成圆滑的横断面曲线。

④当不需要测定横断面,仅需要测定最大变形时,亦可用不带支脚的横断面尺架在道面上,由目测确定最大变形位置,并用皮尺量取。

(3)自动检测法检测工具。

激光或超声波车辙仪:包括多点激光或超声波车辙仪、线激光车辙仪和线扫描激光车辙仪等类型,通过激光测距技术或激光成像和数字图像分析技术得到道面横断面相对高程数据,并按规定模式计算变形深度。要求激光或超声波车辙仪有效测试宽度不小于 3.2 m,测点不少于 13 点,测试精确至 1 mm。

(4)自动检测法检测步骤。

①以一个评定区域为单位,用激光车辙仪连续检测时,测定断面间隔不大于 10 m,在特殊需要的段落,可予加密。

②将检测车辆就位于测定区间起点前。

③启动并设定检测系统参数。

④启动车辙和距离测试装置,开动测试车沿轮迹位置且平行于车道线平稳行驶,测试系统自动记录出每个横断面和距离数据。

⑤到达测定区间终点后,结束测定。

⑥系统处理软件按照规定的模式,通过各横断面相对高程数据计算变形深度。

4. 道面沉陷和错台的调查方法

(1)检测工具。

一般采用皮尺、水准仪、3 m 直尺、钢板尺、钢卷尺和粉笔。

(2)检测方法与步骤。

①沉陷或错台的测定位置,以道面单元沉陷或错台最大处纵断面为准,根据需要也可以其他代表性纵断面为测定位置。

②构造物端部由于沉降造成的接头沉陷或错台的测试步骤如下。

a.将精密水平仪架在距构造物不远的道面平顺处调平。

b.从构造物端部无沉降或鼓包的断面位置起,沿道面纵向用皮尺量取一定距离,作为测点,测量高程。如此重复,直至无明显沉降的断面为止。无特殊需要,从构造物端部的 2 m 内应每隔 0.2 m 量测一次,2~5 m 内宜每隔 0.5 m 量测一次,5 m 以上可每隔 1 m 量测一次,由此得出沉降纵断面及最大沉降量,即最大沉陷或错台高度 D_m,精确至 1 mm。

③测定由水泥混凝土道面或道面横向开裂造成的接缝错台、裂缝错台时,可按第②条的方法用水平仪测定接缝或裂缝两侧一定范围内的道面纵断面,确定最大错台位置及高度 D_m,精确至 1 mm。

④当发生错台变形的范围不足 3 m 时,可在错台最大位置沿道面纵向用 3 m 直尺架在路面上,其一端位于沉陷或错的高出一侧,另一端位于无明显沉降变形处,作为基准线。用钢板尺或钢卷尺每隔 0.2 m 量取道面与基准线之间高度 D,同时测记最大沉陷或错台高度 D_m,精确至 1 mm。

9.4 道面损坏状况评价方法

每个单元的道面可能出现各种不同类型、程度和范围的损坏。为了使各单元的损坏状况（或程度）可以进行定量比较，需要有一项综合评价指标，把这三方面的属性和影响综合起来。

本节着重介绍目前我国机场道面的损坏等级评定方法，即道面状况指数（PCI）和结构状况指数（structure condition index，简称 SCI）计算方法。

1. PCI 与 SCI 的定义

（1）PCI 的定义。

PCI 是反映道面破损状况的指标，它主要在对道面进行实地调查的基础上，分别按照水泥混凝土道面和沥青道面进行分析统计，计算出调查区域内道面破损的比例，最后按照式（9.1）和式（9.2）计算出 PCI 值。道面状况指数（PCI）的数值范围为 0～100。其值越大，路况越好。

$$\text{PCI} = c - \sum_{i=1}^{n} \sum_{j=1}^{m} \text{DP}_{ijk} \omega_{ij} \tag{9.1}$$

$$\text{PCI} = c - \left(\sum_{i=1}^{n} \sum_{j=1}^{m} \text{DP}_{ijk} \omega_{ij} \right) F(t, d) \tag{9.2}$$

式中：c 为初始评分数，百分制时一般用 $c=100$；i、j 分别为病害种类和严重程度；n、m 分别为病害种类总数和严重程度等级数；DP_{ijk} 为 i 种损坏、j 级程度和 k 范围的扣分值；ω_{ij} 为多种损坏类型和严重程度的权函数；$F(t, d)$ 为多种损坏的修正系数，是累计扣分数 t 和扣分次数 d 的函数。

（2）SCI 的定义。

SCI 是反映道面结构状况的指标。道面的结构性能必须满足机场运行飞机的荷载要求，当道面发生各种结构性损坏病害时，就需要单独对道面的结构状况进行分析，计算出调查区域内道面结构性损坏的比例，最后可参考式（9.1）和式（9.2）计算出 SCI 值。结构状况指数（SCI）的数值范围为 0～100。其值越大，路况越好。

2. 道面 PCI 与 SCI 计算方法

1）道面 PCI 计算方法

（1）针对水泥混凝土道面或者沥青道面，分别按照本章第 9.1 节和 9.2 节有关道面损坏的鉴别及计量标准，并参照表 9.8 和表 9.9 的格式记录道面各单元的损坏类型、损坏程度和损坏量。

（2）由式（9.3）和式（9.4）分别计算各单元中各种损坏类型的损坏密度。

①水泥混凝土道面（或上面层为水泥混凝土的复合道面）的损坏密度按照"板块比"计算。

$$D_{ij} = \frac{N_{ij}}{N} \times 100\% \tag{9.3}$$

式中：D_{ij} 为用于计算道面损坏折减值的损坏密度，%；N 为"单元"中的板块数量；N_{ij} 为"单元"中第 i 种损坏类型、第 j 类损坏程度所出现的板块数量。

②沥青道面（或上面层为沥青混凝土的复合道面）的损坏密度按照"面积比"计算。

$$D_{ij} = \frac{A_{ij}}{A} \times 100\% \tag{9.4}$$

式中：D_{ij} 为用于计算道面损坏折减值的损坏密度，％；A 为"单元"的总面积；A_{ij} 为"单元"中第 i 种损坏类型、第 j 类损坏程度的当量损坏总面积；对于以面积计量的损坏类型，为实际损坏面积；对于以长度计量的损坏类型，为实际损坏长度（以 m 计）乘以当量面积权重系数（一般取为 0.3）。

（3）根据损坏类型、损坏程度以及损坏密度，并按照《民用机场道面评价管理技术规范》（MH/T 5024—2019）附录 B.4 提供的损坏折减曲线分别确定各种损坏类型的损坏折减扣分值（DV_i），如图 9.8 所示。

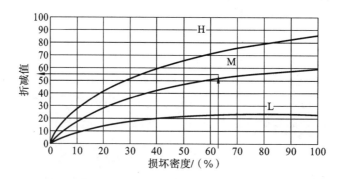

图 9.8　单项损坏类型损坏折减扣分值计算示例（纵向、横向和斜向裂缝）

注：H、M、L 为损坏程度，H 为重度，M 为中度，L 为轻度

（4）道面单元的损坏最大折减值 max(CDV) 按以下步骤计算。

①将道面单元中出现的所有损坏类型的折减扣分值由大到小排序，形成一维数组 $\{DV_i(i=1\sim n)\}$。

②如果 $\{DV_i(i=1\sim n)\}$ 中的 $DV_i>5$，损坏数量不大于 1，则：max(CDV)$=\Sigma DV_i$。

③否则，损坏最大折减值 max(CDV) 按照以下步骤计算。

a. 由式（9.5）确定可用于计算 max(CDV) 的损坏类型数量 m。

$$m=1+(9/95)\cdot(100-HDV) \tag{9.5}$$

式中：m 为可用于计算 max(CDV) 的损坏类型数量，保留两位小数；HDV 为 $\{DV_i(i=1\sim n)\}$ 中最大的折减扣分值。

b. 选取 $m'=m$ 整数部分+1，将 $\{DV_i(i=1\sim n)\}$ 中前 m' 个 DV 形成用于计算 max(CDV) 的一维数组 $\{DV_i(i=1\sim m')\}$，其中，最小的折减扣分值 $\overline{DV_{m'}}$ 由式（9.6）修正。

$$\overline{DV_{m'}}=m\ \text{的小数部分}\times DV_m \tag{9.6}$$

c. 根据《民用机场道面评价管理技术规范》（MH/T 5024—2019）附录 B 中道面 PCI 计算折减值综合修正曲线，按从小到大的顺序对 $\{DV_i(i=1\sim m')\}$ 中 $DV_i\geqslant 5$ 的折减扣分值进行逐项修正，直至 $\{DV_i(i=1\sim m')\}$ 中大于 5 的 DV 数量不大于 1。修正过程如下。

Ⅰ. 确定 $\{DV_i(i=1\sim m')\}$ 中 $DV_i>5$ 的折减扣分值数量 q。

Ⅱ. 根据 $\{DV_i(i=1\sim m')\}$ 计算扣分总和 max(CDV$_0$)$=DV_i$。

Ⅲ. 由折减扣分值数量 q 和 max(CDV$_0$)，根据 PCI 计算折减值综合修正曲线确定折减修正值 CDV$_i$，如图 9.9 所示。

Ⅳ. 将 $\{DV_i(i=1\sim m')\}$ 中被修正的 DV_i 取值为 5，重复步骤（a）～步骤（c）。

d. 由步骤（c）综合修正后得到 $\{DV_i(i=1\sim q)\}$，取 max(CDV)=max(CDV$_i$)。

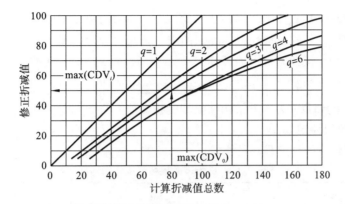

图 9.9 PCI 计算折减值修正示例($q=3$)

(5)道面"单元"的 PCI 按式(9.7)计算。

$$PCI = 100 - max(CDV)$$ (9.7)

式中:PCI 为道面状况指数;$max(CDV)$为损坏最大折减值。

(6)道面"区域"的 PCI 应在所辖"单元"PCI 的基础上,按式(9.8)计算。

$$PCI_s = (N - A) \times PCI_R / N + PCI_A / N$$ (9.8)

式中:PCI_s 为道面"区域"的 PCI;N 为样本单元总数;A 为附加样本数量;PCI_R 为随机样本单元的 PCI 平均值;PCI_A 为附加样本单元的 PCI 平均值。

(7)道面"部位"PCI 应在所辖"区域"PCI 的基础上,由式(9.9)按各"区域"面积大小进行加权平均。

$$PCI_B = \frac{\sum_{i=1}^{n}(PCI_{si} \cdot A_i)}{\sum_{i=1}^{n}(A_i)}$$ (9.9)

式中:PCI_B 为道面"部位"的 PCI;PCI_{si} 为所属各个道面"区域"的 PCI;A_i 为各"区域"的面积(m^2);n 为所辖"区域"的数量。

2)道面 SCI 计算方法

道面"单元"的 SCI 与道面结构性损坏类型有关,计算步骤如下。

(1)根据道面损坏的鉴别及计量标准,对表 9.10 中的结构性损坏类型记录相应的损坏程度和损坏量。

表 9.10 机场道面结构性损坏类型

道面结构	水泥混凝土道面或 上面层为水泥混凝土的复合道面	沥青道面或 上面层为沥青混凝土的复合道面
结构性损坏类型	①纵向、横向和斜向裂缝; ②角隅断裂; ③破碎板或交叉裂缝; ④沉陷或错台; ⑤胀裂; ⑥唧泥和板底脱空	①龟裂; ②不规则裂缝; ③纵向、横向裂缝; ④车辙

(2)按照式(9.3)和式(9.4)分别计算各种结构性损坏类型的损坏密度。

(3)按图9.7分别计算各种结构性损坏类型的损坏折减扣分值(DV_i)。

(4)道面"单元"的SCI按照式(9.10)计算。

$$SCI = 100 - \sum DV_i \tag{9.10}$$

式中：SCI为结构状况指数；DV_i为各类结构性损坏的折减值。

3. 道面损坏状况等级评定

应按表9.11的评价标准评定损坏等级。

表 9.11　机场道面损坏等级评定标准

道面损坏等级	优	良	中	次	差
PCI 范围	PCI≥85	70≤PCI<85	55≤PCI<70	40≤PCI<55	PCI<40

道面的结构损坏状况可采用结构状况指数(SCI)进行评定,结构损坏等级划分标准如下。

(1)SCI≥80：道面结构能够满足机场运行飞机的荷载要求。

(2)SCI<80：道面的结构性损坏严重,道面结构难以满足机场运行飞机的荷载要求。

4. 道面损坏状况分析

道面损坏状况分析的首要内容是根据PCI评定道面损坏等级。对于损坏等级为良或者良以下的"单元""区域"或"部位",应确定道面主导损坏类型,分析损坏成因。

(1)道面的主导损坏类型即为PCI计算中折减值最高或者PCI折减值次高但最为重要的损坏类型。

(2)针对主导损坏类型,应充分考虑机场的实际情况,依据技术人员的工程经验进行道面损坏的成因分析。

对水泥混凝土道面或上面层为水泥混凝土的复合道面,应就嵌缝料的失效情况进行分析。嵌缝料出现脆裂、挤出、明显老化、与板边脱离等情况,或者存在缝内长草、嵌缝料不足或缺失、接缝周边唧泥等现象时,应判定为失效。

水泥混凝土道面或上面层为水泥混凝土的复合道面出现严重的唧泥、错台(≥5 mm)等现象时,应进行板底脱空状况分析。必要时可实施板底脱空状况专项调查,通过现场测试确定道面的脱空程度与脱空范围,判断脱空产生的原因。

水泥混凝土道面或上面层为水泥混凝土的复合道面出现纵向、横向和斜向裂缝、角隅断裂、破碎板或交叉裂缝等断裂类损坏,且损坏程度为严重时,应按照《民用机场道面评价管理技术规范》(MH/T 5024—2019)7.4节的技术要求分析评价道面的结构承载能力。

沥青道面或上面层为沥青混凝土的复合道面出现松散和老化,或者裂缝边缘出现明显的剥落现象时,应对沥青混合料的水稳定性、抗剥落性能、老化程度等作进一步的分析与评价。

(1)沥青混合料的水稳定性评价采用标准马歇尔稳定度及浸水马歇尔稳定度(或真空饱水马歇尔稳定度)试验,或者劈裂及冻融劈裂试验。

①密级配沥青混凝土的标准马歇尔稳定度不小于8.0 kN,沥青玛蹄脂沥青混合料的标准马歇尔稳定度不小于5.5 kN;上述两种混合料的浸水马歇尔残留稳定度不小于80%。

②采用劈裂及冻融劈裂试验进行水稳定性评价时,评价指标为冻融劈裂试验强度比TSR,评价标

准见表9.12。

表 9.12 TSR 技术要求

气候特征	潮湿区、湿润区	半干区、干旱区
普通沥青混合料	≥75	≥70
改性沥青混合料	≥80	≥75
SMA 混合料	≥80	

(2)沥青混合料抗剥落性能评价采用肯塔堡飞散试验。满足抗剥落性能要求的标准为：普通沥青混合料的"飞散损失率"不大于 25%；改性沥青混合料的"飞散损失率"不大于 20%。

(3)沥青混合料面层的沥青老化程度评价,宜对现场钻取的芯样抽提沥青,进行沥青针入度、延度、软化点试验,并与混合料组成设计时的对应指标做对比。

沥青道面或上面层为沥青混凝土的复合道面轮迹覆盖区域出现车辙、泛油等现象时,应选用具有自湿装置的设备进行摩擦系数的测试,并按照《民用机场道面评价管理技术规范》(MH/T 5024—2019) 8.2节的技术要求分析评价道面的抗滑性能。

在逐步积累道面 PCI 数据的基础上,应对各道面区域的 PCI 衰变规律进行分析,建立相应的 PCI 历时曲线,及时计算 PCI 的变化速率,作为道面维护决策或维护措施实施效果评价的技术依据。

第 10 章　道面维护技术

机场道面的良好性能是飞机安全运行的基本条件。受飞机荷载的持续作用和环境温度、光照、雨(冰)雪等周期循环影响,机场道面的结构性能和功能性不断下降,必须采取适当的工程措施保证和维护道面的正常使用。道面剩余寿命预估是机场道面维护及改扩建决策的基础,针对道面结构性能、功能性提升要求,国内外大多数民航机场通常都在不停航施工条件下进行水泥道面、沥青道面及道面基层的维护工作。

10.1 机场道面维护特性

10.1.1 机场道面使用要求

为了保证机场道面的使用性能,必须确定道面的使用要求。维护能使道面连续满足使用要求。机场道面要求的功能如下。

1. 保护土基抵抗超载

作用在道面上的荷载以及道面自身的重量都是由道面下的土基承担的。道面结构的设计是让飞机荷载以某种方式分配并限制土基表面任何一点所承受的压力。土基能承受的压力随着土的类型不同而不同,并与密度和湿度相关。在大多数情况下,土基的湿度状况是至关重要的。

由于厚度不足、道面材料差、过湿、不充分压实或其他原因,道面结构就不能充分分配机轮荷载,土基可能承受较大的荷载而损坏。土的类型决定土基损坏的特性。无黏性的砂(如干净砂)会因剪切发生破坏,有黏性的黏土破坏使道面(塑性)变形。土基的任何损坏反映到道面表面将出现一种或多种损坏现象,导致道面无能力满足其他功能要求。

道面结构不能保护土基抵抗超载的原因有如下方面。

(1)道面结构厚度不能与作用荷载相适应,主要表现在道面板厚度偏薄。

(2)道面组成材料强度在使用过程中退化或没有达到设计要求(如原材料质量差)。

(3)道面结构任意层压实不够。

(4)道面结构任意层湿度过大。

(5)道面中的整体性基层破碎(如裂缝)、结合材料性能下降(如脱落)、石灰或水泥被冲刷。

2. 保护土基抵抗环境作用

当土的湿度越大时,土的强度越弱(承载能力越低)。相反,土基干燥或相对它碾压时的干燥可能使土基强度超过土基设计强度。如果道面设计时假定土基将保持相对干燥,道面必须对下面的结构层提供好的防水效果(特别是表面),尤其是要防止道面结构最下层的土基的湿度增大。

3. 表面松散颗粒的脱落

飞机发动机易受到从道面的空隙中脱落的松散颗粒(如集料、混凝土碎块、沥青碎块或其他松散颗粒)的损坏。外来物损坏是由高速滑行的飞机对道面的作用(对道面表面的喷出或吸入作用)产生或被吸入发动机造成潜在的危害,这样的破坏会造成飞机维修费用增大,或者是引起严重的飞行事故。许多军用飞机的胎压很高,易受到脱落的锋利的碎块破坏。对单个机轮的起落架,爆胎是非常危险的。因此,机场维护高效率(费用)与减少松散颗粒和锋利的碎块密切相关。

4. 舒适度

许多军用战斗机具有高胎压和在跑道上高速滑行的特点,道面的不平整会使飞机及设备发生冲击和振动,减少机身的寿命,甚至会造成仪器判读错误,或使飞行员(或乘客)感到不舒服。

修建初期,道面表面超过允许误差常常引起舒适性差,沉降、压实不够、混凝土板的损坏、填缝料的挤出、沉陷、车辙等会使道面表面的形状恶化。测量舒适度的方法主要有 3 m 直尺、连续式平整仪和颠簸累计仪等,采用的评价指标有:最大间隙 Δh(mm)、标准差 σ(mm)以及国际平整度指数 IRI(m/km)等。

5. 表面排水

当道面潮湿时,道面表面提供的阻力会减少。当道面表面被连续一层水膜(达到 1 mm 厚度以上)覆盖时,道面上的飞机可能会滑移或失去控制。在冷冻天气,会形成危险的冰块。另外,飞机通过水坑飞溅出的水雾会引起发动机熄火。

因此,道面表面必须有好的排水特性。主要是通过合适的平坦表面快速地将水排到道面边缘、排水格栅、排水槽或其他排水管道。然而,飞机要求道面表面相对平坦(如小于 2%),因而它们易受到结构损坏、车辙、沉降(或沉陷)的影响。在机场道面损坏部位上的重铺、补丁、部分修补、板的替换等要求比路面要高,要求更高压实度,防止飞机或服务车辆引起道面结构性沉降(或沉陷)。

6. 表面纹理和抗滑力

道面提供的抗滑力取决于道面表面的粗纹理(表面纹理深度)和细纹理,即表面材料中外露表面集料特性和处理方式。细纹理是由集料组成的岩石表面尺寸和特性决定的。粗纹理体现表面粗糙程度,是由表面材料颗粒间的形状、尺寸和间距决定的。粗纹理也包括任何增加表面粗糙度的措施,如水泥混凝土道面拉毛、刻槽等。

跑道要求用填砂法测定粗纹理深度,其要求在有关规范中有明确规定。民用机场道面表面材料使用的集料通常不要求是光滑的。民用机场跑道表面的摩擦要求在以下规范中有规定:①《民用机场水泥混凝土道面设计规范》(MH/T 5004—2010);②《民用机场飞行区技术标准》(MH 5001—2021)。

除与跑道摩擦要求一致的快速出口滑行道外,滑行道和停机坪的表面摩擦要求可以降低。主要考虑滑行道和停机坪上飞机滑行速度较低,道面表面摩擦性能对低速滑行的影响没有在跑道上高速滑行时危害大。当道面上存在燃油薄膜并处于潮湿状态时,机轮在其上滑行易产生滑动。

由于众多原因,跑道的抗滑性能会随时间衰退。主要原因是飞机机轮刹车引起磨损和磨光,以及橡胶污染物在道面上堆积。这两方面的效果直接取决于飞机交通量和类型。其他影响摩擦衰退速率的因素有当地的天气条件、道面类型(沥青或水泥混凝土)、结构中使用的材料、任何病害处理和维护条件。

结构的损坏如沉陷、松散、裂缝、接缝破坏、沉积或其他道面损坏影响跑道的摩擦损失。这些问题可采取适当的措施及时维修。污染物如橡胶沉积、灰尘、发动机燃油、油料溢出、水、雪、冰和泥都可引起跑道表面的摩擦损失。橡胶沉积主要发生在跑道的起降带(touch down zone,简称 TDZ),面积相当广。严重的则完全覆盖道面表面纹理,特别是在跑道潮湿时会导致飞机刹车能力丧失、方向失控。

7. 机场道面的耐久性和可靠性

由于维修而关闭机场道面则会造成巨大的经济损失,不仅花费材料和工时,也造成道面不能使飞机正常运行。道面的维修材料、结构和方法必须保证耐久和能抵抗诸如飞机运行的磨损和破坏、飞机喷气流、燃油和油料溢出、日常维护和各种天气条件的作用。

8. 机场道面标准

机场道面标准是道面设计、施工和维护的依据,对保证机场的运行起着重要作用。在机场道面维护过程中,所执行的技术指标要达到相应标准的技术要求。

10.1.2 机场道面各区域的特点

掌握机场道面各区域的使用要求,对决定什么时候进行维修和采取的维修方法具有重要意义,具体要求如下。

1. 跑道和滑行道

跑道和滑行道的使用要求包括以下方面:①相关的平整度要求,特别是在高速地带;②良好的摩擦特性,特别是在高速地带;③排水高效;④没有松散颗粒或潜在松散颗粒。

2. 停机坪和维修坪

停机坪和维修坪的使用要求:①没有积水;②没有损坏的板,没能对飞机维修人员产生危险的边缘错台和坑洞;③没有松散颗粒;④使用燃油阻隔膜(fuel resistant membrane,简称 FRM)或专门沥青混合料防止沥青道面表面被溢出燃油损坏;⑤溢出燃油和机油不能聚积,应立即从道面表面清理;⑥道面的类型满足特殊使用(如紧急转弯)和长期静荷载作用;⑦填缝料类型(对刚性道面)适宜;⑧由于道面的沉陷会增加飞机启动离开的难度,因此在柔性道面停放飞机机轮的位置的沉陷大小必须做出明确要求,不能有过大的沉陷。

3. 特殊服务坪

特殊服务坪(special purpose aprons,简称 SPAs)由起飞准备坪(operational readiness platforms,简称 ORPs)和武器装填坪(ordnance loading aprons,简称 OLAs)组成。停机坪和维修坪的要求可以用于SPAs。ORPs 通常靠近跑道,在这个位置上,发动机在运行时要求没有松散颗粒。

4. 飞机清洗坪

这类道面通常采用水泥混凝土构筑,以保证排水顺畅。需要适合的排水设施,从坪中流出的表面水通过机油/燃油拦截沟或池,防止污水流入天然水系和地下水。如果进入土基的水能够使土基恶化,清洗坪应具有防水条件(如所有板接缝和裂缝封闭)。所有的水必须从排水系统中流走,不允许自流出道面并在天然表面聚积,这样会浸泡和破坏道面。

5. 校罗坪和飞机掩体道面

校罗坪和飞机掩体道面要求与停机坪相同。另外一个要求是道面中所有的材料必须是低磁性的。铁装置(如排水栅)不能使用,集料在使用前必须检查其磁性。

6. 道肩

道肩的目的是减少飞机喷气流对道面侵蚀和外来物损坏的产生。道肩的设计应满足防止飞机喷气流侵蚀的要求,并有能力保证飞机偶然偏离跑道时的安全、突发事件的处理和维修车辆的通行。道肩应保证飞机偶然通过时的安全,并对飞机不造成损坏。在每次飞机通过道肩后,应对道肩进行检查或维修。

10.1.3　道面外来物损坏

1. 道面外来物的定义

广义上来说,道面外来物可以分为两大类:一是外来物碎片;二是外来物损坏。道面的损坏有可能产生碎片或碎块,这些碎片或碎块会对飞机的运行产生影响,严重者会造成机毁人亡。本书的道面外来物是指外来物损坏。

2. 外来物分类

按照对飞机的危害程度来分,外来物可分为高危外来物、中危外来物和低危外来物。

高危外来物包括金属零件和质量较大的外来物。对航空器极度危险,容易引起发动机和轮胎严重损伤。

中危外来物包括碎石块、报纸、包装箱等对飞行安全有一定影响的外来物。

低危外来物包括非金属零碎垃圾、纸屑、树叶等对飞行安全威胁较小的外来物。

3. 外来物损坏

道面存在外来物就有可能对飞机的运行带来损坏。对飞机造成的损坏主要体现在飞机机轮和发动机两个部位的损坏,也会对飞机的机身造成破坏。

飞机机轮损坏的过程基本是这样的:飞机在道面上扎上外来物可能导致轮胎被扎伤或者外来物夹在轮胎缝隙间被带到滑行道或者跑道甩出;这些外来物(可能加上跑道上的原有的外来物)被后续飞机压过造成轮胎扎坏或者夹在轮胎缝间带到其他机场,飞机落地后要么扎坏自身飞机的机轮,要么扎坏其他起降飞机的机轮。

外来物对飞机发动机的损坏是道面上的外来物被发动机吸入发动机内部,与发动机的部件碰撞后引起发动机的损坏,严重者造成发动机停止工作,飞机失去动力,影响飞行安全,造成机毁人亡。

外来物撞击到飞机的机身,会产生强大的冲击力。当冲击力超过机身的强度时,机身就会损坏。

根据飞机在道面上的运行状况,可按外来物的危害程度对道面进行分区。在跑道上由于飞机起飞和着陆的速度很大,外来物对飞机造成的损坏是最大的,其他区域外来物的影响相对较小。

10.2　道面基层养护维修技术

10.2.1　碾压混凝土基层

1. 概述

碾压混凝土(roller compacted concrete,简称 RRC)是一种单位用水量较少、坍落度为零的干硬性混凝土。碾压混凝土含水率低,通过振动碾压施工工艺达到高密度、高强度的效果。其干硬性的材料特点和碾压成型的施工工艺,使其具有节约水泥、收缩小、施工速度快、强度高、开放交通早等优势;与水泥稳定碎石、二灰碎石等常用半刚性基层材料相比,具有较高的强度、刚度、整体性、抗冲刷性和抗冻性能。但是,碾压混凝土本身可修复性差,道面平整度难以达标,故常用作基层。

碾压混凝土与普通混凝土所用材料基本组成相同,均为水、水泥、砂、碎(砾)石及外掺剂;不同之处是碾压混凝土为用水量很少的干硬性混凝土,比普通水泥混凝土节约水泥 10%～30%。碾压混凝土配合比组成设计是按正交试验法和简捷法设计,以"半出浆改进 VC 值"稠度指标和小梁抗折强度指标作为设计指标。VC 值指碾压混凝土拌和物在规定振动频率及振幅、规定表面压强下,振至表面泛浆所需的时间(以 s 计)。振动压实指标 VC 值是指按试验规程,在规定的振动台上将碾压混凝土振动达到合乎标准的时间。小梁抗折强度试件按 95％压实率计算试件质量,采用上振式振动成型机振动成型。

与普通水泥混凝土相比,由于碾压混凝土的单位用水量显著减少(只需 100 kg/m³ 左右),拌和物非常干硬,可用高密实度沥青摊铺机、振动压路机或轮胎压路机施工。

2. 强度形成机理

碾压混凝土是一种干硬性混凝土,其成型依赖于压实机械的碾压。碾压混凝土具有较大的砂率,水泥用量较少。其拌和物不具有流动性,呈松散状态,但是拌和物经过振动碾压密实、凝结硬化后具有混凝土的特点。其中的胶凝材料经过水化反应生成水化产物将集料胶结成整体,随着龄期的延长,强度不断增长。由于碾压混凝土中胶凝材料浆含量较少、拌和物黏聚性较差以及施工方法与稳定土相似,所以可以把碾压混凝土拌和物视为类似于稳定土的物质。

碾压混凝土是由固相、液相和气相组成的体系。拌和物的振动压实增密不同于常态混凝土,是依靠振动碾压压实的。拌和物在振动压路机施加的动压力作用下,固相体积一般不发生变化,但是固相颗粒位置得到重新排列。颗粒之间产生相对位移,彼此接近。小颗粒被挤压填充到大颗粒之间的空隙中,空隙里的空气受挤压而逐步逸出,拌和物逐步密实。另外,拌和物中的胶凝材料具有触变性,在振动情况下由凝胶变为"液化"的溶胶而具有有限的流动性,逐渐填充空隙,将空气"排挤"出去。因此,碾压混凝土拌和物的振动压实既具有混凝土的基本特点,也具有土料压实的某些施工特性。

3. 强度影响因素

硬化后的水泥混凝土在道面结构中,受到复杂的动态复合应力,因此,对硬化后的干硬性水泥混凝土材料要求具备各种力学强度(如抗压、抗拉、抗弯、抗冲击等)。但各种力学强度都与抗压强度有一定的相关性,为了确切反映其受力状况,对于道路路面或机场道面,通常以抗折强度(或抗弯拉强度)为主要强度指标,抗压强度作为参考强度指标。

(1)水灰比。

有关碾压混凝土路面材料的研究结果表明:碾压混凝土抗压强度、抗折强度在压实率一定时服从于阿布拉姆斯(D. A. AbLams)水灰比定则,即碾压混凝土抗压强度、抗折强度和其他性能完全由水灰比决定。

(2)压实率。

压实率是指混合料最大密实体积占理论密实体积的百分率。大量研究表明,水灰比和压实率是影响碾压混凝土强度的主要因素。碾压混凝土的压实程度对强度影响极大。通过对试验结果及经验式的分析可得以下结论。

①碾压混凝土抗压强度、抗折强度与压实率有极大的相关性,抗压强度及抗折强度均随压实率的降低而急剧下降;水灰比越大,压实率对抗压强度及抗折强度的影响越大。

②压实率每降低 1％,抗压强度相应下降 3.4 MPa,抗折强度相应下降 0.27 MPa。因此,在碾压混凝土基层施工中,加强碾压工序的质量控制,使混凝土具有足够的压实率,对于保证混凝土强度至关重要。

(3)龄期。

碾压混凝土和普通混凝土一样,其抗压强度及抗折强度与龄期有极大的相关性。其早期强度增长快,随着时间的延长,增长速度逐渐缓慢,最终强度趋于稳定。

无论碾压混凝土还是普通混凝土,抗折强度的增长速度要比抗压强度快得多,越是早期,增长速度越快。

(4)粉煤灰。

由于碾压混凝土的用水量较普通混凝土低得多,因此碾压混凝土的强度增长速度比普通混凝土快;不掺粉煤灰的混凝土强度增长速度比掺粉煤灰的快。在不掺粉煤灰的情况下,碾压混凝土 3 d 抗折强度可以达到 28 d 的 70% 以上,而普通混凝土才可以达到 40% 左右。

(5)养护。

碾压混凝土基层的早期养护非常重要,养护的好坏直接影响其强度的正常发展和能否提前开放交通。因此,在施工时要注意及时养护,并使路面在 7 d 以内保持湿润。

4. 材料要求

碾压混凝土基层的材料要求应符合《公路水泥混凝土路面施工技术细则》(JTG/T F30—2014)的规定。

(1)水泥。

①碾压混凝土用作基层时,可使用各种硅酸盐类水泥。不掺用粉煤灰时,宜使用强度等级 32.5 级以下的水泥。掺用粉煤灰时,只能使用道路水泥、硅酸盐水泥、普通水泥。水泥的抗压强度、抗折强度、安定性和凝结时间必须检验合格。

②采用机械化铺筑时,宜选用散装水泥。散装水泥的夏季出厂温度:南方宜不高于 65 ℃,北方宜不高于 55 ℃。混凝土搅拌时的水泥温度:南方宜不高于 60 ℃,北方宜不高于 50 ℃,且宜不低于 10 ℃。

③水泥进场时每批量应附有化学成分、物理及力学指标合格的检验证明。其化学成分、物理性能等路用品质应符合《公路水泥混凝土路面施工技术细则》(JTG/T F30—2014)的相关规定。

④选用水泥除满足上述规定外,还应通过碾压混凝土基层配合比试验,根据其配制的混凝土的弯拉强度、耐久性和工作性,优先选用适宜的水泥品种和强度等级。

(2)粗集料。

①粗集料应使用质地坚硬、耐久、洁净的碎石、碎卵石和卵石。碾压混凝土基层可使用Ⅲ级粗集料,其技术指标见表 10.1。

表 10.1 碎石、碎卵石和卵石技术指标

项目	技术要求	项目	技术要求
	Ⅲ级		Ⅲ级
碎石压碎指标/(%)	<25	岩石抗压强度/MPa	火成岩,不应小于 100;变质岩,不应小于 80;水成岩,不应小于 60
卵石压碎指标/(%)	<16		
坚固性(按质量损失计)/(%)	<12	表观密度/(kg/m³)	>2500
		松散堆积密度/(kg/m³)	>1350
针片状颗粒含量(按质量计)/(%)	<25	空隙率/(%)	<47

项目	技术要求	项目	技术要求
	Ⅲ级		Ⅲ级
含泥量(按质量计)/(%)	<1.5	碱集料反应	经碱集料反应试验后,试件无裂缝、酥裂、胶体外溢等现象,在规定试验龄期的膨胀率应小于0.10%
泥块含量(按质量计)/(%)	<0.5		
有机物含量(比色法)	合格		
硫化物及硫酸盐(按SO₃质量计)/(%)	<1.0		

②碾压混凝土粗集料最大公称粒径宜不大于26.5 mm。

(3)细集料。

细集料应采用质地坚硬、耐久、洁净的天然砂、机制砂或混合砂。碾压混凝土基层可采用Ⅲ级砂,其技术指标见表10.2。

表10.2 细集料技术指标

项目	技术要求	项目	技术要求
	Ⅲ级		Ⅲ级
机制砂单粒级最大压碎指标/(%)	<30	有机物含量(比色法)	合格
氯化物(氯离子质量计)/(%)	<0.06	硫化物及硫酸盐(按SO₃质量计)/(%)	<0.5
坚固性(按质量损失计)/(%)	<10	轻物质(按质量计)/(%)	<1.0
云母(按质量计)/(%)	<2.0	机制砂母岩抗压强度/MPa	火成岩,不应小于100;变质岩不应小于80;水成岩,不应小于60
天然砂、机制砂含泥量(按质量计)/(%)	<3.0	表观密度/(kg/m³)	>2500
天然砂、机制砂泥块含量(按质量计)/(%)	<2.0	松散堆积密度/(kg/m³)	1350
		空隙率/(%)	<47
机制砂 pH 值<1.4 或合格石粉含量(按质量计)/(%)	<7.0	碱集料反应	经碱集料反应试验后,由砂配制的试件无裂缝、酥裂、胶体外溢等现象,在规定试验龄期的膨胀率应小于0.10%
机制砂 pH 值≥1.4 或不合格石粉含量(按质量计)/(%)	<5.0		

在河砂资源紧缺的沿海地区,基层可使用淡化海砂;淡化海砂带入每立方米混凝土中的含盐量应不大于1.0 kg;淡化海砂中碎贝壳等甲壳类动物残留物含量应不大于1.0%;与河砂对比试验,淡化海砂应对砂浆磨光值、混凝土凝结时间、耐磨性、弯拉强度等无不利影响。

（4）粉煤灰。

①为节约水泥、改善和易性及提高耐久性，通常应掺加粉煤灰。

碾压混凝土基层应掺用符合表 10.3 规定的Ⅱ级或Ⅰ级以上粉煤灰，不得使用等外粉煤灰。

表 10.3　粉煤灰等级和质量指标

等级	细度ᵃ(45 μm 气流筛，筛余量)/(%)	烧失量/(%)	需水量比/(%)	含水率/(%)	Cl⁻/(%)	SO₃/(%)	混合砂浆活性指数ᵇ	
							7d	28d
Ⅰ	≤12	≤5	≤95	≤1.0	<0.02	≤3	≥75	≥85(75)
Ⅱ	≤20	≤8	≤105	≤1.0	<0.02	≤3	≥70	≥80(62)
Ⅲ	≤45	≤15	≤115	≤1.5	—	≤3	—	—

注：ᵃ45 μm 气流筛的筛余量换算为 80 μm 水泥筛的筛余量时，换算系数约为 2.4；ᵇ混合砂浆的活性指数为掺粉煤灰的砂浆与水泥砂浆的抗压强度比的百分数，适用于所配制混凝土强度等级不小于 C40 的混凝土；当配制的混凝土强度等级小于 C40 时，混合砂浆的活性指数要求应满足 28d 括号中的数值。

②粉煤灰宜采用散装灰，进货应有等级检验报告，应确切了解所用水泥中已经加入的掺合料种类和数量。

（5）水。

饮用水可直接作为混凝土搅拌和养护用水。对水质有疑问时，应检验下列指标，合格者方可使用。

①硫酸盐含量（按 SO_4^{2-} 计）小于 0.0027 mg/mm³。

②含盐量不得超过 0.005 mg/mm³。

③pH 值不得小于 4。

④不得含有油污、泥和其他有害杂质。

（6）外加剂。

为改善和易性及有保障足够的碾压时间，施工时可掺加缓凝型减水剂或缓凝引气型减水剂。有抗冻要求的碾压混凝土，原则上应采用引气剂。

所用外加剂的品质应符合现行国家标准《混凝土外加剂》（GB 8076—2008）规定的要求。外加剂的品种应经过混凝土试验优先选取。

5.混合料组成设计

（1）强度和压实标准。

碾压水泥混凝土配合比设计应同时满足设计强度要求和施工和易性要求。设计要求一般为：一是密实填充原则，即粗集料空隙最大限度填满砂浆，细集料空隙最大限度填满灰浆；二是保证施工作业的和易性。

《民用机场水泥混凝土道面设计规范》（MH/T 5004—2010）规定，当面层使用水泥混凝土修筑时，碾压混凝土基层应满足表 10.4 规定。

表 10.4　碾压混凝土技术指标表

层次	飞行区指标Ⅱ	技术要求
基层	E、F	7 d 浸水抗压强度不小于 15 MPa

（2）碾压混凝土配合比设计。

①设计原则。碾压混凝土的配合比应按照"能满足施工作业的和易性及路用性能要求"的原则进行设计，并力求经济合理；在冰冻地区还应符合抗冻要求。所采用的配合比，在机械施工条件下，应能满足工作性、强度及耐久性的要求。

②设计指标。碾压混凝土配合比设计的指标为稠度和强度。稠度指标以"50 g/cm² 压重，半出浆"的改进 VC 值为准。室内试验同时测定"马歇尔压实度"，但不作为混凝土配合比设计的稠度指标。混凝土配合比设计的强度指标是采用"96％压实率"的试件成型方法，以 10 cm×10 cm×40 cm 的小梁抗折强度为标准。

③配合比设计过程。在原材料品种及料源确定后，应在施工前足够的时间内取有代表性的样品进行混凝土配合比设计试验。配合比设计试验可采用正交试验法或简捷法。

a.正交试验法。

（a）不掺粉煤灰的碾压混凝土正交试验可选用水量、水泥用量、粗集料填充体积率 3 个因素；掺粉煤灰的碾压混凝土可选用水量、基准胶材总量、粉煤灰掺量、粗集料填充率 4 个因素。每个因素选定 3 个水平，选用 $L_9(3^4)$ 正交表安排试验方案。

（b）对正交试验结果进行直观及回归分析，回归分析的考察指标：VC 值及抗离析性、弯拉强度或抗压强度、抗冻性或耐磨性。根据直观分析结果并依据所建立的单位用水量及弯拉强度推定经验公式，综合考虑拌和物工作性，确定满足 28d 弯拉强度或抗压强度、抗冻性、耐磨性等设计要求的正交初步配合比。

b.简捷法。具体计算步骤按《公路水泥混凝土路面施工技术细则》(JTG/T F30—2014)中的规定计算。

（3）初步配合比的验证。

采用施工现场的设备和原材料进行混凝土试拌试验，验证采用初步配合比的混凝土的稠度、混合料均匀性及抗折强度，必要时可进行适当调整。

（4）施工配合比。

①根据现场粗细集料条件、天气及施工情况，确定施工配合比。

②确定施工配合比的原则：在理论配合比水泥用量不变的条件下，适当调整混凝土用水量，使现场摊铺机口混合料的稠度达到设计要求。

③根据调整后的施工配合比确定拌和机口的混凝土稠度控制指标。

6.碾压混凝土基层施工

由于碾压混凝土的单位用水量显著减少，拌和物非常干硬，可用高密实度沥青摊铺机、振动压路机或轮胎压路机施工。

（1）碾压混凝土拌和。

①拌和设备。碾压混凝土拌和物的含水率较低，稠度值较大，掺入添加剂后，需要有充分的拌和，各集料才能均匀掺和，添加剂才能充分发挥作用。

与常规混凝土相比，碾压混凝土拌和物的集料种类较多，因此拌和物设备必须有足够的料仓数目和进料通道，才能满足配料要求，最基本的拌和设备至少有 4 个料仓通道和 1 个液体通道，在掺入多种添加剂及粉煤灰后，还应根据需要另外增加通道数目。

水量的多少对于干硬性混凝土拌和物的力学性能和施工性能有重要影响,原材料的含水率受气候影响很大。含水率的变化直接影响拌和过程中的供水量和集料级配的准确性。因此,一般建议拌和设备装有含水率测定装置,能够连续测定集料中含水率的变化情况,以便调整供水量。

②基本要求。砂石料堆全部覆盖防雨,堆底严防浸水;必要时,还应对砂石料仓、粉煤灰料斗、外加剂溶液池等做防雨覆盖。在装载机料斗和料仓内的砂石料,不应有明显的湿度差别,严禁雨天拌和碾压混凝土。

拌和时,应精确检测砂石料的含水率,根据砂石料含水率变化,快速反馈并严格控制加水量和砂石料用量。除搅拌楼应配备砂(石)含水率自动反馈控制系统外,每台班至少应监测 3 次砂石料含水率。

碾压混凝土的最短拌和时间应比普通混凝土延长 15~20 s。

(2)运输。

①可选配车况优良、载重量 5~20 t 的自卸车。自卸车后挡板应关闭紧密,运输时不漏浆撒料,车厢板应平整光滑;运料车的料斗升降性能好,底盘高度和后马槽长度合适,保证与摊铺机的配合良好,同时还应考虑车辆马槽的覆盖可能性。

②应根据施工进度、运量、运距及路况,选配车型和车辆总数。总运力应比总拌和能力略有富余。

③混凝土拌和物运输时间应在 30 min 以内,以保证混凝土在拌和完成后 2 h 之内压实完毕。如不能在 30 min 内到达时,需采取加大缓凝剂剂量等措施。

④减少混合料在装卸过程中产生的离析,在运料车选型上应注意底盘高度与拌和机卸料口的匹配。

⑤碾压混凝土卸料时,车辆应在前一辆车离开后立即倒向摊铺机,并在机前 10~30 cm 处停住,不得撞击摊铺机;然后换成空挡,并迅速升起料斗卸料,靠摊铺机推动前进。

(3)摊铺。

由于碾压混凝土属于特干硬性混凝土,应尽可能采用全幅全厚的摊铺方法,避免分层摊铺时层间结合因素的不良影响。碾压混凝土基层应采用具有工作性能良好的均衡供料系统和自动找平系统并带强力熨平板的沥青摊铺机。

①摊铺前须在边部安装牢固的钢侧模,清扫底基层,并同时洒水湿润。

②摊铺作业应均匀、连续,摊铺过程中不得随意变换速度或停顿。

③螺旋分料器转速应与摊铺速度相适应,保证两边缘料位充足。

④摊铺过后,应立即对所摊铺混凝土表面进行检查,局部缺料部位应及时补料。局部粗料集中的部位,应采用湿筛砂浆进行弥补。

(4)碾压。

利用碾压作用使混凝土密实成型是碾压混凝土基层的重要标志,为了保证碾压混凝土强度和表面特性等质量,一般使用振动压路机、轮胎压路机或组合压路机进行碾压。

碾压混凝土摊铺后,应立即进行碾压作业,如果出现混凝土很快变干的情况,应采取一些必要的措施来补充混凝土的水分。碾压混凝土基层的压实分为初压、复压、终压三个阶段进行。

初压应采用钢轮压路机或振动压路机静压,静压重叠量宜为 1/3~1/4 钢轮宽度,初压遍数宜为 2 遍。初压作用在于使摊铺好的混凝土获得初步稳定,减少复压过程中的推挤。因此,初压使用的压路机不宜太重,一般不超过 10 t。

复压应采用振动压路机振动碾压,重叠量宜为 1/3~1/2 振动碾宽度。振动压路机起步、倒车和转向均应缓慢,严禁振动压路机中途急停、急拐、紧急起步及快速倒车。复压遍数按检测达到规定压实度进行控制,一般宜为2~6遍。

终压应采用轮胎压路机静压。终压遍数应以弥合表面微裂纹和消除轮迹为停压标准,一般宜为2~8遍。

初压、复压和终压作业应密切衔接配合、一气呵成;中间不应停顿、等候和拖延,也不得相互干扰。宜尽量缩短全部碾压作业完成时间。如有局部晒干和风干迹象,应及时喷雾。压实后表面应及时覆盖,并洒水养护。

(5)养护。

养护是混凝土强度形成所必需的工序。碾压结束后立即开始养护,尤其对超干硬的碾压混凝土,由于本身水分少,如果不能及时保存和补充水分、很好地进行养护,将会造成水分损失,严重影响碾压混凝土的强度发展。因此,必须充分补充水分,以保证水化作用足以把孔隙率降低到能够获得所要求的强度和耐久性。

根据施工地点的具体情况选择一种保水性能较好的材料(如麻袋、草帘、土工布等),预先洒水湿养。

压实后的基层必须及时覆盖保湿膜养护,以防水分蒸发;养护期间应保持湿润,养护时间不小于7 d。碾压混凝土早期强度发展快,非常适合机场道面不停航施工。

10.2.2　贫混凝土基层

1. 概述

贫混凝土是由粗、细集料与一定的水泥和水配制而成的一种材料,其强度大大高于二灰稳定粒料、水泥稳定碎石等半刚性基层材料。贫混凝土具有较高的强度和刚度,水稳性好,抗冲刷能力强。贫混凝土由于胶结料含量少,空隙率一般较大,有利于界面水的排放。贫混凝土能缓和土基的不均匀变形,可消除对道面的不利影响。另外,贫混凝土还可以利用地方小泥窑生产的水泥,也可使用低标准的当地集料。

贫混凝土是用较少量水泥的混凝土,一般每立方米混凝土为100~200 kg,因而又称为"经济混凝土"。从结构组成特征看,贫混凝土基层可分为密实贫混凝土(有湿贫和干贫之分)和多孔贫混凝土。密实湿贫混凝土即塑性贫混凝土;密实干贫混凝土采用振动碾压工艺成型,即碾压式贫混凝土;多孔贫混凝土指无砂或少砂透水贫混凝土。

贫混凝土基层属刚性基层,在原材料选择、配合比设计和施工技术要求等方面,均与半刚性基层的差异较大,而更接近于水泥混凝土,原则上可沿用水泥混凝土现有的原材料检验、配合比设计、施工设备、铺筑技术及所有的试验检测方法和手段。因此,设计和施工时可参考现行《公路水泥混凝土路面设计规范》(JTG D40—2011)和《公路水泥混凝土路面施工技术细则》(JTG/T F30—2014)。

2. 材料要求

(1)水泥。

贫混凝土用作基层时,可使用各种硅酸盐类水泥。不掺用粉煤灰时,宜使用强度等级32.5级以下的水泥。掺用粉煤灰时,只能使用道路水泥、硅酸盐水泥、普通水泥。水泥的抗压强度、抗折强度、安定性和凝结时间必须检验合格。

(2)粉煤灰。

贫混凝土基层应掺用符合表10.5规定的Ⅱ级或Ⅰ级以上粉煤灰。对于Ⅰ级粉煤灰,应经过试验,满足贫混凝土基层各项技术要求后,方可使用,不得使用等外粉煤灰和高钙粉煤灰。

各级粉煤灰的贫混凝土中取代水泥的粉煤灰最大限量宜控制在 40% 以内。贫混凝土配合比设计宜使用超量取代法,各级粉煤灰的超量系数可按表 10.5 选用。

表 10.5 各级粉煤灰的超量系数

粉煤灰等级	Ⅰ	Ⅱ	Ⅲ
超量系数	1.1~1.4	1.3~1.7	1.5~2.0

注:a. 基层宜取偏高限;b. 基层有抗冻(盐)性要求,宜取偏低限。

(3)粗集料。

①贫混凝土基层可使用Ⅱ级粗集料,其技术指标见表 10.6。

②贫混凝土基层粗集料最大公称粒径宜不大于 31.5 mm。

表 10.6 粗集料技术指标

项目	技术要求		
	Ⅰ级	Ⅱ级	Ⅲ级
碎石压碎指标/(%)	<10	<15	<20
卵石压碎指标/(%)	<12	<14	<16
坚固性(按质量损失计)/(%)	<5	<8	<12
针片状颗粒含量(按质量计)/(%)	<5	<15	<20
含泥量(按质量计)/(%)	<0.5	<1.0	<1.5
泥块含量(按质量计)/(%)	<0	<0.2	<0.5
有机物含量(比色法)	合格	合格	合格
硫化物及硫酸盐(按 SO_3 质量计)/(%)	<0.5	<1.0	<1.0
岩石抗压强度	火成岩不应小于 100 MPa;变质岩不应小于 80 MPa;水成岩不应小于 60 MPa		
表观密度	>2500 kg/m³		
松散堆积密度	>1350 kg/m³		
空隙率	<47%		
碱集料反应	经碱集料反应试验后,试件无裂缝、酥裂、胶体外溢等现象,在规定试验龄期的膨胀率应小于 0.10%		

(4)细集料。

贫混凝土基层可采用Ⅲ级砂,其技术指标见表 10.7。

表 10.7　细集料技术指标

项目	技术要求		
	Ⅰ级	Ⅱ级	Ⅲ级
机制砂单粒级最大压碎指标/(%)	<20	<25	<30
氯化物(氯离子质量计)/(%)	<0.01	<0.02	<0.06
坚固性(按质量损失计)/(%)	<6	<8	<10
云母(按质量计)/(%)	<1.0	<2.0	<2.0
天然砂、机制砂含泥量(按质量计)/(%)	<1.0	<2.0	<3.0
天然砂、机制砂泥块含量(按质量计)/(%)	0	<1.0	<2.0
机制砂 MB 值<1.4 或合格石粉含量(按质量计)/(%)	<3.0	<5.0	<7.0
机制砂 MB 值<1.4 或不合格石粉含量(按质量计)/(%)	<1.0	<3.0	<5.0
有机物含量(比色法)	合格	合格	合格
硫化物及硫酸盐(按 SO_3 质量计)/(%)	<0.5	<0.5	<0.5
轻物质(按质量计)/(%)	<1.0	<1.0	<1.0
机制砂母岩抗压强度	火成岩不应小于 100 MPa;变质岩不应小于 80 MPa;水成岩不应小于 60 MPa		
表观密度	>2500 kg/m³		
松散堆积密度	>1350 kg/m³		
空隙率	<47%		
碱集料反应	经碱集料反应试验后,试件无裂缝、酥裂、胶体外溢等现象,在规定试验龄期的膨胀率应小于0.10%		

(5)水。

饮用水可直接作为混凝土搅拌和养护用水。对水质有疑问时,应检验下列指标,合格者方可使用。

①硫酸盐含量(按 SO_4^{2-} 计)小于 0.0027 mg/mm³。

②含盐量不得超过 0.005 mg/mm³。

③pH 值不得小于 4。

④不得含有油污、泥和其他有害杂质。

对拌和水是否适合配制贫混凝土有争议时,必须用这种水和饮用水同时配制混凝土,进行强度等指标对比试验,以验证其适用性。

海水和严重污染的河水、湖水不得作为贫混凝土拌和用水。

(6)外加剂。

贫混凝土所用的外加剂主要有减水剂、引气剂以及调整新拌混凝土施工性能的外加剂。外加剂的产品质量应符合《公路水泥混凝土路面施工技术细则》(JTG/T F30—2014)中的各项技术指标。供应商应提供有相应资质的外加剂检测机构的品质检测报告,检测报告应说明外加剂的主要化学成分,认定对人员无毒、无副作用。

　　引气剂应选用表面张力降低值大、水泥稀浆中起泡容量多而细密、泡沫稳定时间长、不溶残渣少的产品。有抗冰(盐)冻要求地区,贫混凝土基层必须使用引气剂。

　　3. 贫混凝土基层配合比

　　(1)贫混凝土基层配合比设计要求。

　　贫混凝土基层配合比设计应符合下列三项技术要求。

　　①强度。

　　贫混凝土基层的设计强度标准值应符合表10.8的规定。

表 10.8　贫混凝土基层的设计强度标准值　　　　　(单位: MPa)

交通等级	特重	重	中等	使用场合
7 d 抗压强度(≥)	10.0	7.0	5.0	施工及质量检验
28 d 抗压强度(≥)	15.0	10.0	7.0	配合比设计
28 d 弯拉强度(≥)	3.0	2.0	1.5	路面结构设计

　　注:a.均为混凝土标准试件、成型和养护条件下的强度;28 d标准立方体或岩芯抗压强度也可用作质量检验验收;b.当贫混凝土基层28 d平均弯拉强度不超过1.8 MPa时,可不切缩缝;超过时,必须切纵、横向缩缝,并灌封。

　　②工作性。

　　贫混凝土的坍落度及最大单位用水量宜满足表10.9的要求。贫混凝土基层中宜掺用粉煤灰,以保证工作性、平整度、外观及长期强度。

表 10.9　不同路面施工方式贫混凝土坍落度及最大单位用水量

摊铺方式	轨道摊铺机摊铺		三辊轴机组摊铺		小型机具摊铺	
出机坍落度/mm	40~60		30~50		10~40	
摊铺坍落度/mm	20~40		10~30		0~20	
最大单位用水量/(kg/m³)	碎石	卵石	碎石	卵石	碎石	卵石
	156	153	153	148	150	145

　　注:a.表中的最大单位用水量系采用中砂、粗细集料为风干状态的取值,采用细砂时,应使用减水率较大的(高效)减水剂;b.使用碎卵石时,最大单位用水量可取碎石与卵石中值。

　　③耐久性。

　　a.满足耐久性要求的贫混凝土基层最大水灰比及最大单位用水量宜满足表10.10的要求。

表 10.10　贫混凝土基层最大水灰比及最大单位用水量

交通等级	特重	重	中等	最大单位用水量/(kg/m³)
最大水灰比	0.65	0.68	0.70	180
抗冻最大水灰比	0.60	0.63	0.65	170

　　b.在基层受冻地区,基层贫混凝土中应掺引气剂,并控制贫混凝土含气量为4%±1%。当对贫混凝土基层抗冲刷性及抗冻耐久性所规定的最大水灰比或最大单位用水量不能满足时,宜使用引气型减水剂。当高温摊铺坍落度损失较大时,可使用引气缓凝剂、减水剂、引气保塑型减水剂。

（2）贫混凝土基层配合比计算。

①配制抗压强度。贫混凝土配制抗压强度,应按式(10.1)计算。

$$f_{cu,0} \geqslant f_{cu,k} + t\sigma \tag{10.1}$$

式中:$f_{cu,0}$为贫混凝土配制 28 d 抗压强度,MPa;$f_{cu,k}$为立方体 28 d 设计抗压强度标准值,MPa,按表10.8交通等级取值;t为抗压强度保证率系数;σ为抗压强度标准差,按不小于 6 组统计资料取值,无统计资料或试件组数小于 6 组时,可取 1.5 MPa。

②水灰比。贫混凝土水灰比应按式(10.2)计算。

$$\frac{W}{C} = \frac{Af_{ce}}{f_{cu,0} + ABf_{ce}} \tag{10.2}$$

式中:W为水用量,根据外加剂的减水量以及实际试验所得;C为水泥用量,根据水灰比确定水泥用量;f_{ce}为水泥实测 28 d 抗压强度,MPa,无实测值时,按式(10.3)计算;A,B为回归系数,采用水泥新标准时,碎石及碎卵石 $A=0.46,B=0.07$,卵石 $A=0.48,B=0.33$。

$$f_{ce} = \gamma f_{ce,k} \tag{10.3}$$

式中:$f_{ce,k}$为水泥抗压强度等级,MPa;γ为水泥抗压强度富余系数,可按统计资料取值,无统计资料时,可在 1.08~1.13 范围内取值。

由式(10.2)计算出的水灰比,应与满足耐久性要求的水灰比相比较,两者中取小值。

③单位水泥用量。贫混凝土基层水泥用量可按式(10.4)计算。

$$C_p = 0.5\zeta C_0 \tag{10.4}$$

式中:C_p为贫混凝土的单位水泥用量,kg/m³;ζ为工作性及平整度放大系数,可取 1.1~1.3;C_0为路面混凝土单位水泥用量,kg/m³。

掺用粉煤灰时,单位胶材总量可按式(10.5)计算。

$$J_z = 0.5C_0(1 + F_p k) \tag{10.5}$$

式中:J_z为单位胶材总量,kg/m³;F_p为代替水泥的粉煤灰掺量,可取 0.15~0.30;k为粉煤灰超量取代系数,可按表 10.5 取值。

不掺粉煤灰贫混凝土的单位水泥用量宜控制为 160~230 kg/m³;在基层受冻地区最小单位水泥用量宜不低于 180 kg/m³。掺粉煤灰时,单位水泥用量宜为 130~175 kg/m³;单位胶材总量宜为 220~270 kg/m³;基层受冻地区最小单位水泥用量宜不低于 150 kg/m³。

④单位用水量。根据水灰比和单位水泥用量,计算单位用水量。单位用水量也可经过试拌或试铺试验确定,但应同时满足耐久性规定的最大单位用水量及最大水灰比。

⑤砂率。贫混凝土基层的砂率缺乏资料时,可按砂的细度模数由表10.11初步选取,再由基层表面无缺陷试铺最终确定。

表 10.11　基层贫混凝土的砂率

砂细度模数		2.2~2.5	2.5~2.8	2.8~3.1	3.1~3.4	3.4~3.7
砂率 S/(%)	碎石混凝土	24~28	26~30	28~32	30~34	32~36
	卵石混凝土	22~26	24~28	26~30	28~32	30~34

注:碎卵石可在碎石和卵石混凝土之间内插取值。

⑥砂、石料用量。基层贫混凝土的砂、石材用量可用密度法和体积法计算。在采用体积法计算时，应计入含气量。

（3）配合比确定与调整。

实验室配合比和施工期间的配合比应按《公路水泥混凝土路面施工技术细则》(JTG/T F30—2014)中的规定进行确定和调整。

①实验室配合比确定和调整。实验室的基准配合比应通过搅拌站实际拌和检验和不小于200 m试验路段的验证，并应根据料场砂石料含水率、拌和物实测视密度、含气量、坍落度及其损失，调整单位用水量、砂率或外加剂掺量。调整时，水灰比、单位用水量不得减小。考虑施工中原材料含泥量、泥块含量、含水率变化和施工变异性等因素，单位水泥用量应适当增加 5～10 kg。满足试拌试铺的工作性和28 d(至少 7 d)配制弯拉强度、抗压强度、耐久性等要求的配合比，最终确定为施工配合比。

②施工期间配合比的微调与控制。

a. 根据施工季节、气温和运距等的变化，可微调缓凝(高效)减水剂、引气剂或保塑剂的掺量，保持摊铺现场的坍落度始终适宜于铺筑，且波动最小。

b. 降雨后，应根据每天不同时间的气温及砂石料实际含水率变化，微调加水量，同时微调砂石料称量，其他配合比参数不得变更，维持施工配合比基本不变。雨天或砂石料变化时应加强控制，保持现场拌和物工作性始终适宜摊铺和稳定。

4. 贫混凝土基层施工

贫混凝土基层宜采用与面板相同机械铺筑；可采用普通混凝土面层滑模摊铺、轨道摊铺机摊铺、三辊轴机组摊铺和小型机具摊铺 4 种施工方式中的任意一种。采用哪种施工机械与工艺，其铺筑技术要求应符合《公路水泥混凝土路面施工技术细则》(JTG/T F30—2014)中的相应规定，除此之外，还应符合下列规定。

（1）设接缝。贫混凝土基层应锯切与面板接缝位置和尺寸相对齐的纵、横向接缝，切缝深度宜不小于 1/4 板厚，最浅宜不小于 50 mm，并使用沥青灌缝。基层设封层时，混凝土面板的横向缩缝在行车前进方向可前错 300～500 mm。

（2）贫混凝土基层纵、横向缩缝中可不设拉杆和传力杆，胀缝中应设传力杆和胀缝板，胀缝位置应与面层胀缝对齐，板顶宜与贫混凝土基层表面齐平，传力杆、胀缝板设置精确度应符合施工规范的规定。

（3）一块贫混凝土板上纵、横向断板缝仅为 1 条，可不挖除重铺，宜粘贴宽度 1 m 左右的油毡等做防裂处理；但当一块板上的断板缝多于 2 条或分叉，则应挖除重铺。

10.3　水泥道面维护技术

水泥混凝土道面常出现的故障有板块断裂，板边、板角断裂破损，表面剥落，表面网状裂纹和干缩裂缝，板块松动或脱空，接缝错台，道面拱起，道肩冻胀抬高，表面纹理损失，接缝材料损坏等病害。本节主要介绍其病害形成原因及维修技术。

1. 板块断裂

板块断裂是指贯通整个板厚的纵向或横向，而且位于板块部分的裂缝。产生板块断裂的原因有以下几点。

(1)道面施工时,切缝深度不够或混凝土本身强度不均匀,使薄弱处不在切缝部位。当冬季道面正常收缩时,被拉裂。

(2)基础局部出现不均匀下沉,形成板块局部底面与基础脱空。当机轮荷载施加在该处板面后,由于荷载产生的弯曲变形大于混凝土的允许变形,所以引起板块断裂。

(3)基础进水后,存留在基础与面层夹缝中的水冬季结冰膨胀,且板块四周又受传力杆、拉筋或企口缝的约束,板块受冻膨胀、顶起断裂。

(4)道面板的实际厚度小于设计厚度、地基反应模量假定不合理或者道面板在使用期限内超负荷、超频率使用,也可能引起断板。

(5)道肩板在夏季膨胀伸长时,胀缝间距过长引起道面拱起断裂。

道面板断裂后,如果基础下沉,首先要用打孔压浆法处理基础,然后对面层断裂进行修补。修补方法有以下三种。

(1)缝宽小于 3 mm、没有错台和评定等级为轻度的裂缝,宜采用较好的聚氨酯胶泥进行封灌,以防雨雪水和砂土杂物进入缝内。固化后的灌缝材料,应与裂缝黏结牢固并尽可能与混凝土颜色基本一样,其灌缝方法如下。

①用切缝机将裂缝切成宽 8～10 mm、深 30～35 mm 的沟槽。

②用高压水或其他方法将缝内杂物吹净、晒干。

③用塑料泡沫条压入槽底用以堵漏,裂缝很窄时可不用塑料泡沫条。

④将灌缝材料按配合比搅拌均匀,然后用灌缝机或三角长漏斗灌入,灌入后用螺丝刀往返搅和均匀、密实。

(2)对于缝宽大于 3 mm、小于 5 mm 的裂缝,可沿裂缝两侧各切 20 cm 宽、深度是板厚 1/3 的槽(但最小厚度不能小于 10 cm),清除槽内碎块和杂物,按如下方法修补。

①沿裂缝方向,每隔 50 cm 用钻孔的办法固定扒钉。

②沿槽的纵、横方向铺间距为 20 cm×20 cm、直径为 10～18 mm 的钢筋网。

③在槽的底部和四周刷新老混凝土黏结剂 1 遍。

④用高强度等级的混凝土或速凝混凝土按配合比制成混合料填入槽内。按道面施工的一般程序进行振捣、提浆、做面、拉毛和养护。当混凝土强度达到 100 MPa 以上后,沿新老混凝土接槎处切缝,并用聚氨酯密封胶灌缝。

(3)对混凝土道面裂缝宽度大于 5 mm,或一侧断板内还有其他病害(如角隅断裂、板边板角严重破损)而另一侧尚有保留价值的,可做全厚度板块修补。全厚度板块修补用的混凝土应具早强、微膨胀、与旧道面黏结好、抗渗和抗冻等性能。一般都是通过掺加外加剂的办法提高混凝土的早期强度,以满足机场道面各部位在不停航条件下的修补要求。

全厚度补块可采用集料嵌锁平缝连接法、刨挖垫板连接法和拉杆连接法进行修补。

①集料嵌锁平缝连接法。此法适用于无错台裂缝,施工方法如下。

a.将修补的混凝土道面平行于横向缩缝画线,沿画线用切割机进行全深度切割。在全深度补块的外侧 4 cm 位置锯 5 cm 深的缝,然后用小钢钎将粗集料周围的砂浆剔掉,露出 1/3 左右粒径,切割面凿毛。

b.基层需要处理时,挖掉软土地基后换填贫混凝土。贫混凝土也要早强,与修补的道面混凝土同步。水灰比要尽量小，以平板振捣器能振密实为准。修补的基层面要平整，比道面底层低 2 cm，用砂或石屑做找平隔层。

c. 根据修补道面的部位和允许停航时间选用外加剂。采用 4 h 强度达 C20 的混凝土，从拌和到振捣成型时间应不大于 90 min。水灰比要小，一般应小于 0.40。

d. 浇筑后，宜采用养护剂或塑料薄膜养护，也可采用湿麻袋洒水养护。

e. 混凝土养护达到强度后，即可开放使用。

②刨挖垫板连接法。此法适用于错台断板裂缝的修补。修补后，不仅防止错台，还能起到良好的传荷作用。其他步骤同"集料嵌锁平缝连接法"，只是将保留板修补连接处的板底基层挖掉，并修理整齐。注意一定要将保留板底下的垫板混凝土填满，用插入式振捣器振实。

③拉杆连接法。此法也适用于错台断板裂缝的修补。修补后如图 10.1 所示。具体方法如下。

a. 破损道面破除、修补块混凝土施工、养护与"集料嵌锁平缝连接法"相同。

b. 在保留板上用金刚石钻或其他手电钻以 50 cm 的孔距钻孔，孔要与板面平直，偏差不大于 5°。

c. 将孔内灰尘清理干净，填满环氧树脂砂浆后插入拉杆（拉杆宜采用直径 18～20 mm 的螺纹钢），使拉杆牢牢地固定在保留板中，然后浇筑修补混凝土。

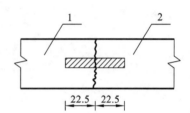

图 10.1　拉杆连接法（单位：cm）

注：1 位保留板；2 位修补版

以上三种形式的混凝土修补板块与保留板之间暂不切缝，待以后万一出现收缩裂缝时再切缝、灌缝。

全厚度板块修补，如图 10.2 和图 10.3 所示。补块边长宜不小于 60 cm，将修补范围从病害影响区域向外延伸 5～10 cm 画线，修补区域取为规则的矩形，且长宽比小于 2：1（对于长宽比大于 2：1 的细长条补块，按照长宽比 2：1 进行分块修补，相邻补块间设置拉杆，或一次浇捣后按照长宽比 2：1 的要求切割补块，切缝处应灌缝）；使用切缝机沿画线边界切割，最小深度不得小于 10 cm；用破碎机由中央向四周方向将画线区域破碎，注意保护补块边角位置；当补块面积较大（一般长边大于 2 m，短边大于 1 m）时，补块与原道面之间增设拉杆；接缝方向的长度大于 2 m 时，接缝处恢复原有的传力杆；用高压水枪清洗，并用高压空气清洁修补坑槽，确保坑槽内无杂物、灰尘；按照水泥混凝土道面的施工方法进行浇筑、整平、做面、拉毛及养护等环节。

2. 板边、板角断裂破损

板边断裂是指离板缝 50 cm 范围内的接缝处断裂，板角断裂是指板角隅到斜向裂缝两端的距离小于 1.8 m 的角隅断裂。产生板边和板角断裂的原因与前述板块断裂相同，但不同之处是在相同荷载作用下，板边、板角被板中破坏的可能性要多一些。水泥混凝土道面板块大都是长方形或正方形的，纵横缝夹角均为 90°，但转弯部分的许多板角是锐角，当机轮荷载经过该处时，本身易压坏。另外，以前在设计道面厚度时，常以板中心受荷为准，未考虑板边受力的特性。

板边、板角破碎与板边、板角断裂的区别是板边板角破碎有碎块产生。其形成原因有以下方面。

(1)接缝处夹有石子或其他外来物，在夏季温度应力作用下，挤碎板边和板角。

(2)断裂后的板边、板角没有及时修补，以致多次碾压形成碎块。

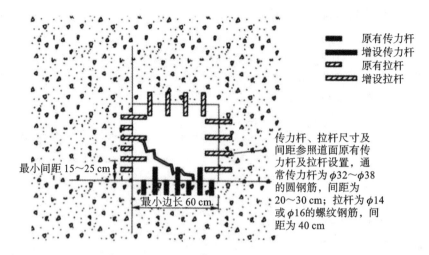

传力杆、拉杆尺寸及间距参照道面原有传力杆及拉杆设置，通常传力杆为$\phi32\sim\phi38$的圆钢筋，间距为$20\sim30$ cm；拉杆为$\phi14$或$\phi16$的螺纹钢筋，间距为40 cm

最小间距 $15\sim25$ cm

最小边长 60 cm

图 10.2　水泥混凝土道面全厚度板块修补(平面)

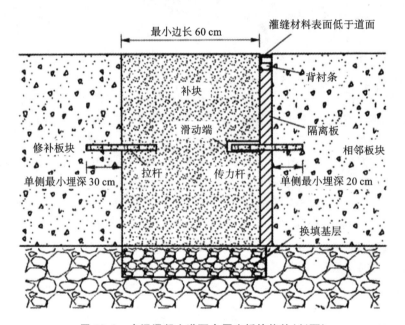

最小边长 60 cm

灌缝材料表面低于道面

补块

背衬条

滑动端

隔离板

修补板块

相邻板块

拉杆　传力杆

单侧最小埋深 30 cm　单侧最小埋深 20 cm

换填基层

图 10.3　水泥混凝土道面全厚度板块修补(剖面)

(3)灌缝不及时,水从该处进入断缝中,产生碱集料反应。

(4)企口断裂或传力杆断裂,造成板块在接缝处形成应力集中而被压碎。

不论是板边、板角断裂,还是板边、板角破碎,其修补方法要根据破损程度而定。

(1)对于板边破损宽度小于 20 cm、板角两直角边之和小于 60 cm、破损深度小于板厚 1/3 的轻度病害,把破损处平面切成图 10.4 所示的形状后,清除碎块。用速凝混凝土,根据配比拌制成混合料,按照混凝土道面的常用施工办法振捣、做面、拉毛、切缝及灌缝,或者在切成的区域用冷铺沥青混合料填至略高于周围道面,再用压路机碾压密实。

(2)对板边破损宽度为 $20\sim50$ cm,板角两直角边之和为 $60\sim100$ cm,破损深度为板厚的 $1/3\sim1/2$

的中度病害。修补步骤为:清除已松动的混凝土块→划定切割和修补范围(转角要大于90°)→用风镐或钻芯取样机去掉破损区域→用切缝机把周边切齐→在底层铺钢筋网片→浇筑早强混凝土混合料至离上表面 7～8 cm 处→用细粒式冷铺沥青混合料填补、碾压到与上表面平齐为止。

(3)板边破损宽度大于 50 cm、板角两直角边之和大于 100 cm,破损深度超过板厚的 1/2 的重度病害。具体方法可参照前面拉杆连接法,见图 10.5。修补宽度应大于 5 cm。修补面几何尺寸长宽比大于 3∶1 时,混凝土应加钢筋网或钢纤维补强,钢纤维含量应占混凝土体积的 1.2%～1.5%。

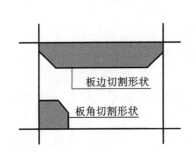

图 10.4　板边和板角轻度破损时的
　　　　　切割形状示意图

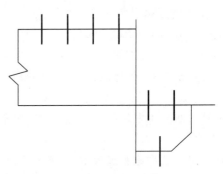

图 10.5　板边和板角重度破损时的
　　　　　修补方法示意图

3. 表面剥落

表面剥落是指起皮、剥离、露石、坑洞等,产生的原因有很多方面,主要有以下方面。

(1)在施工时,原材料砂子、石子本身耐磨性能差,在机轮荷载摩擦作用下,砂浆保护层脱落引起露石。

(2)施工时不是用原浆做面,后抹砂浆与原混凝土黏结能力差而产生起皮。

(3)混凝土的抗渗、抗冻性能差,使表面在冬季冻融后,保护层剥离和露石。

(4)将化学药品撒在道面上产生腐蚀剥离。

(5)表面网状裂纹过多过密,久而久之,砂浆保护层容易脱落起皮。

(6)表面坑洞产生的根源在于做混凝土道面时,混合料中混有泥巴、木块,当泥巴、木块脱落后就形成了坑洞。另外,混凝土中含有石灰颗粒、风化石、白云石等膨胀物,遇水、遇热膨胀破坏时,亦能形成坑洞。

表面出现的起皮、剥离、露石、坑洞等病害降低了道面的抗滑能力,增加了飞机颠簸程度,看起来也不美观,但不影响道面的结构强度。如果起皮、剥离、露石出现在不重要的道肩上,可以不修补。如果出现在跑道和主滑行道上,必须修补。方法如下。

(1)对起皮、剥离、露石不太严重的地方,清理掉表面的杂物和松动的混凝土碎块,用沥青砂或细粒式沥青混凝土罩面,并碾压密实。

(2)对起皮、剥离、露石严重的地方,估计可能影响道面的结构强度。这种情况,必须划定修补范围,用切割机将周边切齐,然后下铣或打掉 10～15 cm 深,清理杂物,洒水湿润底层后,铺间距 20 cm×20 cm、直径 12～14 mm 的钢筋网,按水泥混凝土道面施工要求浇筑混凝土,最后做好养护、切缝和灌缝工序。

(3)对坑洞的处理,可采用石子加填缝料或半干状态的水泥砂浆(如果坑洞较大可再加石子)填补,并用小锤夯实。

4. 表面网状裂纹和干缩裂缝

表面网状裂纹是指相互贯通的龟壳状裂纹,产生原因可能是以下方面。

(1)混合料配合比不好或水灰比过大。

(2)水泥化学成分中氧化镁、游离氧化钙等含量超标,砂子、石子中混有过多的粉土。

(3)使用的是泌水性水泥,如火山灰水泥就可造成表面网状裂纹。

干缩裂缝是指以下几种裂缝。

(1)施工中养护方法不当、养护不及时或养护期短等出现的裂缝。

(2)空气中的二氧化碳与混凝土中碱性物质化合产生碳化收缩出现的裂缝。

(3)施工中天气干热和风大、混凝土表面失水过快产生的裂缝。

网状裂纹和干缩裂缝产生的根源在混凝土施工阶段,危害在道面使用的整个过程中,最终造成表面起皮、剥离、露石、坑洞等病害。

在混凝土道面施工过程中,把握材料进场关、搞好做面和养护等环节的工序,是免除裂纹、裂缝发生的有效办法。

为了防止裂缝进一步发展,对于长度超过 30 cm、深度超过 5 cm 的干缩裂缝和深度超过板厚一半的裂缝(不论长短)必须用补强材料修补。补强材料宜采用高模量的改性环氧树脂类材料或经乳化反应的环氧树脂乳液,固化后应与原混凝土黏结牢固、色泽基本一致。其修补方法如下。

(1)顺着裂缝用冲击电钻将缝口扩宽成 1.5~3 cm 沟槽,槽深可根据裂缝深度确定,最大深度不得超过 2/3 板厚。

(2)清除混凝土屑,用压缩空气吹净灰尘,填入粒径 0.3~0.6 cm 的清洁石屑。

(3)灌缝材料采用环氧树脂类材料,按配合比混合均匀后,用灌缝机将其填入扩缝内捣实抹平。

(4)灌缝材料需要加热增加强度时,宜用红外线灯或装 60 W 灯泡的长条线灯罩加热,温度控制在 50~60 ℃,加热 1~2 h,等修补材料固化达到一定强度即可。

5. 板块松动或脱空

板块松动是指板块下基础支撑不在同一水平面上,导致机轮经过该处产生的晃动。产生的原因有如下方面。

(1)基层局部下沉或胀起。

(2)基层或找平层松散材料被水冲刷而流失。

(3)板块之间接缝施工处理不当,板体受高温膨胀使板拱起,板下脱空而松动。

板块脱空是指基层局部下沉,或荷载压缩变形,或者有部分基层材料在水的作用下流失造成夹空层。检查板块脱空的方法有四种。

(1)锤击。即用 8 磅大锤敲击道面,如果声音像击鼓一样,就可判断为脱空板。

(2)弯沉测定。用 5.4 m 长杆的贝克曼梁及相当于 BZZ-100 的重型标准汽车进行弯沉测定,凡弯沉超过 0.4 mm 的板,即可确定为脱空板。

(3)用道路雷达检测反射波的情况来判断是否为脱空板。

(4)通过落锤式弯沉仪(falling weight deflectometer,简称 FWD)进行道面板脱空判断。

在修补松动板块和脱空板块时,必须垫实基础。方法如下。

(1)灌浆孔布设。根据道面板的尺寸、下沉量大小、裂缝状况以及灌浆机械,确定打孔的尺寸、间距、数量、深度。一般孔径尺寸为 50 mm,每块板可布设 5 个孔,孔距板边不得小于 0.5 m。

(2)确定灌浆材料。现阶段公路部门采用的灌浆材料有沥青、水泥和水泥+粉煤灰三种材料,道面维护时可根据具体情况选用。

(3)沥青灌浆。用空压机将孔中的混凝土碎屑粉、杂物清除干净,并保持干燥;将所选沥青加热到 210 ℃左右,用沥青洒布车或专用压力设备以 200~400 kPa 压力将热沥青压入孔中,沥青压满后 30~60 s 拔出喷嘴,用木楔堵塞;待沥青温度降下来后,拔出木楔,用水泥砂浆或水泥混合料填平孔,并抹平表面。

(4)水泥或水泥+粉煤灰灌浆。用灌注压力可达 1.5~2.8 MPa 的灌注机或压力泵将提前拌和好的、具有一定稠度的水泥(或水泥+粉煤灰)浆压入钻好的孔中。灌浆时,应不断将灰浆池中的浆搅拌均匀,防止灰水离析。

压浆时,应先从沉陷量大的地方的灌浆孔开始,逐步由大到小。当相邻孔或接缝中冒浆甚至把板抬到原位置时停止压浆。每灌完一个位置,必须用木楔堵住。待达到设计强度时,用水泥砂浆堵住。

6. 接缝错台

接缝错台产生的原因有以下方面。

(1)胀缝板安装成如图 10.6(a)所示的斜向。在夏季温度应力作用下,道面推移产生错台。

(2)基础进水下沉形成如图 10.6(b)所示的错台。

(3)冬季消雪水进入基础后,水结冰膨胀,顶起一侧道面板,也形成错台。

(4)基础脱空,传力杆压弯或断裂引起错台。

水泥混凝土道面错台的处治方法有磨平法、填补法和灌浆顶升法三种,可按错台的轻重程度和具体情况,参照《民用机场道面评价管理技术规范》(MH/T 5024—2019)选定。

对于四邻板块平坦度合格、中错台高差大于 5 mm 的情况,采用磨平机磨平,先从错台高点开始向四周扩展,边磨边用 3 m 直尺找平,直至相邻两块板平齐为止。

对基础下沉引起的错台,如果错台量小于 5 mm,可用铺沥青砂的办法填补,碾压至和正常板一样高为止;如果错台量大于 5 mm,可用前述灌浆法,把板抬高到和正常板一样高。

对板拱起产生的错台,如果是基础冻胀抬高形成的,冰融化后自然会消失,但消失后要做好灌缝工作;如果因胀缝

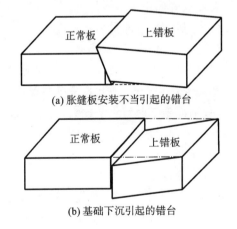

(a)胀缝板安装不当引起的错台

(b)基础下沉引起的错台

图 10.6 水泥混凝土道面板错台的形式

板安装不垂直引起错台,可把胀缝两侧各切 2~3 cm 宽,并保证垂直,重新安装胀缝板,并灌好上部缝隙。

7. 道面拱起

道面拱起的形状,如图 10.7 所示。机场水泥混凝土道面板的厚度最少为 25 cm,夏季膨胀所产生

的内应力是很难引起道面拱起的。如果有拱起的情况发生，要么发生在道肩，要么是道面施工缝处理不当造成的。修补时，将拱起板左右两侧1～2条横缝做全厚度切割，切割宽度为3～5 cm。清除缝内碎渣，待应力充分释放，拱起板回落后，安装泡沫板，上边留3 cm罐聚氨酯填缝料。

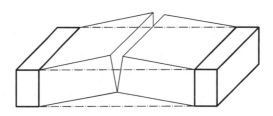

图10.7　水泥混凝土道面拱起时的形状

8. 道肩冻胀抬高

道肩冻胀抬高常发生在道肩与道面交界处的纵缝上。我国大部分机场道面不设胀缝，而道肩设有间距20 m的胀缝。在夏季温度应力作用下的道面伸长量小，道肩伸长量大，反映在道肩与道面交界处的填缝料上是错动作用。当错动量大于填缝料的最大伸长量时，必然引起填缝料与缝壁黏结失效，水从此进入道肩基础。如果冬季含在道肩面层与基层之间的水结冰后，道肩就被抬高。不过到夏季冰融化后会下降一部分，但不会完全恢复到原位（因为有错动），形成部分错台，影响道面排水。

在北方地区的道肩抬高是不可避免的。如果在设计时，道肩本身低于道面2～3 cm，抬高后正好与道面平齐。如果是已做成的道肩出现抬高，可在抬高处横向每隔一定长度切一道宽30 cm的缝槽，使道面雨水能流到道肩上。

9. 表面纹理损失

表面纹理的作用是增加道面的抗滑能力。产生表面纹理损失的原因有以下方面。

(1)在机轮荷载冲击力和温度变化、干湿变化、光照等自然应力共同作用下砂粒崩解。

(2)道面采用高压水（或钢丝轮）除胶。

(3)原材料本身耐磨性能差，如水泥成分中的铁铝酸四钙含量低，砂子坚固性差和含泥量小，石料硬度和磨耗未达到要求，由此造成砂浆保护层上的纹理损失。

(4)道面施工时的水灰比大，使砂浆保护层强度低；道面表层网状裂纹多，纹理损失快。

恢复表面纹理的方法是刻槽或加铺沥青混凝土面层。

10. 接缝材料损坏

(1)胀缝板损坏。

我国20世纪70—80年代修建的水泥混凝土机场道面，部分道面和道肩设置木质胀缝板。

胀缝板腐烂损坏后如不及时修补，表面水、石子等杂物侵入后会严重损坏道面。反映在胀缝板方面的问题有以下几点。

①胀缝板本身制作成了上宽下窄的楔形。在每年夏天都有挤出道面的情况发生。为了不影响行车，可将挤出部分剔除。

②胀缝板安装不垂直，当道面膨胀伸长时，一侧道面抬高，形成错台。

③木质胀缝板年代已久，加之长期被水浸泡腐烂。对此情况，只能拆除旧胀缝板，安装新板，并灌好上部缝。

常用胀缝板维修方法如下。

①将损坏胀缝板剔掉或切掉 3 cm,清除杂物,用性能良好的聚氨酯胶泥灌缝材料封灌。

②对原施工设置不合格的胀缝板全部剔除,并用切缝机重新切割到底,再安放新的胀缝板。

胀缝板的厚度应与原设计相符,高度低于道面表面 3 cm,最后用性能良好的聚氨酯胶泥封灌。

(2)灌缝材料病害。

民用机场水泥混凝土道面接缝所用灌缝材料有两种。

第一种是 20 世纪 60 年代研究的聚氯乙烯。该产品价格低、短期效果好(寿命 3～5 年)。但夏天易流淌,冬天易开裂。特别是冬天脆裂形成的碎屑吸进飞机发动机还会造成事故,因此除个别老道面还存在外,新建机场已不再使用该灌缝材料。

第二种是 20 世纪 80 年代开始普遍推广使用的聚氨酯密封胶。该灌缝材料常出现的问题有以下几类。

①施工时缝内灰尘、灰浆没有清理干净,导致料与缝壁单边脱开。

②灌缝材料的弹性差,导致料与缝壁双边脱开。

③灌缝材料低温延伸率差,导致灌缝材料从中间裂开。

④灌缝材料高温稳定性差,引起夏季发软析油或膨胀高出道面。

⑤冬季使用吹雪车除雪,热气流吹蚀使灌缝材料表面产生微小裂纹。

⑥聚氨酯灌缝料的使用寿命为 8～10 年。在西北和东北干旱地区和使用热吹式除雪设备的机场,寿命还不到 6 年。当超过此年限,聚氨酯灌缝材料老化变硬,失去弹性。

当灌缝料出现病害时,若属于局部和小范围,可补灌。若灌缝材料已老化,需清除旧料,重新灌缝。以聚氨酯密封胶灌缝为例,方法如下。

①先用剔缝机将旧料从缝中剔除。

②把切缝机刀片换下,安装钢丝轮,将缝壁上难以剔除的残余料和灰尘清理干净,并打毛缝壁。

③用高压水或其他方法将缝内杂物吹净、烘干,清扫遗留在道面上的废料和灰尘。

④将聚氨酯密封胶按配合比拌和好,装入强制式螺旋灌缝机中,人工手推以 20～30 m/min 的速度进行灌缝作业。

10.4　沥青道面维护技术

沥青道面的质量和使用寿命很大程度上与日常养护有关,通过及时和良好的日常养护可有效地减缓道面损坏状况的发展,延长道面的结构和使用功能寿命。

沥青道面经过一段时间的使用后,可能出现麻面、松散、坑槽、拥包和波浪、表面裂缝、表面泛油、表面磨光、油料腐蚀、喷气烧蚀、脱皮、啃边等损坏现象。需要及时地进行养护和维修,使道面的强度和使用性能处于良好的状态,确保飞行安全和畅通。

1.表面泛油

表面泛油是指沥青面层中的自由沥青在夏季高温和重复的机轮荷载共同作用下,上溢后堆积在表面的现象。表面泛油可导致表面发软和抗滑能力降低,同时也易粘轮。产生泛油的主要原因有以下方面。

（1）沥青含蜡量大。石蜡本身对温度敏感，夏季易融化，冬季易发脆。不过现在采用脱蜡沥青和烷基沥青，含蜡量超标问题比较少。

（2）混合料配合比设计不合理。油量偏大、石粉偏多、密实度大、孔隙小。当机轮荷载反复作用时，自由沥青和部分结构沥青从孔隙中挤出到表面，形成泛油。

出现泛油后，根据泛油轻重程度采取相应的修补措施。在轻微泛油的区域，可撒上粒径 3～5 mm 的石屑或粗砂，然后用压路机碾压；在泛油较重的区域，可先撒上粒径 5～10 mm 的碎石，用压路机碾压，待稳定后，再撒上粒径 3～5 mm 的石屑或粗砂，用压路机碾压。

面层混合料中沥青含量过高，且已形成软层的严重泛油区域，视情况采用下述方法之一进行处治：先撒一层粒径 10～15 mm 的碎石，用压路机将其强行压入道面后，再分次撒上粒径 5～10 mm 的碎石，并碾压成型；将沥青含量过高的软层铣刨清除后，重做面层。

泛油处治时间应选择在泛油区域已出现全面泛油的高温季节，并在当日气温最高时进行。撒料应先粗后细；做到少撒、薄撒、匀撒、无堆积、无空白。禁止使用含有粉粒的细料。碾压时要确保压路机使所撒石料均匀压入道面。

2. 拥包和波浪

拥包也叫"油包"，是指沥青道面出现的一道道软硬程度不同、厚度不等的凸坎子。波浪是指沿道面方向波峰相距较长的凹凸现象。如果波峰相距较近，距离相等，而且是连续起伏的，称为"搓板"。

产生拥包和波浪（搓板）的主要原因是油量偏大、沥青稠度低、集料级配不当、细粒偏多，沥青混合料拌和及摊铺不均，以及沥青面层与基层黏结不良等，造成面层抗剪能力（即抗水平荷载冲击力）差。

补救办法是：用铣刨机将拥包和波浪面铣掉→清除碎渣→洒黏层油→另铺面层。

3. 麻面、松散、坑槽

麻面是指表面不够平整、坚实和致密的沥青混凝土面层。特点是：石料之间留有空隙；石子颗粒1/3以上的高度没有沥青黏结。形成麻面的主要原因是沥青含量少、主集料过多、嵌缝料少；次要原因是沥青老化。麻面形成后，雨水下渗量增加、基础破坏加速、道面使用寿命缩短。

松散是指集料从沥青中脱落的现象，松散集料被清理后就形成坑槽。造成局部松散的原因是集料与沥青黏结力差。产生黏结力差的原因有以下方面。

（1）使用了夹杂有土或较湿的集料。

（2）选用的粗集料中夹杂有黏附性差的酸性集料。

（3）沥青用量小或选用沥青强度等级太低。

（4）混合料加热温度过高，沥青黏结力损失太大；或碾压温度过低，沥青与集料不能充分接触。

（5）道面老化。

为了防止麻面、松散或坑槽中的散落物吸进飞机发动机，一旦出现上述病害，不管面积大小，最好挖掉该区域，按常规做法重铺面层。

4. 表面裂缝

表面裂缝反映了沥青道面的结构缺陷。按裂缝形式可以分为纵向裂缝、横向裂缝、龟裂、反射裂缝与不规则裂缝。按形成裂缝的原因可分为收缩裂缝、强度裂缝与施工裂缝。

我国北方地区，秋冬季节气温下降，沥青面层与稳定土基层均产生不同程度的收缩，使面层拉裂。这样的裂缝一般与道面走向垂直，而且裂缝之间的距离大致相等。由于基层干缩或冻缩导致的裂缝各个方向都有,但以横向较多,所以又称为"反射裂缝"。水泥混凝土道面用沥青混凝土加铺后,表面沿水泥混凝土缝形成的块状裂缝,也叫"反射裂缝"。

局部基础下沉或沥青面层老化(含沥青质量差),在机轮荷载重复作用下,会产生不规则裂缝和龟裂。

沥青道面施工时,纵向或横向接槎处理不当,久而久之,也会在原接槎部位出现施工裂缝。

对由于低温收缩引起的横向、纵向反射裂缝和施工裂缝,可沿顺裂缝部位用切缝机切宽8～10 mm、深30～50 mm的扩宽缝,随即用水将缝内灰浆冲洗干净、擦干,必要时用喷灯烤干、烘热,选用弹性较好的聚氨酯或橡胶沥青封闭,以防雨水和雪水渗入基础引起裂缝进一步扩大。

对基础下沉引起的不规则裂缝、龟裂(含块裂),应将局部挖掉铺筑新的沥青混凝土。方法是:首先沿破损道面外侧20～30 cm处画一条成一定几何形状的线,用切缝机沿线切割,挖掉破损道面;如果是由于基础湿化引起的破损,先清除已破损基层或软土,换成水泥或石灰稳定土(最好和原基层材料一样),并分层压实;再在基层表面和沥青混凝土面层四周刷一些黏层油;最后铺沥青混合料,并碾压密实。

5. 表面磨光

沥青道面的抗滑能力是由裸露的石子棱角提供的。当沥青混合料中油量偏多、骨料为耐磨性能差的碱性集料或飞机制动轮胎摩擦,造成石子棱角被沥青覆盖、机轮胶皮覆盖或磨耗后,表面就光滑了。

当沥青混凝土表面光滑到一定程度,经测定摩擦系数达不到要求时,就要进行道面除胶、刻槽或加铺一层抗滑沥青混凝土面层等工作。

6. 油料腐蚀和喷气烧蚀

修理飞机时散落在地面上的油污,大都是石油深加工产品,沥青是石油提炼后的废渣。当油污掉在道面上后,溶解了沥青,使石子外露。因此在站坪或停机坪及维修坪上,一般不修沥青面层。

喷气烧蚀是指沥青道面表层在飞机发动机高温尾气烧蚀的影响下发生碳化,造成胶结料黏性丧失,发生喷气烧蚀损坏的道面区域与周围正常道面存在明显的色差。

7. 脱皮、啃边

沥青面层局部被机轮粘起带走后,就形成了脱皮。形成脱皮的原因是泛油、沥青稠度低、上面层与中面层或下面层黏结不好;当底层尘土很多、清底不净、气态水在沥青面层下积聚时,往往也会造成大面积脱皮。发生大面积脱皮后,要立即用沥青混合料修补,否则,雨水进入后会产生松散和坑槽。修补办法是将脱落及松动的部分清除,在下层沥青面上涂刷黏结沥青,并重新做沥青层。

啃边是指沥青道面边缘出现的松散和破碎。引起啃边的原因是道面边缘压实不足或受水影响承载力下降。修补方法是将破损的沥青层挖除,在接槎处涂刷适量的黏结沥青,用沥青混合料进行填补,再整平压实。确保修补后的道面边缘与原道面边缘齐顺。

第 11 章　民用机场建设与施工管理

2009 年 4 月,国务院印发了《民用机场管理条例》(国令第 553 号);2012 年 12 月,民航局依此修订下发了《民用机场建设管理规定》(CCAR-158-R1)。其中明确:民用机场分为运输机场和通用机场。

运输机场是指为从事旅客、货物运输等公共航空运输活动的民用航空器提供起飞、降落等服务的机场。

通用机场是指为从事工业、农业、林业、渔业和建筑业的作业飞行,以及医疗卫生、抢险救灾、气象探测、海洋监测、科学实验、教育训练、文化体育等飞行活动的民用航空器提供起飞、降落等服务的机场。按照民航局《通用机场建设规范》(MH/T 5026—2012),通用机场分为:一类通用机场(具有 10～29 座航空器经营性载人飞行业务,或最高月起降量达到 3000 架次以上的通用机场)、二类通用机场(具有 5～9 座航空器经营性载人飞行业务,或最高月起降量为 600～3000 架次的通用机场)、三类通用机场(除一、二类外的通用机场)。

直升机场是指全部或部分供直升机起飞、着陆和地面活动使用的场地或构筑物上的特定区域。就目前而言,国内直升机场均为通用机场。

经行业主管部门审批过的临时起降点,不属于机场范畴。

11.1 运输机场建设审批程序与管理

11.1.1 运输机场建设审批程序

1. 选址审批程序

(1)拟选场址由省、自治区、直辖市人民政府主管部门向所在地民航地区管理局提出审查申请,并同时提交选址报告一式 12 份。

(2)民航地区管理局对选址报告进行审核,并在 20 日内向民航局上报场址审核意见及选址报告一式 8 份。

(3)民航局对选址报告进行审查,对预选场址组织现场踏勘。选址报告应当由具有相应资质的评审单位进行专家评审。

(4)民航局在收到评审报告后 20 日内对场址予以批复。

2. 总体规划审批程序

(1)机场飞行区等级为 4E(含)以上、4D(含)以下的运输机场总体规划由运输机场建设项目法人(或机场管理机构)分别向民航局、所在地民航地区管理局提出申请,同时提交机场总体规划一式 10 份,向地方人民政府提交机场总体规划一式 5 份。

(2)民航局或民航地区管理局(以下统称"民航管理部门")会同地方人民政府组织对机场总体规划进行联合审查。

(3)民航管理部门在收到评审报告后 20 日内作出许可决定,符合条件的,由民航管理部门在机场总体规划文本及图纸上加盖印章予以批准;不符合条件的,民航管理部门应当作出不予许可决定,并将总体规划及审查意见退回给申请人。

(4)申请人应当自机场总体规划批准后 10 日内分别向民航局、所在地民航地区管理局、所在地民用航空安全监督管理局提交加盖印章的机场总体规划及其电子版本(光盘)各 1 份,向地方人民政府有关部门提交加盖印章的机场总体规划及其电子版本(光盘)一式 5 份。

3. 建设项目备案程序

(1)属于驻场单位的建设项目,驻场单位应当就建设方案事先征求机场管理机构意见。机场管理机构依据批准的机场总体规划及机场近期建设详细规划对建设方案进行审核,在 10 日内提出书面意见。驻场单位应当将机场管理机构书面意见及建设方案一并报送所在地民航地区管理局备案。

(2)属于运输机场建设项目法人(或机场管理机构)的建设项目,运输机场建设项目法人(或机场管理机构)应当将建设方案报送所在地民航地区管理局备案。

(3)属于民航地区管理局的建设项目,其建设方案应当由民航地区管理局征求机场管理机构的意见后,报民航局备案。

(4)备案机关应当对备案材料进行审查。对于不符合机场总体规划的建设项目,应当在收到备案文件 15 日内责令改正。

4. 运输机场工程初步设计审批程序

(1)A 类工程、B 类工程的初步设计分别由运输机场建设项目法人向民航局、所在地民航地区管理局提出审批申请,并同时提交初步设计文件一式 2~10 份(视工程技术复杂程度由民航管理部门确定)和相应的电子版本(光盘)一式 2 份。

(2)民航管理部门组织对初步设计文件进行审查,并提出审查意见。初步设计文件应当经过专家评审。技术复杂的工程项目应当由具有相应资质的评审单位进行专家评审。运输机场建设项目法人应当与具有相应资质的评审单位依法签订技术服务合同,明确双方的权利和义务。技术简单的工程项目可以由民航管理部门选择专家征求评审意见。评审单位或者专家在完成评审工作后应当提出评审报告。申请人应当组织设计单位根据各方意见对初步设计进行修改、补充和完善,并向民航管理部门提交初步设计补充材料和相应的电子版本(光盘)一式 2 份。专家评审期间不计入审查期限。

(3)民航管理部门收到评审报告后 20 日内作出许可决定。符合条件的,民航管理部门应当作出准予许可的书面决定;不符合条件的,民航管理部门应当作出不予许可决定,并说明理由。

5. 运输机场工程施工图审查、备案程序

下列运输机场工程应由运输机场建设项目法人按照国家有关规定委托具有相应资质的单位进行施工图审查,并将审查报告报工程质量监督机构备案。

(1)飞行区土石方、地基处理、基础、道面、排水、桥梁、涵隧、消防管网、管沟(廊)等工程。

(2)航管楼、塔台、雷达塔的土建部分,以及机场通信、导航、气象工程中层数为 2 层及以上的其他建(构)筑物的土建部分。

(3)飞行区内地面设备加油站、机坪输油管线、机场油库、中转油库工程(不含土建工程)。

6. 运输机场专业工程行业验收程序

(1)A 类工程、B 类工程的行业验收分别由运输机场建设项目法人向民航局、所在地民航地区管理局提出申请。

(2)对于具备行业验收条件的运输机场工程,民航管理部门在受理运输机场建设项目法人的申请后 20 日内组织完成行业验收工作,并出具行业验收意见。

11.1.2 运输机场工程建设管理规定

运输机场工程建设程序一般包括:新建机场选址、预可行性研究、可行性研究(或项目核准)、总体规划、初步设计、施工图设计、建设实施、验收及竣工财务决算等。

运输机场专业工程是指用于保障民用航空器运行的、与飞行安全直接相关的运输机场建设工程以及相关空管工程。运输机场工程按照机场飞行区等级划分为 A 类和 B 类。A 类工程是指机场飞行区等级为 4E(含)以上的工程。B 类工程是指机场飞行区等级为 4D(含)以下的工程。

1.运输机场选址

(1)运输机场选址报告应当由具有相应资质的单位编制。选址报告应当符合《民用机场选址报告编制内容及深度要求》(AP-129-CA-02)。

(2)运输机场场址应当符合下列基本条件。

①机场净空、空域及气象条件能够满足机场安全运行要求,与邻近机场无矛盾或能够协调解决,与城市距离适中,机场运行和发展与城乡规划发展相协调,飞机起落航线尽量避免穿越城市上空。

②场地能够满足机场近期建设和远期发展的需要,工程地质、水文地质、电磁环境条件良好,地形、地貌较简单,土石方量相对较少,满足机场工程的建设要求和安全运行要求。

③具备建设机场导航、供油、供电、供水、供气、通信、道路、排水等设施、系统的条件。

④满足文物保护、环境保护及水土保持等要求。

⑤节约集约用地,拆迁量和工程量相对较小,工程投资经济合理。

(3)运输机场选址报告应当按照运输机场场址的基本条件提出两个或三个预选场址,并从中推荐一个场址。

(4)预选场址应征求有关军事机关、地方人民政府城乡规划、市政交通、环保、气象、文物、国土资源、地震、无线电管理、供电、通信、水利等部门的书面意见。

(5)运输机场选址审批应当履行以下程序。

①拟选场址由省、自治区、直辖市人民政府主管部门向所在地民航地区管理局提出审查申请,并同时提交选址报告一式 12 份。

②民航地区管理局对选址报告进行审核,并在 20 日内向民航局上报场址审核意见及选址报告一式 8 份。

③民航局对选址报告进行审查,对预选场址组织现场踏勘。选址报告应当由具有相应资质的评审单位进行专家评审。

申请人应当与评审单位依法签订技术服务合同,明确双方的权利和义务。申请人组织编制单位根据各方意见对选址报告进行修改和完善。评审单位在完成评审工作后应当提出评审报告。专家评审期间不计入审查时限。

④民航局在收到评审报告后 20 日内对场址予以批复。

(6)运输机场所在地有关地方人民政府应当将运输机场场址纳入土地利用总体规划和城乡规划统筹安排,并对场址实施保护。

2.运输机场总体规划

(1)运输机场总体规划应当由运输机场建设项目法人(或机场管理机构)委托具有相应资质的单位

编制。

未在我国境内注册的境外设计咨询机构不得独立承担运输机场总体规划的编制,但可与符合资质条件的境内单位组成联合体承担运输机场总体规划的编制。

(2)运输机场总体规划应当符合《民用机场总体规划编制内容及深度要求》(AP-129-CA-02)。

(3)新建运输机场总体规划应当依据批准的可行性研究报告或核准的项目申请报告编制。

改建或扩建运输机场应当在总体规划批准后方可进行项目前期工作。

(4)运输机场总体规划应当遵循"统一规划、分期建设,功能分区为主、行政区划为辅"的原则。规划设施应当布局合理,各设施系统容量平衡,满足航空业务量发展需求。

运输机场总体规划目标年近期为 10 年、远期为 30 年。

(5)运输机场总体规划应当符合下列基本要求。

①适应机场定位,满足机场发展需要。

②飞行区设施和净空条件符合安全运行要求。飞行区构型、平面布局合理,航站区位置适中,具备分期建设的条件。

③空域规划及飞行程序方案合理可行,目视助航、通信、导航、监视和气象设施布局合理、配置适当,塔台位置合理,满足运行及通视要求。

④航空器维修、货运、供油等辅助生产设施及消防、救援、安全保卫设施布局合理,直接为航空器运行、客货服务的设施靠近飞行区或站坪。

⑤供水、供电、供气、排水、通信、道路等公用设施与城市公用设施相衔接,各系统规模及路由能够满足机场发展要求。

⑥机场与城市间的交通连接顺畅、便捷;机场内供旅客、货运、航空器维修、供油等不同使用要求的道路设置合理,避免相互干扰。

⑦对机场周边地区的噪声影响小,并应编制机场噪声相容性规划。机场噪声相容性规划应当包括:针对该运输机场起降航空器机型组合、跑道使用方式、起降架次、飞行程序等提出控制机场噪声影响的比较方案和噪声暴露地图;对机场周边受机场噪声影响的建筑物提出处置方案,并对机场周边土地利用提出建议。

⑧结合场地、地形条件进行规划、布局和竖向设计;统筹考虑公用设施管线,建筑群相对集中,充分考虑节能、环保;在满足机场运行和发展需要的前提下,节约集约用地。

(6)运输机场建设项目法人(或机场管理机构)在组织编制运输机场总体规划时,应当征求有关军事机关的书面意见,并应当与地方人民政府有关部门、各驻场单位充分协商,征求意见。

各驻场单位应当积极配合,及时反映本单位的意见和要求,并提供有关资料。

(7)运输机场总体规划审批应当履行以下程序。

①机场飞行区等级为 4E(含)以上、4D(含)以下的运输机场总体规划由运输机场建设项目法人(或机场管理机构)分别向民航局、所在地民航地区管理局提出申请,同时提交机场总体规划一式 10 份,向地方人民政府提交机场总体规划一式 5 份。

②民航局或民航地区管理局会同地方人民政府组织对机场总体规划进行联合审查。

机场总体规划应当由具有相应资质的评审单位进行专家评审。申请人应当与评审单位依法签订技术服务合同,明确双方的权利和义务。申请人应当根据各方意见对总体规划进行修改和完善。评审单位在完成评审工作后应当提出评审报告。专家评审期间不计入审查期限。

③民航管理部门在收到评审报告后 20 日内作出许可决定,符合条件的,由民航管理部门在机场总体规划文本及图纸上加盖印章予以批准;不符合条件的,民航管理部门应当作出不予许可决定,并将总体规划及审查意见退回给申请人。

④申请人应当自机场总体规划批准后 10 日内分别向民航局、所在地民航地区管理局、所在地民用航空安全监督管理局提交加盖印章的机场总体规划及其电子版本(光盘)各 1 份,向地方人民政府有关部门提交加盖印章的机场总体规划及其电子版本(光盘)一式 5 份。

(8)民航地区管理局负责所辖地区运输机场总体规划的监督管理。

(9)运输机场建设项目法人(或机场管理机构)应当依据批准的机场总体规划组织编制机场近期建设详细规划,并报送所在地民航地区管理局备案。

(10)运输机场内的建设项目应当符合运输机场总体规划。任何单位和个人不得在运输机场内擅自新建、改建、扩建建筑物或者构筑物。

运输机场建设项目法人(或机场管理机构)应当依据批准的机场总体规划对建设项目实施规划管理,并为各驻场单位提供公平服务。

(11)运输机场范围内的建设项目,包括建设位置、高度等内容的建设方案应在预可行性研究报告报批前报民航地区管理局备案。

具体备案程序如下。

①属于驻场单位的建设项目,驻场单位应当就建设方案事先征求机场管理机构意见。机场管理机构依据批准的机场总体规划及机场近期建设详细规划对建设方案进行审核,在 10 日内提出书面意见。驻场单位应当将机场管理机构书面意见及建设方案一并报送所在地民航地区管理局备案。

②属于运输机场建设项目法人(或机场管理机构)的建设项目,运输机场建设项目法人(或机场管理机构)应当将建设方案报送所在地民航地区管理局备案。

③属于民航地区管理局的建设项目,其建设方案应当由民航地区管理局征求机场管理机构的意见后,报民航局备案。

④备案机关应当对备案材料进行审查。对于不符合机场总体规划的建设项目,应当在收到备案文件 15 日内责令改正。

(12)运输机场建设项目法人(或机场管理机构)应当对机场总体规划的实施情况进行经常性复核,根据机场的实际发展状况,适时组织修编机场总体规划。

修编机场总体规划应当履行"(7)"规定的程序,经批准后方可实施。

(13)运输机场所在地有关地方人民政府应当将运输机场总体规划纳入城乡规划,并根据运输机场的运营发展需要,对运输机场周边地区的土地利用和建设实行规划控制。

(14)运输机场所在地有关地方人民政府在制定机场周边地区土地利用总体规划和城乡规划时,应当充分考虑航空器噪声对机场周边地区的影响,符合国家有关声环境质量标准。

3. 运输机场工程初步设计

(1)运输机场工程初步设计应当由运输机场建设项目法人委托具有相应资质的单位编制。

(2)运输机场工程初步设计应当符合以下基本要求。

①建设方案符合经民航管理部门批准的机场总体规划。

②项目内容、规模及标准等符合经审批机关批准的可行性研究报告或经核准的项目申请报告。

③符合《民用机场工程初步设计文件编制内容及深度要求》(AP-129-CA-02)等国家和行业现行的有关技术标准及规范。

④符合《运输机场工程概算编制规程》(MH/T 5076—2023)。

(3)中央政府直接投资、资本金注入或以资金补助方式投资的运输机场工程,其初步设计概算不得超出批准的可行性研究报告总投资。

如实际情况确实需要部分超出的,必须说明超出原因并落实超出部分的资金来源;当超出幅度在10%以上时,应当按有关规定重新报批可行性研究报告。

(4)中央政府直接投资、资本金注入或以资金补助方式投资的运输机场工程初步设计审批应当履行以下程序。

①A 类工程、B 类工程的初步设计分别由运输机场建设项目法人向民航局、所在地民航地区管理局提出审批申请,并同时提交初步设计文件一式 2～10 份(视工程技术复杂程度由民航管理部门确定)和相应的电子版本(光盘)一式 2 份。

②民航管理部门组织对初步设计文件进行审查,并提出审查意见。

初步设计文件应当经过专家评审。技术复杂的工程项目应当由具有相应资质的评审单位进行专家评审。运输机场建设项目法人应当与具有相应资质的评审单位依法签订技术服务合同,明确双方的权利和义务。技术简单的工程项目可以由民航管理部门选择专家征求评审意见。评审单位或者专家在完成评审工作后应当提出评审报告。申请人应当组织设计单位根据各方意见对初步设计进行修改、补充和完善,并向民航管理部门提交初步设计补充材料和相应的电子版本(光盘)一式 2 份。专家评审期间不计入审查期限。

③民航管理部门收到评审报告后 20 日内作出许可决定。符合条件的,民航管理部门应当作出准予许可的书面决定;不符合条件的,民航管理部门应当作出不予许可决定,并说明理由。

(5)对于非中央政府直接投资、资本金注入或以资金补助方式投资的运输机场工程,如含有运输机场专业工程项目,其初步设计亦应当履行"(4)"规定的程序,由民航管理部门对运输机场专业工程初步设计出具行业意见。

(6)运输机场工程的初步设计原则上一次报审,对于新建机场工程的初步设计可视情况分两次报审。

(7)运输机场建设项目法人报审运输机场工程初步设计时应当提交以下材料。

①审批申请文件。

②初步设计文件、资料清单、设计说明书(设计总说明书和各专业设计说明书)、设计图纸、主要工程量表、主要设备及材料表、工程概算书等。

③初步设计项目、规模及汇总概算与批准的可行性研究报告(或核准的项目申请报告)项目、规模及投资对照表及其说明,有关附件等。

④有关批准文件。包括:预可行性研究报告、可行性研究报告(或项目申请报告)、环境评价、土地预审、通信、导航、监视、气象台(站)址等的批准(或核准)文件。

⑤相应的工程勘察、地震评估、环境评价以及工程试验等报告书。

(8)运输机场工程初步设计未按照"(4)、(5)"规定的程序,经过批准或者取得行业审查意见的,不得实施。

(9)运输机场工程初步设计一经批准,应严格遵照执行,未经批准不得擅自修改、变更。

如确有必要对已批准的初步设计进行变更或调整概算,应严格执行《民航建设工程设计变更及概算调整管理办法》(AP-129-CA-2008-02)。

4. 运输机场工程施工图设计

(1)运输机场工程施工图设计应当由运输机场建设项目法人委托具有相应资质的单位编制。

(2)运输机场工程施工图设计应当符合以下基本要求。

①符合经民航管理部门批准的初步设计。

②符合《民用机场工程施工图设计文件编制内容及深度要求》等国家和行业现行的有关技术标准及规范。

(3)下列运输机场工程应由运输机场建设项目法人按照国家有关规定委托具有相应资质的单位进行施工图审查,并将审查报告报工程质量监督机构备案。

①飞行区土石方、地基处理、基础、道面、排水、桥梁、涵隧、消防管网、管沟(廊)等工程。

②航管楼、塔台、雷达塔的土建部分,以及机场通信、导航、气象工程中层数为 2 层及以上的其他建(构)筑物的土建部分。

③飞行区内地面设备加油站、机坪输油管线、机场油库、中转油库工程(不含土建工程)。

上述运输机场工程未经施工图审查合格的,不得实施。

(4)运输机场工程施工图设计的审查内容主要包括:①建筑物和构筑物的稳定性、安全性审查,包括地基基础和主体结构体系是否安全、可靠;②是否满足飞行安全与正常运行的要求;③是否符合国家和行业现行的有关强制性标准及规范;④是否符合批准的初步设计文件;⑤是否达到规定的施工图设计深度要求。

(5)施工图设计审查报告应当包括以下内容:①审查工作概况;②审查依据和采用的标准及规范;③审查意见;④与运输机场建设项目法人、设计单位协商的情况;⑤有关问题及建议;⑥审查结论、意见。

(6)其他运输机场工程施工图设计审查应当按国家有关规定执行。

5. 运输机场建设实施

(1)运输机场工程的建设实施应当执行国家规定的市场准入、招标投标、监理、质量监督等制度。

(2)运输机场工程的招标活动按照国家有关法律、法规执行。

(3)承担运输机场工程建设的施工单位应当具有相应的资质等级。

(4)运输机场工程的监理单位应当具有相应的资质等级。

(5)民航专业工程质量监督机构负责运输机场专业工程项目的质量监督工作。

属于运输机场专业工程的,运输机场建设项目法人应当在工程开工前向民航专业工程质量监督机构申报质量监督手续。

(6)在机场内进行不停航施工,由机场管理机构负责统一向机场所在地民航地区管理局报批,未经批准不得在机场内进行不停航施工。

6. 运输机场工程验收

(1)运输机场工程竣工后,运输机场建设项目法人应当组织勘察、设计、施工、监理等有关单位进行竣工验收。

工程质量监督机构应当对竣工验收进行监督。

(2)运输机场工程竣工验收应当具备下列条件：①完成建设工程设计和合同约定的各项内容；②有完整的技术档案和施工管理资料；③有工程使用的主要建筑材料、建筑构配件和设备的进场试验报告；④有勘察、设计、施工、监理等单位分别签署的质量合格文件；⑤有施工单位签署的工程保修书。

(3)对于规定要求需进行飞行校验的通信、导航、监视、助航等设施设备，运输机场建设项目法人必须按有关规定办理飞行校验手续，并取得飞行校验结果报告。

(4)对于规定要求需进行试飞的新建运输机场工程或飞行程序有重大变更的改建、扩建运输机场工程，在竣工验收和飞行校验合格后，运输机场建设项目法人必须按有关规定办理试飞手续，并取得试飞总结报告。

(5)运输机场专业工程应当履行行业验收程序。

(6)运输机场专业工程行业验收应当具备下列几个条件：①竣工验收合格；②已完成飞行校验；③试飞合格；④民航专业弱电系统经第三方检测符合设计要求；⑤涉及机场安全及正常运行的项目存在的问题已整改完成；⑥环保、消防等专项验收合格、准许使用或同意备案；⑦民航专业工程质量监督机构已出具同意提交行业验收的工程质量监督报告。

(7)运输机场建设项目法人在申请运输机场专业工程行业验收时，应当报送以下材料。①竣工验收报告。内容包括：a.工程项目建设过程及竣工验收工作概况；b.工程项目内容、规模、技术方案和措施、完成的主要工程量和安装的设备等；c.资金到位及投资完成情况；d.竣工验收整改意见及整改工作完成情况；e.竣工验收结论；f.工程竣工项目一览表。②飞行校验结果报告。③试飞总结报告。④运输机场专业工程设计、施工、监理、质监等单位的工作报告。⑤环保、消防等主管部门的验收合格意见、准许使用意见或备案文件。⑥运输机场专业工程有关项目的检测、联合试运转情况。⑦有关批准文件。

(8)运输机场专业工程行业验收应当履行以下程序：①A 类工程、B 类工程的行业验收由运输机场建设项目法人向所在地民航地区管理局提出申请；②对于具备行业验收条件的运输机场工程，民航管理部门在受理运输机场建设项目法人的申请后 20 日内组织完成行业验收工作，并出具行业验收意见。

(9)运输机场专业工程行业验收的内容包括：①工程项目是否符合批准的建设规模、标准；②工程质量是否符合国家和行业现行的有关标准及规范；③工程主要设备的安装、调试、检测及联合试运转情况；④航站楼工艺流程是否符合有关规定、满足使用需要；⑤工程是否满足机场运行安全和生产使用需要；⑥运输机场工程档案收集、整理和归档情况；⑦由中央政府直接投资、资本金注入或以资金补助方式投资的工程的概算执行情况。

(10)非运输机场专业工程应当按国家有关规定履行验收程序。

(11)运输机场建设项目法人应当按国家、民航及地方人民政府有关规定及时移交运输机场工程档案资料。

(12)未经行业验收合格的运输机场专业工程，不得投入使用。

(13)运输机场建设项目法人应当在运输机场工程竣工后三个月内完成竣工财务决算的编制工作，并按有关规定及时上报。

7. 运输机场工程建设信息

(1)运输机场工程实行工程建设信息报告制度。新建运输机场工程建设信息报告期为自出具场址审查意见之日起，至投入使用止；改建、扩建运输机场工程建设信息报告期为自批准立项之日起，至投入使用止。

(2)运输机场建设项目法人应当指定项目信息员对其实施工程的建设信息及时进行收集、统计和整理,形成电子文本。电子文本通过中国民用航空安全信息网民航建设项目管理系统,按照"(1)、(3)"规定的时间报所在地民航地区管理局。

(3)运输机场工程建设信息在开工建设前每季度报告一次,开工建设后每月报告一次。报告日期为次月的5日之前。

(4)民航地区管理局负责审核本地区的运输机场工程建设信息,并将审核后的工程建设信息电子文本通过中国民用航空安全信息网民航建设项目管理系统,于每月10日前报民航局。

(5)运输机场工程建设信息应当包括以下内容。①项目概况,包括:项目基本信息、机场总体规划情况、项目审批情况、工程规模、主要建设内容和技术方案、资金来源、总体实施计划、建设单位基本信息、其他情况。②当前动态,包括:形象进度、资金到位及投资完成情况、工程质量情况、配套工程进展情况、其他情况。③存在的主要问题。

运输机场工程建设信息具体内容及格式应符合中国民用航空安全信息网民航建设项目管理系统的要求。

(6)当发生工程质量事故和安全事故时,运输机场建设项目法人必须按国家有关规定及时上报。

11.1.3　空管工程建设管理规定

空管工程建设程序一般包括:预可行性研究、可行性研究、初步设计、施工图设计、建设实施、验收及竣工财务决算等。

(1)本部分的规定适用于项目法人为民航局空管局、地区空管局或者空管分局(站)的空管建设工程。

(2)空管工程预可行性研究、可行性研究应当按照国家及民航局的有关规定执行。

(3)空管工程初步设计应当由项目法人委托具有相应资质的单位编制。

(4)空管工程初步设计应当符合以下基本要求:①项目内容、规模及标准等符合经审批机关批准的可行性研究报告;②符合《运输机场工程概算编制规程》(MH/T 5076—2023)等国家和行业现行的有关技术标准及规范。

(5)空管工程在相应的通信、导航、监视、气象等的台(站)址得到批复后方可报审初步设计。

(6)空管工程初步设计概算不得超出批准的可行性研究报告中的总投资。

如实际情况确实需要部分超出的,必须说明超出原因并落实超出部分的资金来源;当超出幅度在10%以上时,应当按有关规定重新报批可行性研究报告。

(7)空管工程的初步设计应当按照有关法律、行政法规的规定进行审批。

(8)空管工程初步设计的审批工作,按照民航局和民航地区管理局的有关规定执行。

(9)项目法人报批空管工程初步设计时应当报送以下几项资料:①审批申请文件;②初步设计文件、资料清单、设计说明书(设计总说明书和各专业设计说明书)、设计图纸、主要工程量表、主要设备及材料表、工程概算书等;③初步设计项目、规模及汇总概算与批准的可行性研究报告项目、规模及投资对照表及其说明,有关附件等;④有关批准文件,包括预可行性研究报告,可行性研究报告,环境评价,土地预审,通信、导航、监视、气象台(站)址等的批准文件;⑤相应的工程勘察、地震评估、环境评价以及工程试验等报告书。

(10)空管工程初步设计审批应当履行以下程序。①空管工程初步设计由项目法人向民航管理部门提出审批申请,并同时提交初步设计文件一式 2～10 份(视工程技术复杂程度由民航管理部门确定)和相应的电子版本(光盘)一式 2 份。②民航管理部门组织对初步设计文件进行审查,并提出审查意见。初步设计文件应当经过专家评审。技术复杂的工程项目应当由具有相应资质的评审单位进行专家评审。空管工程项目法人应当与具有相应资质的评审单位依法签订技术服务合同,明确双方的权利义务。技术简单的工程项目可以由民航管理部门选择专家征求评审意见。评审单位或者专家在完成评审工作后应当提出评审报告。申请人应当组织设计单位根据各方意见对初步设计进行修改、补充和完善,并向民航管理部门提交初步设计补充材料和相应的电子版本(光盘)一式 2 份。专家评审期间不计入审查期限。③民航管理部门在收到评审报告后 20 日内予以批准。

(11)空管工程初步设计未经批准的,不得实施。

(12)空管工程初步设计一经批准,应严格遵照执行,不得擅自修改、变更。

如确有必要对已批准的初步设计进行变更或概算调整,应严格执行《民航建设工程设计变更及概算调整管理办法》(AP-129-CA-2008-02)。

(13)空管工程施工图设计应当由项目法人委托具有相应资质的单位编制。

(14)空管工程施工图设计应当符合以下基本要求:①符合经民航管理部门批准的初步设计;②符合国家和行业现行的有关技术标准和规范。

(15)空管工程中的土建部分应由项目法人按照国家有关规定委托具有相应资质的单位进行施工图审查,并将审查报告报工程质量监督机构备案。

上述工程未经施工图审查合格的,不得实施。

(16)空管工程施工图设计的审查内容主要包括:①建筑物和构筑物的稳定性、安全性审查,包括地基基础和主体结构体系是否安全、可靠;②是否满足安全与正常使用的要求;③是否符合国家和行业现行的有关强制性标准、规范;④是否符合批准的初步设计文件。

(17)审查报告应当包括以下内容:①审查工作概况;②审查依据和采用的标准及规范;③审查意见;④与项目法人、设计单位协商的情况;⑤有关问题及建议;⑥审查结论意见。

(18)空管工程的建设实施应当执行国家规定的市场准入、招标投标、监理、质量监督等制度。

(19)空管工程的招标活动按照国家有关法律、法规执行。

(20)承担空管工程建设的施工单位应当具有相应的资质等级。

(21)空管工程的监理单位应当具有相应的资质等级。

(22)空管工程项目法人应在工程开工前向工程质量监督机构申报质量监督手续。

(23)机场工程配套的空管工程可与机场工程采用建设集中管理模式,统一组建工程建设指挥部,统一开展整体工程项目申报、用地预审、规划选址、环境影响评价、节能评估、征地拆迁、招投标等工作,统一组织工程建设。

(24)空管工程竣工后,项目法人应当组织勘察、设计、施工、监理等有关单位进行竣工验收。

工程质量监督机构应当对竣工验收进行监督。

(25)空管工程竣工验收应当具备下列条件:①完成建设工程设计和合同约定的各项内容;②有完整的技术档案和施工管理资料;③有工程使用的主要建筑材料、建筑构配件和设备的进场试验报告;④有勘察、设计、施工、监理等单位分别签署的质量合格文件;⑤有施工单位签署的工程保修书。

(26)对于规定要求需进行飞行校验的通信、导航、监视等设施设备,项目法人必须按有关规定办理飞行校验手续,并取得飞行校验结果报告。

(27)空管工程经过民航管理部门验收后,方可投入使用。

(28)项目法人向民航管理部门申请验收空管工程应当具备下列条件:①竣工验收合格;②已完成飞行校验;③主要工艺设备经检测符合设计要求;④涉及安全及正常使用的项目存在的问题已整改完成;⑤环保、消防等专项验收合格、准许使用或同意备案;⑥工程质量监督机构已出具同意提交验收的工程质量监督报告。

(29)项目法人向民航管理部门申请验收空管工程,应当报送以下几项材料。①竣工验收报告。内容包括:a.工程项目建设过程及竣工验收工作概况;b.工程项目内容、规模、技术方案和措施、完成的主要工程量和安装设备等;c.资金到位及投资完成情况;d.竣工验收整改意见及整改工作完成情况;e.竣工验收结论;f.工程竣工项目一览表。②飞行校验结果报告。③空管工程设计、施工、监理、质监等单位的工作报告。④环保、消防等主管部门的验收合格意见、准许使用意见或备案文件。⑤主要工艺设备的检测情况。⑥有关批准文件。

(30)下列空管工程由民航局组织验收:①民航局空管局为项目法人的建设工程;②批准的可行性研究报告总投资 2 亿元(含)以上的民航地区空管局或空管分局(站)为项目法人的建设工程。

(31)其他空管工程由所在地民航地区管理局组织验收。

(32)民航管理部门验收空管工程应当履行以下程序:①由项目法人向民航管理部门提出验收申请;②对于具备验收条件的空管工程,民航管理部门在收到项目法人的申请后 20 日内组织完成验收工作,并出具验收意见。

(33)民航管理部门验收空管工程的内容包括以下几项:①工程项目是否符合批准的建设规模、标准;②工程质量是否符合国家和行业现行的有关标准及规范;③主要工艺设备的安装、调试、检测情况;④工程是否满足运行安全和生产使用需要;⑤工程档案收集、整理和归档情况;⑥工程概算执行情况。

(34)项目法人应当按国家、民航有关规定及时移交空管工程档案资料。

(35)未经验收合格的空管工程,不得投入使用。

(36)空管工程项目法人应在空管工程竣工后三个月内完成竣工财务决算的编制工作,并上报主管部门。

(37)空管工程实行工程建设信息报告制度。工程建设信息报告期为自批准立项之日起,至投入使用止。

(38)项目法人应当指定项目信息员对其实施工程的建设信息及时进行收集、统计和整理,形成电子文本。

民航地区空管局、空管分局(站)的空管工程建设信息电子文本通过中国民用航空安全信息网民航建设项目管理系统,按照"(37)、(39)"规定的时间报民航局空管局。

(39)空管工程建设信息在开工建设前每季度报告一次,开工建设后每月报告一次。报告日期为次月的 5 日之前。

(40)民航局空管局负责审核空管工程建设信息,并将审核后的工程建设信息电子文本通过中国民用航空安全信息网民航建设项目管理系统,于每月 10 日前报民航局。

(41)空管工程建设信息应当包括以下内容。①项目概况,包括:项目基本信息、项目审批情况、工程规模、主要建设内容和技术方案、资金来源、总体实施计划、建设单位基本信息、其他情况。②当前动态,包括:形象进度、资金到位及投资完成情况、工程质量情况、招标工作情况、配套工程进展情况、其他情况。③存在的主要问题。

空管工程建设信息具体内容及格式应符合中国民用航空安全信息网民航建设项目管理系统的要求。

(42)当发生工程质量事故和安全事故时,项目法人必须按照国家有关规定及时上报。

11.2 通用机场建设审批程序与管理

11.2.1 通用机场建设审批程序

1.通用机场建设审批流程

通用机场的建设总体工作流程为:选址(军方审查、民航审核、地方配合)→地方发改委立项→机场设计→招标采购→建设施工→验收→颁证。通用机场的审批流程围绕上述工作程序展开,主要涉及民航、军队、地方政府三方的管理,具体的审批流程如图 11.1 所示。

	局方管理	军方管理	地方管理
选址	民航地区管理局出具场址审核意见	出具场址意见	地方人民政府、国土资源局、交通局、住建局、规划局、气象局等出具相关说明函
可行性研究(预可行性研究)	仅对申请民航发展基金补贴的通用机场由民航地区管理局出具审查意见	—	由省级投资主管部门或民航地区管理局和省级投资主管部门共同审批
初步设计和概算、施工图设计	仅对申请民航发展基金补贴的通用机场,民航地区管理局会同省级投资主管部门共同审批	—	企业投资机场实行核准或备案制,申请民航发展基金补贴机场使用审批制
建设实施、验收及竣工财务结算	民航地区管理局、监管局进行行业验收	空司验收及日常使用阶段的年度复核	符合地方验收要求
获取许可证	民航地区管理局提出许可条件,并颁发许可证	—	—

图 11.1 通用机场建设审批流程

2.通用机场建设审批有关政策法规

对于通用机场的建设管理,民航、军队、政府均有相关的政策法规要求,民航局现行的有效政策法规主要有《关于发布〈通用机场分类管理办法〉的通知》(民航发〔2017〕46 号)、《关于修订〈民航基础设施项目投资补助管理暂行办法〉的通知》(民航发〔2016〕15 号)、《通用机场建设规范》(MH/T 5026—2012)、《民用机场飞行区技术标准》(MH 5001—2021)、《民用直升机场飞行场地技术标准》(MH 5013—2023)、《水上机场技术要求(试行)》(AC-158-CA-2017-01)、《通用航空供油工程建设规范》(MH/T

5030—2014)、《民用机场选址报告编制内容及深度要求》(AP-129-CA-02)等。

国务院对机场建设审批的现行有效政策法规主要有《国务院关于发布政府核准的投资项目目录(2016年本)的通知》(国发〔2016〕72号),《国务院对确需保留的行政审批项目设定行政许可的决定》(2004年6月29日中华人民共和国国务院令第412号公布,根据2009年1月29日《国务院关于修改〈国务院对确需保留的行政审批项目设定行政许可的决定〉的决定》(国务院令第548号)第一次修订,根据2016年8月25日《国务院关于修改〈国务院对确需保留的行政审批项目设定行政许可的决定〉的决定》(国务院令第671号)第二次修订),主要确定了企业投资项目采取核准或备案制,省级政府负责通用机场项目立项,对通过对机场项目的可行性研究审批进行把控。

3.通用机场主要建设审批程序具体分析

选址工作是前期工作中最重要的一项工作,民航局与军方对场址选择均有明确规定,对于选址报告,只有一个选址也可以申报。

在选址报告中,必须附上各机构对场址选择的相关意见或批复,附件与选址报告内容共同组成了完整的选址报告。

可研或项目申请书。通用机场的建设,由企业投资的机场实行核准或备案制,申请民航发展基金补贴机场使用审批制。对于申请民航发展基金补贴的通用机场,要求向省级投资主管部门提交可研报告,对企业投资建设的通用机场需要向省级投资主管部门提交项目申请报告。

初步设计和概算、施工图设计。初步设计和概算、施工图设计属于通用机场建设的准备阶段,是通用机场建设中必需的一道建设程序,此外,通用机场设有通信、导航、监视、气象等空管工程的,应当按照有关规定报批(备)相应台(站)址后方可进行初步设计。

初步设计和概算涉及民航发展基金的,民航地区管理局和省级投资主管部门共同审批,不涉及民航发展基金的,由省级投资主管部门审批。省级政府或省级投资主管部门审批的拟申请使用民航发展基金的项目,由民航地区管理局向其出具审查意见,省级政府或省级投资主管部门会同民航地区管理局按照有关政策规定办理。

初步设计以及施工图设计单位要求拥有综合甲级资质或民航设计甲乙级资质。

通用机场的取证条件主要依照《关于发布〈通用机场分类管理办法〉的通知》(民航发〔2017〕46号),在验收合格的基础上,A类通用机场的使用许可条件如表11.1所示。申请B类通用机场许可证,机场运营人应当按《关于发布〈通用机场分类管理办法〉的通知》(民航发〔2017〕46号)有关要求报送《B类通用机场使用许可证申请书(告知承诺书)》及申请书列明的附件材料,并且机场运营人应当向公众公布机场名称及地理位置,机场权属情况,机场运营人(自然人或组织)身份信息以及随时可以与之取得联系的地址与电话号码、网络邮箱地址,通用机场飞行场地状况的说明;并承诺发布信息与实际情况相符。

表11.1　A类通用机场的使用许可条件

条件要求	A1	A2	A3
运营人具有法人资格且对机场具有运营权; 机场飞行区对公众开放运营区域满足标准; 具有对飞行区进行检查和维护的制度安排; 具有《机场手册》	√		√

条件要求	A1	A2	A3
具有机坪运行管理制度； 地面机场具有消防能力； 具有针对航空安全突发事件的应急计划	√	√	
具有防止人员误入的围界管控措施； 具有残损航空器搬移计划	√		

11.2.2　通用机场建设管理

通用机场建设管理规定是为了规范通用机场建设、管理和运营而制定的管理规范。通用机场在我国的交通体系中具有重要的地位，对于促进经济发展、改善民生、加强国防建设等方面起着重要的作用。因此，通用机场建设管理规定的制定对于保障通用机场建设的安全、准时、稳定运营具有极为重要的意义。

1. 通用机场建设管理规定的基本概念

通用机场是指除民航机场、军用机场和专用机场外的其他机场。通用机场的建设涉及多个领域，如地质勘探、环境评估、规划设计、建设施工、设备设施、通信导航、空中交通管制、安全保障、人员培训等方面。为了管理这些方面的工作以确保通用机场的安全运营，需要制定一系列规定和标准，也就是通用机场建设管理规定。这些规定和标准包括基础设施建设、航空交通管理、安全保障、环境保护、人员培训、飞行运行等各方面的内容，为实现通用机场的安全、稳定、高效运营提供了重要的法律依据。

通用机场建设管理规定的制定旨在规范通用机场的建设、管理和运营，保证通用机场的安全、稳定、高效运营，同时促进国民经济的发展，提高人民生活水平。通过通用机场建设管理规定的制定，可以加强通用机场的管理水平，提高工作效率，减少飞行事故的发生，保障通用机场的安全运营。

2. 通用机场建设管理规定的主要内容

通用机场建设管理规定包括基础设施建设、航空交通管理、安全保障、环境保护、人员培训、飞行运行等各方面的内容。

（1）基础设施建设。

基础设施建设是通用机场建设的基础。通用机场基础设施建设包括飞行区及其附属设施、航站楼、停机坪、库房，以及供配电、供水、供气、制冷、供暖、燃油供应、通信导航、通道、灯光、标志、警示设施等。建设单位要按照国家和地方有关规定和标准进行设计、施工、验收等各项工作。

（2）航空交通管理。

航空交通管理是确保通用机场安全运营的重要保障。要加强通用机场的空中交通管制和地面运行管理。要确定通用机场的空域分界线，确定通用机场的相关运行规定，统一管理通用机场的交通运输。建立现代化的飞行信息及指挥控制系统，精细化管理通用机场的航空交通。

（3）安全保障。

通用机场建设管理规定要求建设单位及管理单位加强通用机场安全的管理和保障。依据国家和地方相关规定，对各类安全保障问题进行防范、预防、处置。同时，建立健全通用机场安保制度，加强对通用机场安全事件的管控处理。

（4）环境保护。

通用机场的建设与运营不可避免地对周边环境产生一定的影响。因此要制定通用机场环境保护规定，做好环境保护的工作。减少机场运行对环境造成的污染和破坏，采取有效的环保措施，降低环境损害，保护生态环境。

（5）人员培训。

通用机场建设管理规定要求建设单位和管理单位要加强人员培训，按照国家有关规定，对航空事业从业人员进行各种培训和考核。培训内容包括安全保障、人员素质、应急管理、航空交通管理、飞行运行等方面的知识和技能。要建立健全培训计划、课程、教材、考核、认证等制度和管理规定。

（6）飞行运行。

飞行运行是通用机场建设管理规定涉及的最重要方面。要做好通用机场航班计划编制、航线规划、飞行规划、地面运行、地面空勤服务、飞行服务等方面的工作。在飞行运行方面要加强对技术保障的管理，确保通用机场运行安全、顺畅。

3. 通用机场建设管理规定的应用

通用机场建设管理规定的制定，是为了促进通用机场管理水平的提升和通用机场建设的有序开展。应用通用机场建设管理规定，可以规范通用机场的建设、管理、运营，进一步提高通用机场的安全保障水平，保证通用机场的稳定高效运营。同时，在通用机场的管理实践中，也需要根据规定的要求制定相应的管理制度和操作规程，严格执行，达到规范通用机场运行的目的。

此外，通用机场建设管理规定的应用，也需要各级相关部门的配合和支持。要加强对通用机场的监督核查，发现问题及时解决，迅速补救，保证通用机场运营的顺畅。

总之，通用机场建设管理规定是规范通用机场建设、管理和运营的一项重要规定，对于保障通用机场的安全、稳定、高效运营具有重要意义。要加强对通用机场建设管理规定的贯彻落实，严格执行相关法规和标准，保证通用机场真正实现安全、准时、稳定运营。

11.3 机场工程建设进度管理

11.3.1 机场进度管理概述

1. 机场建设项目的特点

机场作为城市的大型基础设施，其建设是一项庞大复杂的工程，一方面，机场往往承担着交通运输、地区经济发展的重担，另一方面，作为一个城市的窗口，往往承担着新技术和新工艺的推广，建设的特殊性和重要性不言而喻，相比于其他的工程建设项目，机场建设规模大、周期长、技术含量高等。

（1）技术水平要求高。

机场代表的是一个地区或者国家的形象，目前国内的绝大部分地区开始着手建设机场，强化民航科技创新力量，将机场与先进技术进行全方位的整合，机场的建设要体现出一流的基础设施和技术，并能提供现代化的管理理念和服务；另一方面，机场往往承担着新技术和新工艺推广的责任，在很大程度上体现了国家的发展水平，因此机场建设对技术的要求是非常高的。

（2）投资规模巨大，建设体量大。

机场建设中，前期投资规模巨大，动辄上亿元，而机场需要较长时间的运营才能实现盈利，在这期间也需要大量的资金进行运营维护。另外，大型的机场年吞吐量超过一亿人次，机场建设工程量大，单体建筑面积较大且数量多，如飞行区、航站楼、综合配套工程等多个单体项目等，其次机场建设设计的范围牵连多，不仅包括餐饮、零售、交通枢纽，还涉及机场规划、结构设计、系统等，因此建设任务巨大。

（3）参与主体众多，协调工作量大。

机场代表了国家形象，机场建设是一项政府工程，业绩与形象工程非常重要，因此机场建设备受各级政府的关注，需要各级政府的协调和沟通。对于机场建设，一个单体项目有时候可能会有上百家单位，合同文件众多，由于参与主体众多，在建设施工和组织方面存在大量的协调控制工作，对于业主来说，既要协调好项目的外部环境管理，还要确保子项目间的资源、信息的管理，对不同的部门、不同的工作环节进行协调。

2. 进度管理模式分析

（1）"业主＋工程监理"模式。

随着我国大型项目的建设越来越多，项目的组织管理显得举足轻重，大型建设项目的业主负责筹建项目管理班子、指挥部或者是项目公司，同时会聘请工程监理公司来进行项目的监督工作，逐渐形成目前的"业主＋工程监理"的模式。此模式的临时性、成员的不专业性导致了很多的问题，此外，这种模式很依赖业主的项目管理能力，对业主成员的项目管理的知识性提出了很大的挑战，难以积累工程的经验，提高项目管理的水平。

其次，该模式需要加强业主方的咨询力量，借助工程咨询公司的专业能力，协助业主做好项目前期和建设过程中的决策。在机场建设过程中，工程监理承担着为业主提供咨询服务的责任，施工质量控制是工程监理工作的头等大事，当面对像机场这样的大型基础设施建设时，参与单位众多，专业性、复杂性高以及对技术的要求高等，对于宏观性和战略性的问题很难为业主提供咨询服务意见，更加难以对机场建设项目投资、质量、进度进行分析和预防；另一方面，国内的工程监理按照工程分块、时间分段提供咨询服务，对于机场建设项目整体性和综合性的建议，工程监理心有余而力不足，这种模式难以满足业主和项目的要求。

（2）项目总控模式。

项目总控的核心是通过现代信息技术手段，对机场建设项目的信息进行收集、加工和传输，通过信息流来指导和控制项目的物质流。其控制任务主要聚焦于管理、经济和技术三方面，针对机场建设项目的进度、投资、质量提出咨询意见，大多采用的是业主、项目总控、工程监理三者相结合的方式开展服务，从而为业主提供战略性的决策支持，有效地实现了整体性管理和众多界面的控制。机场建设项目总控的管理模式如图 11.2 所示。

项目总控对机场建设项目的适用性分析如下。

①对机场工程项目参与主体众多的适用性。

信息的收集和处理是项目总控工作的重点，收集分析机场建设过程中出现的各种问题，经过处理后形成各种报告反馈给项目的业主，将不利的影响降到最低，可以实现机场项目的目标，尤其是面对繁多的项目参与方，能进行有效的沟通、协调和管理。

②对机场工程项目信息量巨大的适用性。

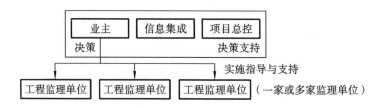

图 11.2 机场建设项目总控的管理模式

有关机场建设的所有信息都将汇总到项目总控部门,能够进行信息的收集和处理,最大程度地利用各参与方的资源,并高效地辅助业主决策,可以解决项目信息量大的难题,使项目前期和实施过程中产生的信息得到合理的利用。

11.3.2 机场进度管理的复杂性分析

机场建设项目具有周期长、体量大、信息繁多等特点,具有多方面的复杂性,包括地理空间和建设时间。因此机场建设项目需要不同专业、不同部门的分工和配合,主要涉及政府层面、企业层面、项目实施层面等。通过梳理机场进度管理的复杂性,找出问题的症结所在,从而提出解决建议。

1.技术复杂性

在机场建设过程中,技术含量高,项目实施难度大,导致机场建设在空间、专业和施工活动界面相互交互的局面。通常情况下,机场的建设会和重大交通枢纽相联系,如地铁和高铁,此时航站区的建设便要考虑三者的空间界面、土建和安装界面、地下工程和地上结构工程的施工界面等,机场建设同众多配套子项目有着千丝万缕的关系,存在很多交叉管理的界面,牵一发而动全身。另外,在机场的建设过程中可完全参考的经验有限,不同的机场其建设要求也不同,很容易产生难以预见的突发问题,在项目的实施过程中任何一个方面产生问题都会影响项目的总进度目标。

2.周期长、信息繁杂

机场建设项目周期长,需要分阶段制定项目进度计划并分享进度,但是不同的建设时期,控制重点会发生变化,需要分阶段制定进度计划,并进行动态调整。在进度的控制过程中产生的信息量是非常巨大的,而信息需要被及时反馈和共享,进度管理过程中产生的信息不能直接指导进度的实施,必须经过对信息的转化、编码,提炼为对进度管理有用的信息才能有效地指导项目的实施。

3.社会组织复杂性

进度管理是一个综合性的考核指标,和成本、质量目标相辅相成,机场建设项目的进度管控处在一个开放的自然系统和社会系统中,与外界环境存在紧密的联系,包括项目的多方参与主体、项目部门之间以及进度管理的不同工作组之间的进度互动行为。机场进度管控的开放性体现在两个方面:一是组织结构关系,二是项目具体的实施中。其中组织结构的复杂性主要体现在机场建设过程中参与主体之间的沟通和协调。进度管理的实质就是在多主体参与的基础上的沟通协调,及时高效地解决出现的进度偏差,是自下而上的进度信息反馈和自上而下的进度决策的过程。机场建设参与方动辄上百家,组织的复杂性可想而知,例如规划、设计、施工的协调,土建、市政、民航、航油、空管等的协调,如果参与方之间的沟通存在问题,造成进度信息交流、传递出现偏差,信息得不到及时反馈,这种情况下,不仅加大业主的协调工作量,也影响项目的整体进度。

4. 利益相关者关系复杂

在项目的准备阶段要完成项目结构方案的设计、技术实施方案的设计、工作范围的确定以及项目进度、人员等的安排,落实到具体的进度上,在该阶段要完成进度计划的编制。牵涉利益关系如图 11.3 所示。

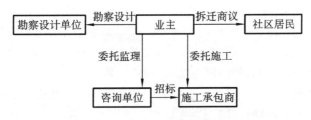

图 11.3　项目准备阶段利益相关者

机场建设的施工阶段是进度管控的重点阶段。项目的施工阶段参与主体最多,组织关系最为复杂,业主要针对机场建设项目的进度、成本、安全问题不断和施工承包方协调和沟通,施工承包方要根据项目进度的具体情况和勘察设计单位、材料设备供应商进行沟通,监理单位根据业主需求与施工方进行沟通协调。在施工阶段,利益相关者的关系如图 11.4 所示。

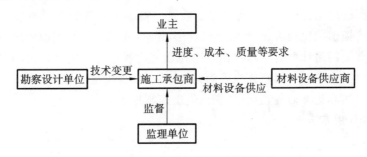

图 11.4　项目施工阶段利益相关者

纵观项目的全生命周期,项目准备阶段和项目施工阶段是进度管理的两个重要阶段,尤其施工阶段是进度管控的关键,对进度、成本、质量等目标的影响最大,同时整个施工期持续的时间最长,涉及的利益相关者最多。这其中的利益相关者主要包括当地政府、管理团队、业主或投资方、各级承包商、材料设备供应商等。项目进度的保证是在所有的相关利益方的需求得到满足的情况下实现的,包括内部的利益相关者和外部的利益相关者,忽视了参与方的需求,项目便无法顺利完成,为了更好地实现机场建设项目的进度目标和项目增值目标,需要业主协调好各方的利益关系,及时进行沟通协调。

11.3.3　施工进度计划的检查与调整

在施工项目实施的过程中,为了有效地进行施工进度控制,进度检控人员应经常地、定期地跟踪检查施工实际进度情况,收集有关施工进度情况的数据资料,进行统计整理和对比分析,确定施工实际进度与计划进度之间的偏差,预测施工进度发展变化的趋势,提出施工项目进度控制报告。

1. 进度计划检查的内容与程序

进度计划检查应包括工程量的完成情况,工作时间的执行情况,资源使用及与进度的匹配情况,上次检查提出问题的处理情况等。除此之外,还可以根据需要由检查者确定其他检查内容。施工进度检查的程序如下。

(1)跟踪检查施工实际进度,收集有关施工进度的数据资料。跟踪检查施工项目的实际进度是进度控制的关键,其目的是收集有关施工进度的数据资料。而检查的时间和数据资料的质量都直接影响施工进度控制的质量和效果。

①跟踪检查的时间间隔。跟踪检查的时间间隔一般与施工项目的类型、规模、施工条件和对进度要求的严格程度等因素有关。通常可以确定每月、半月、旬或周进行一次;若在施工中遇到天气、资源供应等不利因素的影响时,跟踪检查的时间间隔应缩短,检查次数相应增加,甚至每天检查一次。

②收集数据资料的方式和要求。收集数据资料一般采用进度报表方式和定期召开进度工作汇报会的形式。为了确保数据资料的准确性,施工进度检控人员要经常深入施工现场去察看施工项目的实际进度情况,经常地、定期地、准确地测量和记录反映施工实际进度状况的数据资料。

(2)整理统计数据资料,使其具有可比性。将收集到的有关实际进度的数据资料进行必要的整理,并按计划控制的工作项目进行统计,形成与施工计划进度具有可比性的数据资料、相同的单位和形象进度类型。通常采用实物工程量、工作量、劳动消耗量或累计完成任务量的百分比等数据资料进行整理和统计。

(3)对比施工实际进度与计划进度,确定偏差数量。将施工项目的实际进度与计划进度进行比较时,常用的比较方法有横道图比较法、S形曲线比较法,还有"香蕉"形曲线比较法、时标网络计划的实际进度前锋线比较法、普通网络计划的分割线比较法和列表比较法等。实际进度与计划进度之间的关系有一致、超前、拖后3种情况;对于超前或拖后的偏差,还应计算检查时的偏差量。

(4)根据施工项目实际进度的检查结果,提出进度控制报告。

2.进度计划比较分析方法

(1)横道图比较法。

横道图比较法是指将施工项目施工过程中定期检查实际进度时所收集的数据资料,按横道进度计划中的施工过程名称列项、整理统计后,直接用涂黑的粗实线(或彩线)重合(或并列)标注在原进度计划的横道线(改用细实线、中空线或中粗线)上方(或下方),进行直观比较的方法。

假设施工中各项工作都是按均匀的速度进行,即每项工作在单位时间里完成的任务量各自相等,工作时间与完成任务量成直线变化关系。

(2)S形曲线比较法。

曲线进度图绘制中,因为假定工程开始和结尾阶段单位时间内施工资源投入量较少、单位时间完成工程量少,而中间阶段投入量大、单位时间完成工程量大,故随着时间的进展累计完成的工作量呈S形变化,故曲线图又称"S形曲线"。

S形曲线比较法是以横坐标表示进度时间,纵坐标表示累计完成任务量(或累计完成任务量的百分比),并按施工计划进度要求的时间和应累计完成的任务量绘制出一条计划进度的S形曲线,再依据施工过程(或整个施工项目)各检查时间及实际完成的任务量绘制出一条实际进度的S形曲线,并将其与计划进度的S形曲线进行比较的一种方法。

①S形曲线的绘制步骤。

a.首先,确定施工进度计划及各项工作的时间安排。

b.根据施工进度计划中各项工作相应时段单位时间内完成的任务量,求和,确定整个施工计划的单位时间内完成任务量的分布,见式(11.1)。

$$Q^l = \sum_{k=1}^{n} q_{i-j}^{(k,l)} \tag{11.1}$$

式中:n 为施工项目的工作数目;k 为某计划单位时段 l 内安排的工作数变量;q_{i-j} 为某工作单位时间的任务量;Q^l 为某计划单位时段内各项工作总任务量。

c.将各计划单位时间内各项工作总量随时间进展累计求和,见式(11.2)。

$$P^t = \sum_{l=1}^{t} Q^l \tag{11.2}$$

式中:P^t 为 t 时刻的各项工作累计完成总任务量。

d.根据相应时刻各项工作累计总任务量,在坐标系中绘制 S 形曲线。

②运用两条 S 形曲线,可以进行比较

a.判定施工实际进度比计划进度是超前还是拖后。凡是实际进度曲线位于计划进度 S 形曲线左上方的部分都是超前完成的部分,而位于 S 形曲线右下方的部分都是拖后完成的部分。

b.确定施工实际进度比计划进度超前或拖后完成的时间、超额或拖后完成的任务量。由检查日期所对应的实际进度曲线上的一点做一条垂直线和一条水平线,分别交于计划进度曲线上的两个点,再以这两个点为基准点,分别做垂直线和水平线,分别交于时间横坐标轴上两点和累计完成任务量的纵坐标轴上两点,则横坐标轴上两点的时间差为超前或拖后完成的时间,分别用 ΔT_a 和 ΔT_b 表示;纵坐标轴上两点的累计完成任务量之差即为超额或拖后完成的任务量,分别用 ΔQ_a 和 ΔQ_b 表示。

c.预测后期工程施工的发展趋势。在施工进度检查时,如出现较大偏差而不进行调整,施工进度将按检查时的施工速度继续进行,而到收尾阶段,施工速度还会稍有减慢,由此可推算出工期可能超前或拖后的大约时间,分别用 ΔT_c 和 ΔT_d 表示。

(3)"香蕉"形曲线比较法。

①"香蕉"形曲线的由来。

"香蕉"形曲线是由两条 S 形曲线组合而成的闭合曲线。从 S 形曲线的绘制过程中可知,从某一时间开始施工的施工过程或施工项目,根据其计划进度要求而确定的施工进展时间与相应的累计完成任务量的关系都可以绘制出一条计划进度的 S 形曲线。对于一项工程的网络计划,在理论上对应每一个累计完成任务量总是分为最早和最迟两种开始与完成时间,因此也都可以绘制出两条 S 形曲线。其一是以各项工作最早开始时间和累计完成的任务量为依据绘制而成的计划进度的 S 形曲线,称为"ES 曲线";其二是以各项工作最迟开始时间和累计完成的任务量为依据绘制而成的计划进度的 S 形曲线,称为"LS 曲线"。

两条 S 形曲线都是从计划的开始时刻开始和完成时刻结束,因此两条 S 形曲线是共用起点和终点的闭合曲线,ES 曲线在 LS 曲线的左上方,两条曲线之间的距离是中间段大,向两端逐渐变小,在端点处重合,形成一个形如"香蕉"的闭合曲线,故称"香蕉"形曲线比较法,如图 11.5 所示。

②"香蕉"形曲线比较法的用途。

a.利用"香蕉"形曲线,严格控制计划进度和实际进度的变动范围,以使计划进度更加合理可行,使实际进度的波动范围控制在总时差的范围之内。

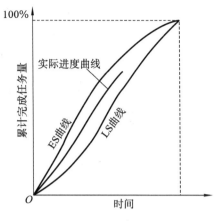

图 11.5　"香蕉"形曲线比较法

"香蕉"形曲线主要是起控制作用。当编制的网络计划进度的 S 形曲线处在"香蕉"形曲线的中间位置时,说明计划进度安排较为合理;在工程施工过程中,实际进度控制的最理想状态是任何时刻施工实际进度的曲线点均落在其"香蕉"形曲线的区域内,尽管此时实际进度与计划进度已出现偏差,但只需施工人员尽力加快施工,不用采取其他措施调整原计划进度,就能保证按期完工。

b.进行施工实际进度与计划进度的 LS 曲线和 ES 曲线的比较,以便确定是否应采取措施,调整后期的原计划安排。

c.确定在检查时的施工进展状态下,后期工程施工的 LS 曲线和 ES 曲线的发展趋势。

（4）时标网络计划的实际进度前锋线比较法。

当工程项目的进度计划用时标网络计划表达时,还可以采用在时标网络图上直接绘制实际进度前锋线的方法进行施工实际进度与计划进度的比较。

实际进度前锋线比较法是指从计划规定的检查时间的上坐标点出发,用点画线依次直线连接各项工作的实际进度点,最后到同一检查时间的下坐标点为止而形成的折线形施工进展前锋线,按该前锋线与各项工作箭线交点的位置是在检查日期之前,还是在检查日期之后,来判定施工实际进度比计划进度是超前还是拖后以及两者偏差大小的比较方法。简而言之,实际进度前锋线比较法是通过计划规定的检查时间所测得的工程施工实际进度的前锋线位置,来判定施工实际进度与计划进度偏差的方法。

（5）普通网络计划的列表比较法。

列表比较法是在计划规定时间检查施工实际进度情况时,认真记录每项正在进行的工作名称、已施工的天数,然后列表计算有关参数,根据计算出来的正在进行的工作现有总时差与该工作原有总时差的大小和它们之间的关系,进行实际进度与计划进度比较的方法。见表 11.2。

表 11.2　列表比较法

工作编号	工作名称	检查至完成时工作尚需时间	最迟完成时间与检查时间之差	原有总时差	现有总时差	情况判断
5-6	A	2	3	1	1	正常
7-8	D	3	2	0	−1	拖后工期 1 月
……						

3.进度控制报告

进度控制报告是将实际进度与计划进度的检查比较结果、有关施工进度的现状和发展趋势,提供给项目经理、业务职能部门的负责人和上级主管部门的简洁清晰的书面报告。

（1）进度控制报告的种类。

进度控制报告根据报告的对象不同,其编制的范围和内容也有所不同,一般有以下三种。

①项目概要级进度报告。它是呈报给项目经理、公司经理或业务主管部门、建设单位或业主的,以

整个施工项目为对象说明其施工进度计划执行情况的报告。

②项目管理级进度报告。它是呈报给项目经理或有关业务部门的,以单位工程或项目分区为对象说明其施工进度计划执行情况的报告。

③业务管理级进度报告。它是供项目管理者及各有关业务部门为采取应急措施而使用的,以某个重点部位或重点问题为对象说明其施工进度计划执行情况的报告。

(2)进度控制报告的内容。

进度控制报告的内容主要包括:施工项目的实施概况、管理概况、进度概况;施工项目的施工进度、形象进度及其简要说明;施工图纸提供的进度;材料、施工机具、构配件等物资供应进度;劳务用工记录及用工状况预测;日历施工计划;对建设单位或业主及施工队组的变更指令等。

(3)进度控制报告的编写人员和编报时间。

施工进度控制报告一般由计划的负责人或进度管理人员与施工管理人员协作编写。报告时间一般与进度检查时间一致,可按月、旬、周等间隔时间进行编写、呈报。

4.进度计划调整

(1)进度计划调整的内容。

当原进度计划目标已经失去作用或难以实现,应根据项目的实际情况调整进度计划。进度计划调整的内容可包括工程量、起止时间、工作关系、资源供应以及必要的目标调整。进度计划调整后应编制新的进度计划。

(2)施工进度计划的主要调整方法。

①改变后期施工中某些工作间的逻辑关系。

当检查时施工实际进度出现的偏差影响了总工期时,在工作间的逻辑关系允许改变的条件下,改变某些关键线路上和拖后计划工期的非关键线路上的有关工作之间的逻辑关系,是达到缩短工期目的的有效方法。例如,可将某些依次施工的工作改变成平行施工或搭接施工或合并成一项混合施工的工作等,将原来未分段施工的或分段太少的流水施工组织改成分段或分段稍多一些的流水施工组织等,一般可以达到缩短工期的目的。

②缩短某些工作的持续时间。

在不改变各项工作之间的逻辑关系或采取改变逻辑关系后仍不能满足计划工期要求的情况下,采用缩短某些工作的持续时间加快施工速度,同样可达到缩短计划工期的目的。

11.4　机场工程施工组织与管理

11.4.1　机场工程施工组织与管理的基本概念

机场工程施工组织与管理是针对机场工程施工的特点,研究机场工程建设的统筹规划和系统管理规律的综合性学科。

机场工程施工的特点主要表现在以下 3 个方面。

(1)建设工程产品的固定性和建设施工的流动性。

任何建设工程产品都是在建设单位所选定的地点建造和使用的,直到拆除,它与所选定地点的土地是不可分割的。由于建设工程产品的固定性,在建设工程施工中,工人、机具、材料等不仅要随着建设工程建造地点的变更而流动,而且还要随着建设工程施工部位的改变而在不同的空间流动,这就要求事先有一个周密的部署和安排,使流动着的工人、机具、材料等互相协调配合,做好流水施工的安排,使建设工程的施工连续、均衡地进行。建设工程产品的固定性与施工的流动性是建设工程产品和施工的显著特点。

(2)建设工程产品的单件性和建设工程施工的一次性。

建设工程产品多种多样,即使是按同一用途、同一标准设计的建筑物,也会因当地的地质、水文、气候以及材料来源的不同,其产品有所不同,因此,不同于工业产品的批量性、重复性,建设工程产品具有单件性的特点。这个特点决定了建设工程施工是一次性的任务,必须按工程个别地、单件地进行。这就要求事先有一个可行的施工计划,因地、因时、因条件不同,确定相应的施工方案和施工方法,选择施工机械,安排施工进度,并单独编制工程预算确定其造价。建设工程产品的单件性和建设施工的一次性,是建设工程产品和施工的本质特征。

(3)建设工程投资额巨大和建设工程施工周期长。

建设工程产品通常规模庞大,占用的地面与空间大,涉及的专业多、工种广,消耗的物资资源量巨大,因此投资额巨大,建设周期长。投资额巨大意味着建设工程只能成功不能失败,否则将造成严重后果,甚至影响国民经济和社会发展。建设周期长则意味着不确定性的增加,必须依照事物发展的特点,采用统筹规划、远粗近细、分段安排、滚动实施的原则制订施工计划。

这些特点都显示出机场施工与一般的操作和活动不同,是为了获得独特的产品而进行的一次性任务,符合项目的本质特征。因此,其组织与管理工作也应遵循项目管理的基本理论与方法,结合机场施工的复杂性,采用系统的观点与理论,对机场工程施工过程及有关的工作进行统筹规划、合理组织与协调控制,以实现工程质量、成本、进度目标的最优化。

统筹规划着重强调应用系统的观点和理论,研究和制订组织机场工程施工全过程的既经济又合理的方法和途径,对施工过程中的各项工作做出全面的、科学的规划和部署,优化配置人力、物力、财力及技术等资源,达到优质、低耗、高速地完成施工任务的目的;系统管理则着重强调应用系统的观点、理论,在总计划的基础上,针对各项施工过程,通过"动态管理、目标控制、节点考核"落实、检查与调整计划和资源,确保机场工程施工质量、成本、进度目标的实现。"优化配置、动态管理、目标控制、节点考核"是机场工程施工与组织管理的基本特征。

11.4.2 机场工程施工组织与管理的任务

机场工程施工与管理的任务可以概括为最优地实现项目的总目标。也就是有效地利用有限的资源,用尽可能少的费用、尽可能快的速度和优良的工程质量,建成机场工程项目,使其实现预定的功能。机场工程的费用、进度和质量目标之间既有矛盾的一面,也有统一的一面,它们之间的关系是对立统一的关系。

机场工程施工组织与管理主要包括以下5个方面的工作。

(1)组织工作。

组织工作包括建立管理组织机构,制订工作制度,明确各方面的关系,选择施工单位,组织图纸、材料和劳务供应等。

（2）合同工作。

合同工作包括签订施工总承包合同与专业分包合同，以及合同文件的准备，合同谈判、修改、签订和合同执行过程中的管理等工作。

（3）进度管理。

进度管理包括施工进度、材料设备供应以及满足各种需要的进度计划的编制和检查，施工方案的制定与实施，以及施工、总分包各方面计划的协调，经常性地对计划进度与实际进度进行比较，并及时地调整计划等。

（4）质量管理。

质量管理包括提出各项工作质量要求，对设计质量、施工质量、材料和设备质量的监督、验收工作进行管理，以及处理质量问题。

（5）费用管理。

费用管理包括编制概算预算、费用计划、确定合同价款，对成本进行预测预控，进行成本核算，处理索赔事项和作出工程决算等。

简要来说，机场工程施工组织与管理的基础是合同的签订和履行管理，关键是组织的建立与协调，大量具体工作根据合同规定的进度、费用和质量目标进行计划和控制。

计划集中体现为施工组织设计文件的编制。施工组织设计不仅全面系统地确定了整个施工项目的作业和管理活动的部署，有针对性地提供施工方案、方法和手段，而且明确了施工总进度计划的安排和工程各重要节点施工进度计划的预期目标。也可以说，施工组织设计在解决了施工的技术方法、手段和程序的基础上，对施工总进度目标提出了总体性、轮廓性、控制性的计划安排。

施工过程中主客观条件的变化是绝对的，不变是相对的，在施工进展过程中平衡是暂时的，不平衡则是永恒的，因此，必须随着施工环境和条件的变化进行目标的动态控制和调整。目标的动态控制是施工项目生产管理最基本的方法论。根据控制论的基本原理，控制有两种类型，即主动控制和被动控制。

（1）主动控制。主动控制就是预先分析目标偏离的可能性，并拟定和采取各项预防性的措施，以使计划目标得以实现。主动控制是一种面向未来的控制，它可以解决传统控制过程中的时滞影响，尽最大可能改变已经成为事实的被动局面，从而使控制更为有效。主动控制是一种前馈控制。当控制者根据已掌握的可靠信息预测出系统的输出将要偏离计划目标时，就制订纠正措施并向系统输入，以使系统的运行不发生偏离。主动控制又是一种事前控制，它在偏差发生之前就必须采取控制措施。

（2）被动控制。被动控制是指当按计划运行时，管理人员对计划值的实施进行跟踪，将系统输出的信息进行加工和整理，再传递给控制部门，使控制人员从中发现问题，找出偏差，寻求并确定解决问题和纠正偏差的方案，然后再回送给计划实施系统付诸实施，使计划目标一出现偏离就能得以纠正。被动控制是一种反馈控制。

11.4.3 机场工程施工组织与管理实践

因不同的工程实际工况不尽相同，往往在实践过程中，需要结合工程实际、周边环境、设计工况等制定动态的施工组织流程，在工程推进中结合周围环境变化，不断调整施工部署，优化组织流程，才能使项目稳步推进。萧山机场项目是浙江省重点工程，其作为大型空港不停航项目群工程，解决了复杂工况下的诸多技术、管理难题，本文总结了该项目的施工组织与管理实践成果，为类似工程及相关从业者提供借鉴。

1. 工程概况

（1）项目简介。

杭州萧山国际机场位于浙江省杭州市东部萧山区，位于钱塘江以东，与西湖商圈直线距离27 km，距离萧山区（成厢镇）约15 km。经先后两期工程的实施，机场已形成由2条跑道及滑行道系统、T1＋T3国内航站楼、T2国际航站楼及相应配套设施构成的航站区，是浙江省的第一空中门户，也是长三角机场群中仅次于上海的城市机场，具有成为机场群核心机场之一的发展潜力。为了充分发挥杭州机场在长三角机场群中的重要作用，按照省委、省政府关于全力保障亚运会，做强做大杭州萧山国际机场龙头的发展要求，杭州萧山国际机场拉开了新一轮的建设序幕。

杭州萧山国际机场三期工程主体工程分2个施工总承包标段：以航站楼区为主体的工程施工总承包Ⅰ标段，以交通中心及地上附属工程等为主体的工程施工总承包Ⅱ标段。其他同期施工的标段有飞行区、蓄车楼、13号楼下穿通道及行李通道、P4停车场、水系改造、航站楼弱电系统等。

（2）航站楼工程概况。

杭州萧山国际机场占地面积约为22 hm²，总建筑面积中航站楼主楼（含南北长廊、北三指廊）约为61 hm²，高铁站面积约为5 hm²。建设规模包含航站楼地下2层、地上4层（局部6层），主楼屋面最高为44.55 m，登机桥固定端32个，近机位37个；高铁站总长为888 m，站台标准段长为450 m，宽为42.1 m。航站楼自上而下分别是商业夹层、出发值机办票及国际出发候机层、国际到达层、国内混流和行李提取层、站坪层、两层地下设备层；高铁站为地下两层侧式站台车站。

2. 施工组织管理重难点分析

（1）工程涉及专业众多，协调和配合的工作量大。

工程单体面积大、线性工程长，大面积同步交叉施工，需布置大量加工场、堆场；线性工程两侧可使用的堆场面积有限，垂直运输工具主要靠汽车吊等，线性工程分段施工对现场施工道路有较大影响；土建、钢结构、幕墙、屋面穿插进行，土建钢筋、模板、钢管等堆场必须在塔吊可覆盖的范围内，占地面积大，钢结构拼装场地和堆场所需用地面积也很大；机电安装所需大量设备、材料的仓库布置在航站楼内，进入装修阶段后，仓库的占位对装饰施工影响较大。

（2）施工阶段的管线保护任务艰巨。

工程施工主要集中在陆侧进行，场地内涉及的市政管线影响范围相对较广，大部分区域的施工条件较为复杂，在施工过程中对地下管线进行必要保护是市政工程项目建设和管理工作的重点问题。由于其施工条件及外界影响因素的复杂性，在桩基围护施工过程中极易发生地下管线误损的问题。

（3）不停航施工管理要求高。

本标段工程地处杭州萧山国际机场，场地东侧邻近运营的T1、T2、T3航站楼及楼前高架，北侧邻近现有的北跑道，西侧邻近蝶来大酒店、综合业务楼和航管楼，南侧邻近现有远机位停机坪，周边环境十分复杂。现场施工对空防安全管理和不停航施工安全管理要求高。

（4）施工交通组织复杂。

本工程地理位置特殊，施工场地内基坑开挖范围大，场地外为萧山国际机场交通枢纽，受机场运营、相邻地铁区及其他同步施工区域的交叉影响，过程中穿插行李通道的施工，对场内外交通组织管理要求非常高。

（5）管理时间紧张。

闭口工期，不可突破，总体施工工期十分紧张。合同工期约 900 日历天，2021 年 12 月 30 日竣工。合同约定工期在任何条件下不能延期，有效施工时间短，对于有如此规模体量和复杂程度的项目来说，总体工期十分紧张。

3. 应对策略

（1）设置平面管理部。

总承包部设置平面管理部，派专职人员负责平面、交通管理，做好总平面总体规划，特别是临时道路的规划和各施工阶段的动态平面规划。根据工程进展及时动态地调整平面布置，分阶段布置加工场、堆场等。线性工程材料集中堆放加工，按需二次转运。安排好各工序的穿插，特别是组织好前道工序的施工，加快施工进度，为后续施工创造条件，避免不必要的影响。

（2）成立现场管线巡视小组。

为规范本项目管线保护、迁改等施工的程序，防止施工中管线损坏事件的发生，确保施工期间机场的正常运行，由指挥部、监理单位、施工单位组成现场管线巡视小组，小组由指挥部牵头，按照分工现场巡查相关管线区域，重点关注正在施工的有管线的区域及管线改迁施工区域，确保现场管线保护、探挖、迁改工作按照规定实施。现场管线相关施工若出现突发事件，应急处理参照已上报的应急预案的相关内容。成立针对各类管线的应急抢修队伍，便于快速处理突发状况，最大限度地减小事故损失。

（3）编制专项道路施工方案，成立安全保障小组。

不停航部署实施前，针对各部位编制专项施工方案，如北保通道路导改、东西联络通道翻交，且上述专项施工方案必须获得监理部、指挥部和机场相关运行部门的审批，审批完成后方可组织实施。同时成立安全保障小组，进行区域划分，确保隐患消除，加强进出场管理，确定安全管理制度及措施。

（4）合理进行交通管控。

为了减少社会车辆和施工车辆交叉通行的影响，规范施工车辆通行管理，三期指挥部联合施工管理总包单位，在充分征求机场公安机关、场区中心等部门意见的基础上，对交通道路进行交通管控。通过交通管控，实现施工车辆与社会车辆分道通行，减少施工车辆对旅客车辆通行的影响，保证旅客车辆正常通行。

（5）建立计划考核机制。

建立计划考核机制，强化计划任务单管理。合理分解进度目标，每月下发计划任务单，明确责任人和责任班组，落实到人、考核到位。通过月、周计划层层落实，每月开展一次进度考核评比，通过考核奖励先进、总结不足并采取纠偏措施，保证工程按时完工。

4. 管理实践

（1）分期策划部署平面布置。

施工总平面布置由总承包经理部统一规划布置、统一管理、统一协调指挥。为充分均衡利用平面空间，保障阶段性施工重点任务，保证进度计划的顺利实施，总平面布置按土方开挖阶段、主体结构施工阶段、钢结构施工阶段分期策划部署，装饰装修、机电安装、金属屋面、幕墙安装、室外总体等专业工程分区段穿插进行施工。

本工程施工面积较大，各道工序需合理安排穿插施工，制订切合实际的平面管理实施方案，并在总控计划的基础上形成主材、机械设备、劳动力的进退场计划，强化方案及计划的贯彻落实。

①土方开挖阶段。

本阶段主要处于航站楼核心区域浅挖区、北一指廊、北二指廊土方开挖施工阶段,同时穿插基础底板或者承台土建结构施工。其他区域因施工进度、场地移交等原因处于桩基围护工程施工,其基坑土方开挖按总体施工组织流程相继开始,穿插进行管廊 1、4 区桩基围护及站前高架桩基施工。

主要机械设备:挖掘机 60 台、渣土车 130 辆、吊车 4 辆、塔吊 8 台、22 kW 泥浆泵 6 台、280 kW 增压泵 4 台。

②混凝土结构施工阶段。

本阶段主要处于航站楼核心区域(除 A2 外)、北一北二指廊、高铁站 G-A1 区、部分南北长廊区域(一期)主体结构施工阶段。待高铁站 G-A1 区地下中板结构完成后,继续开挖航站楼南侧落深区基坑栈桥以下土方,并穿插进行主体结构的施工。

主要机械设备:混凝土汽车输送泵 12 台、布料机 12 台、塔吊 30 台、人货电梯 21 台、砂浆罐 35 个。

③钢结构提升阶段。

本阶段主要处于航站楼核心区域南侧、北一北二指廊、部分南长廊区域屋面钢结构工程施工阶段。其余区域混凝土结构全面封顶,为后续屋面钢结构工程大面积施工提供作业面。航站楼核心区屋面钢结构采用分片整体提升方式。

荷花谷柱采用 600 t 履带吊对站东侧未开挖场地进行分节吊装,大厅钢结构屋面与下部分叉柱采用累积提升方式,底部支撑柱采用 50 t 汽车吊上 17.25 m 结构板进行后装;南长廊、北长廊指廊屋面钢结构采用履带吊原位吊装。

主要机械设备:汽车吊 55 台、履带吊 15 台。

④专业工程阶段。

本工程在屋面钢结构大面积施工过程中,金属屋面及砌体工程穿插进行施工,在航站楼屋面钢结构大面积施工完成后,穿插进行南下穿车道及管廊 3 剩余区域的施工。本阶段主要施工内容为金属屋面、装饰装饰工程、机电安装、幕墙工程等。幕墙工程主要机械设备:汽车吊 17 台、空压机 50 台、曲臂车 17 台。金属屋面工程主要机械设备:50 t 汽车吊 2 台、25 t 汽车吊 4 台、5 t 卷扬机 20 台。

(2)合理划分施工工区。

①施工区段划分思路。

根据区域建筑物结构特点和场地交通受制情况,将本工程划分为 5 个施工区段:施工 1 区,包括北长廊、北指廊及北行李通道 NX-3 区;施工 2 区,包括航站楼主楼北侧地下、地上结构及航站楼覆盖范围内的地铁上盖结构等;施工 3 区,包括航站楼主楼南侧地下、地上结构及航站楼主楼覆盖范围内的高铁上盖结构等;施工 4 区,包括高铁站地下结构及南长廊、南行李通道;施工 5 区,包括站前高架、市政配套、室外总体和北行李通道 NX-2 区及承包范围内的其他工程。

②屋面钢结构施工阶段划分思路。

根据本工程钢结构分布及结构特点,综合土建施工流水,分为 3 个施工大区,分别为航站楼主楼区域(A 区)、南长廊区域(S 区)及北长廊、指廊区域(N 区)。

以主楼屋盖钢结构施工为例进行说明。主楼屋盖钢结构主要分为 3 个提升分区,分别为 TS1 区、TS2 区和 TS3 区。根据提升顺序,TS1 区细分成 TS1-1 区和 TS1-2 区;TS2 区细分成 TS2-1 区、TS2-2 区和 TS2-3 区;TS3 区细分成 TS3-1 区、TS3-2 区和 TS3-3 区。

本工程提升区屋盖钢结构拼装主要分成 5 个部分,分别为楼面拼装区、地面拼装区、吊装拼装区、脚手架平台拼装区和 28 m 夹层楼面拼装区。其中楼面拼装区又细分为 3 个拼装区,分别为 LM1 区、LM2区和 LM3 区。

(3)不停航施工交通组织。

不停航施工是指在机场不关闭并按照航班计划接收和放行航空器的情况下,在飞行区、部分航站区内实施工程作业。本工程位于正在运营的机场范围内,交通组织困难。需要充分考虑现场施工安排和场地布置,规划场内外的交通组织体系,根据不同施工阶段现场工况的变换及时进行动态调整,以确保现场场地布置及交通组织满足施工需求。

5. 管理实践成果总结

杭州萧山国际机场作为 2022 年杭州亚运会的主要交通枢纽,于 2021 年 12 月 30 日必须竣工交付。该项目已于 2020 年 2 月开始全面进入钢结构施工阶段;于 2021 年 2 月钢结构已完成部分区块提升工作,金属屋面施工顺利进行,幕墙及精装修同步进行穿插施工;2021 年 3 月全面开展精装修施工工作,整体工期目标可控,过程实施顺利,施工组织管理初见成效。

为保证 2021 年 12 月 30 日杭州萧山国际机场三期项目如期完工,合理的施工组织策划是项目完成的关键。

(1)本工程项目施工体量大,施工工期紧张,涉及专业众多。分阶段安排穿插施工工作,可以有效减少技术转换间歇,缩短施工工期。

(2)分阶段调整交通组织,及时导改施工道路,可以有效缓解交通压力。

(3)合理安排场地施工分区,总体上使施工组织策划切合实际、便于管理。

(4)本工程钢结构形式多样、结构体系复杂,提升工作量大,需重点把控钢结构提升节点,安排本工程装饰装修、机电安装、金属屋面、幕墙安装、室外总体等专业工程分区段穿插进行施工,减少工作面移交间隙,避免工序复杂导致的后期赶工现象,为本项目按期竣工交付、完美履约奠定了基础。

11.5　机场工程施工质量管理

11.5.1　质量管理与质量管理体系

1. 质量管理

质量管理是指在质量方面指挥和控制组织的协调活动,通常包括制定质量方针和质量目标以及进行质量策划、质量控制、质量保证和质量改进。

(1)质量方针和质量目标。

质量方针是指由组织的最高管理者正式发布的该组织总的质量宗旨和质量方向。它体现了该组织的质量意识和质量追求,是组织内部的行为准则,也体现了顾客的期望和对顾客做出的承诺。质量方针是总方针的一个组成部分,由最高管理者批准。

质量目标是指在质量方面所追求的目的。它是落实质量方针的具体要求,它从属于质量方针,应与利润目标、成本目标、进度目标相协调。质量目标必须明确、具体,尽量用定量化的语言进行描述,保证质量目标容易被沟通和理解。质量目标应分解落实到各部门及项目的全体成员,以便于实施、检查、考核。

（2）质量策划。

质量策划是质量管理的一部分，致力于制定质量目标并规定必要的运行过程和相关资源以实现质量目标。质量计划的编制是质量策划的一部分工作。

（3）质量控制。

质量控制是质量管理的一部分，致力于满足质量要求。

质量控制是质量计划的执行、落实和检查、纠正，包括为确保达到质量要求所采取的专业技术和管理技术等。质量控制的对象应是质量形成全过程及其中的每一个子过程，即每一个质量环节，当需要明确时，可冠以限定词，如公司范围质量控制、工序质量控制、设计质量控制、采购质量控制等。

根据质量控制论的基本原理，质量控制应贯彻预防为主的原则，并和检验把关相结合。因此，一个有效的质量控制系统除必须具有良好的反馈控制机制外，还应具有前馈控制机制，并使这两种机制能很好地结合起来。一般来说，质量控制实施的程序如下。

①确定控制计划与标准（来源于质量计划及更新的计划）。

②实施控制计划与标准，并在实施过程中进行连续的监视、评价和验证。

③发现质量问题并找出原因。

④采取纠正措施，排除造成质量问题的不良因素，恢复其正常状态。

（4）质量保证。

质量保证是质量管理的一部分，致力于提供质量要求会得到满足的信任，是在质量管理体系中实施并根据需要进行证实的全部有计划和有系统的活动。

质量保证可以分为内部质量保证和外部质量保证两种。前者是提供给项目管理小组和管理执行组织的保证，后者是提供给客户和其他参与人员的保证。

质量保证强调了对用户负责的基本思想。其核心问题是为用户、第三方（政府主管部门、工程质量监督部门、消费者协会等）、本组织最高管理者对实体能够满足质量要求提供足够的信任。为此，组织就必须提供足够的证据，即实物质量测定证据和管理证据。值得注意的是，这里不应笼统地提出绝对意义上的信任如"确信"等，而是"足够的信任"。这种相对意义上的表述是出于质量经济性的考虑。组织提供的质量保证水平受实体经济性如价格、外部质量保证费用等的约束。不同用途、价值的产品和服务需要证实的程度是不一样的，提供的信任达不到实际的要求固然不行，但若提供的信任超过了实际要求也是一种经济损失。为了提供"证实"，组织必须开展有计划和有系统的活动。这就是说，一方面，为了"证实"，必须提供充分必要的证据和记录。同时还必须接受评价，如用户、第三方、组织最高管理者组织实施的质量审核、质量监督、质量认证、质量评审等。另一方面，为组织实施全部有计划和有系统的活动，组织内应当建立一个有效的质量管理体系。这个质量管理体系应当能够满足不同用户、不同第三方可能提出的具体质量要求。

（5）质量改进。

质量改进是质量管理的一部分，致力于增强满足质量要求的能力，提高有效性和效率。使组织和顾客双方都能得到更多的收益，不仅是质量改进的根本目的，也是质量改进在组织内能够持续发展并取得长期成功的基本动力。质量改进的基本途径是在组织内采取各种措施，不懈地寻找改进机会，提高活动和过程的效益和效率，预防不良质量问题的出现。质量改进活动涉及质量形成全过程及其每一个环节，和过程中每一项资源(人员、资金、设施、设备、技术和方法)有关。质量改进活动应当有组织、有计划地开展,并尽可能地调动每一个组织成员的参与积极性。质量改进活动的一般程序为计划、组织、分析诊断和实施改进。

质量控制和质量改进都是质量管理的职能活动,两者相辅相成,有联系又有区别。

质量控制是质量计划的实施、检查和纠正,目标在于确保产品或服务符合预先规定的质量要求。因此质量控制是质量管理中最基础性的职能活动,其作业技术和活动通常具有规定性和程序化的特点。一般说来,质量控制受现有质量管理体系的约束,其基本任务是使过程、活动和资源处于受控状态。和质量控制不同,质量改进虽然也受现有质量管理体系的约束,但其目标是超越现状,针对改进项目,采取各种措施,寻求突破,解决问题,从而使过程、活动、资源质量得到提升。质量改进活动经常具有项目型的特点,改进活动的结果常导致原有质量标准的提高,使过程、活动、资源在更高、更合理的水平上重新处于受控状态。

质量控制是质量改进的基础和前提,质量改进是质量控制的延伸和发展。服从组织质量方针和目标,以及贯穿落实质量形成全过程是两者的共同特点。

2. 质量管理体系

质量管理体系是建立质量方针和质量目标并实现这些目标的体系,在质量方面指挥和控制着组织。它是组织机构、过程、程序之类的管理能力和资源能力的综合体。

任何一个组织都存在着用于质量管理的组织结构、程序、过程和资源,即必然客观存在着一个质量管理体系,但可能存在薄弱环节,组织要做的是使之完善、科学和有效。

采用质量管理体系需要组织的最高管理者进行战略决策。一个组织质量管理体系的设计和实施受其变化着的需求、具体目标、所提供的产品、所采用的过程以及该组织的规模和结构的影响。

11.5.2 机场工程施工质量控制的任务

1. 施工准备阶段的质量控制

施工准备阶段的质量控制是指工程正式施工活动开始前,对各项准备工作及影响质量的各因素和有关方面进行的质量控制。

(1)建立健全质量管理体系。

贯彻 ISO 9000 标准,建立现场项目经理部的质量管理体系,健全质量管理制度和工作流程,明确质量责任,开展质量教育等。

(2)熟悉施工技术资料,编制施工组织设计。

调查和熟悉工程所在地的自然条件和技术经济条件,是选择施工技术与组织方案的基础,也是保证施工组织设计质量的前提条件。

施工组织设计编制应遵循以下原则。

①施工组织设计的编制、审查和批准应符合规定的程序。

②施工组织设计应符合国家的技术政策,充分考虑承包合同规定的条件、施工现场条件及法规条件的要求,突出"质量第一、安全第一"的原则。

③施工组织设计的针对性。承包单位是否了解并掌握了本工程的特点及难点,是否充分分析施工条件。

④施工组织设计的可操作性。承包单位是否有能力执行并保证工期和质量目标；该施工组织设计是否切实可行。

⑤技术方案的先进性。施工组织设计采用的技术方案和措施是否先进适用，技术是否成熟。

⑥质量管理和技术管理体系、质量保证措施是否健全且切实可行。

⑦安全、环保、消防和文明施工措施是否切实可行并符合有关规定。

⑧在满足合同和法规要求的前提下，对施工组织设计的审查，应尊重承包单位的自主技术决策和管理决策。

施工组织设计编制时应注意以下几点。

①重要的分部、分项工程的施工方案，承包单位在开工前，向监理工程师提交详细说明为完成该项工程的施工方法、施工机械设备及人员配备与组织、质量管理措施以及进度安排等，报请监理工程师审查认可后方能实施。

②在施工顺序上应符合"先地下、后地上；先土建、后设备；先主体、后围护"的基本规律。"先地下、后地上"是指地上工程开工前，应尽量把管道、线路等地下设施和土方与基础工程完成，以避免干扰，造成浪费、影响质量。此外，施工流向要合理，即平面和立面上都要考虑施工的质量保证与安全保证；考虑使用的先后和区段的划分，与材料、构配件的运输不发生冲突。

③施工方案与施工进度计划的一致性。施工进度计划的编制应以确定的施工方案为依据，正确体现施工的总体部署、流向顺序及工艺关系等。

④施工方案与施工平面图布置的协调一致。施工平面图的静态布置内容，如临时施工供水供电供热、供气管道、施工道路、临时办公房屋、物资仓库等，以及动态布置内容，如施工材料模板、工具器具等，应做到布置有序，有利于各阶段施工方案的实施。

（3）施工测量控制网核查。

对施工现场的原始基准点、基准线和高程等测量控制点进行复核，建立施工测量控制网，并应对其正确性负责，同时做好基桩的保护。

（4）施工平面布置的控制。

检查施工现场总体布置是否合理，是否有利于保证施工正常、顺利地进行，是否有利于保证质量，特别是要对场区的道路、防洪排水、器材存放、给水及供电、混凝土供应及主要垂直运输机械设备布置等方面予以重视。如果在现场的某一区域内需要不同的施工承包单位同时或先后施工、使用，就应根据施工总进度计划的安排，规定它们各自占用的时间和先后顺序，并在施工总平面图中详细注明各工作区的位置及占用顺序。

（5）设计交底与施工图纸审核。

施工图纸是施工的依据，在施工前建设单位和施工单位应详细阅读，对整个工程设计做到心中有数，然后组织设计交底与图纸会审。设计交底和图纸会审的目的是使建设、施工、监理、质量监督等单位的有关人员，充分了解拟施工工程的特点、设计意图和工艺与质量要求，进一步澄清设计疑点，消除设计缺陷，统一思想认识，以便正确理解设计意图，掌握设计要点，保证按图施工。

①设计交底与图纸会审的程序。

设计交底和施工图纸会审通常是由业主、监理单位、施工单位、设计单位参加。首先由设计单位介绍设计意图、结构特点、施工及工艺要求、技术措施和有关注意事项及关键问题；再由施工单位提出图纸中存在的问题和疑点,以及需要解决的技术难题;然后通过三方研究和商讨,拟定出解决的办法,并写出会议纪要。会议纪要是对设计图纸的补充、修改,是施工的依据之一。

②设计交底的要点。

a.有关的地形、地貌、水文气象、工程地质及水文地质等自然条件方面。

b.施工图设计依据。其包括初步设计文件、主管部门及其他部门(如规划、环保、农业、交通、旅游等)的要求、采用的主要设计规范、甲方提供或市场供应的建筑材料情况等。

c.设计意图。如设计思想、设计方案比较的情况、基础开挖及基础处理方案、结构设计意图、设备安装和调试要求、施工进度与工期安排等。

d.施工应注意事项方面。如基础处理的要求、对建筑材料方面的要求、采用新结构或新工艺的要求、施工组织和技术保证措施。

③图纸审核的要点。

a.对设计者资质的认定,是否经正式签署。

b.设计是否满足规定的抗震、防火、环境卫生等要求。

c.图纸与说明书是否齐全。图纸中有无遗漏、差错或相互矛盾之处,图纸表示方法是否清楚并符合标准要求。

d.地质及水文地质等基础资料是否充分、可靠。

e.所需材料的来源有无保证,能否替代;新材料、新技术的采用有无问题。

f.施工工艺、方法是否合理,是否切合实际,是否存在不便于施工之处,能否保证质量要求。

g.施工图或说明书中所涉及的各种标准、图册、规范、规程等,施工单位是否具备。

(6)施工分包核查。

审查时,主要是审查施工承包合同是否允许分包,分包的范围和工程部位是否可进行分包,分包单位施工组织者、管理者的资格与质量管理水平,特殊专业工种和关键施工工艺或新技术、新工艺、新材料等应用方面操作者的素质与能力。

(7)把好开工关。

开工前承包商必须提交"开工申请单",经监理工程师审查前述各方面条件并予以批准后,施工单位才能开始正式施工。

2.施工过程及竣工的质量控制

(1)工序质量控制。

工程项目可以划分为若干层次。例如,可以划分为单位工程、分部工程和分项工程、工序等层次。各组成部分之间具有一定的逻辑关系。显然,工序施工的质量控制是最基本的质量控制,它决定有关分项工程的质量,而分项工程的质量又决定分部工程的质量,分部工程决定单位工程的质量。所以对施工过程的质量监控,必须以工序质量控制为基础和核心,落实在各项工序的质量监控上。

工序质量监控主要包括 3 个方面,即对工序活动投入分项工程质量的监控、对工序活动中的施工操作规范性的监控、对工序活动效果的监控。

工序活动投入分项工程质量的监控,是指监控影响工序生产质量的各因素是否符合要求,对不符合要求者,及时采取纠偏措施,防止或减少不合格品的产生。

对工序活动中的施工操作规范性的监控,主要是施工单位的检查和监理工程师的旁站、巡检等,关键取决于操作者的质量意识、技术水平。

工序活动效果的监控主要反映在对工序产品质量性能的特征指标的控制上,主要是指对工序活动的产品采取一定的检测手段进行检验,根据检验结果分析、判断该工序产品的质量(效果)是否符合规定要求。若符合要求,进行下道工序;不符合要求,采取纠偏措施,从而实现对工序质量的最终控制。其主要工作体现在工程质量验收当中。

①工序活动质量监控实施要点。

a.确定工序质量控制计划。

工序质量控制计划要明确规定质量监控的程序或工作流程和质量检查制度等。

b.进行工序分析,分清主次,设置工序活动的质量控制点。

所谓工序分析,就是要在众多的影响工序质量的因素中,找出对特定工序重要的或关键的质量特征性能指标起支配性作用或具有重要影响的那些主要因素,以便能在工序施工中针对这些主要因素制订出控制标准及措施,进行主动的、预防性的重点控制,严格把关。

工序分析一般可按以下步骤进行。

Ⅰ.选定分析对象,分析可能的影响因素,找出支配性的要素。这包括:选定的分析对象可以是重要的、关键的工序,或者是根据过去的资料确认为经常发生质量问题的工序;掌握特定工序的现状和问题,确定提高质量的目标;分析影响工序质量的因素,明确支配性的要素。

Ⅱ.针对支配性要素,拟定对策计划,并加以核实。

Ⅲ.将核实的支配性要素编入工序质量表,纳入标准或规范。

Ⅳ.对支配性要素落实责任,按标准的规定实施重点管理。

c.对工序活动实施跟踪的动态控制。对工序活动实施跟踪的动态控制即在整个工序活动中,连续地实施动态跟踪控制。通过对工序产品的抽样检验,判定其产品质量波动状态,若工序活动处于异常状态,则应查找出影响质量的原因,采取措施排除系统性因素的干扰,使工序活动恢复到正常状态,从而保证工序活动及其产品的质量。

②质量控制点的设置。

所谓质量控制点是指为了保证工序质量而确定的重点控制对象、关键部位或薄弱环节,它是施工质量控制的重点。设置质量控制点就是要根据工程项目的特点,对工序活动中的重要部位或薄弱环节,事先分析影响质量的原因,并提出相应的措施,进行重点控制和预控。

可作为质量控制点的对象涉及面广,它可能是技术要求高、施工难度大的结构部位,也可能是影响质量的关键工序、操作或某一环节。具体来说,选择作为质量控制点的对象可以是以下方面。

a.施工过程中的关键工序或环节以及隐蔽工程,例如道面混凝土拌和、振捣、做面、养护、切缝等;穿越跑道排水涵洞基础处理、钢筋混凝土浇筑、接缝设置等。

b.施工中的薄弱环节,或质量不稳定的工序、部位或对象,例如道面土基沟、塘的处理等。

c.对后续工程施工或后续工序质量或安全有重大影响的工序、部位或对象,例如施工控制网的测设、道面混凝土原材料的质量与性能、模板的支撑与固定等。

d.采用新技术、新工艺、新材料的部位或环节。

e.施工上无足够把握的、施工条件困难的或技术难度大的工序或环节。

f.施工工艺技术参数,例如道面土基最大干密度、最佳含水率的确定,混凝土配合比设计等。

总之,不论是结构部位还是影响质量的关键工序、操作、施工顺序、技术参数、材料、机械、自然条件、施工环境等均可作为质量控制点来控制。概括说来,应当选择那些保证质量难度大的、对质量影响大的或者是发生质量问题时危害大的对象作为质量控制点。质量控制点的选择要准确、有效,为此,一方面需要有经验的工程技术人员来进行选择;另一方面也要集思广益,集中群体智慧由有关人员充分研究讨论,在此基础上进行选择。

③工序控制的重要制度。

a. 技术交底。

技术交底是指工程开工之前,由各级技术负责人将有关工程的各项技术要求逐级向下贯彻,直到施工现场。其目的是使参加施工的人员对工程及其技术要求做到心中有数,以便科学地组织施工和按合理的工序、工艺进行作业。要做好技术交底工作,必须明确技术交底的内容,并搞好技术交底的分工。

技术交底的主要内容有:施工方法,技术组织措施,质量标准,安全技术;特殊工程、新结构、新工艺和新材料的技术要求以及图纸会审提出的有关问题及解决办法等。在施工现场,工长和班组长在接受技术交底后,应组织班组长、工人进行认真讨论,明确任务要求和配合关系,建立责任制,制定保证质量、安全技术措施,对关键项目和部位、新技术推广项目和部位要反复、细致地向班组交底,必要时要做图样、文字、样板以及示范操作交底。施工企业内部的技术交底都必须是书面形式的,技术交底必须经过检查与审核,应留底稿,字迹清楚,有签发人、审核人、接收人的签字。

b. 工序间的交接检查制度。

坚持上道工序不经检查验收不准进行下道工序的原则。上道工序完成后,先由施工单位进行自检、互检、专检,认为合格后再通知现场监理工程师或其代表到现场会同检验,认可后才能进行下道工序。主要工序作业(包括隐蔽作业)需按有关验收规定经现场监理人员检查,签字验收。

c. 工程变更。

施工过程中,由于前期勘察设计的原因,或由于外界自然条件的变化,未探明的地下障碍物、管线、文物、地质条件不符等,以及施工工艺方面的限制、建设单位要求的改变,均会涉及工程变更。做好工程变更影响因素的分析控制,坚持工程变更的程序,预测变更的风险,也是作业过程质量控制的一项重要内容。

工程变更的要求可能来自建设单位、设计单位或施工承包单位。为确保工程质量,不同情况下,工程变更的实施、设计图纸的澄清、修改,具有不同的工作程序。建设单位或者施工及设计单位提出的工程变更或图纸修改,都应通过监理工程师审查并经有关方面研究,确认其必要性后,由总监理工程师发布变更指令方能生效予以实施。

(2)工序投入的准备。

①材料和工程生产设备控制。

a. 材料采购。

原材料、半成品或构配件采购质量控制的关键是优选材料供货商,重点是考察其质量保证能力,综合考虑材料性能、价格、供货能力、交货期、服务和支持能力等。对于重要的材料采购,还应实地考察并让其提交样品供试验或鉴定,应注意材料采购合同中质量条款的详细说明。

b. 材料检查验收。

凡运到施工现场的原材料、半成品或构配件,应有产品出厂合格证及技术说明书,并由施工单位按规定要求进行检验。检验的方法有免检、抽检和全数检验 3 种,抽检是建筑材料常用的质量检验方式,应按照相关规范等规定的项目、数量、频次进行。未经检验和检验不合格者不得用于工程。对于重要材料、半成品、构配件,必须进行见证取样。

c.材料的仓储和保管。

材料进场后,到其使用或施工、安装时通常都要经过一定的时间间隔,在此时间内,如果对材料、设备等的存放、保管不良,可能导致质量状况的恶化,如损伤、变质、损坏,甚至不能使用。

因此,对于材料、半成品、构配件等,应当根据它们的特点、特性以及对防潮、防晒、防锈、防腐蚀、通风、隔热以及温度、湿度等方面的不同要求,安排适宜的存放条件,以保证其存放质量。

堆放时应按型号、品种进行分区,并予以标识。

②施工机械控制。

a.施工机械配置的控制。

施工机械设备的选择,除应考虑施工机械的技术性能、工作效率、工作质量、可靠性、维修难易、能源消耗,以及安全、灵活等方面对施工质量的影响与保证外,还应考虑其数量配置对施工质量的影响与保证条件。此外,要注意设备形式应与施工对象的特点及施工质量要求相适应。在选择机械性能参数方面,也要与施工对象特点及质量要求相适应。

b.施工机械的合理使用。

合理使用施工机械,进行正确操作,是保障施工质量的重要环节。应实行定机、定人、定岗位责任的三定制度,并合理组织好机械设备的流水施工,要使现场环境、施工平面布置适合机械作业的条件。

c.机械的保养与维修。

应做好机械的例行保养和强制保养工作,保持机械的良好技术状态,特别关注是否有超期服役的施工机械,如有,其风险是否可以接受,以避免事故出现。

③计量控制。

施工中的计量工作,包括施工生产时的投料计量、施工生产过程的监测计量和对项目、产品或过程的测试、检验、分析计量等。

计量工作的主要任务是统一计量单位,组织量值传递,保证量值的统一。主要工作包括完善计量管理规章制度,及时检定计量仪器、检测设备、衡器的性能和精度,审核从事计量作业人员技术水平资格,完善现场检测的操作方法。

④人员控制。

审查劳务承包队伍及人员的技术资质与条件是否符合要求,经监理工程师审查认可后,方可上岗施工;对于不合格人员予以撤换。

对于特殊作业、工序、检验和试验人员、机械操作人员,有时还应进行考核或必要的考试、评审,如有必要,应对其技能进行评定,发放相应的资格证书或上岗证明。

⑤施工方法控制。

做好施工组织设计、技术交底,选择合理的施工方法,编制工序作业指导书。

⑥环境的控制。

环境的控制主要包括作业环境、自然环境、技术环境和管理环境的控制。

(3)施工操作的控制。

对某些作业或操作,应以人为重点进行控制,例如高空、高温、水下、危险作业等,对人的身体素质或心理应有相应的要求;技术难度大或精度要求高的作业,如复杂模板放样、精密、复杂的设备安装,以及重型构件吊装等对人的技术水平均有较高要求。

对于某些工作必须严格作业之间的顺序,例如,对于冷拉钢筋应当先对焊、后冷拉,否则会失去冷强;对于屋架固定一般应采取对角同时施焊,以免焊接应力使已校正的屋架发生变位等。

(4)工程质量验收。

工程施工质量验收是工程建设质量控制的一个重要环节,它包括工程施工质量验收和工程的竣工验收两个方面。通过对工程建设中间产出品和最终产品的质量验收,从过程控制和终端把关两个方面进行工程项目的质量控制,以确保达到业主所要求的使用价值,实现建设投资的经济效益和社会效益。

11.6　民用机场飞行区不停航施工管理

基于我国绝大多数机场为"一市一场"和一个机场一条跑道的特点,许多修建工程需要在机场正常运行的情况下进行。实施不停航施工符合机场运行的实际情况,有利于机场的建设和发展。但必须切实加强对民用机场不停航施工的管理,保障飞行安全和航班正常。

由于机场不停航施工涉及机场管理机构、航空承运人、空中交通管理等诸多部门,隶属关系复杂,各机场的管理体制也不相同。目前在不停航施工时所执行的标准和采取的安全措施也不尽相同。因此,民航局制定了统一的、符合我国机场特点的机场不停航施工管理规定,这对于规范和协调有关各方的工作关系,明确其相应的权力、责任和义务,共同保证飞行安全和航班正常是非常必要的。

11.6.1　不停航施工概述

1.不停航施工定义

不停航施工是指在机场不关闭、部分时段关闭或部分区域关闭,并按照航班计划接收和放行航空器的情况下,在飞行区、部分航站区内实施的工程施工。

对于单跑道机场来讲,跑道关闭等于机场关闭,对于航班运行有影响的工程可在晚间航班停航后施工;而多跑道机场,可交替关闭其中一条跑道施工。

机场应制定不停航施工管理规定,进行监督管理,最大限度地减少不停航施工对机场运行的影响,避免危及机场运行安全。

2.不停航施工的范畴

需要注意的是,每日例行的巡检维护工作不属于不停航施工。

(1)按照施工对象划分。

①飞行区土质地带大面积沉陷的处理工程、飞行区排水设施的整修维护工程等。

②跑道、滑行道、机坪的整修维护工程及道面"盖被工程"。

③跑道、滑行道、机坪的改扩建工程。

④扩建和更新改造助航灯光及其电缆的工程。

⑤影响民用航空器活动的其他工程,主要包括登机桥的维修,服务道路加铺沥青混凝土,航站楼空侧、办公大楼等的外部维修。

（2）按照业主划分。

①机场自管项目的施工（跑道加盖、飞行区标志线、嵌缝料维修等）。

②驻场单位管理项目的施工（基地航空公司机坪施工、空管跑道视程（runway visual range，简称RVR）改造施工、油料公司的油管改造）。

（3）按照施工区域划分。

①飞行区围界内的施工。

②飞行区围界外的施工。

③跑道、滑行道、停机坪、服务道、土质区的施工。

3. 不停航施工的审批

在场内进行不停航施工，由机场负责统一向机场所在地民航地区管理局报批。因机场不停航施工，需要调整航空器起降架次、航班运行时刻、机场飞行程序、起飞着陆最低标准的，机场应按照民航局的有关规定办理报批手续。民航地区管理机构应当将 4D 及以上机场的不停航施工的批准文件和申报资料报民航局机场管理职能部门备案。

机场向民航地区管理局申请机场不停航施工时，应提交以下文件：①工程项目建设的有关批准文件；②机场与工程建设单位或者施工单位签订的安全保证责任书；③施工组织管理方案及附图；④各类应急预案；⑤调整航空器起降架次、航班运行时刻、机场飞行程序、起飞着陆最低标准的有关批准文件。

民航地区管理局自收到不停航施工申请材料之日起 15 天内作出同意与否的决定。符合条件的，应予以批准；不符合条件的，应书面通知机场并说明理由。

机场不停航施工经批准后，机场应按照有关规定及时向驻场空中交通管理部门提供相关基础资料，并由空中交通管理部门根据有关规定发布航行通告。涉及机场飞行程序、起飞着陆最低标准等更改的，资料生效后，方可开始施工；不涉及机场飞行程序、起飞着陆最低标准等更改的，通告发布 7 天后方可开始施工。

11.6.2 不停航施工的组织与管理

1. 施工组织管理方案与细则

机场应负责航站区、停车楼等区域的施工（含装饰装修）的统一协调和管理。对于上述施工，机场应会同建设单位、施工单位、公安消防部门及其他相关单位和部门共同编制施工组织管理方案，并参照不停航施工的要求对影响安全的情况采取必要的措施，并尽可能降低对运行的影响。在机场近期总体规划范围内的工程施工，机场应对原有地下管线进行核实，防止施工对机场运行安全造成影响。

（1）施工组织管理方案。

未经民航局或者民航地区管理局批准，不得在机场内进行不停航施工。机场负责场内不停航施工期间的运行安全，并负责批准工程开工。实施不停航施工，应服从机场的统一协调和管理。机场应会同建设单位、施工单位、空中交通管理部门及其他相关单位和部门共同编制施工组织管理方案。

不停航施工组织管理方案应包括以下内容。

①工程内容、分阶段和分区域的实施方案、建设工期。

②施工平面图和分区详图，包括施工区域、施工区与航空器活动区的分隔位置、围栏设置、临时目视助航设施设置、堆料场位置、大型机具停放位置、施工车辆和人员通行路线和进出道口等。

③影响航空器起降、滑行和停放的情况及采取的措施。

④影响跑道和滑行道标志和灯光的情况及采取的措施。

⑤需要跑道入口内移的,对道面标志、助航灯光的调整说明和调整图。

⑥对跑道端安全区、无障碍物区和其他净空限制面的保护措施,包括对施工设备高度的限制。

⑦影响导航设施正常工作的情况和所采取的措施。

⑧对施工人员和车辆进出飞行区出入口的控制措施和对车辆灯光和标识的要求。

⑨防止无关人员和动物进入飞行区的措施。

⑩防止污染道面的措施。

⑪对沟渠和坑洞的覆盖要求。

⑫对施工中的漂浮物、灰尘、施工噪声和其他污染的控制措施。

⑬对无线电通信的要求。

⑭需要停用供水管线或消防栓,或消防救援通道发生改变或堵塞时,通知航空器救援和消防员的程序和补救措施。

⑮开挖施工时对电缆、输油管道、给排水管线和其他地下设施位置的确定和保护措施。

⑯施工安全协调会议制度,所有施工安全相关方的代表姓名和联系电话。

⑰对施工人员和车辆驾驶员的培训要求。

⑱航行通告的发布程序、内容和要求。

⑲各相关部门的职责和检查的要求。

(2)施工实施细则。

机场管理规定应当根据《交通运输部关于修改〈运输机场运行安全管理规定〉的决定》(CCAR-140-R2)制定不停航施工管理实施细则,承担施工期间的安全管理责任,与工程建设单位、空中交通管理部门签订安全保证责任书,明确各项安全措施。

不停航施工管理实施细则应当包括:①机场管理机构对工程建设单位的监督检查制度;②机场管理机构与空中交通管理部门、航空经营人及其他驻场单位的协调工作制度。

2. 机场在不停航施工管理中的职责

机场对不停航施工要认真实施管理,主要管理工作包括以下方面。

①对施工图设计和招标文件中应遵守的有关不停航施工安全措施的内容进行审核。

②在施工前,召开由相关单位和部门参加的联席会议,落实施工组织管理方案。

③与建设单位签订安全责任书。工程建设单位为机场时,机场与施工单位签订安全责任书。

④建立由各相关单位和部门代表组成的协调工作制度,并确保施工组织管理方案中所列各相关单位联系人和电话信息准确无误。

⑤每周或者视情况召开施工安全协调会议,协调施工活动。在跑道、滑行道进行的机场不停航施工,应每日召开一次协调会。

⑥对施工单位的人员培训情况进行抽查。

⑦对施工单位遵守机场所制定的人员和车辆进出飞行区的管理规定及车辆灯光、标识颜色是否符合标准的情况进行检查。

⑧经常对施工现场进行检查,及时消除安全隐患。

为了确保不停航施工的顺利进行和机场运行安全,建设单位及施工单位应持有不停航施工组织管理方案的副本,遵守施工组织管理方案,确保所有施工人员熟悉施工组织管理方案中的相关规定和程序;应至少配备 2 名接受过机场安全培训的施工安全检查员负责现场监督,并采用设置旗帜、路障、临时围栏或配备护卫人员等方式,将施工人员和车辆的活动限制在施工区域内。

3. 不停航施工中的管理要求

(1)飞机活动区不停航施工管理。

在跑道有飞行活动期间,禁止在跑道端之外 300 m 以内、跑道中心线两侧 75 m 以内的区域进行任何施工作业。在跑道端之外 300 m 以内、跑道中心线两侧 75 m 以内的区域进行任何施工作业,应在航空器起飞、着陆半小时内,施工单位完成清理施工现场的工作,包括填平、夯实沟坑,将施工人员、机具、车辆全部撤离施工区域。在跑道端之外 300 m 以外区域进行施工的,施工机具、车辆的高度以及起重机悬臂作业高度不得穿透障碍物限制面。在跑道两侧升降带内进行施工的,施工机具、车辆、堆放物高度及起重机悬臂作业高度不得穿透内过渡面和复飞面。施工机具、车辆高度不得超过 2 m,并尽可能缩小施工区域。

在滑行道、机坪道面边以外进行施工的,当有航空器通过时,滑行道中线或机位滑行道中线至物体的最小安全距离范围内,不得存在影响航空器滑行安全的设备、人员或其他堆放物,并且不得存在可能吸入发动机的松散物和其他可能危及航空器安全的物体。

临时关闭的跑道、滑行道或其一部分,应按照《民用机场飞行区技术标准》(MH 5001—2021)的要求设置关闭标志。已关闭的跑道、滑行道或其一部分上的灯光不得开启。被关闭区域内的进出口处应设置不适用地区标志物和不适用地区灯光标志。在机坪区域进行施工的,对不适宜于航空器活动的区域,必须设置不适用地区标志物和不适用地区灯光标志。因不停航施工需要跑道入口内移的,应按照《民用机场飞行区技术标准》(MH 5001—2021)设置或修改相应的灯光及标志。

施工区域与航空器活动区应有明确而清晰的分隔,如设立施工临时围栏或其他醒目隔离设施。围栏应能够承受航空器吹袭。围栏上应设置旗帜标志,夜晚应予以照明。施工区域内的地下电缆和各种管线应设置醒目标识。施工作业不得对电缆和管线造成损坏。在施工期间,应定期实施检查,保持各种临时标志、标志物清晰有效,临时灯光工作正常。航空器活动区域附近的临时标志物、标记牌和灯具应易折,并尽可能接近地面。近跑道端安全区和升降带平整区的开挖明沟和施工材料堆放处,必须用红色或橘黄色小旗标识以示警告。在低能见度天气和夜间,还应加设红色恒定灯光。未经机场消防管理部门批准,不得使用明火,不得使用电、气进行焊接和切割作业。

(2)导航敏感区不停航施工管理。

在导航台附近进行施工的,应事先评估施工活动对导航台的影响。因施工需要关闭导航台或调整仪表进近最低标准的,应按照民航局的其他有关规定履行批准手续,并在正式实施前发布航行通告。施工期间,应保护好导航设施临界区、敏感区。不得使用可能对导航设施或航空器通信产生干扰的电气设备。易漂浮的物体、堆放的材料应加以遮盖,防止被风或航空器尾流吹散。

(3)其他管理要求。

在航班间隙或航班结束后进行施工的,在提供航空器使用之前必须对该施工区域进行全面清洁。施工车辆和人员的进出路线穿越航空器开放使用区域,应对穿越区域进行不间断检查。发现道面污染时,应及时清洁。因施工使原有排水系统不能正常运行的,应采取临时排水措施,防止因排水不畅造成飞行区被淹没。因施工而影响机场消防、应急救援通道和集结点正常使用时,应采取临时措施。

　　进入飞行区从事施工作业的人员,应经过培训并申办通行证(包括车辆通行证)。人员和车辆进出飞行区出入口时,应接受检查。施工人员和车辆应严格按照施工组织管理方案中规定的时间和路线进出施工区域。因临时进出施工区域,驾驶员没有经过培训的车辆,应由持有场内车驾驶证的机场人员全程引领。进入飞行区的施工车辆顶部应设置黄色旋转灯标,并应处于开启状态。施工车辆、机具的停放区域和堆料场的设置不得阻挡机场管制塔台对跑道滑行道和机坪的观察视线,也不得遮挡任何使用中的助航灯光、标记牌,并不得超过净空限制面。施工单位应与机场现场指挥机构建立可靠的通信联系。施工期间应派施工安全检查员现场值守和检查,并负责守听。安全检查员必须经过无线电通信培训,熟悉通信程序。

参 考 文 献

[1] 曾永生.机场跑道沥青道面平整度控制施工技术[J].工程建设与设计,2023(14):115-117.

[2] 陈子璐.基于WBS的J机场扩建项目进度管理优化研究[D].南昌:南昌大学,2018.

[3] 窦璟轩,陶志怀.曹家堡机场湿陷性黄土地基处理技术研究[J].公路交通科技(应用技术版),2012(08):210-212.

[4] 辜文杰.国防工程施工技术[M].北京:国防工业出版社,2016.

[5] 郭佳.民用机场不停航施工安全管理[J].建筑工人,2022(05):21-24.

[6] 何光武,周虎鑫.机场工程特殊土地基处理技术[M].北京:人民交通出版社,2003.

[7] 贾宏财.阿里机场道面工程项目施工分析[D].成都:西南交通大学,2011.

[8] 交通运输部关于修改《民用机场建设管理规定》的决定[J].中华人民共和国国务院公报,2019(06):37.

[9] 李聪聪,唐明成,汤亮,等.沿海机场交通枢纽深基坑降排水施工技术[J].工程建设与设计,2022(15):231-233.

[10] 李建华,汤亮,敖翔,等.机场不停航施工组织管理[J].工程建设与设计,2021(24):185-187.

[11] 李启怀,李宗权,李碧新.机场沥青混凝土道面含砂雾封层施工技术[C]//中国建设科技集团股份有限公司,中国建筑学会工程总承包专业委员会,中国中建设计集团有限公司,亚太建设科技信息研究院有限公司.第二届工程总承包项目管理经验交流会暨2019中国建筑学会工程总承包专业委员会年会论文集.[出版者不详],2019:122-125.

[12] 刘欢.机场道基冲击碾压法施工技术[J].工程建设与设计,2021(03):200-202.

[13] 刘晓军,刘庆涛,范珉.机场施工组织与管理[M].北京:人民交通出版社,2015.

[14] 刘晓军,刘庆涛,高志刚.机场施工技术[M].北京:人民交通出版社,2015.

[15] 民用机场建设管理规定[J].中华人民共和国国务院公报,2016(25):91-103.

[16] 彭余华,廖志高.机场道面施工与维护[M].北京:人民交通出版社,2015.

[17] 皮亚东.多年冻土对机场跑道地基的危害及处理措施[J].市政技术,2017(06):160-161+190.

[18] 乔亮.机场场道工程施工与质量控制[M].北京:中国民航出版社,2018.

[19] 秦建平.道路与机场工程排水[M].北京:人民交通出版社,2015.

[20] 上海华东民航机场建设监理有限公司.民用机场飞行区排水工程施工技术规范:MH/T 5005—2021[S].北京:中国民航出版社,2021.

[21] 孙俊,张旭.阿里机场盐渍化冻土工程地质特性及其改良[J].水文地质工程地质,2013,40(01):93-99.

[22] 孙兰宁.新疆库车机场扩建站坪盐渍土地基处理设计[J].山西建筑,2022,48(17):112-114+118.

[23] 田伟,孙赟.某机场水泥混凝土道面胀缝病害实例分析与治理[J].工程建设与设计,2020(04):175-176.

[24] 王安国.安康机场高填方膨胀土地基动力加固试验研究[D].西安:西北大学,2019.

[25] 王仙芝.地基处理[M].北京:北京大学出版社,2020.

[26] 王学军,李学东,安明.机场场道道槽区盐渍土地基处理[J].施工技术,2018(S4):1826-1828.

[27] 武光霞.基于知识价值链的机场全过程进度管理咨询研究[D].武汉:华中科技大学,2022.

[28] 胥郁,李向新.通用航空概论[M].北京:化学工业出版社,2018.

[29] 伊军锋.机场场道工程石灰改良膨胀土填筑道床施工技术研究[J].四川建材,2020,46(08):76-78.

[30] 张君.民航基础[M].北京:化学工业出版社,2021.

[31] 张凯,郑永帅,李鹏,等.成都天府机场建设中的软土地基处理技术应用[J].四川建筑,2022,42(06):119-121.

[32] 张中凯.民用机场建设项目集成管理研究[D].大庆:东北石油大学,2013.

[33] 赵辉,鄢全科,李志瑞,等.杭州萧山国际机场三期项目工程施工组织与管理实践[J].城市建筑,2021(33):45-49.

[34] 赵俊杰.建鸡高速公路机场段项目施工组织设计研究[D].西安:长安大学,2017.

[35] 赵渭璇.既有机场旧道面加铺水泥混凝土技术应用研究[D].西安:西安工业大学,2023.

[36] 中国民用航空局.民用机场水泥混凝土面层施工技术规范:MH 5006—2015[S].北京:中国民航出版社,2015.

[37] 钟飞飞.机场软土地基处理施工方法与数字化质量控制[J].居舍,2019(27):80.

[38] 周劲,伏涛,刘卿.预塑嵌缝条在机场工程中的应用及施工工艺[J].科技创新导报,2018(02):39-41.

[39] 周利民.强夯置换法在机场地基中的研究应用[J].施工技术,2017(S2):202-206.

[40] 朱漩,匡代厅.我国通用机场建设审批流程研究[J].环球市场信息导报,2018(2):11.

后　　记

　　交通是兴国之要、强国之基。习近平总书记强调:"要建设更多更先进的航空枢纽、更完善的综合交通运输系统,加快建设交通强国。"《中华人民共和国国民经济和社会发展第十四个五年规划和 2035 年远景目标纲要》对加快建设交通强国作出专门部署,提出"稳步建设支线机场、通用机场和货运机场,积极发展通用航空"。中华人民共和国成立以来尤其是改革开放后,我国国民经济快速发展,飞机成为广泛使用的交通工具,机场越来越多,规模越来越大,客货周转量不断增加,位居世界前列。近年来,机场建设立足"国家发展新的动力源"定位,加大投资力度,新建、扩建、改建项目风起云涌,建设标准高、质量优、规模大、速度快,成就举世瞩目,为服务京津冀协同发展、长江经济带发展、粤港澳大湾区和"一带一路"建设以及打赢脱贫攻坚战、西部大开发、"兴边富民"等国家战略发挥了重要作用,使我国实现了从航空运输大国向航空运输强国的跨越。

　　我国机场建设在多年的发展中,已然积累了丰富的经验,形成了一套完整的建设体系。在当今民航大发展的形势下,机场建设复杂程度和施工与管理要求不断提高,呈现出涉及专业广、施工工序杂、技术精度高、协调任务重、交叉作业多、风险系数大的特征。由此,在民航机场工程施工中,民航机场的工程建设不仅需要适应市场的发展,在实际的工程施工中,更需要根据实际情况做好工程的检查和验收,不断提高工程的施工质量和施工水平,监督施工全过程的质量。